U0887962

普通高等教育教材

物质结构测试与解析

Material Structure Testing and Analysis

周向葛　主　编
于珊珊　李　静　罗代兵　副主编

化学工业出版社
·北京·

内容简介

《物质结构测试与解析》共分十章，内容包括概述、核磁共振技术、质谱技术、紫外-可见吸收光谱、红外吸收光谱、荧光光谱、显微成像技术、X 射线衍射分析、原子发射光谱法、原子吸收光谱法。书中论述了涉及物质结构测试与分析常用仪器的分析原理、仪器结构、分析方法及其应用范围等。本书基于各类仪器分析技术获取的谱图数据、结合典型化合物实例来系统阐述物质结构的解析方法与过程，培养综合运用仪器分析技术解决实际问题的能力。

《物质结构测试与解析》主要用作高等学校化学类、材料类、生物类以及相关专业的本科高年级学生和研究生课程教材，也可以作为高等院校相关专业教师和相关领域科技工作者的参考用书。

图书在版编目（CIP）数据

物质结构测试与解析 / 周向葛主编 ; 于珊珊, 李静, 罗代兵副主编. -- 北京 : 化学工业出版社, 2025. 12. (普通高等教育教材). -- ISBN 978-7-122-49150-3

Ⅰ. O552.5

中国国家版本馆 CIP 数据核字第 2025744T1K 号

责任编辑：马泽林　杜进祥　　文字编辑：崔婷婷
责任校对：宋　玮　　装帧设计：刘丽华

出版发行：化学工业出版社
（北京市东城区青年湖南街 13 号　邮政编码 100011）
印　　装：北京天宇星印刷厂
787mm×1092mm　1/16　印张 18¾　字数 428 千字
2026 年 2 月北京第 1 版第 1 次印刷

购书咨询：010-64518888　　售后服务：010-64518899
网　　址：http://www.cip.com.cn
凡购买本书，如有缺损质量问题，本社销售中心负责调换。

定　　价：58.00 元

前言

物质结构的测试与解析在科研活动中占据着重要地位，仪器分析是物质结构测试与解析的主要方法，广泛应用于有机合成、催化、石油化工、生物化学、药物学、药理学、毒物学、临床医学等各个领域。

本书包含核磁共振、质谱、紫外光谱、红外光谱、扫描电子显微镜、透射电子显微镜、原子力显微镜、X 射线衍射、原子发射和吸收光谱，以及荧光光谱和激光扫描共聚焦显微镜等内容。这些都是化学、材料科学以及生命科学等众多学科领域的科学研究中必不可少的现代分析仪器和表征测试手段。本书阐述了这些常用仪器测试的基本原理以及在物质结构测试与解析中的应用，并精选了有代表性的实例，提高读者解决实际问题的能力。本书的编写力求避免烦琐的数学推导，着重介绍上述仪器分析方法在结构鉴定中的用处及各种信息与分子结构的关系。通俗易懂和具有较强的实用性是本书的主要特色。

本书由四川大学化学学院和分析测试中心的老师完成编写。第一章由周向葛编写；第二章由于珊珊编写；第三章由李静、王天利编写；第四章由周向葛、蔡中正编写；第五章由周向葛、邓冬艳、余达刚编写；第六章由于珊珊、王春霞编写；第七章由齐悦、刘艳红、杨凤编写；第八章由罗代兵、齐悦编写；第九章由张立春、王春霞编写；第十章由王春霞、张立春编写。全书由周向葛、于珊珊、李静、罗代兵和余达刚修改和统稿。

本书是四川大学立项建设教材，同时也获得四川大学研究生教材建设基金资助。此外，本书还得到成都巨新实业有限公司、成都秦关仪器设备有限公司、捷欧路（北京）科贸有限公司、奥泰立德（成都）科技有限公司、布鲁克（北京）科技有限公司的支持，在此表示感谢。

由于本书编写匆忙，编者水平有限，疏漏之处在所难免，恳请读者提出宝贵意见，以便改正！

编者

2025 年 4 月于成都

前言

目录

第 1 章　概述

第 2 章　核磁共振技术

第 3 章 质谱技术

第 4 章 紫外-可见吸收光谱

第 5 章 红外吸收光谱

第6章 荧光光谱

第7章 显微成像技术

第 8 章 X 射线衍射分析

第 9 章 原子发射光谱法

第 10 章 原子吸收光谱法

参考文献

第1章 概述

通过本章的学习，了解物质结构测试与解析的基本方法；了解物质结构测试中常用分析仪器的分类和特点；明确学习物质结构测试以及掌握图谱解析的意义。

1.1 物质结构测试与解析仪器分析法简介

随着社会的发展和科技的进步，物质结构的测试与解析在科研活动中占据着越来越重要的地位。目前，仪器分析法是物质结构的测试与解析所采用的主要方法，在化合物的结构解析以及材料的鉴定分析方面占据着重要的地位。仪器分析包括光谱分析、色谱分析、电化学分析以及其他分析方法，用于鉴定化合物结构。常见仪器分析方法见表 1-1。

表 1-1 常见仪器分析方法

光谱分析	红外、紫外-可见、核磁共振、原子发射、原子吸收、拉曼、X 射线衍射、荧光、电镜、能谱
色谱分析	气相、液相、离子、凝胶、超临界流体、电泳
电化学分析	电位法、电导法、库仑法
其他分析	热分析、质谱法

在这些仪器分析方法中，核磁共振、质谱、紫外-可见吸收光谱、红外光谱是常用的有机分析四大谱。此外，常用的分析方法还包括用于物质组成、形貌和微观结构分析的扫描电子显微镜、透射电子显微镜、原子力显微镜、X 射线衍射、原子发射和吸收光谱，以及荧光光谱，和在荧光光谱基础上发展起来的激光扫描共聚焦显微镜技术等。这些都是化学、材料科学以及生命科学等众多学科领域的科学研究中必不可少的现代分析仪器和表征测试手段。下面对这些常用的仪器分析方法进行简单介绍。

1.2 核磁共振波谱法

核磁共振波谱（NMR）的原理是分子中具有核磁矩的原子核 ^{1}H、^{13}C（或 ^{15}N、^{19}F、^{31}P

等）在外加磁场中，通过射频电磁波的照射，吸收一定频率的电磁波能量，由低能量的能级跃迁到高能量的能级，并产生核磁共振信号，通过对这些原子核的位置以及连接方式的研究，推导化合物的结构。在 ^{1}H 核磁共振波谱法中，化学位移、耦合常数和峰面积积分强度之比是三项重要参数。氢核的化学位移表达了不同官能团产生核磁共振的相对位置（化学位移 0～15）。耦合常数表示磁性核间的相互作用引起核自旋能级裂分的程度，构成谱峰多重裂分的精细结构，可以提供产生相互作用的磁性核数目、类型和相对位置等结构信息。共振峰峰面积积分强度之比表达了与各峰对应的官能团中所含氢原子个数之比。对于 ^{13}C 核磁共振波谱，则可提供有机化合物骨架碳原子的信息，特别对不含氢的官能团（如 C═O、CN、SCN、C═S 等）可直接获取 ^{13}C 核磁共振谱图，它提供的化学位移范围广（0～400），谱线间相互干扰小，但其灵敏度远低于 ^{1}H NMR，因此必须使用灵敏度高的脉冲傅里叶变换核磁共振仪，并与电子计算机联用，现已成为有机物结构分析中最有效的一种手段之一。^{1}H 和 ^{13}C 核磁共振波谱法在进行定性分析的同时，也可以对化合物进行定量分析，是化学、生物学、材料学和医学等研究领域用于鉴定有机和无机化合物的重要手段之一。此外，部分具有核磁矩的杂原子核如 ^{15}N、^{19}F、^{31}P 等的核磁共振波谱近年来也得到了极大的发展。

1.3 质谱法

质谱法是研究分子离子或者碎片离子的相对质量，以及唯一一种可以直接测定分子相对质量的仪器分析方法，用于化合物的分子量测定及结构解析。质谱分析法是将待分析样品（固态、液态或气态）电离为气态离子，然后在高真空系统中，在磁场或电场的作用下按质荷比（m/z）的不同对带电离子进行空间或时间上的分离和测定，获得被测样品的质荷比。除了质量的测量外，还能借助外力（碰撞气体、光子、电子等）使样品分子离子解离，产生碎片离子，再进行碎片离子的分离和测定。在获得的质谱图上，由各离子的质荷比数值和相对丰度（即不同离子峰的相对强度），结合分子离子断裂过程的机理，可确定被测物分子量，并可推断被测物构成元素的种类、分子结构和进行定量分析。

1.4 紫外-可见吸收光谱法

紫外-可见吸收光谱法，主要是通过物质对紫外以及可见光的吸收，研究具有共轭结构的有机化合物以及金属离子配合物等，在结构测定时起到了辅助分析的作用。紫外-可见吸收光谱（UV）是分子中最外层价电子在不同能级轨道上跃迁而产生的，它反映了分子中价电子跃迁时的能量变化与化合物所含发色基团之间的关系。UV 谱图的特征首先取决于分子中含有的双键数目、共轭情况和几何排列，其次取决于分子中的双键与未成键电子的共轭情况和其周围存在的饱和取代基的种类及数目。UV 谱图主要提供了分子内共轭体系的结构信息。UV 谱图组成通常比较简单，特征性不是很强，但用它来鉴定共轭发色基团却有独到之处。仅根据 UV 吸收谱带的位置和摩尔吸光系数的数值，一般无法判断官能团的存在，但它能提供化合物的结构骨架及构型、构象情况，因此至今仍为一项重要的测试分子结构的手段。

1.5 红外吸收光谱法

红外吸收光谱（IR）是分子选择性吸收某些波长的红外线，引起分子中振动能级和转动能级的跃迁而产生的，可以通过红外光谱识别化合物的不同官能团，推断化合物的结构。对每种化合物都可测绘出具有其自身特征的红外谱图，反映出整个分子的特性。对于某一特定的官能团和相关的化学键，不管分子中其他部分的结构如何，它总是在相同或几乎相同的频率或波数（即波长的倒数，以 cm^{-1} 表示）处产生特征的吸收谱带。因此就像辨认人的指纹一样，可由 IR 谱图中显示的特征吸收谱带的位置，来鉴别分子中所含有的特征官能团和化学键的类型，进而确认化合物分子的化学结构。IR 现已成为测定分子结构的有力工具之一，对任何两种化合物，只要组成分子的原子质量不同，或化学键性质不同，或几何构型不同，都会得到不同的 IR 谱图，因此 IR 可用于区分由不同原子和化学键组成的分子，并可识别同分异构体。应当指出，近年发展起来的激光拉曼光谱（Laser Raman Spectroscopy）与红外吸收光谱相配合，在结构分析中发挥着愈来愈重要的作用。拉曼效应是指具有一定能量的光子与分子碰撞所产生的光散射效应。当分子吸收光能后，可产生多种振动方式，只有能引起分子偶极矩变化的振动方式才能产生高强度的红外吸收峰，与此同时，还可能产生低强度的拉曼散射谱峰；反之，对仅能引起分子极化率变化的振动方式可产生强的拉曼散射谱峰和弱的红外吸收峰。因此若将红外吸收光谱和激光拉曼光谱结合起来，相互补充，就可得到分子振动光谱的完整数据，可对化合物的分子结构作出更准确的判断。

1.6 电子显微技术

电子显微技术是一种利用高分辨率和放大倍率的电子显微镜，对样品进行特征分析的技术，如形貌观察、能量色散 X 射线等分析技术。例如，常用的扫描电子显微镜、透射电子显微镜、原子力显微镜、激光扫描共聚焦显微镜等显微仪器。它们通常采集电子和样品发生作用后产生的信号进行分析。电子显微技术在计量分析测定、立体观察、图像分析、电子工业、缺陷探测等领域有着广泛的应用。

1.7 X 射线衍射法

X 射线衍射法利用电磁波与材料内部的原子相互作用产生相干散射，相干散射波之间产生相互干涉，就可获得衍射。衍射花样由两方面组成：一方面是衍射线在空间的分布规律，也称为衍射几何；另一方面是衍射线的强度。衍射几何的分布规律由晶胞大小、形状和取向决定，而衍射线的强度则取决于原子的种类及其在晶胞中的位置。每种晶体所产生的衍射花样都反映出晶体内部的原子分布规律，包括多晶衍射和单晶衍射两种类型。通过分析衍射图谱，可获得材料的成分、物相、原子和分子结构、空间堆积、弱相互作用力等重要信息，X 射线衍射是一种重要的材料表征技术。X 射线衍射法是一种无损坏、非破坏性的分析方法，准备样品的操作简单，因而备受欢迎。现在，X 射线衍射分析已是很多材料研究、检测的必做项目，广泛应用于材料科学、化学、生命科学、医学等领域。

1.8 荧光光谱法

荧光光谱是物质吸收电磁辐射后，受到激发，其中由第一电子激发单重态以辐射跃迁的形式回到基态而伴随的发光现象称为荧光。荧光光谱具有灵敏度高、方法简单等优点。通过荧光光谱的测定，可以得到激发光谱、发射光谱、荧光强度、量子产率、荧光寿命、荧光偏振等参数。这些参数反映了分子的各种特性，可以通过它们得到被检测分子的更多信息。得益于荧光分析仪器的发展，目前除了常规荧光分析技术之外，各种新型荧光分析法不断涌现，极大地拓展了荧光分析法的应用范围。比如荧光动力学分析法可使测定的精度进一步提高；同步荧光法、导数荧光法及三维荧光技术的使用可使复杂混合物的组分易于识别和测定；偏振荧光法可用于测量分子膜的微黏度和生物分子间的缔合反应等，对于生物化学方面的研究工作颇有帮助。

1.9 原子发射和吸收光谱法

原子发射和原子吸收光谱法则在无机物组成测定方面发挥了很大的作用。原子吸收光谱是一种基于气态和基态的原子核外电子吸收共振辐射后，发生电子跃迁至激发态所产生的吸收谱。另外，激发态原子不稳定，很快返回到基态并发射出特征谱线，就得到原子发射光谱。这两种方法都是元素的特征光谱，原子发射光谱可用于元素的定性或定量分析；但原子吸收光谱只能用于元素的定量分析。两者都是金属元素测定的有力工具。

不同的分析仪器在物质结构分析中具有各自的应用特点，例如：核磁可以确定部分原子核的种类、数目及排列顺序；质谱可确定分子的分子量、局部结构或全部结构；紫外则主要用于确定共轭基团的大小；红外则用于确定主要的官能团；电子显微技术可用于样品形貌研究、微区结构与成分分析等；X 射线衍射可对单晶或者多晶进行结构测定或者成分分析；原子吸收和发射光谱则主要用于金属元素的定性或定量分析。在实际工作中，仅利用一种仪器分析方法有时不能得出确切的结论，必须同时使用几种仪器分析方法或采用联用技术才能提供相互补充的信息，得出可靠的结论。

现代分析仪器与测试技术已经成为物质结构测试与解析最有效的手段，是人们认识和探索微观世界的眼睛。对需要进行物质结构测定的化学工作者来讲，必须首先掌握各种测定方法的基本原理、操作要点、谱图解析的方法和特点，进而掌握应用多种谱图综合解析未知物的技能。总之，要想成为精通谱图解析和准确判定物质结构的能手，必须经过相当多的亲身实践，培养对图谱的敏感性，牢记关键数据，不断总结剖析经验，逐步积累解析谱图技术的关键点，最终才能达到所期望的目标。

思考题

1. 在物质结构的测试与解析中，常见的方法有哪些？
2. 不同分析方法的应用特点是什么？
3. 常用的有机分析四大谱指的是什么？

第2章 核磁共振技术

通过本章的学习，掌握核磁共振氢谱、碳谱、杂原子谱和二维谱的基本概念和原理；掌握各类常见官能团以及化合物的典型化学位移，通过图谱解析，判断化合物核磁谱图的归属。

核磁共振谱（nuclear magnetic resonance，NMR）技术是仪器分析中起步较晚，但发展速度很快的一种检测技术。1946 年，哈佛大学 Purcell 小组和斯坦福大学 Bloch 小组分别观测到石蜡和液态水的核磁共振信号，为核磁共振波谱学奠定了理论和实验基础。随后，Proctor 和 Arnold 等分别发现了化学位移现象，Hahn 和他的同事又发现了自旋耦合现象，表明核磁共振技术可以用来研究化合物的分子结构。

核磁共振最初采用连续波技术，被研究的核一般具有较高的天然丰度和较大的磁旋比，限制了核磁共振的应用范围。Ernst 和 Anderson 在 1966 年完成了脉冲傅里叶变换核磁共振实验，大大提高了核磁共振的检测灵敏度。随着一维脉冲傅里叶变换技术的发展，Jeener 在 1971 年提出了具有两个独立时间变量的核磁共振实验，引入了二维谱概念。三年之后，Ernst 小组首次成功地实现了二维核磁共振实验，从此核磁共振技术进入了一个全新的时代。Ernst 本人也因此获得了 1991 年的诺贝尔化学奖。随着二维核磁共振技术的飞速发展，各种脉冲序列层出不穷，使二维谱在有机化合物的结构鉴定、分子在溶液中的三维空间结构的测定和分子动态过程的研究中得到了广泛的应用，特别是近年来多维核磁共振技术的发展，推动了核磁共振对生物大分子结构的研究，使核磁共振成为研究溶液中分子构象最有效也几乎是唯一的方法。多维核磁共振技术因此被誉为“溶液中的 X 射线衍射技术”。除了在生物学和化学中的应用以外，核磁共振技术在医学中也是一种非常重要的无损检测手段。

2.1 核磁共振基本原理

2.1.1 原子核的磁矩

核磁共振是由原子核的自旋运动引起的，原子核的自旋可以用自旋量子数 I 来表征，I

与中子数和质子数之间存在一定的关系，可以分为三种情况：

① 中子数、质子数均为偶数，I=0，如 ^{12}C、^{16}O、^{32}S 等。

② 中子数、质子数为一奇一偶，I 为半整数，如 ^{1}H、^{13}C、^{19}F 等（I=1/2）；^{7}Li、^{11}B、^{37}Cl、^{39}K 等（I=3/2）；^{17}O、^{27}Al 等（I=5/2）。

③ 中子数、质子数均为奇数，I 为整数，如 ^{2}H、^{14}N 等。

其中，I=0 的原子核没有核磁共振信号，因此只有②、③类原子核才是核磁共振关注的对象。I=1/2 的原子核，如 ^{1}H、^{13}C、^{15}N、^{19}F、^{29}Si、^{31}P、^{77}Se、^{119}Sn、^{199}Hg 等，原子核的正电荷均匀分布在原子核表面，没有核四极矩，弛豫机制最简单，核磁谱线较窄，利于核磁共振检测。原子核的自旋角动量 P、自旋量子数 I 和磁矩 μ 之间有对应关系：

$$P=[I(I+1)]^{1/2}h/2\pi \tag{2-1}$$

$$\mu=\gamma P \tag{2-2}$$

式中，h 为普朗克（Planck）常数；γ 为磁旋比或旋磁比，它是原子核的重要属性。当空间存在静磁场强度 B_0，假设其方向为 z 轴方向，由量子力学原理得知，原子核自旋角动量在 z 轴上的投影也只能是量子化的，即

$$P_z=mh/2\pi \tag{2-3}$$

式中，m 是原子核的磁量子数，m=$-I$，$-I$+1，…，I。原子核磁矩在 z 方向上的投影为 μ_z：

$$\mu_z=\gamma P_z=\gamma mh/2\pi \tag{2-4}$$

磁矩和磁场的相互作用能为：

$$E=-\mu_z B_0=-\gamma mhB_0/2\pi \tag{2-5}$$

由于量子力学的选择定律，只有相邻能级之间的跃迁才是允许的，相邻能级之间的能级差 ΔE 为：

$$\Delta E=\gamma hB_0/2\pi \tag{2-6}$$

2.1.2 核磁共振的产生条件

具有磁矩的原子核在静磁场中自旋能级发生分裂，如果施加某一特定频率［满足式（2-6）］的电磁波来激发样品，原子核可以进行能级之间的跃迁，这就是核磁共振现象。即核磁共振的产生条件为电磁波的频率 ν 满足

$$h\nu=\gamma hB_0/2\pi \tag{2-7}$$

即

$$\nu=\gamma B_0/2\pi \tag{2-8}$$

其对应的原频率 ω 为：

$$\omega=2\pi\nu=\gamma B_0 \tag{2-9}$$

为了满足式（2-8）或式（2-9）核磁共振条件，有两种扫描方式：固定静磁场强度 B_0，扫描电磁波频率 ν；或者固定电磁波频率 ν，扫描静磁场强度 B_0。

2.2 核磁共振主要参数

2.2.1 化学位移

1950 年，W.G.Proctor 和虞福春研究硝酸铵的 ^{14}N 核磁共振谱图时，发现有两条谱线，分别对应铵离子和硝酸根离子中的 ^{14}N 原子。这说明核磁共振信号能够反映同一种原子核所处的不同化学环境。

由式（2-7）可知，在相同的磁感应强度 B_0 下，对于同一种原子核来说，其共振频率应该是相同的。但在实际情况中，由于所处的化学环境不同，其共振频率会有微小的差别。这是因为核外电子对原子核有一定的屏蔽作用，原子核实际感受到的外磁场不是 B_0，而是 B_0（$1-\sigma$）。σ 被称作屏蔽常数，反映了核外电子对原子核的屏蔽作用的大小，它与原子核所处的化学环境有密切的关系。σ 通常小于 1。因此，式（2-7）可以改写为：

$$h\nu=\gamma hB_0(1-\sigma)/2\pi \tag{2-10}$$

σ 具体可表示为：

$$\sigma=\sigma_d+\sigma_p+\sigma_a+\sigma_s \tag{2-11}$$

σ_d 代表抗磁屏蔽。例如氢原子的 s 电子在外磁场中产生抵消原磁场的附加磁场，使原子核感受的实际磁场降低，此屏蔽为抗磁屏蔽。σ_p 代表顺磁屏蔽，分子中其他原子的存在，使所关注的原子核的核外电子运动受阻，即导致非球形电子云。这种非球形的电子云产生的磁场加强了外磁场，故称作顺磁屏蔽。因 s 电子是球形对称，所以不会导致顺磁屏蔽，而 p、d 轨道电子对顺磁屏蔽有贡献。σ_a 代表相邻基团的磁各向异性。σ_s 代表溶剂的影响。

对于某种原子核，如氢核，不同化学环境的氢核谱线位置略有不同，其频率间的差值相对于 B_0 或 ν_0 来说非常小，仅有百万分之十左右，所以核磁共振峰的绝对位置难以精确确定。在实验中常采用某一标准物质作为基准，以其谱线的位置作为核磁谱图的坐标原点。其他各共振吸收峰相对于标准峰（原点）的距离，与它们所处的化学环境有关，用化学位移 δ 表示。δ 的计算公式如下：

$$\delta=(\nu_{样}-\nu_{标})\times10^6/\nu_{标} \tag{2-12}$$

δ 是无量纲量，是一个相对值，与所用的谱仪型号没有关系，即用不同核磁共振谱仪所检测的化学位移值相同。

20 世纪 60 年代，除采用 δ 表示化学位移外，也有文献用 τ 表示。

$$\tau=10-\delta \tag{2-13}$$

四甲基硅烷（TMS）是最常用的标准物质，主要是因为：TMS 只有一个峰；沸点 27℃，易于样品回收；核外电子屏蔽作用较强，如果以它的峰定义零点，大多数化合物的各个基团氢谱、碳谱的化学位移均为正值。由于 TMS 不溶于水，在以重水为溶剂时常用三甲基硅烷氘代丙酸钠或者三甲基硅丙磺酸钠作为标准物质。

2.2.2　耦合常数

自旋核之间的相互作用称自旋-自旋耦合，简称自旋耦合。Gutowsky 等在 1951 年发现 $POCl_2F$ 溶液 ^{19}F 谱图中有两条谱线，而分子中只含有一个 ^{19}F，该现象不能用化学位移来解释，由此发现了自旋耦合现象。$POCl_2F$ 溶液中，^{19}F 的两条谱线是 ^{31}P 与 ^{19}F 作用的结果。^{31}P 的自旋量子数是 1/2，在外磁场中有两种取向，一种是平行于外磁场，使 ^{19}F 实际接受的磁感应强度略有增强；另一种是反平行于外磁场，使 ^{19}F 实际接受的磁感应强度略有减弱。因此，^{19}F 出现了两条谱线，分别在按式（2-12）计算所得化学位移值两边等距离处。

推广到一般情形，当所观察的原子核有 n 个相关耦合的核，并且每个核有相同的耦合作用，这些核的磁矩都有 $2nI+1$ 个取向（I 为自旋量子数），因此所观察的核的谱线裂分为 $2nI+1$ 条。对于 ^{1}H、^{13}C、^{15}N、^{19}F、^{29}Si、^{31}P 等 $I=1/2$ 的常见原子核，自旋耦合产生的谱线数目为 $2nI+1=n+1$，称为 $n+1$ 定律。

当自旋体系存在自旋耦合时，谱线将发生裂分。由裂分所产生的间距反映了耦合作用的大小，称为耦合常数 J。J 的单位是 Hz，与所用的核磁共振谱仪型号没有关系。耦合常数的大小与两个原子核间隔的化学键数目密切相关。由于自旋耦合是通过成键电子传递的，随着化学键数目的增加，耦合常数将快速下降，因此需要在 J 左上方标注出两个核间距的化学键数目。如 $^{1}H—^{13}C—^{1}H$ 中两个 ^{1}H 原子的耦合常数写作 ^{2}J。

J 是有正负的，核磁共振谱图的裂分间距反映了 J 的大小，即 J 的绝对值。通常情况下只讨论 J 的大小，不涉及 J 的正负。

2.2.3　弛豫过程

当能量为 $h\nu$ 的电磁波恰好等于分子的能级差 ΔE 时，样品能够吸收电磁波能量，从低能级跃迁到高能级。高能级的粒子可以通过自发辐射回到低能级，自发辐射的概率正比于两个能级之间的能级差 ΔE。由于 ΔE 非常小，实际上几乎不能发生自发辐射。因此，如果需要连续检测到核磁共振信号，必须存在某种过程，使高能级的原子核返回低能级，以保持低能级的粒子数多于高能级的粒子数。这个过程称作弛豫过程。需要指出的是，按照玻尔兹曼分布，无激发条件下核磁共振相邻能级之间的粒子数之差是非常小的。室温下 400MHz 核磁共振波谱仪低能级与高能级的 ^{1}H 核数目比为 1.000064。如果没有有效的弛豫机制，高低能级的粒子数将会很快相等，就不再有核磁共振信号，即出现信号饱和。

弛豫过程具体可以分为纵向弛豫和横向弛豫。纵向弛豫反映了体系和环境之间的能量交换，也称为自旋-晶格弛豫，高能态自旋核将能量转移至周围的分子，导致高能态的核数目下降。自旋-晶格弛豫时间（半衰期）用 T_1 来表示。横向弛豫反映了核磁矩之间的相互作用，又叫自旋-自旋弛豫，高能态的自旋核把能量转移给同类低能态的自旋核，结果是自旋核的数目不变，总能量不变。自旋-自旋弛豫时间（半衰期）用 T_2 来表示，其值比 T_1 小。

2.2.4 核磁共振谱线宽度

谱线宽度源于量子物理的测不准原理：

$$\Delta E\cdot\Delta t\approx h \tag{2-14}$$

式中，Δt 是粒子停留在某个能级上的时间。在核磁共振实验中，它由自旋-自旋相互作用所决定，这个作用的特征时间尺度是 T_2，故

$$\Delta E\cdot T_2\approx h \tag{2-15}$$

又由于 $\Delta E=h\Delta\nu$，可以得出：

$$\Delta\nu\approx 1/T_2 \tag{2-16}$$

按照式（2-16）得到的谱线宽度是自然线宽。但由于磁场不均匀性的存在，实际谱线宽度要远大于自然线宽。

2.3 核磁共振波谱仪

2.3.1 连续波核磁共振波谱仪

连续波核磁共振波谱仪主要由磁铁、探头、射频发生器、检测器和记录单元组成，如图 2-1 所示。

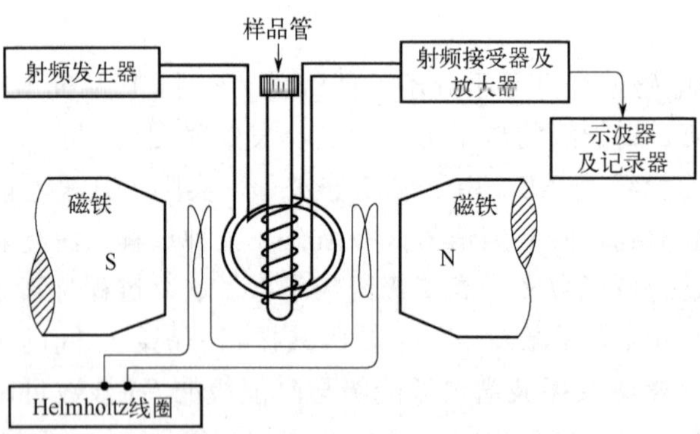

图 2-1 连续波核磁共振波谱仪示意图

① 磁铁：提供强、高度均匀、稳定的磁场，有永久磁铁、电磁铁和超导磁铁，电磁铁应用不多，低档仪器使用永久磁铁，高场强的仪器多采用超导磁铁；

② 探头：使样品管保持在磁场中某固定位置的器件，不仅包含样品管，还包括射频振荡线圈和接收线圈；

③ 射频发生器：通常采用石英晶体振荡产生基频，经过倍频、调谐及功率放大后馈入射频振荡线圈；

④ 检测和记录：共振核产生的射频信号通过接收线圈加以检测，放大后被记录。

当使用连续核磁共振波谱仪时，无论是扫场方式还是扫频方式，都是连续改变某个物理参数使不同基团的原子核依次满足共振条件而得到完整的核磁共振谱图。在每个瞬间，最多只有一种原子核处于共振状态，而其他原子核都没有信号。为保障谱图质量，每一次扫描都必须控制扫描速度。由于信噪比与采样次数 $N^{1/2}$ 成正比，当样品浓度小时，需要多次累加以提升信噪比。所以对于低浓度的样品，所需要的时间将大大延长，而且也很难保证在这么长的时间内波谱仪的稳定性。20 世纪 60 年代出现了脉冲傅里叶变换核磁共振波谱仪，缩短了实验时间，同时大大提高了核磁共振的检测灵敏度。

2.3.2 脉冲傅里叶变换核磁共振波谱仪

在脉冲傅里叶变换核磁共振波谱仪 PFT-NMR 中，不是通过扫频或扫场的方式产生共振信号，而是采用恒定磁场，用一定频率宽度的射频强脉冲辐照试样，激发全部欲观测的核，得到全部共振信号。一个时间域上的短而强的脉冲对应频率域上的非常宽的方波脉冲，而脉冲的长短与激发的方波宽度成反比。即一个非常短而强的脉冲可以激发一个宽的频率带，处于不同化学环境的原子核就会被同时激发，检测线圈将同时检测所有被激发核的自由感应衰减（free induction decay，FID）信号。再通过傅里叶变换将时间域上的 FID 信号变换到频率域上，得到常见的核磁共振谱图，这就是脉冲傅里叶变换核磁共振波谱仪的原理。

由于材料等因素的限制，目前 PFT-NMR 的脉冲通常作用时间为几微秒到十几微秒，强度在几十瓦到几百瓦，这意味着一次只能激发有限宽度的化学位移范围中的原子核信号，即一次只能有效地激发一部分原子核。而对于个别化学位移分布非常宽的样品，通常需要调整参数多次实验，将所得实验结果进行拼接，才能得到完整的谱图。相比于连续波核磁共振波谱仪，脉冲傅里叶变换核磁共振波谱仪具有以下优点：①可以同时检测不同官能团的原子核，脉冲作用时间短，为微秒级别，在进行信号累加测量时，远比连续波谱仪节约时间；②灵敏度较连续波谱仪大大提高，可测天然丰度极低的核，如 ^{13}C；③可以使用多种脉冲序列，对信号进行编辑。

2.3.3 核磁共振技术的新进展

（1）分辨率、灵敏度逐渐提高 1988 年高分辨率 600MHz 共振波谱仪开始商品化，1995 年 800MHz 的超高分辨率的核磁共振仪器又研制成功。目前 1.2GHz 的核磁共振波谱仪已经成功进行了商品化，更高场的波谱仪正在研究试制中。随着波谱仪场强的增加，仪器的分辨率、灵敏度也在稳步提高。超低温探头的出现，可以有效降低线圈的热涨落噪声，在不提高磁场强度的前提下提高波谱仪灵敏度。

（2）与其他分析手段联用　常见的联用技术为高效液相色谱（HPLC）。HPLC 是非常好的样品分离手段，而核磁共振技术是很好的成分分析鉴定方法，二者联用可以非常有效地进行复杂混合物的组分鉴定。

（3）梯度场的应用　在竖直方向（Z 方向）附加梯度场，即 Z 方向附加一个线性变化的小的磁场。由于噪声是无规的，梯度场与各种脉冲序列结合，可抑制谱图的背景噪声，可以明显地提高信噪比。

（4）多种脉冲序列的应用　现在的核磁共振波谱仪已经自带了多种脉冲序列，每年还会新增许多新的脉冲序列来实现特定的实验效果。最早的核磁共振波谱仪只能作一维谱，随后为了提高谱图的分辨率，将在一维谱上不易分开的信号通过第二个时间变量区分，就出现了通过两次傅里叶变换得到的二维谱。随着同位素标记技术的发展，三维谱图、四维谱图使核磁共振技术能够与 X 射线衍射技术一起共同推算生物大分子的空间构象。

（5）固体核磁共振波谱仪　在液相核磁共振技术飞速发展的同时，固体核磁共振技术也取得了长足的发展。由于偶极-偶极耦合、化学位移各向异性以及核四极矩等因素的影响，固体核磁共振波谱仪的分辨率和灵敏度远逊于液相核磁共振波谱仪，但是在某些方面、某些情况下具有液相核磁无法比拟的优势：如某些样品根本不溶于氘代试剂；某些样品一旦溶解，其固体结构将发生变化；用溶剂抽提时可能漏掉一部分物质。目前，固体核磁已应用于无机材料（分子筛催化剂、陶瓷、玻璃等）、有机材料（高分子聚合物）、生物体系（膜蛋白）以及液晶材料等的化学结构、空间结构的表征与分析，固相反应的反应动力学、反应机理、特定物种的结构变化的分析测定。

2.4 核磁共振氢谱

氢核是天然存在的原子核中核磁共振最灵敏的核，多年的发展已积累了丰富的核磁共振氢谱数据。图 2-2 显示了一张典型的核磁共振氢谱［乙醇溶于氘代 DMSO（二甲基亚砜）中］。谱图的横坐标从左至右代表了磁场增强的方向，也是化学位移变小的方向。谱图的纵坐标代表谱峰的强度。谱图上部的数字给出了每个谱峰（包括裂分）的准确化学位移值，谱图下部的数字给出了每个积分段内的信号积分面积，如果实验参数选择适当，积分面积正好对应所观测官能团中原子核的个数。图中化学位移 4.33 处的峰积分为 1.00，它对应乙醇中羟基 1 个氢原子；化学位移 3.44 处的峰积分为 2.02，它对应乙醇中亚甲基的 2 个氢原子；化学位移 1.05 处的峰积分为 3.09，它对应乙醇中甲基的 3 个氢原子。在谱图中化学位移零点处为标准样品 TMS 的谱峰，2.50 化学位移处的五重峰是未氘代 DMSO 残留的溶剂峰，3.31 化学位移处的信号是试剂中残留的水峰。

核磁共振氢谱能够给出含氢物质的重要结构信息：化学位移、耦合常数、峰的裂分、积分面积。氢谱的积分面积能定量地给出氢核的数量信息，即峰面积与氢核的原子数目成正比。因此，检测核磁共振氢谱，得到各个官能团的氢原子数目比，对于推断物质的结构式很有帮助。

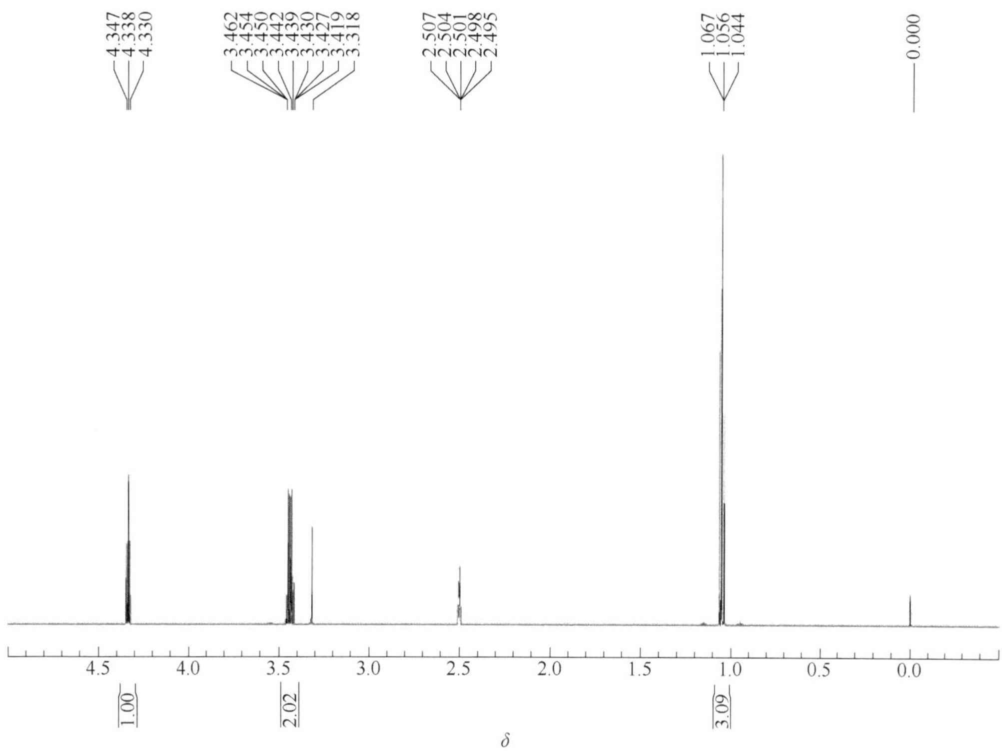

图 2-2　乙醇的核磁共振氢谱

2.4.1　氢谱的化学位移

化学位移由屏蔽常数 σ 决定。由于氢原子核外只有 s 电子，故抗磁屏蔽起主要作用，σ_a 和 σ_s 起辅助作用。如果氢的核外电子云密度下降，则更低的外磁场就能使氢原子发生共振，谱峰的位置向低场移动，化学位移值增大，这就是去屏蔽作用；反之，则为屏蔽作用。

2.4.1.1　氢谱中化学位移的影响因素

（1）取代基团的电负性　因诱导效应的影响，与取代基团连接于同一个碳原子的氢原子上的电子云密度下降，导致氢原子共振峰向低场移动。取代基团的电负性越强，诱导效应越强，氢质子化学位移值越大。例如，普通甲基的化学位移在 1 附近，而甲氧基的化学位移在 3～4，就是因为甲基旁边的氧原子电负性很强，使甲基上的氢原子电子云密度下降。又如：

化合物	CH_3F	CH_3Cl	CH_3I	CH_3CH_3	$Si(CH_3)_4$
化学位移	4.3	3.1	2.2	0.9	0.0

取代基团的诱导效应能够沿碳链延伸，但影响迅速变小。通常连在同一碳原子（即 α 碳原子）上的氢原子化学位移影响最大，相邻的 β 碳原子上的氢原子有一定影响，γ 碳及更远的碳原子上的氢受到的影响就很小了。由于常见的有机官能团的电负性均大于氢原子的电负性，因此，叔碳上的氢化学位移大于仲碳上的氢化学位移，而仲碳上的氢化学位移大

于伯碳上的氢化学位移。取代基对不饱和烃的影响比较复杂，要考虑诱导效应和共轭效应。

（2）碳原子杂化影响　当碳原子从 sp^3 杂化变化到 sp^2 杂化，s 电子所占成分从 25%增加到 33%，即成键电子更靠近碳原子，对与之相连的氢原子有去屏蔽的效果，因此烯氢原子的信号向低场移动。但是由于其他因素的影响，炔氢比烯氢处于更高场，苯环上的氢相较于烯氢处于低场。

（3）环状共轭体系的环电流效应　乙烯的化学位移为 5.2，苯环的化学位移为 7.3，它们都属于 sp^2 杂化。如图 2-3 所示，由于环电流效应的影响，苯环上的氢原子化学位移明显偏向低场。环电流产生的磁力线在环的上下表面与外磁场方向相反，但在苯环侧面，即苯环上氢原子附近与外磁场方向相同，即增强了外磁场，氢原子核被去屏蔽，共振信号移向低场。

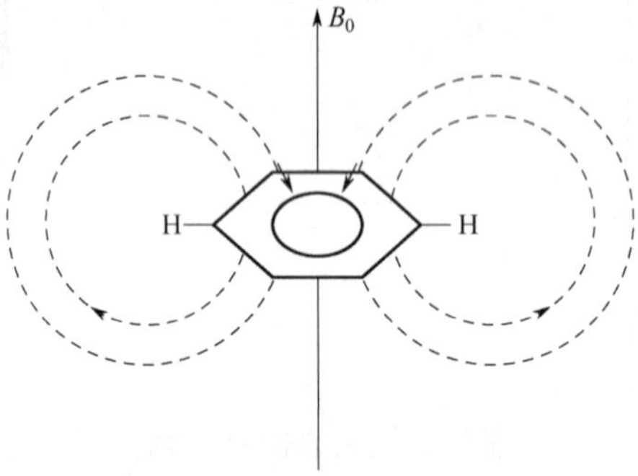

图 2-3　苯环上的环电流效应

除了苯环以外，其他含有 $4n$+2 个离域 π 电子的环状共轭体系均有强烈的环电流效应。如果氢核处于环的上方或者下方，则受到强烈的屏蔽效应，氢原子信号向高场移动，化学位移甚至可能为负值；如果氢核处于环的侧面，则受到强烈的去屏蔽作用，氢原子信号向低场方向移动。

（4）邻键的磁各向异性　炔氢处在碳碳三键连线外侧，由于相邻键的磁各向异性，受到强烈的磁屏蔽，图 2-4 中以“+”表示。与此相反，烯氢处于碳碳双键的去屏蔽圆锥内，图 2-4 中以“−”表示。由此可知，炔氢比烯氢处于更高场。

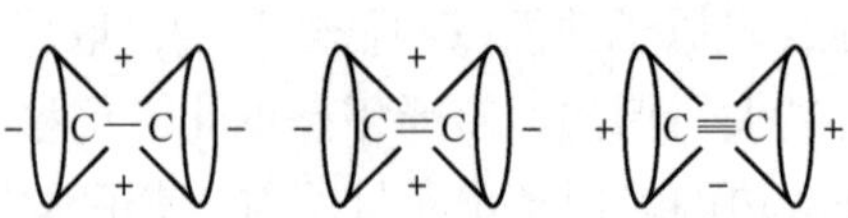

图 2-4　乙烷、乙烯、乙炔的屏蔽圆锥（“+”表示）和去屏蔽圆锥（“−”表示）

由于碳碳单键也有磁各向异性，当 CH_2 不能自由旋转时，CH_2 上的两个氢原子的化学位移的差别就不能在采样时间内被化学键的快速旋转所平均掉，即化学位移的差别就能表现出来。

（5）相邻基团范德华力的影响　在所观测的氢原子与邻近的其他原子核间距小于范德华半径之和的情况下，由于电子云相互排斥，导致氢原子周围的电子云密度降低，核磁共振信号向低场偏移。

（6）溶剂的影响　不同的氘代试剂具有不同的磁导率，导致样品实际接收到的磁感应强度会有差别，从而对化学位移产生影响。溶剂分子接近溶质可能会改变溶质的电子云分布形状，产生去屏蔽作用；氘代试剂分子的磁各向异性可能造成对溶质分子不同位置的原子产生屏蔽作用或去屏蔽作用等。

（7）氢键的影响　氢键使氢原子受到去屏蔽作用，导致参与氢键形成的氢原子信号向低场移动，例如羧酸上羧基氢的化学位移常超过 10。正是由于氢键对化学位移影响比较明显，羟基、氨基、巯基的氢原子变化范围较大，且与样品的状态（浓度、测试温度等）相关。

2.4.1.2　各个官能团中氢原子的化学位移

各个官能团中氢原子的化学位移常以图表形式表现。图 2-5 显示了一些常见的官能团中氢原子的化学位移可能分布范围。

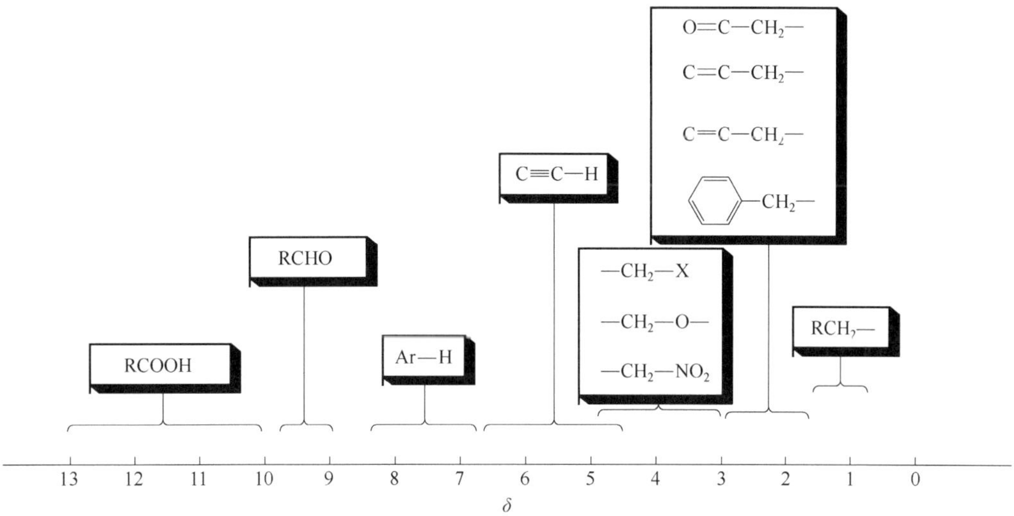

图 2-5　常见官能团中氢原子的化学位移可能分布范围

活泼氢是指与氧、氮、硫原子相连的氢原子。活泼氢的化学位移与氢键紧密相关，和样品温度、浓度、所用的溶剂等相关。部分化合物中活泼氢的化学位移可能分布范围见表 2-1。

表 2-1　部分化合物中活泼氢的化学位移可能分布范围

化合物	化学位移	化合物	化学位移
醇	0.5～5.5	R—SH	0.9～2.5
烯醇	15～19	RNH_2，R_2NH	0.4～3.5
羧酸	10～13	$RCONH_2$	5～6.5
酚（分子内缔合）	10.5～16	RCONHR'	6～8.2
其余酚	4～8	RSO_3H	11～12

2.4.2　氢谱的耦合常数

耦合常数（J）能够反映有机分子结构信息，尤其是立体化学结构信息。核磁共振氢谱除了能够给出含氢官能团的化学位移之外，通常还能从中读出耦合常数的大小。

（1）^1J 和 ^2J　当氢原子与另一个磁矩不为零的异核直接相连时，氢核的 ^1J 才会表现出来。最重要的 ^1J 当然是 $^1J_{H-C}$，这种耦合将会在碳谱中讨论。氢核最常见的 ^2J 为同碳二氢耦合常数。自旋耦合始终存在，但是只能在相互耦合的两个氢原子的化学位移不相同时，共振峰的分裂才能表现出来。例如，端烯的两个氢原子，由于双键引起磁各向异性，化学位移不同就能显示出 ^2J 导致的裂分。又如长链中的 CH_2 基团，由于碳链可以自由旋转，两个氢原子的化学位移接近，在氢谱上就不容易观察到 ^2J 耦合。

（2）^3J　在核磁共振氢谱中，同碳二氢的化学位移值常常相等，通常不产生裂分；氢核之间的 ^4J 耦合大小又通常远小于 ^3J 耦合大小，因此 ^3J 耦合在氢谱中占有非常重要的地位。

影响 ^3J 耦合大小的因素如下。

① 二面角 φ：^3J 与二面角 φ 的关系可以由 Karplus-Conroy 关系概括，如图 2-6 所示，即

$$^3J=J_0\cos^2\varphi+C\ (0°<\varphi<90°) \tag{2-17}$$

$$^3J=J_{180}\cos^2\varphi+C\ (90°<\varphi<180°)$$

式中，J_0 代表 $\varphi=0°$ 的 J 值大小，J_{180} 代表 $\varphi=180°$ 的 J 值大小；C 为常数项。

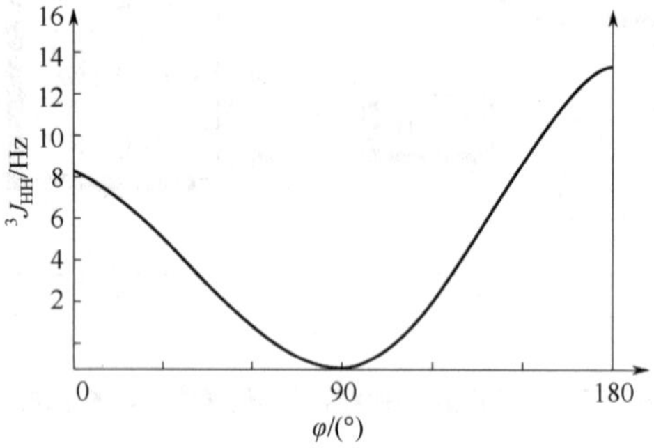

图 2-6　^3J 大小与二面角 φ 的关系

由于 $J_{180}>J_0$，因此式（2-17）又可以写成：

$$^3J=A+B\cos\varphi+C\cos^2\varphi \tag{2-18}$$

其中 A、B、C 均为常数。如果设 $A=7$，$B=-1$，$C=5$，则式（2-17）和式（2-18）可以解释烯烃中 $J_{反}>J_{顺}$。

② 取代基团的电负性：随着取代基电负性增加，^3J 的绝对值下降，而且烯烃的 ^3J 下降较为明显。

③ 键长：随着键长的增加，^3J 的绝对值下降。

④ 键角：^3J 随着键角的减小而变大。

（3）长程耦合的 J 值　相隔 4 键或 4 键以上的氢原子之间的耦合称为长程耦合。饱和体系的 J 值随着氢原子间共价键数目的增加而快速下降。通常长程耦合的 J 值小于 2Hz。不饱和体系中由于 π 电子的存在，使得耦合作用能够传递到较远的距离。

（4）芳环和杂芳环　芳环上的氢 ^3J 大小通常为 6～9Hz。因为苯环是大共轭体系，所

以存在 ^4J 和 ^5J 等长程耦合。^4J 大小通常为 1～3Hz，而 ^5J 大小通常小于 1Hz。

杂芳环中因为有杂原子的影响，所观察的氢原子的 ^3J 与氢原子相对杂原子的位置相关，紧邻杂原子的氢原子 ^3J 较小，远离杂原子的氢原子的 ^3J 较大。

2.4.3　化学等价与磁等价

2.4.3.1　化学等价

如果分子中的两个相同原子或基团处于相同的化学环境，则它们是化学等价的。而化学不等价的两个基团，在化学反应中可以有不同的反应速率，用光谱、波谱测量可以得到不同的结果。因此，可以用谱学方法研究两个原子或原子基团是否为化学等价。以柠檬酸（图 2-7）为例，两个与亚甲基相连的羧基的酶解速率不同，所以它们不是化学等价的。

现分两种情形讨论化学等价问题：

（1）分子中各个原子处于相对静止时，可以采用对称操作将两个原子或基团相互交换来判断它们是否化学等价。以图 2-8 中的化合物为例，其中 R 与 R′是两个相同基团，X 与 Y 是两个不同基团。从 R 方向观察余下的三个取代基团。

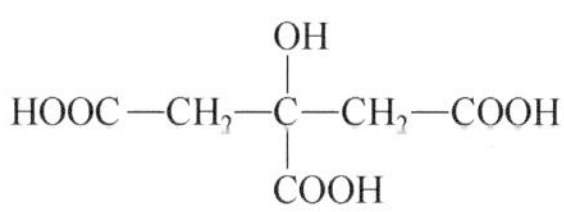

图 2-7　柠檬酸结构式

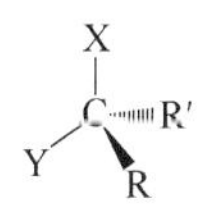

图 2-8　对映异位分子示意图

按顺时针方向标记为 X-R′-Y。但是从 R′方向观测，顺时针方向标记为 X-Y-R。所以在手性试剂中 R 与 R′的共振频率是有差异的，其差异的大小与 X、Y 基团性质，所用的手性试剂等因素相关。

如果分子中两个相同基团不能通过对称操作而相互交换，则称它们是非对映异位的。在理论上说，非对映异位的两个基团在手性试剂或非手性试剂中共振频率都不是相同的，也就是非化学等价的。在某些特定情况下可能非常巧合地出现共振频率相同，此时它们的谱峰重叠在一起。

（2）分子中各个原子处于快速运动的情形时，最常见的分子内运动包括链的旋转、环的翻转等情形。由于分子内的快速运动，部分不能通过对称操作而交换的原子基团有可能变成化学等价、等频的基团。如环己烷翻转时，直立氢和平伏氢相互交换，因此二者等频，在谱图上是一个共振峰。

上面讨论了化学等价的定义、判断原则及方法，下面举例说明一些常见的化学不等价的情况：与手性碳相连的 CH_2 的两个氢不是化学等价的，如图 2-9（a）中 H_a 与 H_b；固定环上 CH_2 的两个氢不是化学等价的，如图 2-9（b）中四元环有单个 Cl 取代，则 H_a 与 H_b 化学不等价，H_c 与 H_d 化学不等价，核磁图谱中共有五组信号；单键不能快速旋转时，同一原子上两个相同基团不是化学等价的，典型的例子如图 2-9（c）所示，由于 C—N 单键具有部分双键的性质，不能自由旋转，N 上两个甲基受到分子内不同的屏蔽作用，因此这两个甲基呈现两个峰（高温下则只出现一个峰）；化合物［图 2-9（d）］乙氧基中 CH_2 的两个氢，由于分子的对称面不能平分该 CH_2 的键角，所以两个氢不等价，产生 AB 体系的 4 条谱线，它们再受邻位 CH_3 裂分，因此若无谱线重叠，此 CH_2 可观察到 16 条谱线。

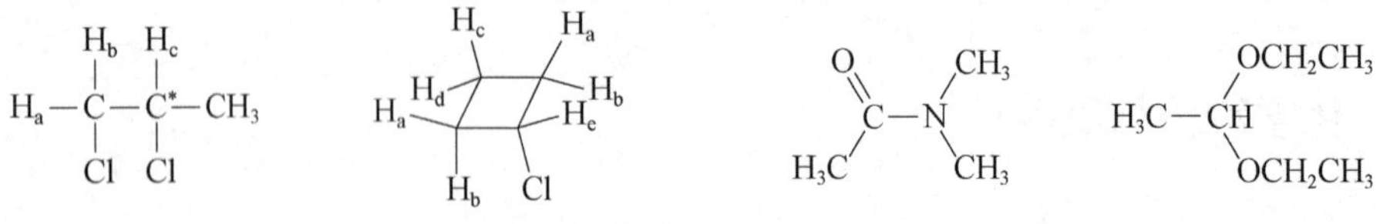

(a) (b) (c) (d)

图 2-9 化学不等价结构举例

2.4.3.2 磁等价

两个原子核或基团是磁等价必须同时满足以下两个条件：它们是化学等价的；它们对分子中任意一个其他核的耦合常数 J 不论大小和正负都相同。

因此，磁等价是在化学等价的基础上，一种更高级的等价。质子的磁等价性与峰的裂分情况密切相关。磁等价的质子，相互之间虽然也有自旋耦合作用，但不会引起自旋裂分。而化学等价但磁不等价的质子，相互之间一般也会产生自旋裂分，并且裂分峰数目不符合 n+1 规律，从而产生高级图谱。

化学等价而磁不等价通常出现于特定构型或者特定构造的分子中。

CH_2CF_2 是化学等价但磁不等价的典型例子。从分子的对称性很容易判断，两个氢原子是化学等价的，两个氟原子也是化学等价的。但是，以某个氟原子来说，一个氢原子与其是顺式耦合，另一个氢原子与其是反式耦合，不符合磁等价的第二个条件。因此，两个氢原子是化学等价，但不是磁等价。同理，CH_2CF_2 中的两个氟原子也是化学等价，但是磁不等价。由于两个氢磁不等价，其氢谱谱线数目超过 10 条。

在某些特定构造的分子中，化学等价的质子可能是磁不等价的。例如，在 1,4-二氯丁烷中（图 2-10），C1 和 C4 上的质子是化学等价的，C2 和 C3 上的质子是化学等价的，但不同碳上的这些化学等价的质子是磁不等价的。C1 和 C4 上的质子与 C2 上质子的耦合情况明显不同，同样，C1 和 C4 上的质子与 C3 上质子的耦合情况也明显不同，所以 C1 和 C4 上的质子是磁不等价的。同理，C2 和 C3 上的质子也是磁不等价的。核磁图谱表现为两组复杂的多重峰。

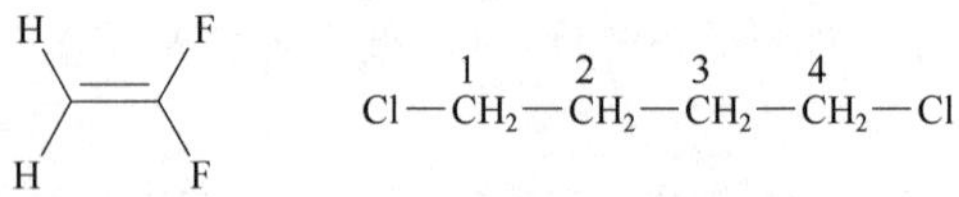

图 2-10 磁不等价结构举例

2.4.4 自旋体系

（1）自旋体系的定义　相互耦合的原子核组成一个自旋体系，体系内部的核相互耦合但是不与体系外的原子核耦合。在自旋体系内部，不要求某一个原子核与体系内的其他原子核都发生耦合。自旋体系与自旋体系之间是隔离的。

一个自旋体系内的两个核之间的相互耦合作用的强弱与它们之间的化学位移频率差（$\Delta\nu$）有密切关系，它们之间的相互作用强弱以 $\Delta\nu/J$ 的数值大小来判断（$\Delta\nu$ 与 J 都以 Hz 为单位）。当 $\Delta\nu/J>>1$ 时，可以认为两核之间的相互作用很弱，谱图较简单。当 $\Delta\nu/J\approx1$ 或 $\Delta\nu/J<1$ 时，两核之间的相互作用较强，谱图较复杂。

同一个自旋体系中化学位移相同的核组成一个核组，以一个大写的英文字母表示。几个核组之间分别用不同的字母标注。如果它们之间的化学位移差别大，则标注的字母之间距离也大，反之亦然。例如，强耦合的两个核组通常用 A、B 代表，而弱耦合的两个核组以 A、X 代表。核组内的核如果磁等价，需在大写字母的右下角用数字标出此核组的数目；核组内的核如果磁不等价，需在大写字母的右上角用“′”符号加以区别。例如某一个核组内有两个磁不等价的核可以用 AA′表示。

（2）一级谱图与二级谱图　核磁共振谱图分为一级谱图和二级谱图。

一级谱图可用 $2nI+1$ 规律分析（对于 I=1/2 的原子核，如氢核，则变为 $n+1$ 规律）。$2nI+1$ 规律不适合用于分析二级谱图。产生一级谱图的条件是：$\Delta\nu/J\geqslant6$；同一核组的核是磁等价的。CH_2CF_2 分子中两个氢原子是磁不等价的，所以其谱图不是一级谱图。

一级谱图具有以下特点：

① 谱峰的数目可以用 $n+1$ 规律讨论，但此时这 n 个氢原子与所讨论的氢原子是磁等价的。如果所讨论的 n 个氢原子存在两个耦合常数 J_1 和 J_2，对应的原子核数目分别是 n_1 与 n_2（$n_1+n_2=n$），则所观测核组具有（n_1+1）（n_2+1）个峰。

② 多重峰内各个信号的相对强度符合二项式展开系数，见表 2-2。

表 2-2　耦合裂分的结果用二项式 $(a+b)^n$ 展开后的系数表征

n	二项式展开系数	峰形
0	1	单峰
1	1　1	二重峰
2	1　2　1	三重峰
3	1　3　3　1	四重峰
4	1　4　6　4　1	五重峰
5	1　5　10　10　5　1	六重峰
6	1　6　15　20　15　6　1	七重峰

③ 从氢谱中可以直接读出化学位移值和耦合常数大小。多重峰的中心位置是化学位移；两个信号的距离为耦合常数，单位是赫兹（Hz）。

不能同时符合一级谱图两个条件的谱图是二级谱图。二级谱图峰数目超过 $n+1$ 规律所计算的结果，各个信号的相对强度关系复杂，通常不能直接读出化学位移值和耦合常数。

2.4.5　氢谱分析

对于结构不太复杂的小分子有机化合物，通常不需要采集二维核磁共振谱图，仅仅依靠一维氢谱和碳谱，再适当结合其他谱图就可以推断其结构式。因此，核磁共振一维氢谱就显得比较重要，它不仅可以依靠化学位移给出官能团的信息，还可以依靠耦合常数给出原子之间的相关性，有利于结构推断。

2.4.5.1 样品制备与溶剂选择

液相核磁共振实验一般采用氘代试剂作为溶剂。氘代试剂中的氘信号又可以用来锁场、匀场，提高波谱仪的分辨率。以 400MHz 波谱仪采样 16 次为例，对于分子量 400 左右的小分子，通常需要在溶液中加入 2～3mg 的样品。样品量过少会导致谱图信噪比变差；加入的样品量过大，会导致体系的黏滞系数变大、样品分子的翻滚变慢、氢谱的裂分变差。选择氘代试剂还需要考虑温度、价格、毒性大小等因素。在做低温实验时，常选用凝固点低的溶剂，如氘代甲醇。做高温实验可以选用沸点高的氘代 DMSO。

2.4.5.2 氢谱的采集

采集氢谱需要注意以下方面：

① 应该有足够的谱宽覆盖所有的信号，例如羧基的化学位移大于 10。

② 当样品浓度很低时，需要适当提高采样次数，而谱图的信噪比与采样次数的 1/2 次方成正比。例如信噪比需要提高到原来的 3 倍，则采样次数需要提高到原来的 9 倍。

③ 当样品的重要谱峰与溶剂的残留信号重叠时，通常应更换溶剂。

④ 样品中可能含有活泼氢时，可做重氢交换实验，以证实或排除活泼氢的存在。

⑤ 当样品信号互相重叠时，可以滴加少量磁各向异性溶剂（如氘代苯）使之分开。

2.4.5.3 样品分子信号识别

完成氢谱采集后，经过傅里叶变换，相位、基线和零点校准，标峰和积分后就得到一张完整的谱图。由于氘代试剂不可能达到 100%的氘代率，因此氘代试剂中未被氘代的氢原子会在氢谱上出现共振信号，如重水中的残留氢在 4.79 附近出峰。氘代试剂中通常含有少量的水，也会在氢谱中出现相应的信号。由于水峰信号较宽，较易于识别。表 2-3 列出了常用氘代试剂中未被氘代的氢和残留水的化学位移值。

表 2-3 氘代试剂中未被氘代的氢和残留水的化学位移

试剂	氘代 DMSO	氘代氯仿	氘代苯	氘代丙酮	氘代甲醇
残留氢化学位移	2.50	7.26	7.16	2.05	3.31
残留水化学位移	3.33	1.56	0.40	2.84	4.87

为提高样品匀场的效果，并提高谱线的分辨率，可以在匀场和采样时使样品在磁体中快速旋转，但这样做会产生旋转边带：以谱线为中心，左右等距出现一组弱峰。它们左右对称，以 Hz 为单位时，边带到谱线中心的距离等于旋转速度。如果改变样品管的转速，旋转边带到谱线中心的距离随之改变，这样可以进一步确认旋转边带。

^{13}C 原子核可以与 ^{1}H 耦合而产生 ^{1}H 信号的裂分，这就是 ^{13}C 的卫星峰。由于 ^{13}C 天然丰度为 1.1%，故在 ^{1}H 主峰信号两边左右对称的 ^{13}C 卫星峰强度只有主峰信号的 0.55%，因此只有氢的强峰（例如甲基）才能观测到。

2.4.5.4 不饱和度的计算

不饱和度 Ω 又可以称为“环加双键”数，它是由分子式计算得到的该样品所含有的环加上双键的数目。不饱和度的计算公式为：

$$\Omega=1+n_4-n_1/2+n_3/2+3n_5/2 \tag{2-19}$$

式中，n_1、n_3、n_4、n_5 分别为分子中一价、三价、四价、五价原子数目。

2.4.5.5 氢原子的归属

根据氢谱的积分面积比可以得到不同化学位移的基团之间氢原子数目比。如果已知样品的分子式，就可以推算出每个基团的氢原子数目。如果不知道分子式，但能从谱图中判断出一些特殊的含氢基团，例如甲基、羟基等，以此为基准也能推断出未知物的各个官能团中所含氢原子数目。当样品分子具有对称性时，谱图中的峰组数目会相应减少，但每个峰组的积分强度会相应增加。

在通过每个峰组的化学位移、氢原子数目对该基团进行推断的同时，可以对谱图裂分情形进行分析，得到相应的耦合常数 J。由于每个基团可能与不同的邻近基团有耦合，所以每个峰组可能含有若干个耦合常数，互相有耦合关系的峰组间会有相同的耦合常数。若干个互相有耦合关系的基团组成一个自旋体系，这样就得到一个结构片段。再把若干个结构片段组合起来，得到一种或几种可能的结构式。通过检查所有可能的结构式，最后得到一个最合理的结构式。

需要注意的是，氢原子的归属必须结合峰形进行分析。这是因为实际化合物的化学位移值很难用近似公式或图表准确概括，而峰形分析很少有例外的情况发生。因此，当峰形分析与化学位移值分析有冲突时，建议优先考虑峰形分析的结果。例如，某未知物的氢谱中有两个无耦合裂分的单峰信号，结构推导得知该化合物含有—CO—CH—CO—基团和—OH 基团。根据化学位移值无法进行—CH—和—OH 基团峰的归属。但是，由峰形分析可以明显区分出共振信号较窄的峰属于—CH—，较宽的峰属于—OH 基团。

【例 2-1】图 2-11 是分子式为 $C_8H_{12}O_4$ 的化合物的 ^{1}H NMR 图（400MHz），试推断其结构。

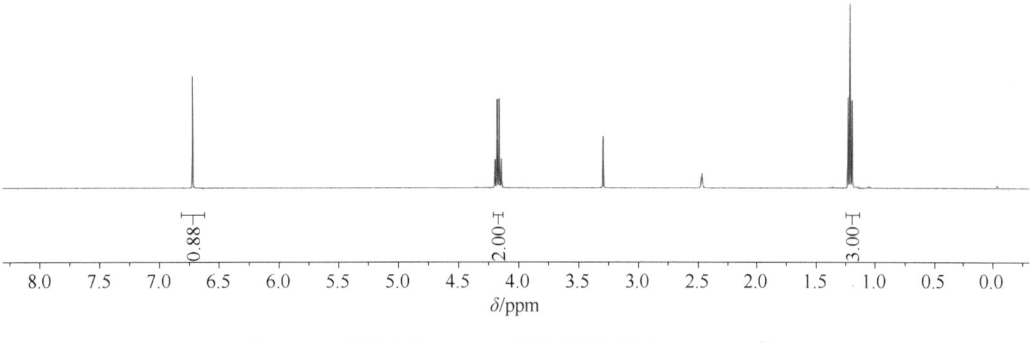

图 2-11 某化合物 $C_8H_{12}O_4$ 的核磁共振图（1ppm=10^{-6}）

解　由分子式 $C_8H_{12}O_4$ 计算化合物的不饱和度为 3；

谱图中三组峰比例为 1∶2∶3，化合物应为对称结构；

化学位移为 1.32 和 4.25 的三重峰和四重峰说明分子含有乙基，且亚甲基应与氧相连，可能是乙酯基团；

化学位移为 6.9 应为烯氢，可能处于羰基的去屏蔽区；

因此该分子为丁烯二酸乙酯 $CH_3CH_2OOCCH{=}CHCOOCH_2CH_3$。

2.4.5.6　常见官能团的氢谱

（1）单取代苯环　如果在苯环区从积分面积推断含有 5 个氢原子，可以判断分子中含有单取代苯环。不同的取代基对苯环耦合常数的影响较小，但是对苯环邻、间、对位氢原子化学位移的偏移影响很大，决定了谱图的形状。

当取代基为—CH_3、—CH_2R、—CHR_2、—CH═CHR、—C≡CR、—Cl、—Br 时，邻、间、对位的氢原子的化学位移相差不大，因此它们的谱峰通常不容易分开。当仪器分辨率不够时，将产生一个中间高、两边低的大峰。

当取代基是—OH、—OR、—NH_2、—NHR、—NRR′等含饱和杂原子基团时，由于饱和杂原子的未成键电子对苯环上的离域电子有 p-π 共轭作用，苯环邻、对位氢原子电子云密度明显增高，谱峰明显偏向高场；间位氢原子的高场位移较小。由此，苯环上余下的 5 个氢原子信号分为两组：较高场的邻、对位 3 个氢原子与相对低场的间位 2 个氢原子。间位氢原子两侧的氢原子的 ^3J 耦合导致间位氢原子呈现三重峰。

还有一类取代基含有不饱和杂原子，例如—CHO、—COOR、—NO_2、—N═NR 等，它们与苯环形成大的共轭体系，但因为杂原子的电负性影响，苯环上电子云密度下降，尤其是对邻位氢原子影响较大。所以苯环上剩余的 5 个氢原子向低场移动，而邻位的两个氢原子位移较明显。不同取代基的单取代苯环的核磁共振谱图见图 2-12。

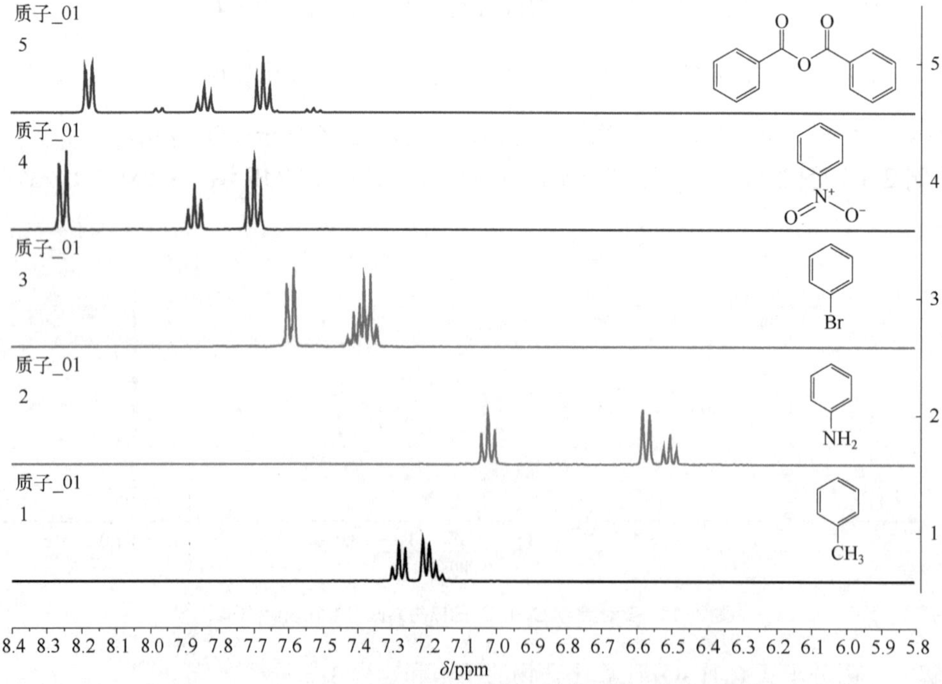

图 2-12　不同取代基的单取代苯环的核磁共振谱图（仅展示芳香区）

（2）对位取代苯环　在对位取代苯环上存在二重旋转轴，苯环上剩余的四个氢原子形成 AA'BB'体系，谱图左右对称，并具有鲜明的特征，是取代苯环谱图中最容易辨认的。谱图粗看是左右对称的四重峰，中间是一对强峰，两边是一对弱峰。每个信号可能还有各自的卫星峰。对位取代苯环的核磁共振谱图如图 2-13 所示。

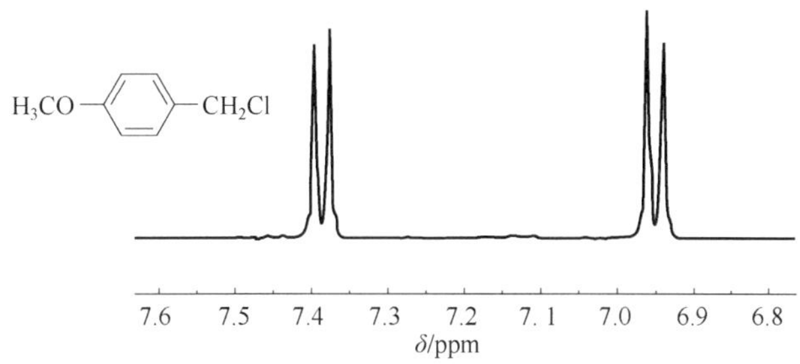

图 2-13　对位取代苯环的核磁共振谱图（仅展示芳香区）

（3）邻位取代苯环　邻位取代苯环的核磁共振谱图见图 2 14。相同基团的邻位取代，形成典型的 AA′BB′体系，谱图左右对称，一般比脂肪族 X—CH_2—CH_2—Y 的 AA′BB′体系复杂。不同基团的邻位取代，形成 ABCD 体系，谱图复杂。由于单取代苯环具有对称性；二取代苯环中，对、间位取代谱图比邻位取代谱图简单；多取代苯环由于苯环上剩余的氢原子数目变少也使得谱图简化，因此不同基团的邻位取代是最复杂的苯环谱图。

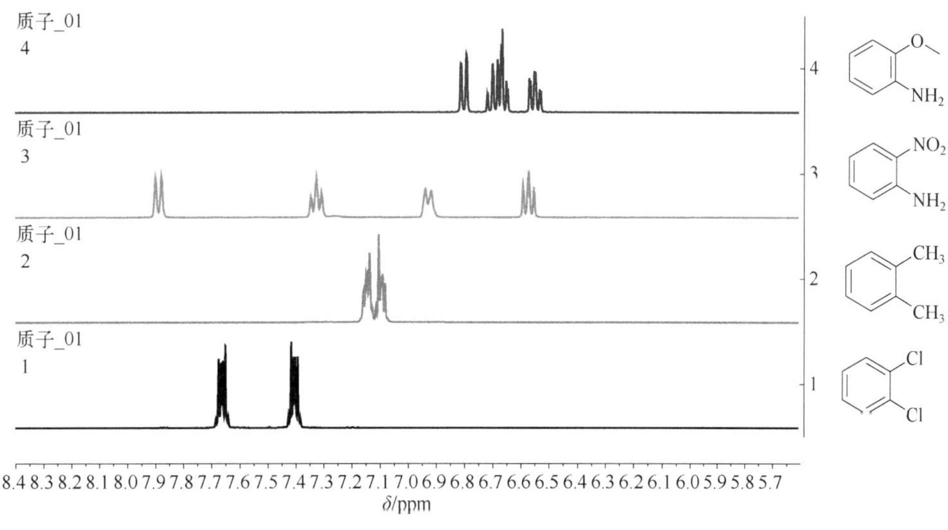

图 2-14　邻位取代苯环的核磁共振谱图（仅展示芳香区）

当邻位取代的两个取代基性质差别较大或使用高频波谱仪时，苯环上四个氢原子近似形成 AKPX 体系：每个氢原子信号首先按照 ^3J 裂分（两侧邻碳有氢的粗看为三重峰，单侧邻碳有氢的粗看为双峰），然后信号再按照 ^4J、^5J 裂分。

（4）间位取代苯环　间位取代苯环的核磁共振谱图见图 2-15。相同基团的间位取代，形成 AB_2C 体系；不同基团的间位取代，形成 ABCD 体系。间位取代的苯环通常谱图也比较复杂，但两个取代基团之间的氢原子因为没有 ^3J 耦合，通常显示粗略的单峰，凭借该单峰可以判断分子中含有间位取代苯环。

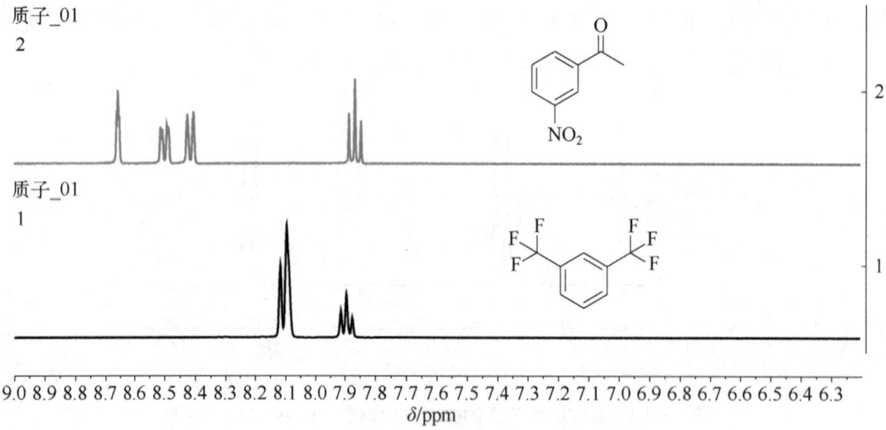

图 2-15 间位取代苯环的核磁共振谱图（仅展示芳香区）

（5）多取代苯环 苯环上三取代时，按照取代基位置的不同，剩余的三个氢原子形成 AMX、ABX、ABC 或 AB_2 体系。苯环上四取代时，剩余的两个氢原子形成 AB 体系。苯环上五取代时，剩余的一个氢原子形成单峰。

（6）取代杂芳环 由于杂原子的存在，芳环上相对杂原子处于不同位置的氢原子的化学位移已经分开，取代基使之进一步分开，所以取代的杂芳环通常可以按照一级谱图处理。氢原子耦合常数的大小受氢原子相对杂原子位置的影响。

（7）单取代乙烯 单取代乙烯中双键上的氢原子存在顺式、反式、同碳耦合关系。如果取代基是烷基，将还有与烷基的 ^3J 和长程耦合，因此谱线比两侧都有取代基的乙烯谱图复杂。

（8）正构长链烷基 饱和的长碳链烷基的结构式通常可以表示为 CH_3—（CH_2）$_n$—X。在通常的有机分子中，相对烷基而言，各种取代基的电负性较大，是吸电子基团。所以与 X 基团相邻的 α-亚甲基偏向低场，β-亚甲基也偏向低场，但位移较 α-亚甲基小。离 X 基团更远处的亚甲基化学位移相近，通常在化学位移 1.25 处形成一个大的单峰。这是因为它们的化学位移差别很小，彼此之间的 ^3J 耦合在 6～7Hz，是强耦合体系，峰形很复杂，当谱仪分辨率不够时，粗看是一个单峰。按照 n+1 理论预测，端甲基因为与相邻 CH_2 基团相连呈现三重峰。但实际上，由于与端甲基相连的亚甲基与很多个亚甲基是强耦合体系，因此把端甲基与相邻的亚甲基单独划出来考虑耦合裂分是不正确的，应该统一考虑端甲基与若干个亚甲基形成的强耦合体系。

2.4.6 其他氢谱辅助分析手段

有机化合物中通常含有大量的氢原子，而氢谱的谱宽较窄，容易产生重叠，不易分辨，所以常需要借助其他方法来区分重叠的信号或简化谱图。

（1）利用高场谱仪 $\Delta\nu/J$ 的大小决定了谱图的复杂程度。耦合常数 J 的大小反映了原子核磁矩间相互作用的大小，是分子的固有性质，不随实验条件的改变而改变。以 Hz 为单位的化学位移频率差 $\Delta\nu$ 的大小与谱仪的共振频率（或磁场强度）成正比。因此，随谱仪共振频率（或磁场强度）的增加，$\Delta\nu/J$ 增加，谱图复杂程度降低。正因如此，研究者们不遗余力地研究如何提高核磁共振波谱仪的磁场强度。

（2）改变实验温度　由于在不同温度条件下，氢原子共振信号的化学位移可能会有一定的漂移，并因氢原子不同，化学位移漂移的大小可能是不一样的。这样通过选择适当的实验温度，可以使得原本重叠的信号分离开来，有利于简化谱图和信号识别。

（3）重氢交换实验　分子中—OH、—SH、—NH_2 等基团上的氢原子属于活泼氢。在采集完正常氢谱后向核磁管中加入少量重水，振荡后再次采集核磁共振氢谱。此时活泼氢已部分或完全被氘原子取代，相应的谱峰将会明显变小甚至消失，可以确认分子内是否存在活泼氢以及哪些信号是活泼氢信号。

例如，通过对比 17-α 羟基黄体酮的氢谱（图 2-16）及其重氢交换谱图（图 2-17），可以确认分子中存在一个活泼氢，化学位移为 5.23。

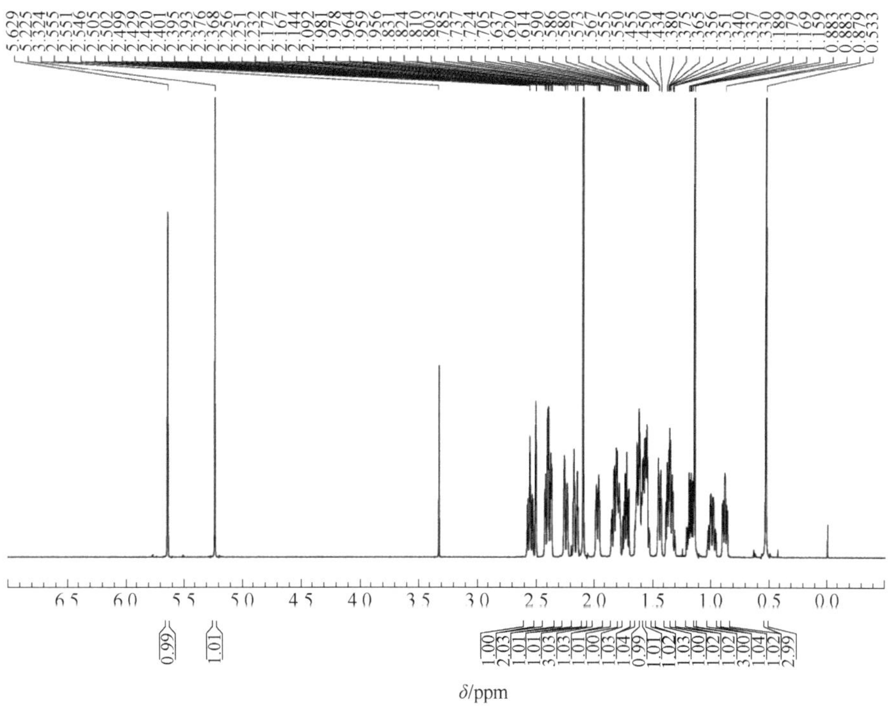

图 2-16　17-α 羟基黄体酮的氢谱（DMSO 作为溶剂）

（4）介质效应（溶剂效应）　由于苯、乙腈等分子具有强的磁各向异性，因此在溶液中加入少量的此类物质，它们会对溶质分子的不同部位产生不同的屏蔽效应。通常在氘代氯仿体系中如果某些谱峰重叠，可以考虑加入少量氘代苯，重叠的谱峰有可能分开，从而有利于谱峰识别。

（5）位移试剂　常见的位移试剂是镧系元素 Eu 或 Pr 与 β-二酮的配合物。金属离子的未配对电子有顺磁矩，它可以作用于溶质分子中各个有磁矩的原子核，并且这种作用与空间距离的三次方成反比。位移试剂和样品分子形成复合物的接触位点处的基团，如样品中的氨基、羟基等，化学位移变化量最大。当所观测基团渐渐远离位移试剂时，各个基团的化学位移变化值逐渐变小，因此原本重叠的谱线不再相互重叠，谱线变得简单，相对易于解析。

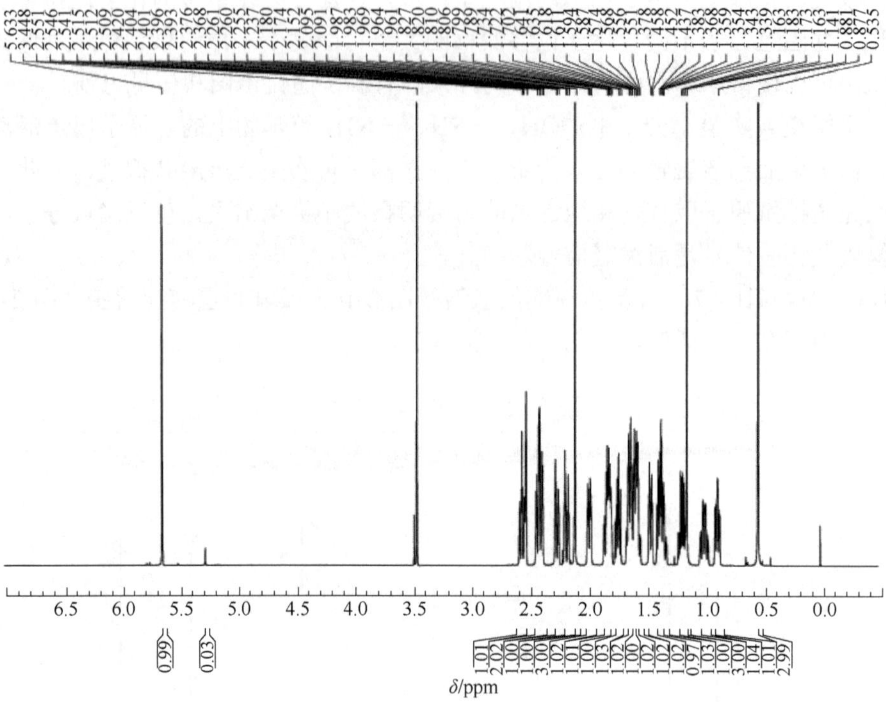

图 2-17　17-α羟基黄体酮的重氢交换谱图（DMSO 作为溶剂）

（6）计算机模拟　现在有很多专业软件都有谱图模拟功能，在软件中输入分子结构，就可以得到一个计算机模拟的谱图。通过模拟谱图与实验结果对比，有助于复杂谱图的信号归属与结构解析。

2.4.7　核磁共振在反应动力学中的应用

（1）核磁共振实验的时间尺度　每种仪器都有相应的时间尺度。现阶段核磁共振波谱仪的频率大致在几百兆赫兹，即 10^8Hz，比红外、可见光、紫外慢了几个数量级。在实际测量中，由于核磁共振波谱仪所研究的体系经常涉及分子旋转、化学交换反应等过程，而这些旋转、交换在核磁共振谱图上反映出来的是化学位移差值 $\Delta\nu$。这样的反应动力学过程的时间尺度为 $1/\Delta\nu$，相当于毫秒的时间单位。因此，如果以核磁共振实验的时间尺度作为参考，改变体系温度，很多化学反应过程可以从快的过程一直变到慢的过程，而核磁共振技术则可以对这一过程进行系统的研究。

动力学过程是多种多样的，下面以分子的旋转受阻为例讨论 NMR 在其中的应用。*N*，*N*-二甲基乙酰胺分子中，C—N 单键具有部分双键的性质，不能自由旋转。N 原子上的两个甲基不等价，有不同的化学位移值。在常温下采集氢谱，可以看到两个单峰。随着温度的升高，分子的转动动能升高，有越来越多的分子可以克服 C—N 旋转的势垒，所以两个单峰逐渐靠近，最后合并为一个单峰，如图 2-18 所示。

图 2-18　（从左至右）温度升高时 *N*，*N*-二甲基乙酰胺的核磁共振谱图的变化

（2）活泼氢的解析　当体系中存在快速的交换反应时，例如：

$$CH_3CH_2OH_A + HOH_B \rightleftharpoons CH_3CH_2OH_B + HOH_A$$

即乙醇中羟基氢原子与水中的氢原子有快速交换，则观察到的活泼氢的平均化学位移 $\delta_{观察}$为

$$\delta_{观察} = N_A\delta_A + N_B\delta_B \qquad (2\text{-}20)$$

式中，N_A 和 N_B 分别是 A、B 两种活泼氢原子的摩尔比；δ_A 和 δ_B 分别是 A、B 两种活泼氢原子的化学位移。由式（2-20）可知，在乙醇和水的混合溶液中，核磁共振氢谱不单独显示乙醇和水的羟基信号，而只能观察到一个平均的羟基信号。

2.5　核磁共振碳谱

有机化合物的骨架是由碳原子组成的，因此获得碳原子的信息在有机化合物的结构鉴定中具有特别重要的意义。碳谱的化学位移范围比氢谱宽，一般可以超过 200，约是氢谱的 20 倍，化合物结构上的细微变化可以在碳谱上得到更明显的反映。由于常规的碳谱检测是对氢宽带去耦的碳谱，每个碳原子对应一条尖锐的没有耦合裂分的谱线（如果不考虑 ^{19}F、^{31}P 等其他原子核的耦合），因此谱图重叠的可能性也比氢谱小。

碳谱有多种相关的脉冲激发序列，不去耦碳谱的谱线通常较复杂；去耦的碳谱大大简化；还可以用特殊的脉冲序列区分碳原子的级数（伯、仲、叔、季）。对于常规的对氢宽带去耦的碳谱，由于 NOE 效应（核奥弗豪泽效应）的存在以及伯碳、仲碳、叔碳、季碳的弛豫时间不同，导致碳谱的信号强度与碳原子的个数不成比例，因此常规的碳谱只标出共振峰的化学位移，不积分。定量碳谱将采用反转门控去耦的序列来实现。

图 2-19 是 17*α*-羟基黄体酮（DMSO 作为溶剂）的碳谱，上部标出不同碳信号的化学位移，其中化学位移 40 附近的七重峰是 DMSO 中的碳原子被氘原子裂分造成的，其余 21 个碳原子信号对应 17-*α* 羟基黄体酮中的 21 个碳原子。

由于自然界中大量存在的 ^{12}C 核自旋量子数为 0，没有核磁共振信号，而 ^{13}C 的天然丰度只有 1.1%，约为 ^1H（天然丰度接近 100%）的 1/100。再加上 ^{13}C 的 γ 值是 ^1H 的 1/4，而核磁共振灵敏度与 γ 值的立方成正比，因此常规碳谱的灵敏度约为氢谱的 1/6400。这就造

成核磁共振碳谱通常要求样品浓度较高，并且信号累加时间较长，限制了碳谱的应用范围。随着 PFT-NMR 仪器以及去耦技术的不断发展，碳谱的应用也越来越广泛，成为化学、生物、医药领域不可缺少的测试方法。

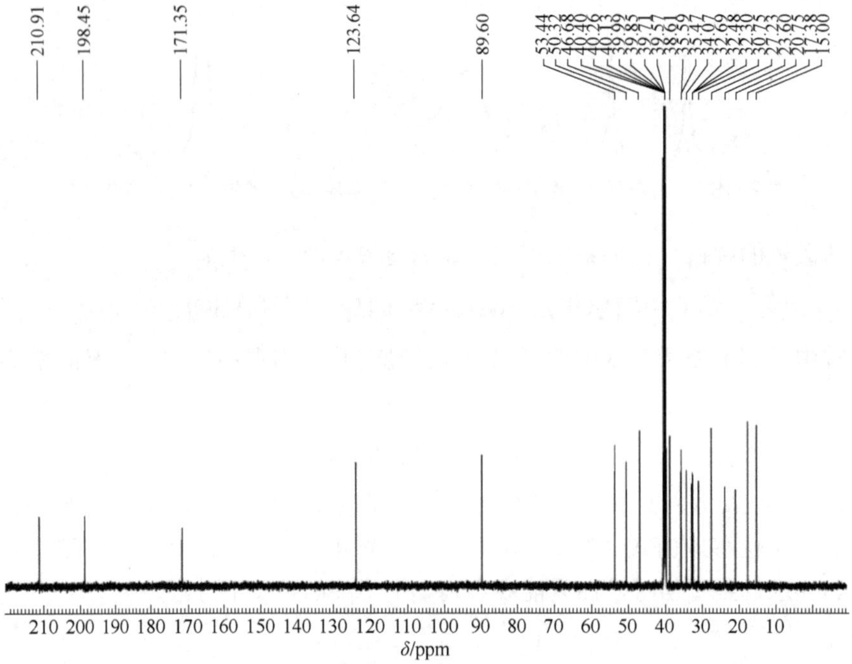

图 2-19 17α-羟基黄体酮的碳谱（DMSO 作为溶剂）

2.5.1 常见官能团的化学位移及其影响因素

碳原子构成了有机化合物的骨架，分子结构的变化在碳谱中可得到较好的反映。以烷基为例，氢谱中化学位移的变化范围大约只有 3，而碳谱中可达 80～90。以取代苯环而论，氢谱中化学位移的变化范围大约只有 1.5，而碳谱中可达 60。

（1）链状烷烃　对于脂肪族的链状烷烃及其衍生物来说，取代基团的电负性是影响它们化学位移值的主要因素。与电负性取代基直接相连的 α-碳原子化学位移明显偏向低场，β-碳原子的化学位移值也会变大。当脂肪族的碳原子不与杂原子相连时，化学位移值通常在 0～55，当与杂原子相连时，化学位移值可达 80 甚至更大。当脂肪链中碳原子上的氢原子被烷基取代后，其化学位移值会变大。例如 CH_3CH_3 中伯碳的化学位移是 5.7，$CH_2(CH_3)_2$ 中仲碳的化学位移是 15.4，$CH(CH_3)_3$ 中叔碳的化学位移是 24.3。取代烷基越大，支链越多，被取代的碳原子的化学位移值也越大，这些都是由取代烷基的空间效应所引起的。

虽然电负性的取代可以使 α-碳原子和 β-碳原子的化学位移值变大，但由于 γ-旁式效应的影响，取代基会压迫 γ-碳原子上的氢原子，使 γ-碳原子上的电子云密度变大，导致化学位移值变小，即移向高场。因为脂肪链的 σ 键可以旋转，处于 γ-旁式构象的分子数约占总数的 1/3。经过统计平均后，γ-碳原子的吸收峰仍然偏向高场。可见，碳谱的化学位移对立体构象很敏感，因此可以通过它来研究有机物的立体化学问题。

（2）环状烷烃　链状烷烃化学位移的影响因素对环状烷烃同样适用。需要注意的是，对于刚性环，若取代基处于 γ-旁式位置，空间效应的影响较脂肪链状烷烃更明显；若处于反式，则几乎没有空间效应的影响。

图 2-20 是 17α-羟基黄体酮的结构。表 2-4 给出了对应的碳谱化学位移。从表中可以看出空间效应的影响是非常显著的。例如，17 号碳原子的化学位移为 89.6，比 15 号的 23.6 和 16 号的 32.7 要大得多。大基团的取代使被取代碳原子的化学位移有明显的增加。

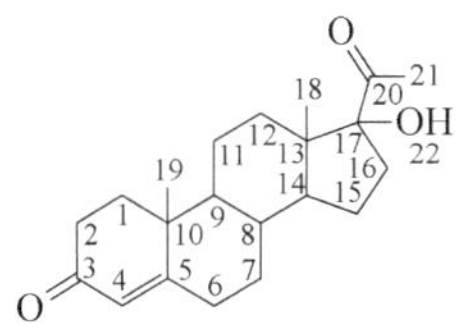

图 2-20　17α-羟基黄体酮的结构

表 2-4　17α-羟基黄体酮的碳谱化学位移

碳原子	化学位移	碳原子	化学位移
1	35.6	12	30.8
2	34.1	13	46.7
3	198.5	14	50.3
4	123.6	15	23.6
5	171.4	16	32.7
6	32.5	17	89.6
7	32.3	18	15.0
8	35.5	19	17.4
9	53.4	20	210.9
10	38.6	21	27.2
11	20.8		

（3）烯烃　乙烯的化学位移为 123，取代烯烃的化学位移通常为 100～150。一般情况下。端头的烯烃化学位移要比有取代基的烯烃碳原子小 10～40。共轭双键中间的碳原子因为键级变小，共振峰化学位移值变小。在氢谱中，由于苯环的环电流效应使得苯环上的氢原子比烯烃的氢原子偏向低场。在碳谱中，由于各种磁各向异性较 σ_p 弱，因此烯烃与苯环的碳原子共振峰在大致相同的区间。

（4）苯环及取代物　苯环的 δ 为 128，取代苯的 δ 为 100～160。与取代基直接相连的苯环上碳原子受影响最明显，δ 变化幅度可达 35；取代基对邻、对位的碳原子影响也比较大，δ 变化幅度可达 16；取代基对间位碳原子化学位移几乎无影响。重原子效应可以产生高场位移，例如碘、溴原子的取代会使相连的碳原子化学位移下降。

仅仅考虑电子效应并不能很好地解释邻位碳原子化学位移的变化。例如，硝基苯中硝基是电负性基团，邻位碳原子应该向低场移动，但实际上却是向高场移动 5.3，这是因为硝基的电场驱使邻位的 C—H 键上的电子向碳原子移动，从而使得邻位碳原子的化学位移变小。

（5）羰基　由于羰基碳原子上的电子被氧原子吸引，故羰基碳原子缺少电子，其化学位移通常在低场 160～220 处。

如果羰基与带有孤对电子的原子或不饱和基团相连，羰基碳原子缺少电子的情况得到某种程度的缓解，碳原子的信号将向高场偏移。因此，醛和酮的信号通常在最低场，化学位移通常大于 195。例如图 2-21 中 1，1-二苯基丙酮 2 号位的碳原子化学位移是 206.6；而酰胺、酯、酸酐等羰基碳原子偏向高场，化学位移通常小于 185。例如在图 2-22 中 *N*-（α-羟基甲基-β-羟基-对硝基苯乙基）-2，2-二氯乙酰胺 13 位的碳原子化学位移只有 163.9。

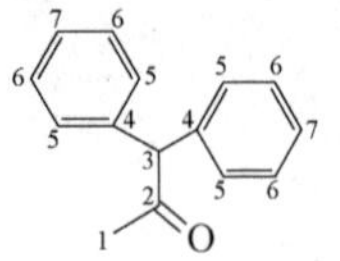

图 2-21　1，1-二苯基丙酮结构式

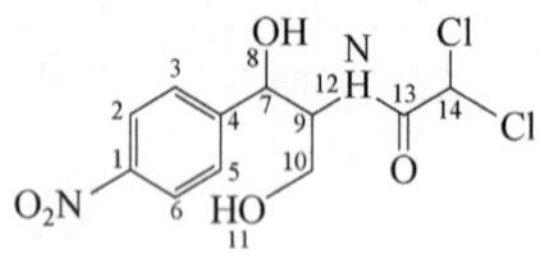

图 2-22　*N*-（α-羟基甲基-β-羟基-对硝基苯乙基）-2，2-二氯乙酰胺结构式

（6）氢键　不论是分子内氢键还是分子间的氢键，都将使得羰基化合物上的氧原子上的孤对电子偏向氢原子，因此造成羰基碳原子更加缺少电子，其共振峰更加移向低场。溶液的稀释或变更都可能引起样品分子化学位移大小的变化，这些变化都可能是因为改变了样品分子内的氢键或是样品与溶剂之间的氢键造成的。

2.5.2 去耦碳谱

由于 ^{13}C 的天然丰度只有 1.1%，而 ^{12}C 自旋量子数为 0，所以可以忽略碳原子之间的耦合作用。与此同时，^{1}H 的天然丰度接近 100%，碳原子很容易被相连或相邻的氢原子裂分，造成谱图异常复杂。例如图 2-23 是乙醇的甲基上一个碳原子的未去耦的碳谱，它被甲基上 3 个氢原子和相邻的亚甲基上的 2 个氢原子裂分成十二重峰。

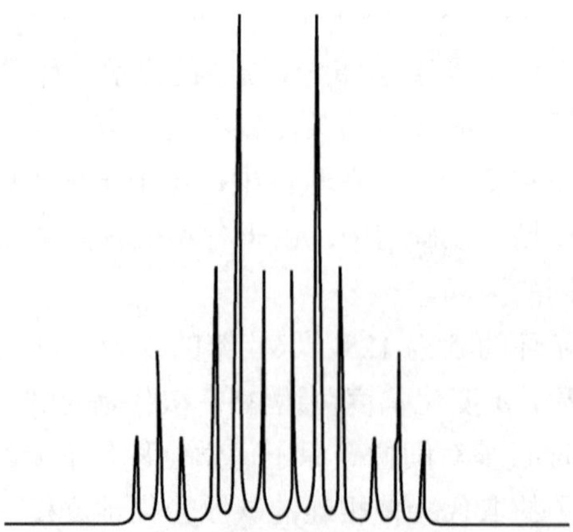

图 2-23　乙醇的甲基上碳原子的未去耦的碳谱

（1）碳原子与氢原子的耦合常数 碳原子与氢原子最重要的耦合常数是$^1J_{^{13}C\text{-}^1H}$，对它的大小起决定作用的是 C-H 键中 s 电子的比重。对于 CH_4（sp^3 杂化），s 电子的比重约为 25%，^1J 是 125Hz；对于 CH_2CH_2（sp^2 杂化），s 电子的比重约为 33%，^1J 是 157Hz。

因为 ^1J 值很大，可能造成碳谱谱线重叠，有必要在采集碳谱时对氢原子进行去耦照射。另外，取代基团的电负性也会对 ^1J 大小造成影响。例如对于取代甲烷，随着取代基电负性增加，^1J 可增大约 40Hz。$^2J_{C\text{-}H}$ 可以达到约 60Hz，$^3J_{C\text{-}H}$ 一般在十几赫兹左右，并且和位置相关。但是在芳香环中，$^2J_{C\text{-}H}$ 要小于 $^3J_{C\text{-}H}$。$^4J_{C\text{-}H}$ 通常小于 1Hz。

（2）宽带去耦 宽带去耦也称为质子噪声去耦，是常用的碳谱去耦技术。在测碳谱时，同时用一个短而强的脉冲对样品中氢原子的共振频率进行照射（图 2-24），激发样品中所有氢原子，使之在不同的自旋状态下来回跃迁。这样氢原子的不同自旋状态会被平均掉，^{13}C 原子与 ^1H 原子的耦合被全部去掉，每个 ^{13}C 仅表现出一条谱线。

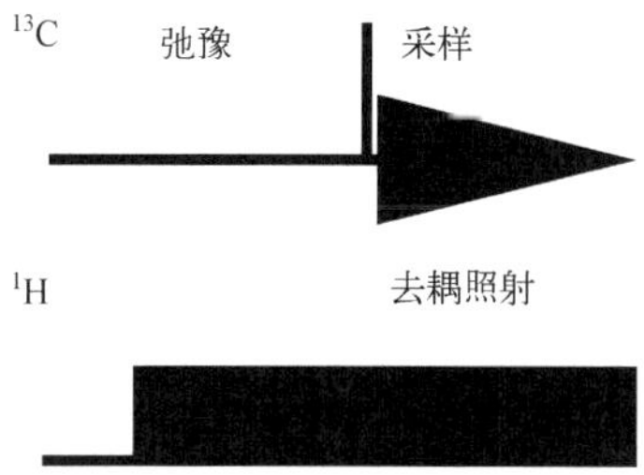

图 2-24 宽带去耦碳谱的脉冲示意图

宽带去耦除了简化谱图之外，还能提高碳原子谱线的信噪比。对样品中的氢核进行照射，氢原子被激发，它可以将能量传递给相连的碳原子，这就是核的 Overhauser 效应（奥氏核效应）。理论计算告诉我们，Overhauser 效应最大可以导致碳原子的信号增加到原来的 3 倍。

（3）反转门控去耦 反转门控去耦的脉冲示意图如图 2-25 所示。相较于宽带去耦实验，反转门控去耦实验在系统的弛豫等待阶段，并不对氢核进行照射，只是在采样的过程中对氢原子进行去耦照射。由于能量从氢原子传递给碳原子需要一定的时间，这样 Overhauser 效应刚刚发生，采样已经基本结束。因此碳谱中影响碳原子积分准确性的 Overhauser 效应被最小化，碳原子积分面积与碳原子个数成正比，同时保留了对氢原子去耦、简化谱图的优点。图 2-26 显示了一张反转门控去耦碳谱，其碳原子积分面积比已经可以代表样品中的碳原子个数比。

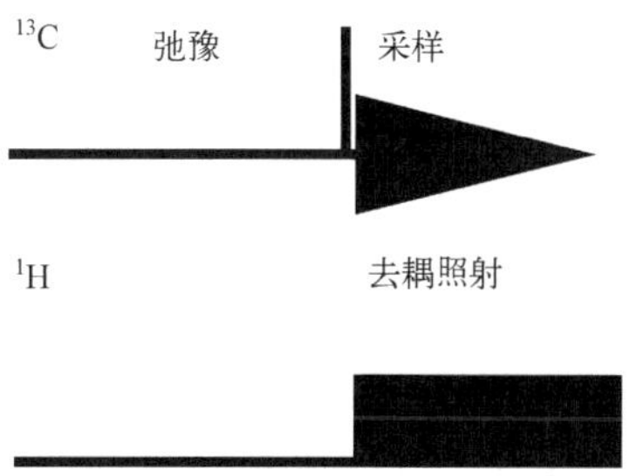

图 2-25 反转门控去耦碳谱的脉冲示意图

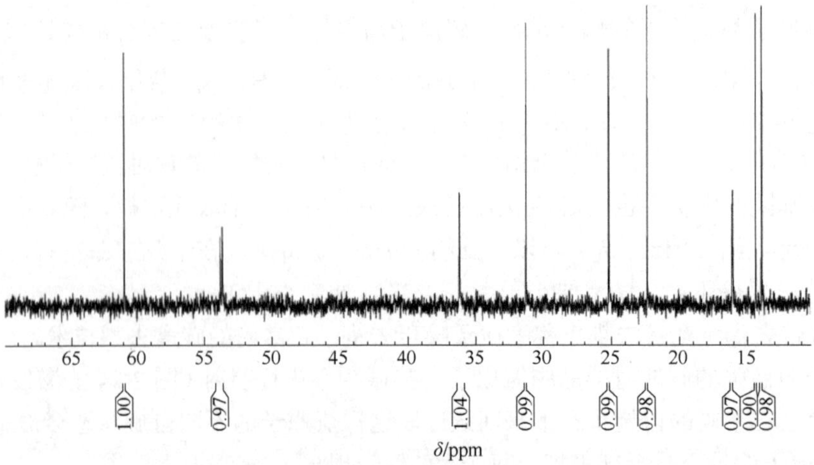

图 2-26 反转门控去耦碳谱（碳原子积分面积与原子个数成正比）

2.5.3 碳原子级数的确定

在常规的去耦碳谱上通常是不能直接判断碳原子级数的，目前常采用的方法是 DEPT 技术（无畸变极化转移技术）来判断碳原子的级数。它又细分为三种脉冲序列：DEPT 45、DEPT 90、DEPT 135。相较于去耦碳谱所有的碳原子都产生相应的共振峰，DEPT 45 只有季碳不出峰；DEPT 90 只有叔碳出峰；DEPT 135 伯碳和叔碳产生向上的共振峰，而仲碳产生向下的共振峰，季碳不出峰。可以用表 2-5 来总结 DEPT 脉冲序列与常规去耦碳谱对不同级数碳原子的检测结果。

表 2-5 DEPT 序列与常规碳谱对不同级数的碳原子的检测结果

碳谱	伯碳	仲碳	叔碳	季碳
DEPT 45	↑	↑	↑	不出峰
DEPT 90	不出峰	不出峰	↑	不出峰
DEPT 135	↑	↓	↑	不出峰
常规碳谱	↑	↑	↑	↑

将样品的常规碳谱与 DEPT 系列的谱图对比可以非常容易地推断出碳原子级数。图 2-27 显示了乙基苯在 $CDCl_3$（氘代氯仿）溶液中的 DEPT 135、DEPT 90、DEPT 45 以及普通碳谱（从上到下）。从图中可以看到，在普通碳谱中出现所有的 6 种碳原子信号和溶剂峰。在 DEPT 45 谱图中，3 号位季碳没有出峰，其余 1、2、4、5、6 位碳原子都出峰。在 DEPT 90 谱图中，只有 4、5、6 位叔碳出峰。在 DEPT 135 谱图中，1 位伯碳和 4、5、6 位叔碳出正峰；2 号位仲碳出负峰。由此，DEPT 系列的谱图与碳原子的级数完全吻合。

由于 DEPT 45 谱图提供的信息可以全部从 DEPT 135 谱图得到，而 DEPT 135 谱图还能给出仲碳这个额外信息，所以在实际检测过程中，可以不做 DEPT 45 实验，只需要做 DEPT 135、DEPT 90 以及普通碳谱即可推断出全部碳原子级数。

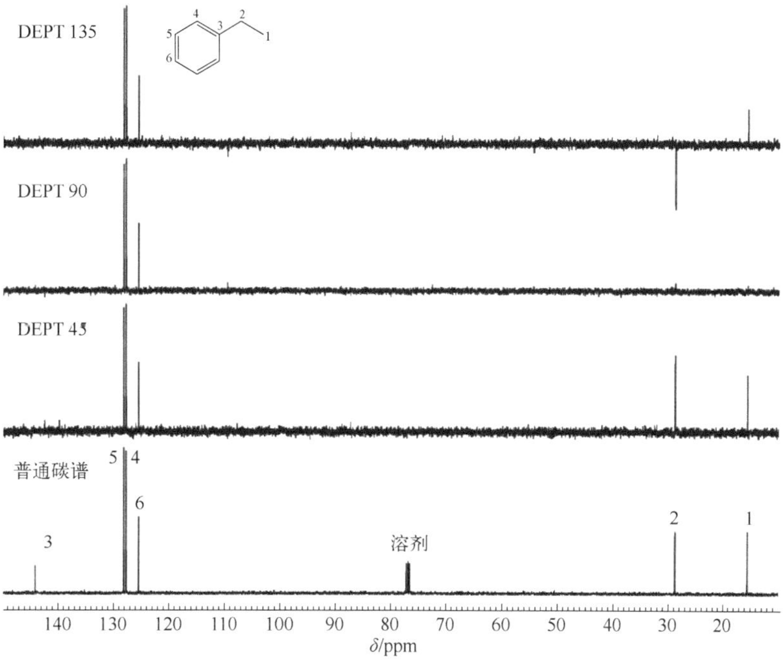

图 2-27　乙基苯在 $CDCl_3$ 溶液中的 DEPT 135、DEPT 90、DEPT 45 以及普通碳谱

2.5.4　碳谱解析

（1）样品制备与溶剂选择　类似氢谱，一般采用氘代试剂作为溶剂，还需要考虑温度、价格、毒性等因素。要尽量避免溶剂峰与样品信号重叠。

（2）碳谱的采集　为节约机时，常用的宽带去耦碳谱的系统弛豫时间通常设定为 1～2s，对于大部分碳原子可以产生不错的信号；由于常规碳谱是对氢原子去耦的，没有计算耦合常数的问题，对匀场的要求不高；如果需要得到定量碳谱，通常采用反转门控脉冲序列，需花费较多的机时。

（3）样品分子信号识别　完成碳谱的采集后，经过傅里叶变换，相位、基线和零点校准，标峰后就得到一张完整的谱图。

在谱图解析时，首先需要区分杂质信号，还需要区分溶剂峰的信号。表 2-6 列出了常见氘代试剂的溶剂峰化学位移及峰形。由于水中没有碳原子，因此碳谱中看不见水的信号。

表 2-6　碳谱中常见氘代试剂的溶剂峰（化学位移及峰形）

溶剂	化学位移	峰形
$CDCl_3$	77.2	三重峰
CD_3COCD_3	30.0（甲基） 206.3（羰基）	七重峰（甲基） 单峰（羰基）
CD_3OD	49.0	七重峰
C_6D_6	128.1	三重峰
CD_3SOCD_3	40.0	七重峰

（4）不饱和度的计算　根据式（2-19）计算不饱和度。

（5）结构对称性分析　如果宽带去耦碳谱中的碳原子谱线数目少于分子式中碳原子个数，有可能是因为分子有一定对称性，也有可能是因为实验中弛豫时间不够，部分季碳没有出峰。可以延长弛豫时间重复实验进行判断，也可以采用反转门控去耦碳谱实验，通过积分来确定是否有碳原子信号重叠。当化合物中碳原子数目较多时，应当考虑不同碳原子的化学位移偶然重合的可能性。

（6）碳原子级数的确定　通常采用 DEPT 系列的脉冲实验来确定。

（7）碳原子结构单元的推断与组合　碳谱大致可以分为三个区域：羰基和叠烯区，化学位移一般大于 150；不饱和碳原子区域（不包括炔），化学位移一般在 90～160；脂肪链上的碳原子，化学位移通常小于 100。

通过上述步骤可以推断出若干个结构式。通过对碳谱的指认并结合氢谱的推断，从中找出最合理的结构式。还可以用二维谱的数据进行比较直观的结构推断。

2.6　核磁共振二维谱

二维谱实际上由若干个一维谱“拼接”而成，因此二维谱通常比一维谱费机时，分辨率也低于一维谱。但是，可以从二维谱比较直观地观察原子与原子、基团与基团之间的相对关系，避免一维谱烦琐的耦合分析，从而更易进行有机化合物结构的推断。

正是因为二维谱中包含 t_1、t_2 两个时间变量，通过两次傅里叶变换，即得到一张二维谱。其中 F1 维对应 t_1 时间变量，是间接采样维；F2 维对应 t_2 时间变量，是直接采样维。F1 维和 F2 维可以是同一种原子核，此时称为同核相关二维谱。当 F1 维和 F2 维分别为两种原子核，例如 ^{13}C 与 ^{1}H，称为异核相关二维谱。

2.6.1　^{1}H–^{1}H COSY

^{1}H-^{1}H COSY（correlated spectroscopy，相关谱）是最简单的，也是第一个出现的二维谱。谱图中间隔 2～3 个共价键的质子耦合，在二维谱上显示一个交叉峰。

下面以乙醇分子为例介绍 ^{1}H-^{1}H COSY 谱图的识别。图 2-28 显示了乙醇分子的 ^{1}H-^{1}H COSY 谱图（DMSO 为溶剂）。在谱图的上边和左边将一维氢谱插入二维谱中以方便分析。二维谱中的信号又可以分为两类：对角峰和非对角峰。对角峰的信号没有磁化强度交换，相当于一维谱的信号。非对角峰的产生经历了磁化强度在两个核之间交换，给出两个核之间的相关信息，这些信息是需要重点关注的。在图 2-28 中，可以发现 3.44 的亚甲基质子信号分别与 4.33、1.05 的质子信号有交叉信号，说明亚甲基质子与甲基质子和羟基质子之间有 ^{2}J 或 ^{3}J 耦合，而没有观察到 4.33 与 1.05 之间的交叉信号，说明甲基质子与羟基质子之间没有 ^{2}J 或 ^{3}J 耦合。通过分析，可以知道在乙醇分子中，亚甲基处于分子中间，而甲基和羟基分别在亚甲基两端。

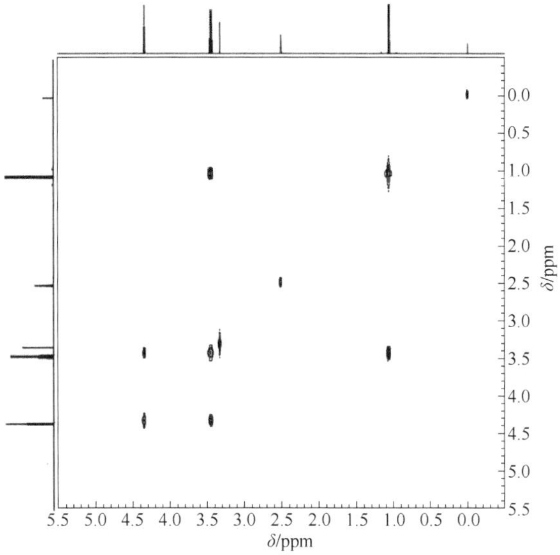

图 2-28　乙醇分子的 ¹H-¹H COSY 谱图（DMSO 为溶剂）

2.6.2　¹H-¹H TOCSY

TOCSY（total correlation spectroscopy）谱图即总相关谱，可将一个自旋体系中的全部自旋关联。

在蛋白质三维结构的计算中，TOCSY 谱图可以用来识别各种不同侧链的氨基酸残基类型。图 2-29 显示的是 32 个残基的蛋白质 AAI 的 TOCSY 谱图指纹区。除去脯氨酸之外的其他残基侧链上的氢原子都与残基内 α 碳原子上的氢原子互相耦合，在 F2 维有相同的化学位移，可以轻易地区分开来。

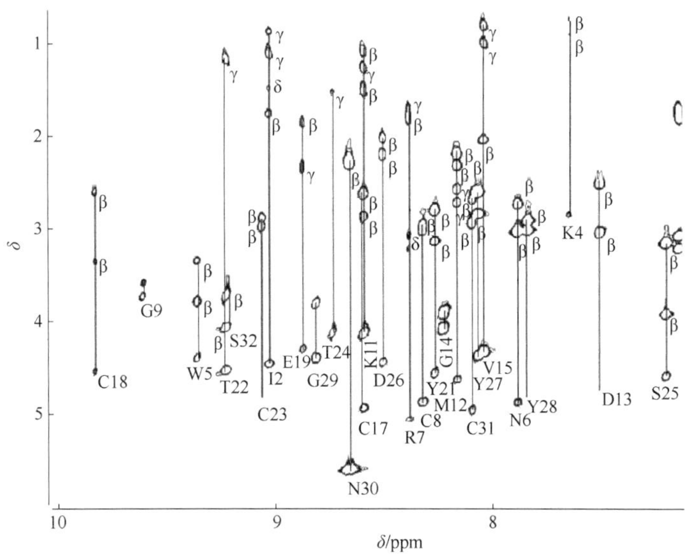

图 2-29　蛋白质 AAI 的 TOCSY 谱图指纹区

2.6.3 $^{1}H-^{1}H$ NOESY

NOE 谱图可以采用一维谱形式，称作 NOE 差谱；也可以采用二维谱形式，称作 NOESY（nuclear overhauser effect spectroscopy）。由 NOESY 实验所得到的 NOE 交叉峰，其强度与氢原子间距的六次方成反比，因此 NOE 反映了两个氢原子的空间距离关系，而与两个氢原子之间间隔的共价键数目无关。

NOESY 谱是蛋白质的 NMR 结构测定中最重要的一种二维谱。图 2-30 和图 2-31 分别显示了 AAI 的 NOESY 谱图局部放大。

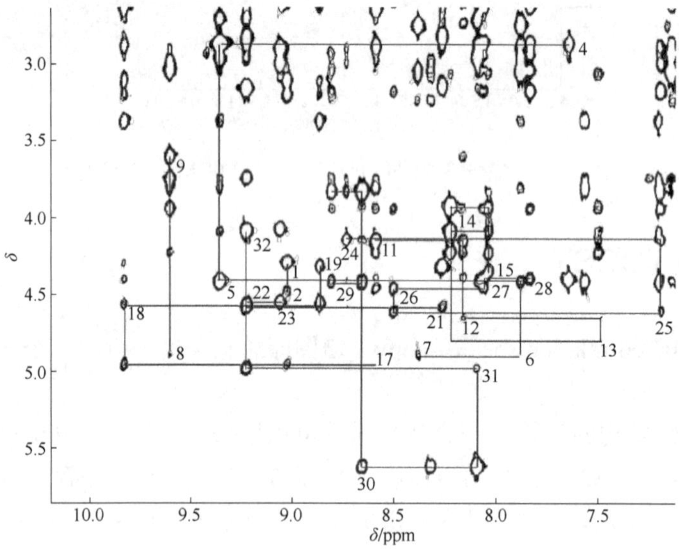

图 2-30 蛋白质 AAI 的 NOESY 谱图局部（一）

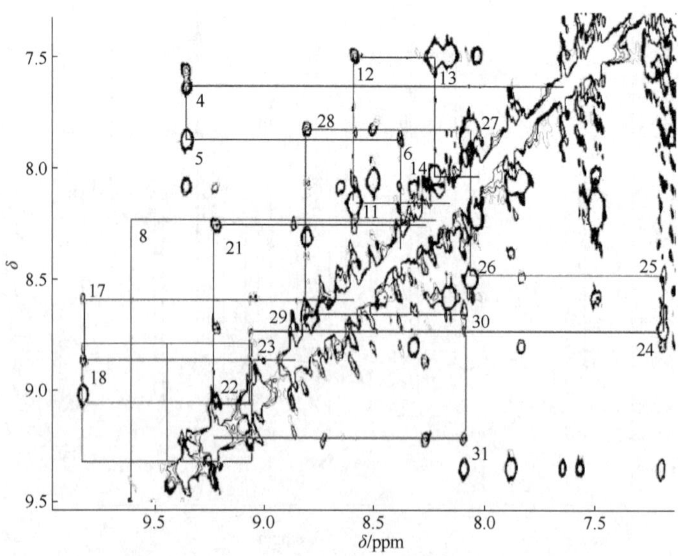

图 2-31 蛋白质 AAI 的 NOESY 谱图局部（二）

2.6.4　HMQC 与 HSQC

HMQC（heteronuclear multiple-quantum coherence，异核多量子相干谱）与 HSQC（heteronuclear single-quantum coherence，异核单量子相干谱）是把 ^{1}H 核（F2 维）与和它直接相连的 ^{13}C 核（F1 维）关联起来的二维谱。类似地，也可以把 ^{1}H 核与和它直接相连的 ^{15}N 或 ^{31}P 核关联起来。HMQC 与 HSQC 两个实验结果一般没有区别，相比而言 HSQC 灵敏度更高，对谱仪的状态要求也更高（例如 90° 脉冲的准确性）。

对于未知物质的结构推断来说，通过 ^{1}H 谱、^{13}C 谱、DEPT 系列谱图与 HMQC（或 HSQC），就已经可以把氢原子与和它直接相连的碳原子之间的关系以及碳原子级数确定下来。图 2-32 是 17α-羟基黄体酮的 HMQC 谱（DMSO 作为溶剂），氢谱全谱见图 2-16，重水交换氢谱见图 2-17。

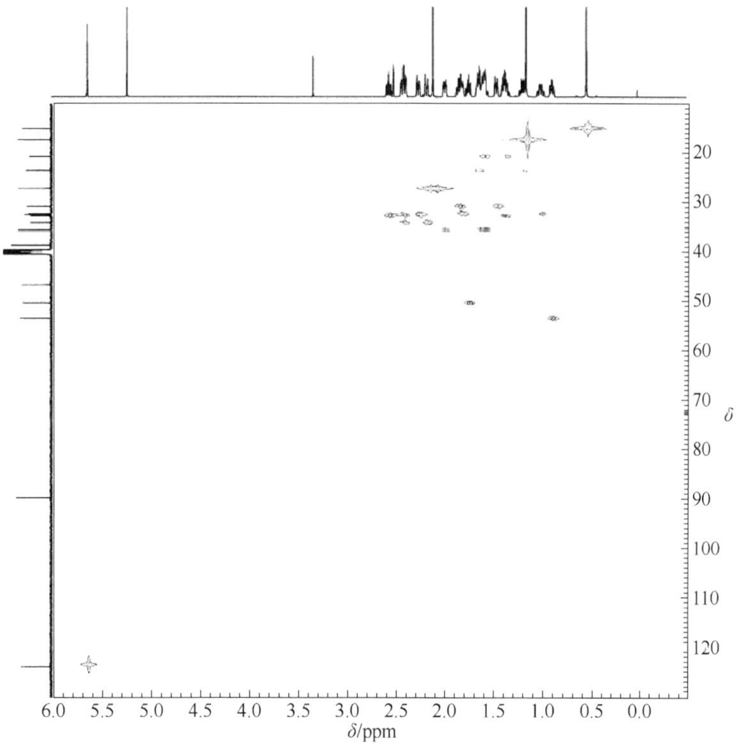

图 2-32　17α-羟基黄体酮的 HMQC 谱（DMSO 作为溶剂）

2.6.5　HMBC

HMBC（heteronuclear multiple-bond correlation，异核多键相关）谱图可以把 ^{1}H 核与远程耦合的 ^{13}C（通常可以相隔 2～5 个共价键）关联起来，是未知有机小分子结构推导最重要的谱图。在 ^{1}H-^{1}H COSY 和 HMQC 等谱图中，当结构片段中出现季碳时，由于缺少氢原子的耦合关系，随后的推导往往受阻，而 HMBC 谱图可以轻易地将季碳两边的片段连接起来。

图 2-33 显示 17α-羟基黄体酮的 HMBC 谱（DMSO 作为溶剂）。再结合 ^1H-^1H COSY 谱（图 2-34）以及 HMQC 谱（图 2-32），可以将谱图中所有的氢原子和碳原子信号指认到 17α-羟基黄体酮结构式（图 2-20）上。

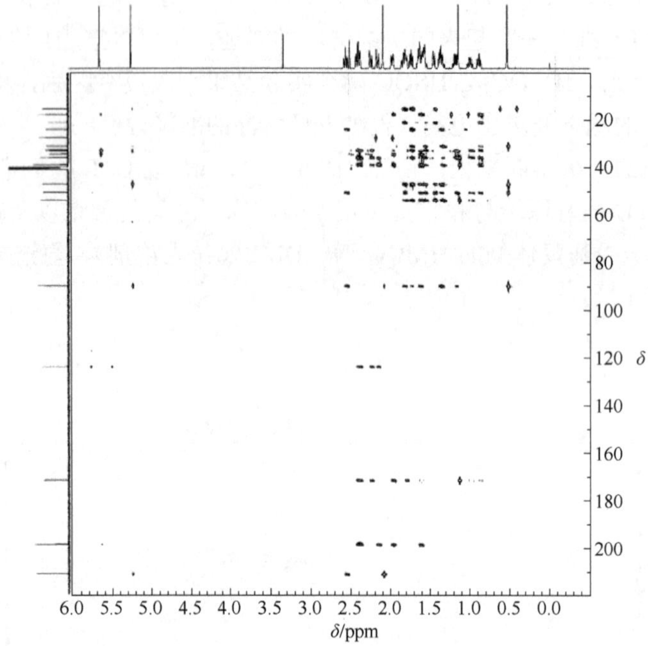

图 2-33　17α-羟基黄体酮的 HMBC 谱（DMSO 作为溶剂）

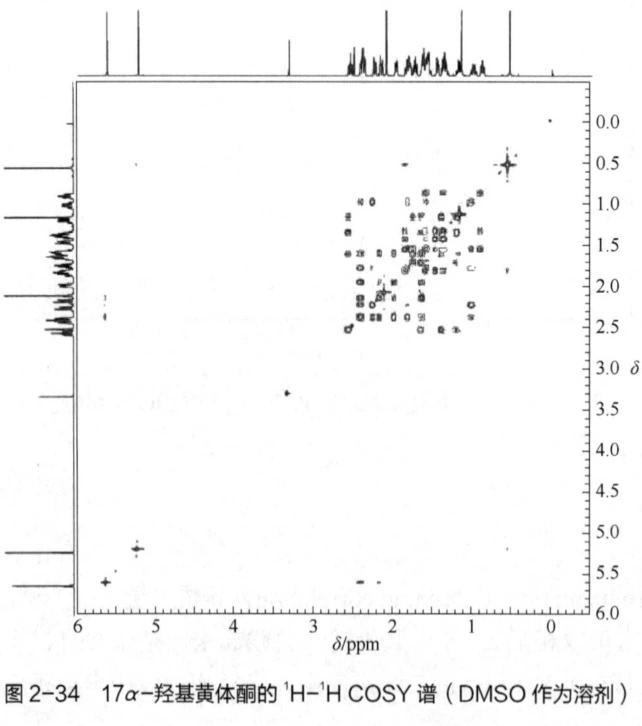

图 2-34　17α-羟基黄体酮的 ^1H-^1H COSY 谱（DMSO 作为溶剂）

2.7 有机化合物核磁图谱解析示例

NMR 技术是未知物结构推断的一个强有力的工具，尤其是在有机化合物领域。当然，在结构推断过程中，NMR 技术离不开质谱、红外、元素分析等其他技术的支持，NMR 的结果也必须和其他技术的结果相互印证。本小节将举例说明如何结合氢谱、碳谱、DEPT 系列谱图、COSY、IIMQC（IISQC）、IIMBC 等谱图，完整地推断未知有机化合物的结构式。

【例 2-2】 某有机化合物 $C_{11}H_{12}Cl_2N_2O_5$ 的结构推断

由分子式可知，该化合物含有两个 N 原子。若两个 N 原子全部为五价，该化合物不饱和度为 8；若两个 N 原子全部为三价，不饱和度为 6；若两个 N 原子一个为五价、另一个为三价，不饱和度为 7。由于不饱和度较大，分子中可能含有苯环或吡啶环。

在核磁共振 ^1H 谱（图 2-35）中观察到 12 个氢原子信号，与分子式吻合。在苯环区有 4 个氢原子信号，但化学位移明显偏向低场，判断有强电负性取代基团。由峰形和耦合常数（9.0Hz）判断，该苯环为对位取代苯环。在重水交换氢谱中（图 2-36），化学位移分别为 4.98、6.04 和 8.31 的信号明显变小，说明这三个氢原子为活泼氢。

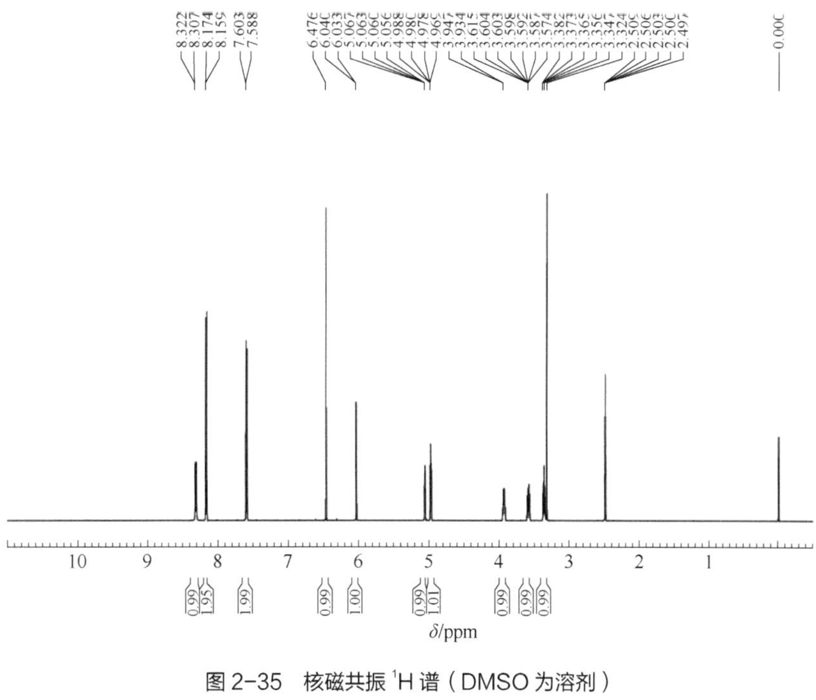

图 2-35　核磁共振 ^1H 谱（DMSO 为溶剂）

在定量 ^{13}C 谱（图 2-37）观测到 11 个碳原子信号，与分子式相符。苯环区同样观测到 4 种碳原子信号，积分面积为 6，与苯环相符。化学位移也偏向低场，说明有强电负性取代基团，可能是—NO_2。在化学位移 163.9 处出现信号，说明分子中可能含有羰基。

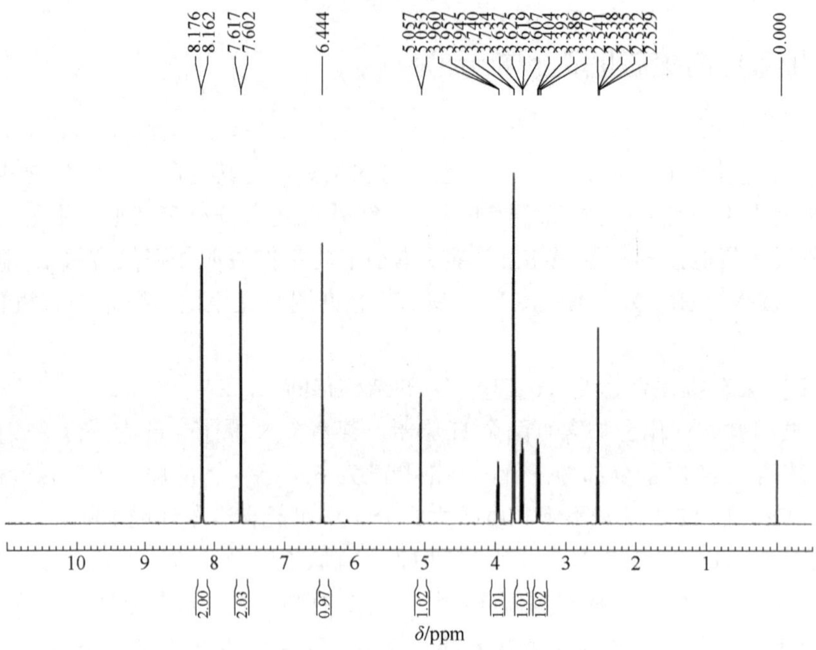

图 2-36 核磁共振重水交换氢谱

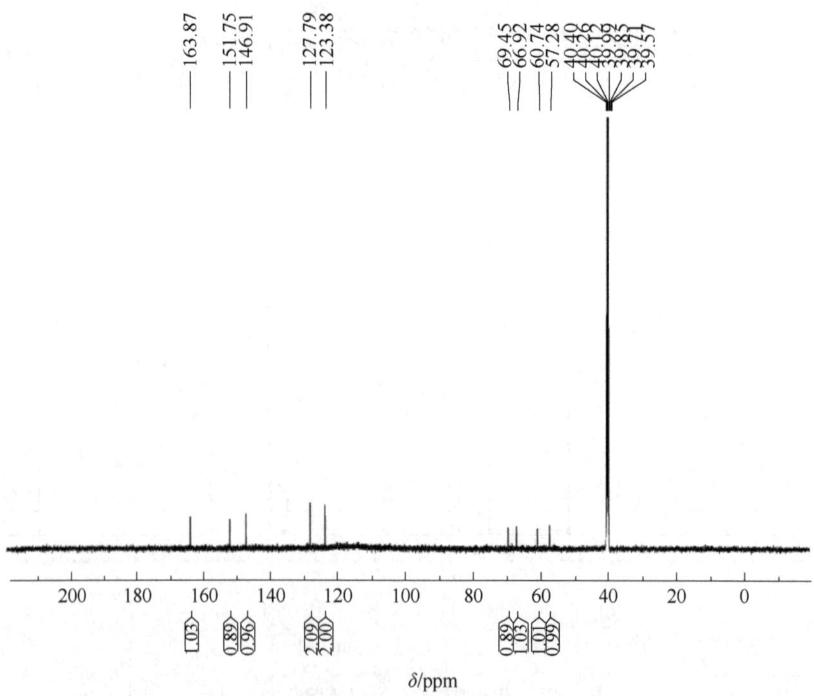

图 2-37 核磁共振 ^{13}C 谱

由氢谱和碳谱可以判断该未知物含有硝基取代的苯环，^{1}H 化学位移分别是 8.16（2 个）、7.59（2 个）；^{13}C 化学位移分别是 151.8、146.9、127.8（2 个）、123.4（2 个）。

由于该未知物分子中仅含有 5 个 O 原子和 2 个 N 原子，可以推测该未知物含有一个硝基、一个羰基以及两个羟基。剩余的一个活泼氢为氨基氢。这种推测与核磁共振氢谱、碳谱结果以及分子式相吻合。

由 DEPT 90（图 2-38）、DEPT 135（图 2-39）、COSY（图 2-40）、HMQC（图 2-41）、HMBC（图 2-42），可知该分子有—CH—CH—CH$_2$—片段（从左至右，^{1}H 化学位移分别是 5.06、3.95、3.60、3.36，^{13}C 化学位移分别是 69.5、57.3、60.7），且该片段端头的叔碳上的 H（化学位移 5.06）与苯环上的部分 C 原子（化学位移 127.8、151.8）有强耦合，故判断端头的叔碳与苯环相连。同时，在 COSY 谱图上发现该片段端头的叔碳上的 H（化学位移 5.06）与化学位移为 6.04 的活泼 H 有强 ^3J 耦合。受它和苯环去屏蔽区的影响，苯环苄位的 H（化学位移 5.06）和 C（化学位移 69.5）均移向低场。与此类似，—CH—CH—CH$_2$—片段端头的仲碳上的 H（化学位移 3.60、3.36）与化学位移为 4.98 的活泼 H 有强 ^3J 耦合。

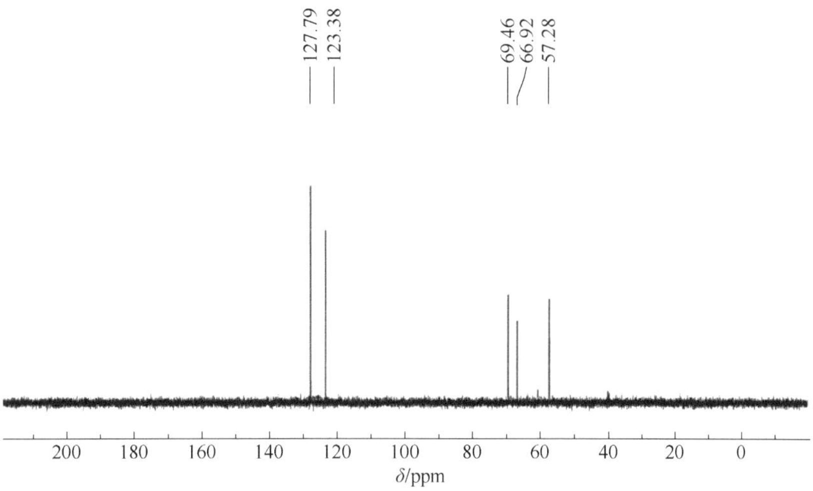

图 2-38 DEPT 90 谱

在核磁共振 HMBC 谱图中，发现羰基 C（化学位移 163.9）与化学位移为 8.31 的活泼 H 有强耦合，推断此活泼 H 为酰胺 H。该酰胺 H 在核磁共振 COSY 谱图中与片段—CH—CH—CH$_2$—中化学位移是 57.3 的叔碳上的 H（化学位移 3.95）有强的 ^3J 耦合，所以推断酰胺 N 原子与片段—CH—CH—CH$_2$—中间的 C 原子相连。与此同时，在核磁共振 HMBC 谱图上也观察到羰基 C（化学位移 163.9）与化学位移 3.95 的 H 有较强的耦合，也证实酰胺基团 N 原子与片段中化学位移是 57.3 的 C 原子相连。

在核磁共振 ^{1}H 谱上，化学位移为 6.48 的 H 呈现单峰，在核磁共振 COSY 谱图不与其他 H 原子耦合，但在核磁共振 HMBC 谱图中与羰基 C（化学位移 163.9）有较强耦合，故判断此—CH—基团（^{1}H 化学位移是 6.48，^{13}C 化学位移是 66.9）与羰基直接相连。分子式中剩余的两个电负性的 Cl 原子应该直接与—CH—基团相连，再加上羰基的影响，所以在核磁共振 ^{1}H 和 ^{13}C 谱中，该基团的化学位移都偏向低场。

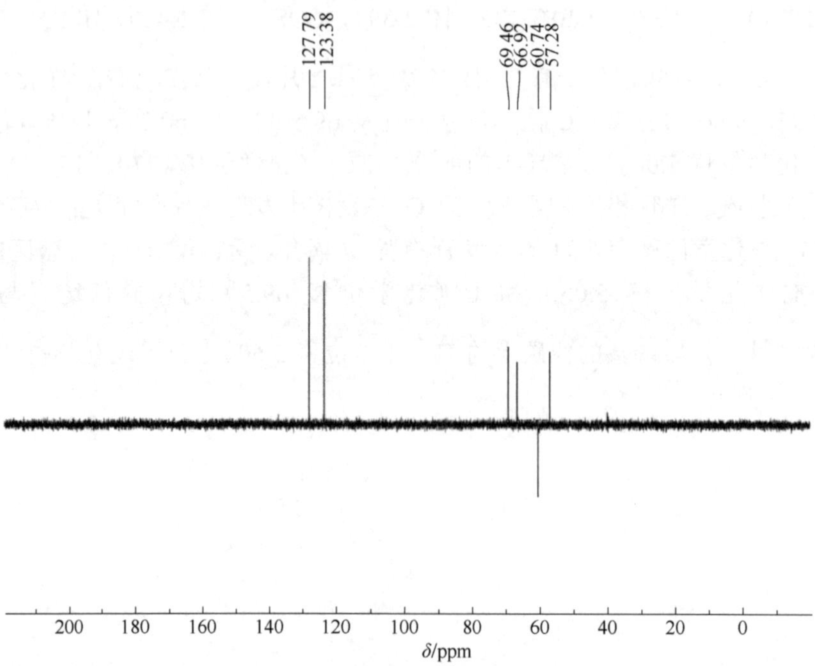

图 2-39　DEPT 135 谱

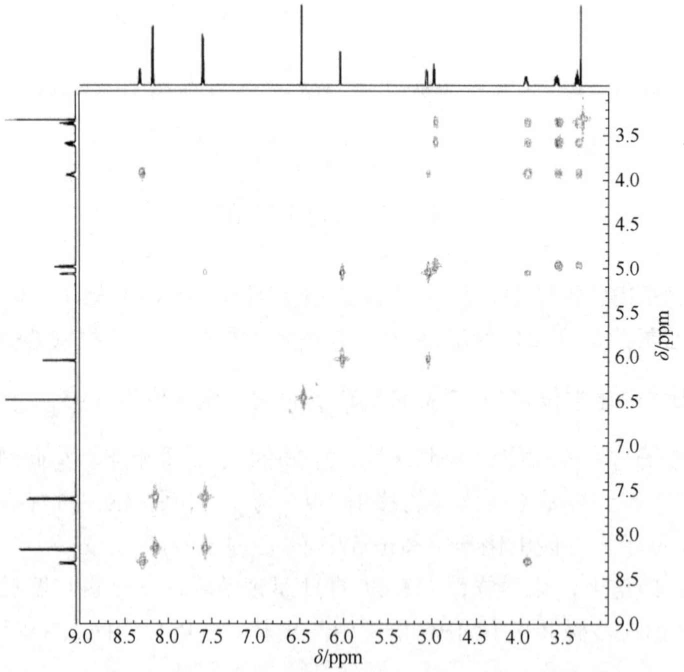

图 2-40　^{1}H-^{1}H COSY 谱

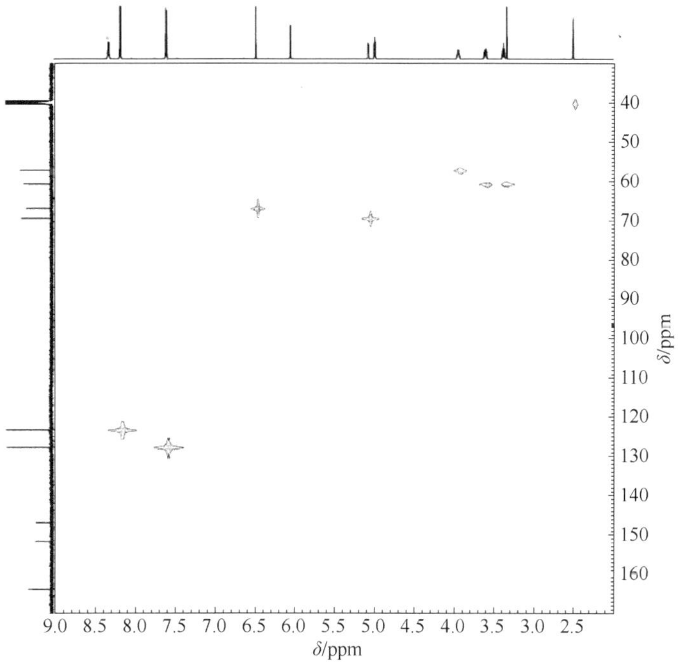

图 2-41　HMQC 谱

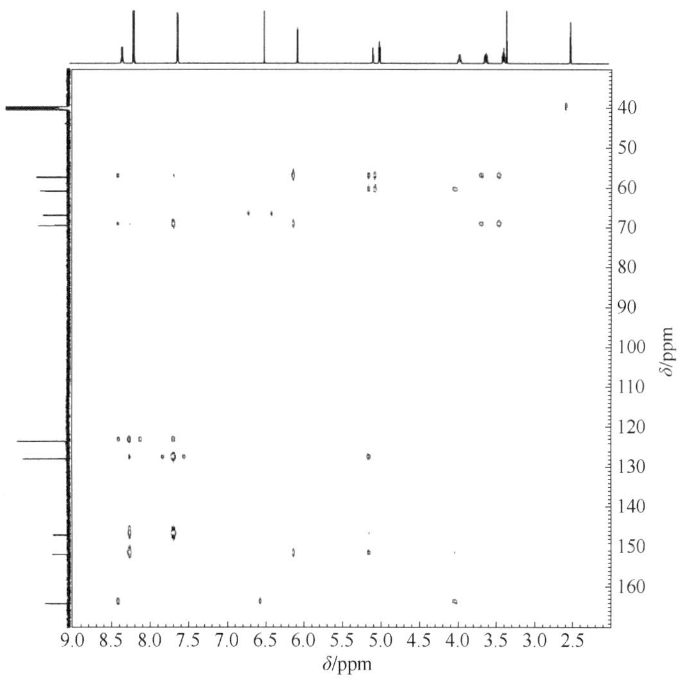

图 2-42　HMBC 谱

综上所述，某有机化合物 $C_{11}H_{12}Cl_2N_2O_5$ 是 *N*-（*α*-羟基甲基-*β*-羟基-对硝基苯乙基）-2，2-二氯乙酰胺。其结构式见图 2-22，不饱和度为 7，对应的核磁共振氢原子、碳原子归属见表 2-7。

表 2-7 有机化合物 $C_{11}H_{12}Cl_2N_2O_5$ 的氢原子、碳原子归属

归属	^{13}C 化学位移	^{1}H 化学位移
1	146.9	—
2	123.4	8.16
3	127.8	7.59
4	151.8	—
5	127.8	7.59
6	123.4	8.16
7	69.5	5.06
8	—	6.04
9	57.3	3.95
10	60.7	3.60，3.36
11	—	4.98
12	—	8.31
13	163.9	—
14	66.9	6.48

2.8 杂原子的核磁共振谱

除核磁共振氢谱和碳谱外，经常用到的还有一些杂原子核磁谱，如核磁共振氮（^{15}N）谱、氟（^{19}F）谱、硅（^{29}Si）谱和磷（^{31}P）谱，对于有机化学、天然产物化学、药物化学、生物化学及高分子化学等领域的研究非常重要。下面简要介绍这四类杂原子核磁共振谱的特点及规律。

2.8.1 核磁共振 ^{15}N 谱

氮有两种磁活性的同位素：^{14}N 和 ^{15}N。其中，自然界中丰度最高的氮的同位素 ^{14}N 占天然氮的 99%以上，它的自旋量子数为 1，因此具有电四极矩。这种核的拉莫尔频率低，并且由于四极弛豫而使其核磁信号很宽，检测效果较差，因此对于 ^{14}N 核磁共振谱的研究相对较少。对于核磁共振氮谱来说，^{15}N 是主要的研究对象，它的自旋量子数为 1/2，核磁谱图的峰宽较窄。以吡啶的 ^{15}N 质子去耦为例（图 2-43），由于该分子只含有一个氮原子，其核磁 ^{15}N 谱呈现出一个较窄的单峰，与核磁共振 ^{13}C 谱相似。

^{15}N 也有与生俱来的低灵敏度，它的灵敏度比 ^{1}H 和 ^{13}C 要低很多，相对灵敏度仅仅在 10^{-6} 水平，同时它在自然界的相对丰度也很低。目前发现了一些方法来克服 ^{15}N 灵敏度低

所带来的难题。例如，可以使用 ^{15}N 标记的样本来测 ^{15}N 核磁共振谱，但是这种方法通常价格昂贵。另外，也可以采用去耦技术提高灵敏度，但会导致负的 NOE 效应，产生谱峰降低或者负峰。为防止此现象，可以采用 DEPT 技术或者很长的弛豫延迟时间来大大提高 ^{15}N 的灵敏度，但是非质子连接的 ^{15}N 的信号被压制。

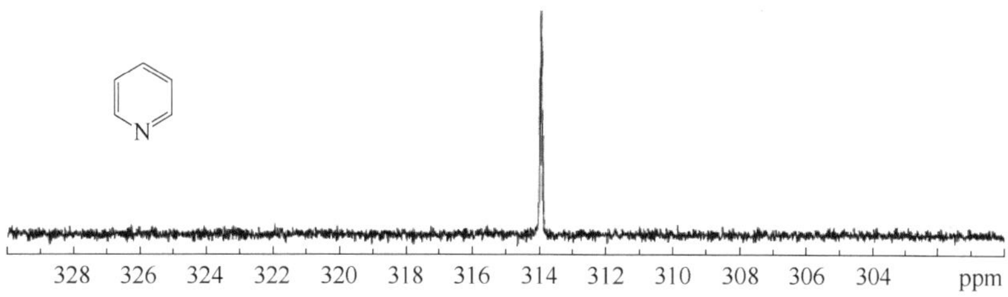

图 2-43 吡啶的 ^{15}N 质子去耦核磁谱图

除了以上特点外，核磁共振 ^{15}N 谱的化学位移范围很宽，一般为 900～0p，这意味着 ^{15}N 谱中发生重叠的概率甚至比 ^{13}C 谱还要小。图 2-44 给出了部分代表性含氮化合物的化学位移范围，例如，亚硝基 N 原子的化学位移通常在 900～500 之间，而常规氨类化合物 N 原子的化学位移则在 120～0 的范围内。

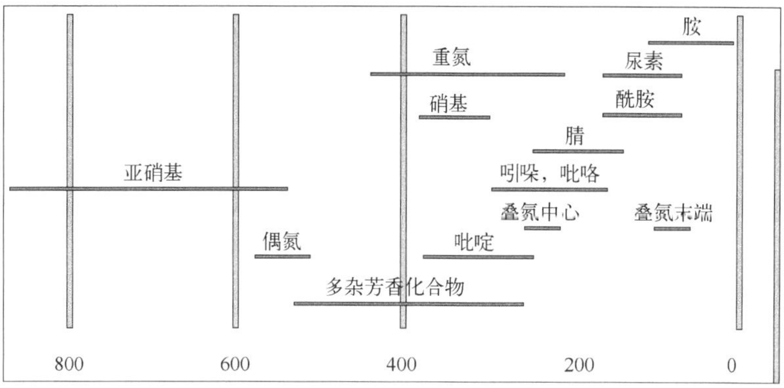

图 2-44 代表性含氮化合物的化学位移范围

与 ^{1}H 和 ^{13}C 一样，^{15}N 与其他原子核也有耦合。因此，在氮谱中，很容易看到由于其他原子核的存在所形成的裂分。需要注意的是，在氮谱中，除非使用同位素富集的方法，否则看不到 ^{13}C 与 ^{15}N 的耦合。表 2-8 展示了 ^{15}N 原子核与一些常见原子核之间的耦合情况及其耦合常数的范围。

表 2-8 ^{15}N 原子核与常见原子核之间的耦合情况及其耦合常数的范围

耦合种类	耦合常数范围/Hz
$^{1}J_{NH}$	−40～ −136
$^{2}J_{NH}$	−15～ +15
$^{1}J_{NC}$	−77.5～ +36

续表

耦合种类	耦合常数范围/Hz
$^1J_{NN}$	−25～ +15
$^1J_{NP}$	−82～ +92
$^1J_{NSi}$	<20

^{15}N 和 ^{1}H 之间的耦合符合 n+1 规则。这里，我们以乙二胺的 ^{15}N 核磁谱图为例进一步了解核磁共振 N 谱中的耦合情况。图 2-45 中分别显示了乙二胺的 ^{15}N 质子耦合谱与质子去耦谱。在右边的 ^{15}N 质子耦合谱中，可以看到非常明显的五重峰，其耦合常数较小，为 2～3Hz。这是由于快速地交换，通常检测不到 N 上 H 原子对于 N 的耦合，而且，α-C 上的 H 和 β-C 上的 H 对于 N 原子的耦合常数大致相同，即存在四个 ^{1}H 对 ^{15}N 产生耦合，因此，氮谱中呈现出明显的五重峰。

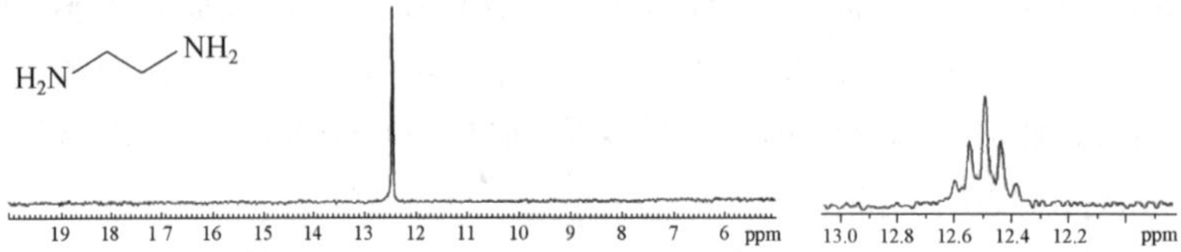

(a) 乙二胺的 ^{15}N 质子去耦核磁谱　　(b) ^{15}N 质子耦合谱

图 2-45　乙二胺的 ^{15}N 质子耦合谱与去耦谱

核磁共振 N 谱主要应用于 ^{1}H-^{15}N HSQC 相关谱，即 ^{1}H-^{15}N 异核单量子相干谱，这也是生物核磁研究中最基础，也是最常用的二维核磁谱。比如在生物大分子蛋白、酶等的结构解析中，氢-氮相关谱将提供重要的核磁信息。

2.8.2 核磁共振 ^{19}F 谱

氟的核磁共振谱在化学、生物学等领域研究中有着重要的作用。氟的天然同位素只有 ^{19}F，自旋量子数为 1/2，具有较高的磁旋比。核磁共振氟谱具有以下特点：^{19}F 灵敏度是 ^{1}H 的 0.83 倍，这也是氟谱和氢谱同时发展起来的主要原因之一；氟谱化学位移范围宽，分离度好，谱图简单，易分析；自然界中的天然产物以及辅料中绝大多数化合物不含氟，因此氟谱的抗干扰能力强，专属性强；在含氟有机化合物中 ^{19}F 核的反磁性屏蔽效应弱，而顺磁性屏蔽效应较强，导致 ^{19}F 的化学位移较难预测与推理。

在早期的研究中，$CFCl_3$ 被作为氟谱的常用内标试剂，定标为 0ppm。核磁共振氟谱的化学位移受诸多因素影响，其中外加磁场对 p 电子的激发起着主导作用，同时受邻近基团的影响，另外还会受到分子间作用，尤其是溶剂分子的影响。总体来说，对核磁共振 ^{19}F 谱化学位移的影响因素主要有磁各向异性、屏蔽效应及去屏蔽效应、电负性、溶剂效应等。磁各向异性对于氟谱的影响并没有氢谱那么大，例如，烯基氟和芳基氟的化学位移常常出现重合的现象。电负性对化合物核磁氟谱化学位移的影响也有一定的规律。对于二氟甲基和三氟甲基取代化合物，当其邻位取代基为卤素时，随着卤素电负性逐渐减弱，氟的化学位移向高场移动。然而，在一氟甲基取代化合物中，当其邻位取代基为卤素时，随着卤素电负性的减弱，氟的化学位移向低场移动。当化合物中氟原子个数减少时，则氟的化学位移向低场移动。

氟的化学位移也会受空间位阻的影响。在空间构型上接近的烷基取代基会对-CF_3、-CHF_2、Ar-F 的化学位移产生显著的影响。这是因为烷基取代基与氟的范德华半径重叠，导致烷基施加在 F 原子核外电子之上的范德华力，产生类似于氟核外电子密度降低的去屏蔽效应，从而使得 F 的化学位移向低场。

图 2-46 总结了一些常见含氟化合物的 ^{19}F 化学位移，可以看出，绝大部分含氟化合物 ^{19}F 的化学位移为负值。另外，酰基氟、磺酰氟以及含 SF_5 等化合物的 ^{19}F 化学位移为正值。

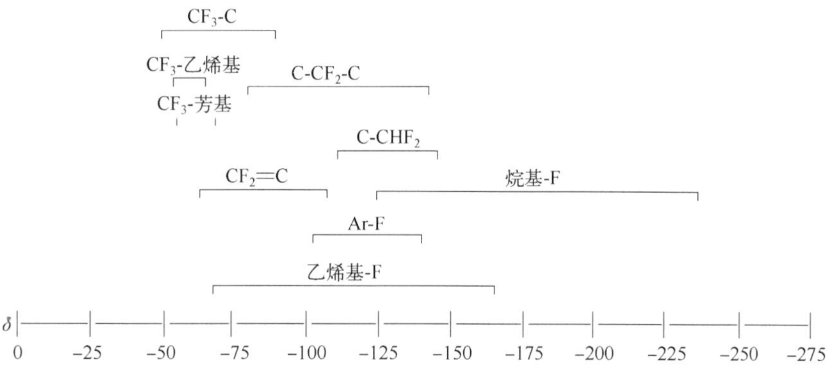

图 2-46　一些常见含氟化合物的 ^{19}F 化学位移

核磁共振氟谱也会受其他核影响发生耦合裂分。氟核与氢核的自旋量子数都是 1/2，^{19}F 谱一般呈一级谱图，其谱线裂分符合 n+1 规律。例如,1,1,1-三氟内烷的 ^{19}F 谱呈现三重峰，这是由于其受到邻位亚甲基上两个 H 的耦合；相应地，如图 2-47 所示，该化合物亚甲基的 H 谱也会受到 F 的耦合而产生裂分。

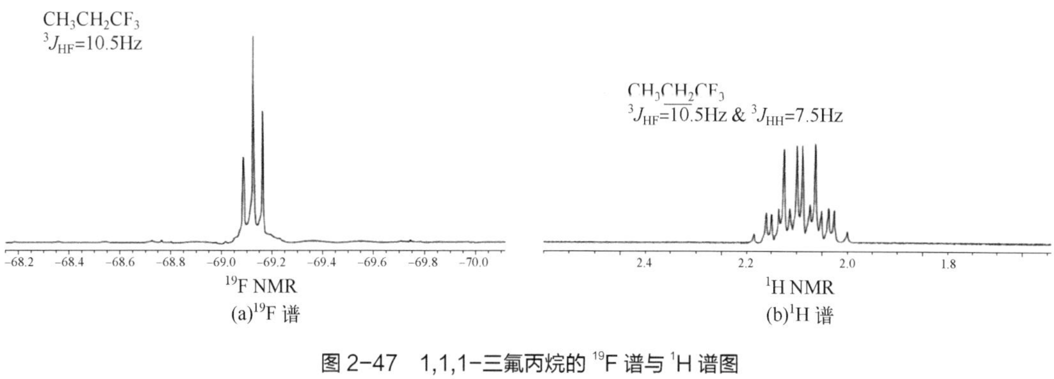

图 2-47　1,1,1-三氟丙烷的 ^{19}F 谱与 ^{1}H 谱图

对于顺反异构的二氟烯烃，核磁共振 ^{19}F 谱的化学位移以及 ^{19}F-^{19}F 耦合常数的差别均很大。二面角是影响 ^{19}F 谱耦合常数的重要因素之一。例如，氟代环己烷、氟代乙烷等，这类分子空间构象易变，因此耦合常数是交叉式和半重叠式的平均值。表 2-9 给出了一些

典型含氟化合物的氟-氢耦合常数，随着化合物中取代基电负性的增强，氟-氢耦合常数逐渐减小，对判断含氟化合物的结构信息具有重要意义。核外未共用电子对所占电子轨道的重叠也会导致 ^{19}F 与其他 ^{19}F、^{1}H、^{13}C 核发生耦合。远程耦合将随原子间距离的增大而减小。

表 2-9 一些典型含氟化合物的氟-氢耦合常数

化合物	$^{3}J_{FH}$/Hz	化合物	$^{3}J_{FH}$/Hz
CH_3-CH_2F	27	CF_3-CH_2Cl	8.5
CH_3-CHF_2	21	CF_3-$CHCl_2$	4.7
CH_3-CF_3	13	CF_3-CH_2F	16
CH_2F-CH_2F	17	CF_3-CHF_2	3
CHF_2-CHF_2	3	CF_3-CF_2-CR_3	0
CF_3-CHF_2	3	CF_3-CF_2-O-R	0
CF_3-CH_3	13	CF_3-CF_2-S-R	3

下面介绍几类 ^{19}F 的耦合情况及耦合常数变化规律。首先是 ^{19}F-^{19}F 耦合，包括同碳耦合和邻碳耦合两类。同碳耦合时，环状化合物同碳 ^{19}F-^{19}F 耦合常数随环的增大而增大， 但是 ^{19}F-^{1}H 耦合常数的变化不明显；例如，1,1,-二氟环丁烷的 ^{19}F-^{19}F 耦合常数，比 1,1-二氟环丙烷要大。通常情况下，环状分子同碳 ^{19}F-^{19}F 耦合常数比烯烃分子同碳 ^{19}F-^{19}F 耦合常数大；例如，1,1-二氟环己烷及 1,1-二氟环辛烷，^{19}F-^{19}F 耦合常数一般在 200 多赫兹，而 1,1-二氟丁二烯的 ^{19}F-^{19}F 耦合常数在 30～80Hz 之间。邻碳耦合时，一般饱和脂肪链化合物的耦合常数在 15～16Hz 之间，但是随着取代基吸电子效应的增强，去屏蔽化作用增强，因此耦合常数减小。对于氟代烯烃，反式的耦合常数比顺式耦合常数大；例如，反式 1,2-二氟氯代苯乙烯的 ^{19}F-^{19}F 耦合常数是 127Hz，然而顺式结构中 ^{19}F-^{19}F 耦合常数仅为 12Hz。

接下来介绍 ^{19}F-^{1}H 耦合。当同碳氟-氢耦合时，氟-氢耦合常数与氟原子的个数有关，随着化合物中氟原子个数的增加，耦合常数增大；当邻碳氟-氢耦合时，氟-氢耦合常数与碳上所连基团的电负性有关，吸电性越强，耦合常数越小；反式氟代烯烃比顺式氟代烯烃的氟-氢耦合常数大。

^{19}F 和 ^{13}C 之间的耦合主要由碳上取代的氟原子个数决定。但当氟被其他卤素取代后，耦合常数会增大，被氧族元素取代的规律则不统一。^{13}C-^{19}F 耦合常数会随着碳与氟之间键数的增加而减小，以氟苯为例，^{19}F 与同碳、邻位、间位、对位碳的耦合常数依次减小。

由于氟原子核对于周围环境的敏感性，以及氟化学位移的范围宽广，所以当附近的其他原子核被同位素原子核代替后，氟谱将会呈现明显不同。例如，当 H 原子被 D 原子取代后，氟化学位移将移向高场，表现出明显的 α-氘代效应。对于烯烃结构分子，反式氘代比顺式氘代对 ^{19}F 化学位移的影响更大，这一规律也适用于对耦合常数的影响。另外，α-氘代与 β-氘代对 ^{19}F 化学位移的影响稍有不同。我们以氟代丙酮的核磁共振 ^{19}F 谱为例，进一步加深对 ^{19}F 谱的理解。在图 2-48 质子去耦氟谱中，呈现出明显的单峰信号，和去耦碳谱相似。在质子耦合氟谱中，出现三组 ^{19}F 信号，这是由于氟受到邻位亚甲基两个氢的耦合所致。此外，由于 ^{19}F 受到左边甲基氢的远程耦合，因而每组峰裂分成四重峰。在该化合物的核磁氢谱中，H 由于受到氟的耦合，发生了谱峰的裂分，呈现出 D 峰。同样地，在其核磁碳谱中，由于氟对碳核的影响，同氟碳和羰基碳出现了明显的耦合裂分。

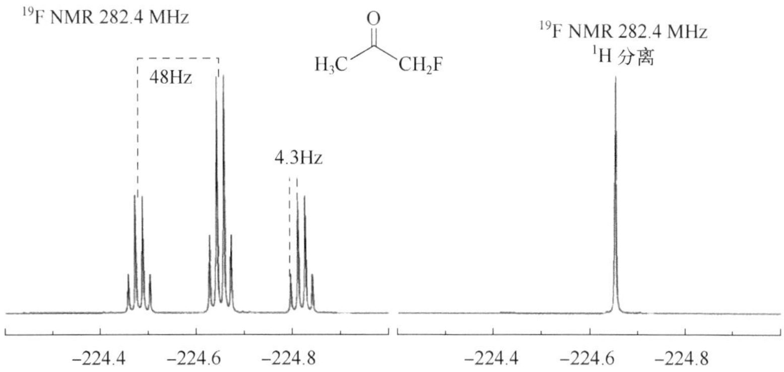

图 2-48 氟代丙酮的核磁共振 ^{19}F 谱

2.8.3 核磁共振 ^{29}Si 谱

硅广泛存在于各类天然化合物中，硅共有 23 种同位素，其中有 3 种同位素是稳定的，分别是 ^{28}Si、^{29}Si 和 ^{30}Si，而这三种同位素中，只有 ^{29}Si 核是唯一具有磁矩的同位素，其自旋量子数为 1/2，天然丰度为 4.7%，^{29}Si 存在于所有天然的含硅化合物中。核磁共振硅谱对于鉴定含硅有机化合物具有重要作用。核磁硅谱主要具有以下特点：^{29}Si 的灵敏度大约是 ^{13}C 的两倍，可以很容易用核磁进行含硅化合物的检测；^{29}Si 的化学位移通常要比 ^{13}C 的化学位移小得多，且多数为负值。整体来说，过渡金属硅化合物的化学位移在较低场，而有机硅化合物的化学位移则多数分布在高场区域。

与前面的核磁 ^1H 谱、核磁 ^{19}F 谱等相似，硅原子也会受到其他原子核的耦合，而产生核磁信号峰的裂分，满足 n+1 规则。以四甲基硅烷为例，由于 Si 受到甲基上 H 原子的耦合影响，因此其核磁共振 ^{29}Si 谱呈现出多重峰的信号；当采用质子去耦技术后，则呈现出尖锐的单峰。以 1,2-二甲基硅烷为例，在其质子去耦 ^{29}Si 谱图 2-49 中，我们可以清楚地看到，在−68 附近出现 ^{29}Si 的单峰信号。对于硅和其他原子的耦合情况，这里不作详细介绍。

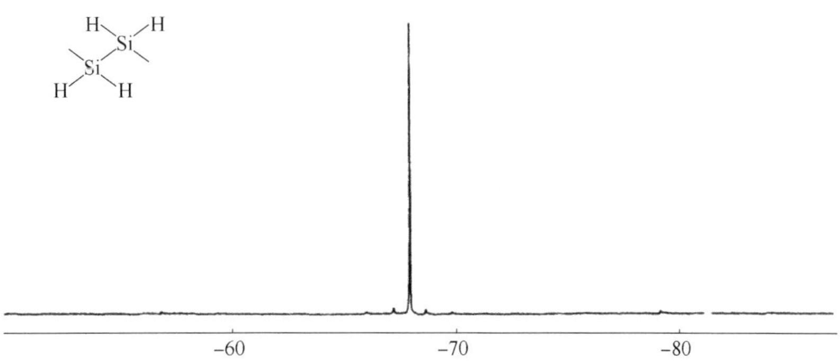

图 2-49 1,2-二甲基硅烷的质子去耦 ^{29}Si 谱

2.8.4 核磁共振 ^{31}P 谱

^{31}P 是自然界中唯一存在的磷的同位素，其天然丰度为 100%，自旋量子数为 1/2，可以产生核磁共振信号。由于含磷试剂的种类非常丰富，核磁共振磷谱技术在化学、生物、医药等领域有着广泛的应用和重要的研究价值。

核磁共振磷谱具有以下特点：化学位移范围非常大，是碳谱的近十倍，是氢谱的近百倍，其具体范围在 −500～1400。核磁共振 ^{31}P 谱的灵敏度相对较低，而且核自旋晶格弛豫时间较长，从而导致对微量磷化合物中核磁磷信号的精确测定比较困难。

核磁共振磷谱的测定一般使用磷酸溶液作为参比化合物。影响核磁共振磷谱的化学位移因素主要包括：磷原子所带电荷量，这一点主要和磷原子周围电子对外加磁场屏蔽大小有关；同时，距 ^{31}P 原子 4 个化学键内的非氢原子对其化学位移影响也同样显著；另外，含磷化合物可以看作是磷烷分子中氢原子被其他基团取代，导致磷原子周围电子云密度增加，因此化学位移向高场移动。表 2-10 总结归纳了一些典型含磷化合物的化学位移。在表中三价磷化合物的化学位移：甲基膦氢的化学位移是 163.5，二甲基膦氢的化学位移是 99，这与前面提到的“随着磷原子周围电子云密度增加，化学位移向高场移动”的规律相符。五价磷化合物的化学位移，与三价磷相似，随着磷原子周围电子云密度增加，化学位移向高场移动，例如：五氟化磷的化学位移在 80.3，当其中一个 F 原子被甲基取代后，其化学位移移动到 29.9。

表 2-10 一些典型含磷化合物的化学位移

磷(Ⅲ)化合物	δ	磷(Ⅴ)化合物	δ
PMe_3	62	Me_3PO	36.2
PEt_3	20	$[PO_4]^{3-}$	6
$P(iPr)_3$	19.4	PCl_5	80
$P(tBu)_3$	63	Et_3PS	54.5
$PMeH_2$	163.5	PF_5	80.3
PMe_2H	99	$MePF_4$	29.9
PMe_2Cl	96.5	$[Me_4P]^+$	24.4

与核磁共振 ^{1}H 谱、^{13}C 谱类似，在 ^{31}P 谱中，磷原子会与其周围的原子产生耦合，^{31}P 谱的耦合常数通常比 ^{1}H 谱或 ^{13}C 谱大很多。^{31}P-^{1}H 耦合常数一般随着 n 值，也就是间隔的化学键数目的增加而减小。如图 2-50 所示，分别是二乙基磷酰氯的质子去耦 ^{31}P 谱和质子耦合 ^{31}P 谱。我们可以看到，质子耦合 ^{31}P 谱出现了明显的五重峰，这是因为 ^{31}P 原子受到相邻两个亚甲基上 ^{1}H 原子的耦合而产生，^{31}P-^{1}H 耦合同样满足 n+1 规则。在实际应用中，我们常常使用质子去耦 ^{31}P 谱，也就是图（a），呈现出一个尖锐的单峰。

^{31}P-^{13}C 耦合遵循与其他核耦合同样的规律。^{31}P-^{13}C 耦合的耦合常数与磷的氧化态、配位数、n 值以及耦合核的立体化学等相关。在芳基膦化合物中，芳环上的磷与本碳的耦合要小于邻位碳的耦合，即 ^{1}J 小于 ^{2}J；而在三烷基膦中，本碳耦合与 γ- C 的耦合常数大小相

近，即 ^1J 约等于 ^3J，而邻位碳的耦合 ^2J 一般会更大。在实际应用中，与质子去耦 ^{31}P 谱一样，我们通常采用的是 ^{31}P-^{13}C 去耦核磁 ^{31}P 谱。

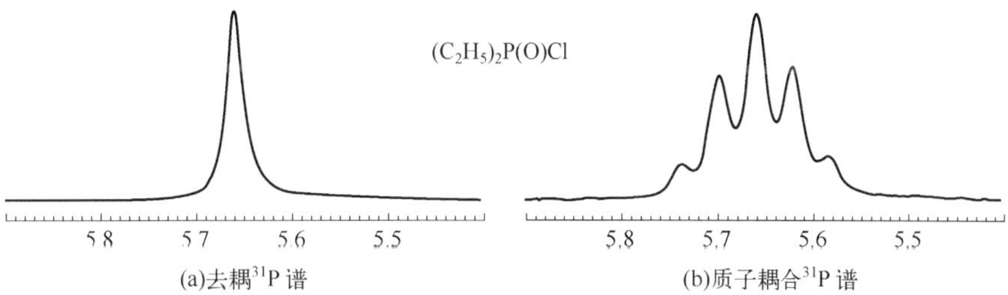

图 2-50　二乙基磷酰氯的质子去耦 ^{31}P 谱和质子耦合 ^{31}P 谱

^{31}P-^{31}P 耦合的耦合常数一般与 ^{31}P 原子周围的空间位阻及电子云密度有关。空间位阻增大，耦合常数减小；电子云密度减小，耦合常数增大。图 2-51 给出了部分双磷化合物的 ^{31}P-^{31}P 耦合常数范围。从图中可以看到，最右侧四个叔丁基取代的双磷化合物 ^{31}P-^{31}P 耦合常数最小。当 ^{31}P 上连接了 S、N 等吸电子基团后，其电子云密度减小，^{31}P-^{31}P 耦合常数较大。

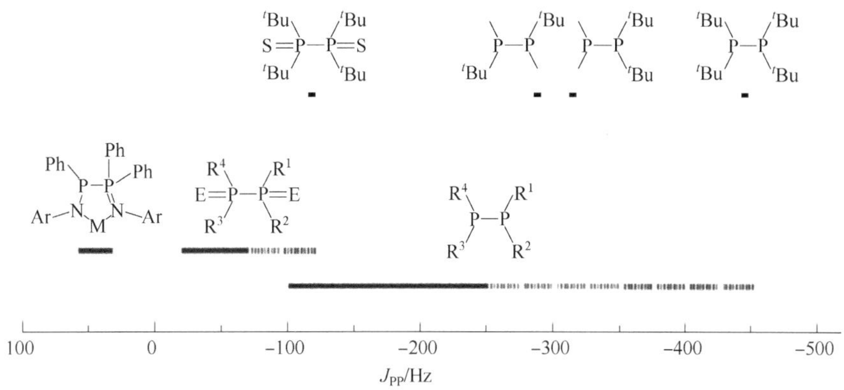

图 2-51　一些双磷化合物的 ^{31}P-^{31}P 耦合常数范围

表 2-11 给出了 ^{31}P 与各类原子的耦合常数，包括我们前面介绍过的 ^{31}P-^1H 耦合、^{31}P-^{13}C 耦合、^{31}P-^{31}P 耦合，以及较为少见的 ^{31}P-^{19}F 耦合、^{31}P-^{11}B 耦合、^{31}P-^{15}N 耦合。其中，^{31}P-^{19}F 耦合的耦合常数通常在−550～−1440Hz 之间，^{31}P-^{11}B 耦合的耦合常数相对较小，在 13～175Hz 之间，^{31}P-^{15}N 耦合常数则在−82～92Hz 之间。

表 2-11　^{31}P 与各类原子的耦合常数

耦合常数	典型值范围/Hz
$^1J_{PH}$	140～1115
$^1J_{PC}$	−43～448
$^1J_{PP}$	−620～766
$^1J_{PF}$	−550～−1441
$^1J_{PB}$	13～175
$^1J_{PN}$	−82～92

思考题

1. 核磁共振氢谱和碳谱中各种基团的化学位移是多少?
2. 什么是化学等价和磁等价?它们对谱图的影响是什么?
3. 常见的核磁共振二维谱有哪些?能够提供的结构信息分别是什么?

第3章 质谱技术

通过本章的学习，要求掌握质谱的基本概念，了解质谱仪的结构及其原理；掌握各类官能团以及化合物的典型裂分方式，通过图谱解析，判断化合物质谱图归属。

质谱（mass spectrometry，MS）分析法是一种测定气态离子质荷比的分析技术，它是将待分析样品（固态、液态或气态）电离为气态离子，在高真空系统中，在磁场或电场的作用下按质荷比（*m*/*z*）的不同对带电离子进行空间或时间上的分离和测定，确定样品分子量及分子结构的方法。质谱法可获得无机、有机、生物大分子和高分子聚合物等的分子量及结构信息，并可对复杂混合物的各组分进行定性及定量分析，广泛应用于食品安全、环境监测和化工材料等领域。质谱分析法具有分析速度快、灵敏度高及图谱解析相对简单的优点。

目前，根据用途不同，质谱可以分为同位素质谱、无机质谱、有机质谱以及生物质谱等。其中，有机质谱占据着重要的地位，可以用于有机化合物的高精度定性、定量分析以及气相离子化学等方面的分析，在化学科学、材料科学、医疗健康、生命科学、环境科学、食品和公共安全等相关研究领域也得到了广泛的应用。本章主要讨论有机质谱仪器及其分析方法。

3.1 有机质谱仪

质谱仪的种类很多，但基本结构相同。一般来说，质谱仪由以下几个部分组成（图 3-1），包括进样口、离子源、质量分析器、离子检测器以及数据处理系统等。其中，进样口是将待测物质送进离子源；离子源则是将固态或液态样品气（汽）化，再将气化的样品电离后导入质量分析器；质量分析器是质谱仪的核心组件，气态离子在电场或磁场作用下，遵循物理学和电磁学规律，其飞行轨迹不仅与电场或磁场有关，同时还与自身的质荷比有关，通过设置电场或磁场参数，可在时间或空间上对离子进行分离；离子检测器和数据处理系统则是检测离子，并把信号转换成谱图。此外，为了避免离子与环境分子的碰撞，确保离子能被正常检测，质谱仪多个系统均要处于高真空状态。

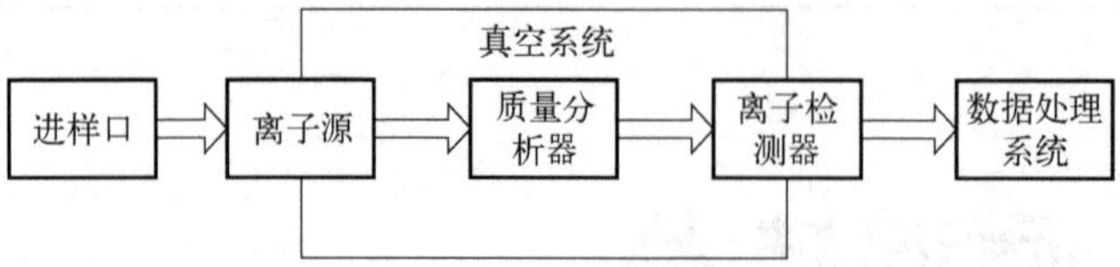

图 3-1 质谱仪的组成

3.1.1 进样系统

质谱的进样系统是将样品导入质谱仪的离子源，可分为直接进样和通过接口进样两种方式。

直接进样：在室温和常压下，如样品为气态或液态，通过一个可调喷口装置以中性流的形式导入离子源；如样品为固体，则通常用进样杆直接导入。

通过接口进样：目前质谱进样系统发展较快的是多种色谱-质谱联用的接口技术，将色谱流出物导入质谱仪离子源，经离子化后供质谱分析。

3.1.2 离子源

质谱仪只能分析和检测气态离子，而大多数待测物质都以固态或液态形式存在，且为电中性，因此离子源的作用是将固态或液态样品气化，再将气化的样品离子化。

在质谱仪中，要求离子源产生的离子多、稳定性好、质量歧视效应小。在有机质谱仪中应用的离子源种类很多，一般将它们分为气相离子源、解吸离子源和大气压离子源，它们的主要特点比较见表 3-1。气相离子源是将样品气化后再离子化，解析离子源是将液体或固体样品直接转变成气态离子，大气压离子源则是在常压下直接将液态样品喷雾成液滴，再结合不同的离子化过程进行质谱分析。气相离子源一般用于分析沸点低于 500℃、分子量小于 1000、热稳定的化合物；解吸离子源主要用于凝聚态样品的解吸与电离，大气压离子源主要用于液态样品的气化和电离，这两种离子源最大优点是能用于测定非挥发、热不稳定、分子量达到 10^5 的样品。对于有机化合物样品，由于其形态和分析要求不同，可以选用不同的离子源进行离子化。

表 3-1 主要离子源的特点比较

基本类型	离子源名称和英文缩写	离子化方式	特点及主要应用
气相	电子轰击（EI）	高能电子	适用于挥发性样品。灵敏度高，重现性好，有特征碎片离子和标准谱库。用于分子结构判定
	化学电离（CI）	反应气离子	适用于挥发性样品。产生准分子离子峰，用于分子量确定
	场致电离（FI）	高电位电极	适用于挥发性样品。分子离子峰强度较大，碎片离子峰很少，测定分子量，缺乏分子结构信息
解吸	场解吸（FD）	高电位电极	适用于难挥发和热稳定性差的固体样品。只产生分子离子峰和准分子离子峰，碎片离子峰极少

续表

基本类型	离子源名称和英文缩写	离子化方式	特点及主要应用
解吸	快原子轰击（FAB）	高能原子束	适用于难挥发、热不稳定的样品。软电离，主要生成准分子离子，易产生团簇离子
	二次离子质谱（SIMS）	高能离子束	适用于热不稳定、难挥发、分子量大的样品
	基质辅助激光解吸电离（MALDI）	激光光束	适用于分析高聚物及生物大分子等强极性的样品，主要生成准分子离子
大气压	电喷雾电离（ESI）	高电场	适用于热不稳定、中强极性的小分子和生物大分子，可生成多电荷离子，软电离。也用作 LC-MS 接口
	大气压化学电离（APCI）	高电场	适用于热稳定、弱～中极性的小分子，软电离，一般为单电荷离子
	实时直接电离（DART）	高电场	可对样品进行无损、快速、绿色、原位、直接和高通量分析

通常又将离子源分为硬电离源和软电离源。硬电离源有足够的能量与样品分子作用，使它们处在高激发能态，其弛豫过程包括键的断裂并产生质荷比小于分子离子的碎片离子。由硬电离源所获得的质谱图，通常可以提供被分析物质所含功能基团的类型和结构信息。而由软电离源获得的质谱图中，分子离子峰的强度很大，碎片离子峰较少且强度低。

在选择离子化方法时，通常需要从样品的物理性质、待测分子的分子特性以及所要得到的定性信息等多方面考虑，来选择一种合适的离子源。上述介绍的离子源各具特点，适用范围也有所不同。对于分子量较小、挥发性强、热稳定性好的化合物，可以采用 EI 或 CI 方法进行测定。EI 属于硬电离源，碎片峰比较多，提供的结构信息丰富。CI 属于软电离源，碎片少，易于测定分子量。电喷雾电离（ESI）既适用于小分子化合物，也适用于大分子化合物，属于软电离源。测定大分子时，ESI 容易产生多电荷离子。另外，ESI 通常还与液相色谱技术联用，如高效液相色谱和毛细管电泳等。大气压化学电离（APCI）属于软电离方式，主要用来分析中等极性或低极性的小分子化合物，APCI 主要产生单电荷离子，所以分析的化合物分子量一般小于 2000。快原子轰击（FAB）电离，则适用于分子量 5000 左右、挥发性低、极性大、热不稳定的化合物，例如多糖、核苷酸、多肽、小分子蛋白以及部分有机金属化合物。基质辅助激光解吸电离（MALDI）适用的化合物类型与快原子轰击（FAB）相似，但其灵敏度更高，是 FAB 的 100～1000 倍，而且适用的分子量范围更大，分子量大于 50 万的蛋白质分子也可以成功测定。

3.1.3　质量分析器

作为质谱仪的核心部件，质量分析器将不同质荷比的离子在时间或空间上进行分离和检测，获得横轴为质荷比、纵轴为离子强度的质谱图。质量分析器的种类较多，主要可分为磁场式与电场式两大类。其中，磁场式质量分析器包括扇形磁场质量分析器（包含单聚焦质量分析器和双聚焦质量分析器）与傅里叶变换离子回旋共振质量分析器；电场式质量分析器包括四极杆、飞行时间、离子阱、静电场轨道阱等质量分析器。

3.1.4 离子检测器

离子检测器主要用于检测和记录离子流的强度，最早的质谱仪采用的是离子感光板，现已几乎不用。法拉第杯是一种简单的检测器，可直接测定电荷或电流，在质谱早期曾大量应用，至今仍用在同位素比率质谱中。现代质谱仪应用最多的是电子倍增器和微通道板，其他一些常见检测器如电流检测器、焦平面检测器、戴利检测器等。近年来又出现了一些新型检测器，如低温检测器、微球板。依据检测器的特性与应用，大致分为无增益式与增益式离子检测器两种。

无增益式离子检测器本身不放大离子信号，只作为收集离子电流或感应离子电荷的简单装置。此类检测器的检测原理只与电荷数 z 有关，而非质荷比，对质量没有选择性，也不会因为增益值变动造成定量上的误差。其灵敏度可在搭配后端信号放大电路后大幅增加，也可在特定仪器上借由傅里叶变换式分析器做多次测量达到单一电荷检测极限。使用无增益式离子检测器的仪器包含傅里叶变换离子回旋共振质谱仪、轨道阱质谱仪及电荷检测质谱仪。无增益式离子检测器主要分为电荷检测器和低温检测器。

增益式离子检测器是使用最广泛的离子检测器，其增益值可使质谱仪的灵敏度达到单离子检测。增益式离子检测器的离子信号放大过程通常是借助高电压差引发离子或电子的连续撞击，以增加二次电子的数量，所以此类检测器对工作环境的要求非常严格。若在不适当的工作环境，如过高的压力或电压下运行，会快速减损检测器寿命。增益式离子检测器主要包括电子倍增器、微通道板、闪烁检测器三种。增益值定义为 I_{OUT}/I_{IN},其中 I_{OUT} 为检测器末端的输出电流，而 I_{IN} 为离子入射进检测器的电流。增益式检测器的增益值通常为 10^4～10^9。

3.1.5 真空系统

真空是质谱仪运作的必要条件之一，大量气体分子的存在会影响质谱仪的工作。主要体现在两方面：首先，气体分子干扰质谱仪运作的最直接物理反应是对于离子飞行路径的影响，以及大量气体对于高电压元件造成的破坏；其次，气体分子与离子碰撞也可能引发化学反应，导致离子变质而失去原有特性，甚至失去电荷。

质谱的真空系统用真空度来度量。压力常用的单位有帕斯卡（Pa）、巴（bar）、毫巴（mbar）、托（Torr）等。真空度根据气压高低大致分为：低真空 (760～25Torr)、中度真空 (25～10^{-3}Torr)、高真空 (10^{-3}～10^{-9}Torr)、超高真空(10^{-9}～10^{-12}Torr)、极高真空(＜10^{-12}Torr)五个范围。决定质谱仪最终工作压力(或真空度)的原则，就是必须估计出什么样的真空环境不会对测量造成明显的影响。

质谱仪的真空系统是由抽气设备来维持的。常用的抽气设备可分为三类：第一类粗抽泵包括机械泵、隔膜泵、涡卷式泵，其能达到 10^{-3}mbar（1mbar=100Pa）的真空度；第二类为高真空泵，包括涡轮分子泵、扩散泵、低温泵，其能达到 10^{-9}mbar 的真空度；第三类为超高真空泵：包括低温泵、离子泵，其能达到 10^{-11}mbar 的真空度。一般仪器的设计考虑的是搭配一组恰好可以维持所需真空度的抽气设备以降低成本。大多数质谱仪都必须串联低真空及高真空两种泵，而且开启时必须循序启动，先打开低真空泵，当真空度达到一定程度时才能打开高真空泵。

3.1.6　串联质谱

串联质谱分析通常是指由两个以上的质量分析器借由空间或时间联结在一起所组成的分析方式，常以英文缩写 MS/MS 或 MS_n 表示。一般而言，串联质谱分析法有两种不同的串联方式：一种为连接两个质量分析器，作为空间上的串联方式，如图 3-2（a）所示，第一个质量分析器通常为选择与分离前体离子，前体离子以自发性或通过某些激发方式进行碎裂，前体离子碎裂后产生的离子群，则传送至串接的第二个质量分析器中进行分析；另一种则是在同一个离子储存装置内进行一系列的离子选择、裂解与质量分析步骤，如图 3-2（b）所示的时间串联质谱仪，为单一质量分析器进行串联质谱分析，依时间先后顺序进行不同的分析。

(a) 空间串联质谱仪　　(b) 时间串联质谱仪

图 3-2　串联质谱示意图

3.1.7　基本概念及主要性能指标

（1）静质量亏损　指的是当质子和中子结合成原子核时，有一部分质量转化为结合能。每一种原子核都有其特定的结合能，所以形成各种核的静质量亏损值，与它们结合的质子和中子数不成比例。因此，质量数同为 28 的 CO、N_2、C_2H_4，精确质量分别为 27.994914、28.006148、28.031300，在高分辨质谱中则可以区分出来。

（2）名义质量数（整数质量数）　指采用元素质量数的整数进行计算，例如，C：12, H：1, O：16。

单同位素质量数（准确质量数）：指用天然丰度最大的同位素准确质量数计算。例如，^{12}C：12, ^{1}H：1.0078，^{16}O：15.9948。元素的平均原子量是指该元素的各种同位素的精确原子量的加权平均值，其中的权重就是每种同位素在自然界的丰度。比如，

$$
\begin{aligned}
\text{C 的平均原子量} &= {}^{12}C\times98.93\% + {}^{13}C\times1.07\% \\
&= 12.000000\times98.93\% + 13.0033355\times1.07\% \\
&= 12.0107
\end{aligned}
$$

表 3-2 列出一些常见元素及其同位素的精确原子量、天然丰度和平均原子量信息。

表 3-2　一些常见元素及其同位素的精确原子量、天然丰度和平均原子量信息

元素	同位素	精确原子量	天然丰度/%	平均原子量
碳	^{12}C	12.000000	98.93	12.0107
	^{13}C	13.003355	1.07	

续表

元素	同位素	精确原子量	天然丰度/%	平均原子量
氢	^{1}H	1.007825	99.99	1.0079
	^{2}H	2.014102	0.01	
氧	^{16}O	15.994915	99.76	15.9994
	^{17}O	16.9991	0.04	
	^{18}O	17.999160	0.20	
氮	^{14}N	14.003074	99.63	14.0067
	^{15}N	15.000109	0.37	

采用不同算法得到的同一个化合物的质量数是不一样的。在质谱图里，不能使用平均原子量计算，单同位素峰是由其组成元素质量的加和，每种元素质量选择其最大丰度同位素的质量，为第一个峰，但不一定是最高峰，不同的同位素组成有不同的质量数。如维拉帕米 $C_{27}H_{38}N_2O_4$，就可以存在以下多种同位素组合形式。可依照表 3-3 计算出相关化合物的同位素相对峰强度，采用的都是单同位素质量（或精确质量），也可将分子式输入相关软件里自动显示同位素分布，如图 3-3 所示。

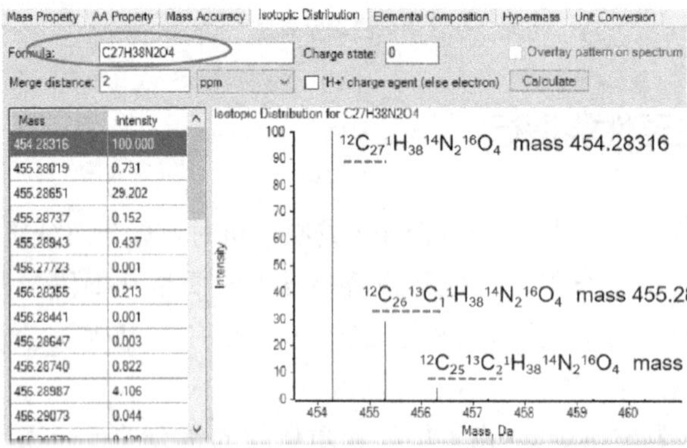

图 3-3　已知分子式化合物的同位素分布预测图

我们在最初学习化学接触元素质量的时候学习到了氯原子的质量是 35.5，而事实上在自然界中，氯由 ^{35}Cl 和 ^{37}Cl 组成。在质谱测定中，测定的是微观离子，而不是宏观上的平均质量数，表 3-3 是常见元素的同位素丰度。我们将元素分为 A、A+1 和 A+2 三种情况。A 元素在质谱中几乎不存在同位素峰响应，元素有 H、F、P、I，而 A+1 元素主要对 A+1 的同位素峰做贡献，有 C、Si，A+2 元素主要对 A+2 的同位素峰做贡献，元素有 O、S、Si、Cl、Br。同位素峰对于质谱定性有很重要的作用，其同位素分子离子峰的含量与分布也提供了该化合物的元素组成信息，特别是对于含有卤素或金属元素的化合物。

表 3-3　常见元素的同位素丰度

元素	A		A+1		A+2		元素类型
	质量	丰度/%	质量	丰度/%	质量	丰度/%	
H	1	100	2	0.015			A

续表

元素	A		A+1		A+2		元素类型
	质量	丰度/%	质量	丰度/%	质量	丰度/%	
C	12	100	13	1.1			A+1
N	14	100	15	0.37			A+1
O	16	100	17	0.04	18	0.20	A+2
F	19	100					A
Si	28	100	29	5.10	30	3.40	A+1,A+2
P	31	100					A
S	32	100	33	0.80	34	4.40	A+2
Cl	35	100			37	32.5	A+2
Br	79	100			81	98.0	A+2
I	127	100					A

同位素分布符合二项式规则，我们通过同位素的丰度 b 和同位素峰的个数 n 来计算同位素峰的强度，同位素分布的二项式规则：

$$(a+b)^n = a^n + na^{n-1}b + \frac{n(n-1)}{2!}a^{n-2}b^2 + \frac{n(n-1)(n-2)}{3!}a^{n-3}b^3 + \cdots + b^n$$

式中，a 为轻质量同位素的丰度；b 为重质量同位素的丰度；n 为分子中 A+1 或 A+2 元素的原子个数。

例如，某化合物含有三个氯原子，其分子离子的同位素离子强度之比可用上式计算。

$$(a+b)^3=a^3+3a^2b+3ab^2+b^3=3^3+3\times3^2\times1+3\times3\times1^2+1^3=27+27+9+1$$

即分子离子峰和各同位素离子峰的强度比 M∶$(M+2)$∶$(M+4)$∶$(M+6)$近似为 27∶27∶9∶1。

（3）有机化合物的不饱和度　对于分子式 $C_xH_yN_z$，其不饱和度 $\Omega=(2x+2+z-y)/2$，O、S 不影响饱和度，其他元素在代入时，用等价原则替换，如卤素，可以与 H 数目汇总。

（4）常见离子

① 分子离子：分子离子是化合物分子失去一个电子而形成的。由分子离子的 m/z 值可得到该化合物的分子量。通常为奇电子离子 $M^{+\cdot}$。

② 准分子离子：指与分子存在简单关系的离子，通常为所生成的质子化或去质子的离子，通过它可以确定分子量。例如，分子得到或失去一个氢生成的离子$[M+H]^+$、$[M-H]^-$就是最常见的准分子离子。

③ 碎片离子：分子离子裂解所生成的产物离子。其对应的峰是碎片离子峰。母离子与子离子是指任何离子进一步裂解产生了某离子，则前者称为母离子，后者称为子离子。

④ 同位素离子：由元素的重同位素构成的离子，它们在质谱图中总是出现在相应的分子离子或碎片离子的右侧。同位素离子对应的峰是同位素峰。

⑤ 亚稳离子：离子受电场加速后，在到达质量分析器的飞行途中碎裂而产生的离子。所对应的峰是亚稳离子峰。亚稳离子峰可以提供离子间的亲缘关系。在电离过程中，有些

非常稳定的化合物分子可能失去两个或更多的电子而成为多电荷正离子，由于质谱是按照离子的质荷比记录下来的，这时在质量数为 m/ne（n 为失去的电子数）的位置上，会出现多电荷离子峰。此外，有些离子源中化合物结合多个质子也能成为多电荷离子。

（5）质量范围　质谱仪的质量测定范围指仪器所能测定的离子质荷比（m/z）范围。有机质谱仪的质量范围一般为几十到几千，单位为原子量 u。

（6）离子的强度（丰度 I）　表示每种离子的量的大小，又分为绝对强度和相对强度。绝对强度指的是以检测器最终测得的值来进行计数，而相对强度则用百分强度或基峰强度来表示。通常质谱图采用的是基峰强度表示，也就是规定质谱图中离子强度最大的基峰的强度为 100，其他离子强度与之相比的百分强度称为该离子的强度。

（7）分辨率　分辨率指质谱区分质荷比非常接近的离子的能力，常用 R 来表示，定义为 $m/\Delta m_{10\%}$或 $m/\Delta m_{50\%}$，即检测到的质量（m）除以峰宽。分辨率是所有质谱仪都具备的重要性能参数，决定了质谱仪区分出两个质量相近离子的质量最小差。磁质谱是采用 $m/\Delta m_{10\%}$，$\Delta m_{10\%}$即峰高为 10%时该峰的宽度（图 3-4）。

此外，四极杆、飞行时间、静电场轨道阱等质谱可以用半峰宽进行计算，Δm 采用的是 50%峰高处的峰宽。此时分辨率为质谱峰的质荷比除以质谱峰的半峰宽，如图 3-5 所示。

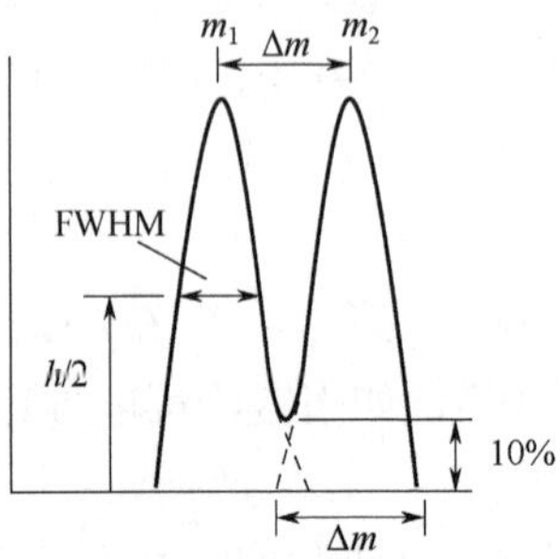

图 3-4　分辨率测试图

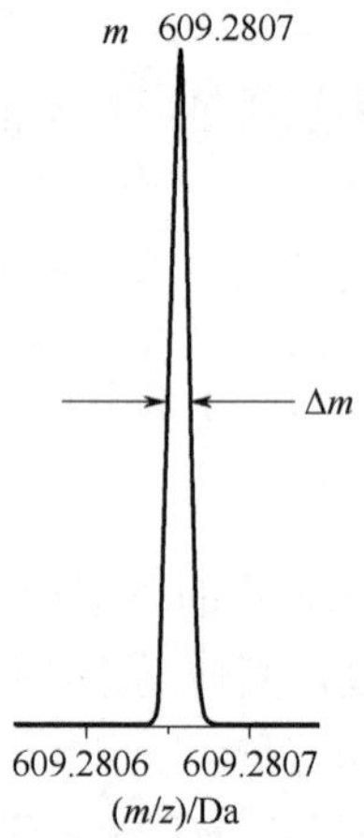

图 3-5　四极杆等质谱分辨率测试图

3.2 质谱图和质谱表

图 3-6 是 α-紫罗酮的质谱图，其横坐标是质荷比（m/z），纵坐标为离子峰的相对强（丰）度，谱图通常包含分析物的分子质量及其结构碎片质量信息。在一张质谱图中，将信号最强的离子峰定为基峰，并规定其相对强度为 100%，其他离子峰以此基峰的相对百分数表示。用表格形式表示质谱表，称为质谱表。表 3-4 是丙酮的质谱表，质谱表中有两项，一项是 m/z，另一项是相对丰度。

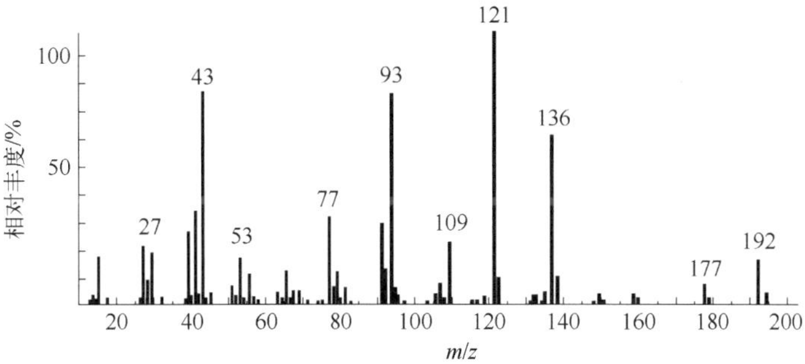

图 3-6　α-紫罗酮的质谱图

表 3-4　丙酮的质谱表

m/z	相对丰度/%	m/z	相对丰度/%
15	34.1	39	4.4
26	6.7	42	7.5
27	8.9	43	100（基峰）
28	4.5	44	2.3
29	4.6	58	23.3

3.3　有机质谱裂解方式及机理

分子的裂解过程与其结构有密切关系，研究离子断裂过程和机理，能提供被分析化合物的结构信息。掌握有机化合物分子的裂解方式和机理，了解各类有机化合物的裂解规律，对确定有机化合物分子的结构非常重要。

按照有机化合物分子的化学键断裂的特点，可将有机质谱裂解方式归纳为简单开裂、重排开裂和多中心开裂三种方式。按照分子气相裂解反应引发机制的不同，主要分为自由基引发的裂解和电荷中心引发的裂解两类。

3.3.1　简单开裂

简单开裂是一个共价键发生断裂的裂解。化学键可发生下面三种方式的断裂。

（1）均裂　两个价电子一边一个，此价键断裂，即

$$X—Y \longrightarrow X\cdot + Y\cdot$$

（2）异裂　两个价电子转移到一边，此价键断裂，即

$$X—Y \longrightarrow X^{+} + Y^{-}$$

（3）半异裂　已失去一个价电子的离子再裂解时，剩下的一个电子转移到一边，此价键断裂，即

$$X-Y \xrightarrow{-e^-} X^+ + Y^\cdot$$

通常用单箭头（⇀）表示一个电子的转移；用双箭头（⟶）表示一对电子的转移。

分子失去一个电子形成的分子离子 $M^{+\cdot}$是奇电子离子，其断裂反应可能是丢失一个偶电子的中性分子或奇电子的中性自由基。奇电子离子有两个活性中心，即电荷中心和自由基中心；而偶电子离子只有电荷中心。分子离子的断裂和产物离子的进一步碎裂都是由这些中心引发的。由于将配对电子拆开需要较高的能量，离子断裂时发生键均裂的活化能也相对较高，因此奇电子离子和偶电子离子均优先丢失偶电子碎片。当然分子离子也可能失去一个自由基而生成偶电子离子。自由基的生成热比结构近似的中性分子高，这就意味着断裂反应生成的偶电子离子的生成热较低。一般情况下，断裂反应只在活性中心的邻近发生，因此，对于由活性中心引发的断裂反应，确定活性中心在离子中的位置是非常重要的。分子在电离时优先失去杂原子上的非成键电子，其次是 π 电子，较难失去的是 σ 电子。

3.3.1.1　自由基引发的裂解（α 断裂）

自由基对分子断裂的引发是由于电子的强烈配对倾向造成的，发生的是均裂。该反应由自由基中心提供一个电子与邻接的原子形成一个新键，与此同时，邻接原子的另一个化学键（α 键）则发生断裂，这种断裂通常称为 α 断裂。α 断裂主要有下面几种情况。

（1）含饱和杂原子化合物的 α 断裂反应　反应通式（Y 为杂原子）如下：

现以乙醇的断裂进一步说明。

$$CH_3-CH_2-\overset{+\cdot}{O}H \longrightarrow \cdot CH_3 + CH_2=\overset{+}{O}H$$

因为 α 断裂比较容易发生，因此，在乙醇的质谱中，m/z=31 的峰比较强。

（2）含不饱和杂原子化合物的 α 断裂反应　反应通式（Y 为杂原子）如下：

例如，

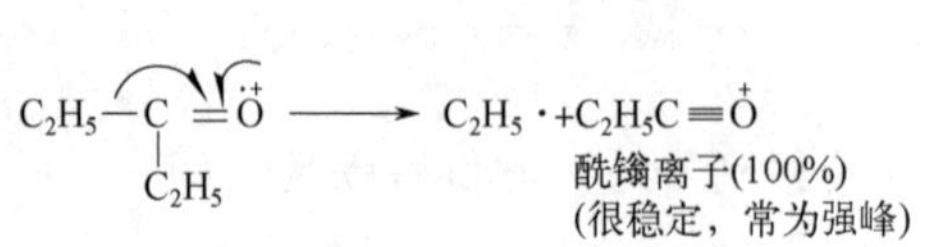

（3）烯烃类化合物的 α 断裂反应（烯丙断裂）　反应式如下：

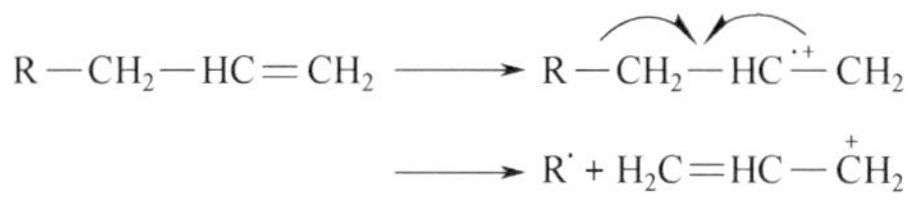

烯丙基断裂生成稳定的烯丙基离子（m/z 为 41）。

（4）苄类化合物的 α 断裂反应（苄基断裂） 反应式如下：

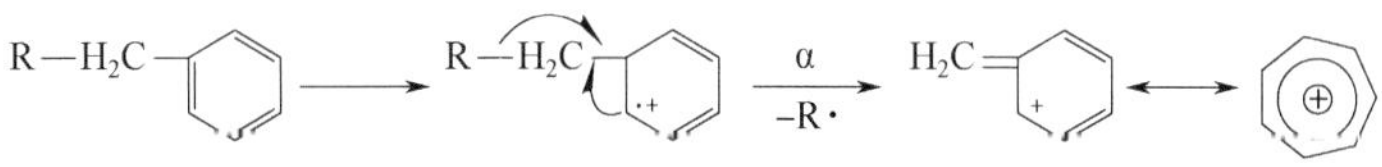

断裂后生成的苄基离子立即转化为更稳定的䓬鎓离子（m/z 为 91），它是烷基苯类化合物的特征离子，在质谱图上有很强的䓬鎓离子峰。

以上几种断裂都是由自由基引发的。自由基电子与转移的电子形成新键，同时，伴随着相邻键的断裂，形成相应的离子。断裂发生的位置都是与电荷定位原子相邻的第一个和第二个碳原子之间的键，这个键称为 α 键，因此这类自由基引发的断裂统称 α 断裂。

3.3.1.2 电荷中心引发的裂解（诱导断裂或 i 断裂）

电荷中心引发的 i 断裂反应（诱导断裂），动力来自电荷的诱导效应，是正电荷使一对电子转移而发生的异裂。正电荷引发的异裂反应用符号 i 来表示。

i 裂解可分为奇电子离子型和偶电子离子型。裂解通式如下。

（1）奇电子离子 OE

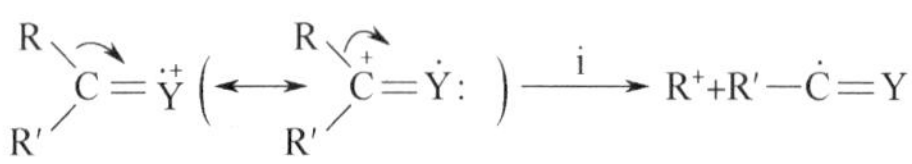

例如

（2）偶电子离子 EE

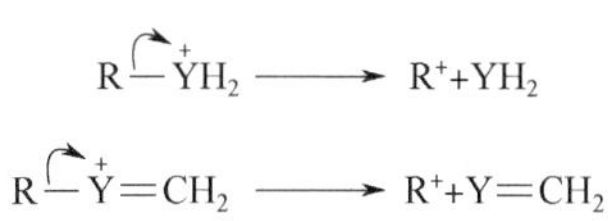

例如

一般情况下，电负性强的元素诱导效应也强，因此，RY 形成 R^+的倾向是：Y=卤素＞O、S＞N、C。

某些情况下，诱导断裂和 α 断裂同时存在，在判断一个离子形成和裂解过程中的反应产物时，电荷稳定通常比自由基稳定更重要。由于 i 断裂涉及电荷转移，与自由基引发反应 α 断裂相比，这个反应较为不利。许多硝基烷烃、碘代烷烃、溴代仲烷烃、溴代叔烷烃以及氯代叔烷烃，较易产生 i 断裂反应。但 C—Y 键较强的 RH_2C—Y 化合物，如正烷醇和氯代正烷烃，则很难发生该反应。需要注意的是，杂原子为单键时，i 断裂和 α 断裂所引起的断键位置是不相同的：i 断裂中，键的断裂发生在电荷中心所在的原子和与其邻接的原子之间，即R′—CH_2-⌇-YR（波浪线表示裂解位置）；而 α 断裂中，键的断裂则发生在自由基中心所在原子的 *α* 位原子与 *β* 位原子之间，即R′-⌇-CH_2— YR。杂原子为重键时，i 断裂并不导致重键的断裂。如：

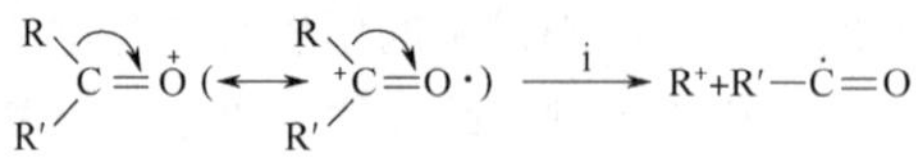

上述反应产物恰好与 α 断裂所形成的烷基自由基和酰鎓离子互补。

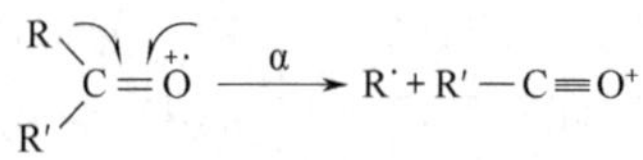

在涉及分子中只有一个键断裂的反应时，奇电子离子无论发生 α 断裂，还是发生 i 断裂，一定是产生一个偶电子离子和一个中性自由基；而偶电子离子发生 i 断裂时，占优势的裂解过程是产生另外一个偶电子离子和一个中性分子，裂解产生的偶电子离子还可进一步因电荷诱导而裂解成 *m/z* 较小的偶电子离子。偶电子离子因不带未配对电子，不发生自由基引发的 α 断裂反应。

3.3.1.3 σ 断裂

如果化合物分子中含有 σ 键，如烃类化合物，则会发生 σ 键断裂。σ 键断裂需要的能量大，当化合物中没有 π 电子和 n 电子时，σ 键断裂才可能成为主要的断裂方式。断裂后形成的产物越稳定，断裂就越容易进行。碳正离子的稳定性顺序为叔＞仲＞伯，因此碳氢化合物最容易在分支处发生键的断裂，且失去最大烷基的断裂最容易发生。例如：

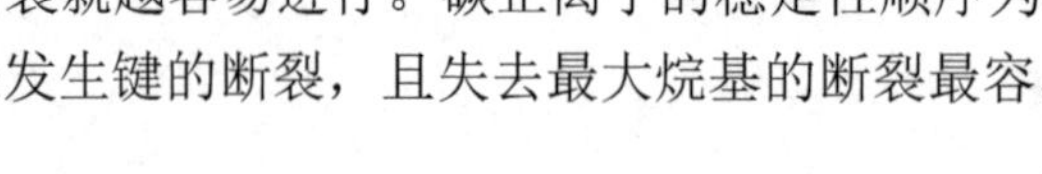

3.3.2 重排开裂

在质谱中往往出现一些特定重排反应，产生的离子丰度高。这些重排特征离子对推导分子结构很有启示作用。重排开裂在共价键断裂的同时，发生氢原子的转移。一般有两个键发生断裂，少数情况下有碳骨架重排。重排开裂反应有下面几种情况。

3.3.2.1　自由基引发的重排反应

（1）γ-H 重排到不饱和基团上并伴随 $C_\alpha—C_\beta$ 断裂　最常见的这类重排反应是麦氏重排（McLafferty rearrangement），涉及 γ-H 转移重排。麦氏重排有两种情况：①γ-H 重排到不饱和基团上，伴随发生 α 断裂，电荷保留在原来的位置上；②γ-H 重排到不饱和基团上，伴随发生 i 断裂，电荷发生转移。

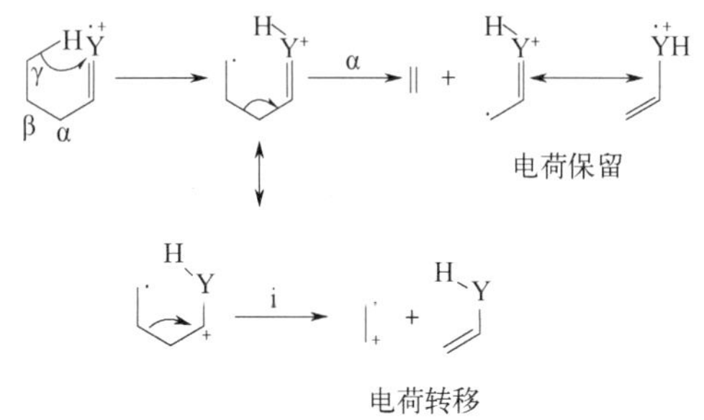

例如，羰基化合物的麦氏重排

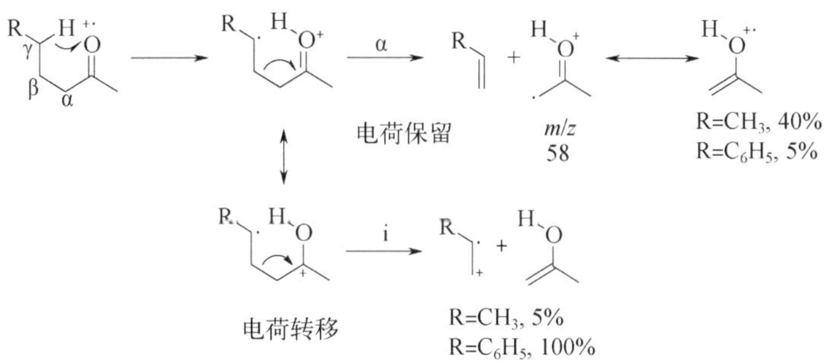

能产生这类重排的化合物很多，包括醛、酮、羧酸、羧酸酯、酰胺、硫酸酯、磷酸酯、腙、肟、亚胺、长链烯及不含杂原子的炔和烷基苯。总的来说，当满足：①含有不饱和键、苯环或三元环；②与重键相连的 γ-C 上有氢原子这两个条件时，便可发生麦氏重排。

例如，1-己烯的麦氏重排

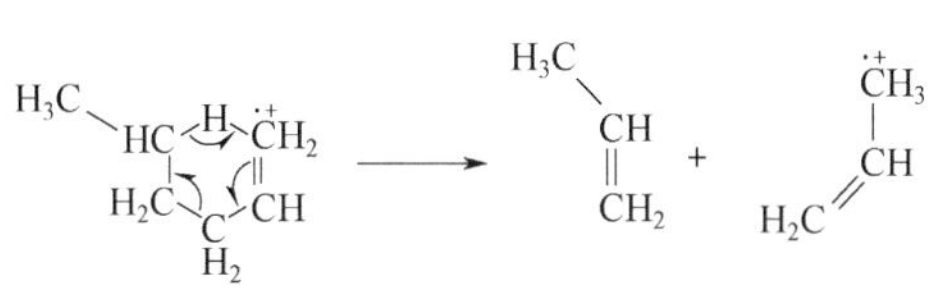

麦氏重排只有 γ-H 转移而不是 α-H 或 β-H 转移，这是因为 γ-H 刚好适合能量低的六元环的过渡态。由简单开裂或重排产生的碎片离子，如果符合麦氏重排的两个条件，也能发

生麦氏重排，即

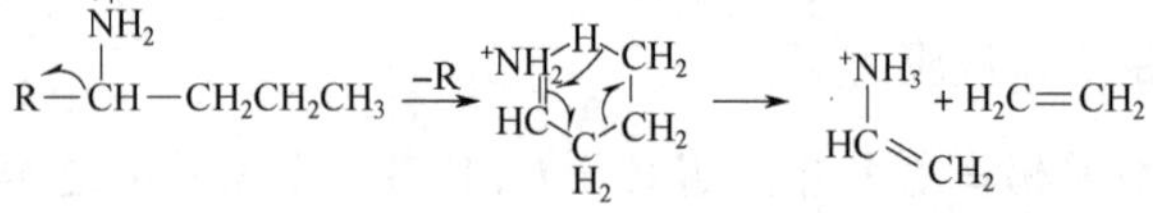

注意，这个重排实际上是由电荷中心引发的

若 C═Y 基团两边均有 γ-H，可发生二次麦氏重排。由两次重排产生的两种离子碎片的百分数可看出第二次重排比第一次重排更容易。

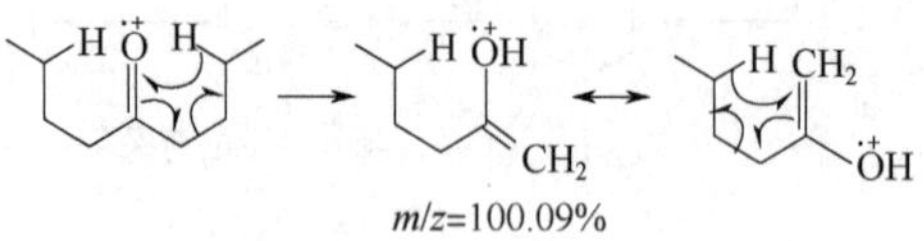

（2）氢原子重排到饱和杂原子 Y 上并伴随邻键（Y—C）断裂（邻位效应） 该裂解反应中一个饱和杂原子上的正电荷自由基的未成对电子与一个邻近的、处于适当构型的氢原子形成一个新键，一个氢原子转移到杂原子上。随后发生一个电荷定位引发的反应，即杂原子的一个键断裂成$[M-HYR]^{\cdot+}$或 $HYR^{\cdot+}$。

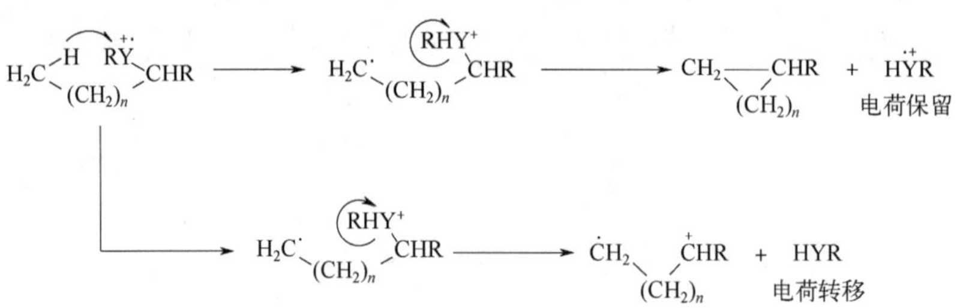

反应第一步转移的是哪一个氢原子，对于新形成的产物的影响不大（不一定非经过六元环过渡态，也可能是四元、五元或其他环状过渡态）。由于产生的含杂原子的碎片是饱和的，它对电荷的争夺力很弱，就使得电荷转移更为普遍。电荷转移反应对电负性原子团有利。电离能较高的饱和小分子，如 H_2O、C_2H_4、CH_3OH、H_2S、HCl、HBr，常以这种方式丢失。为了保留电荷，反应的第二步应该是一个自由基定位反应。

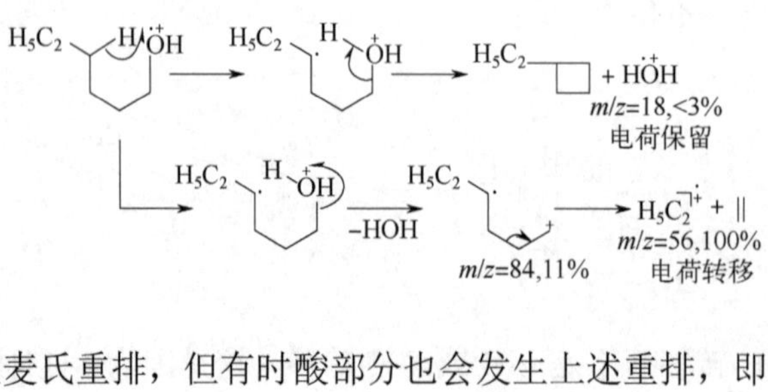

酯一般容易发生麦氏重排，但有时酸部分也会发生上述重排，即在醇部分没有易动的氢原子，酸部分就脱离小分子。

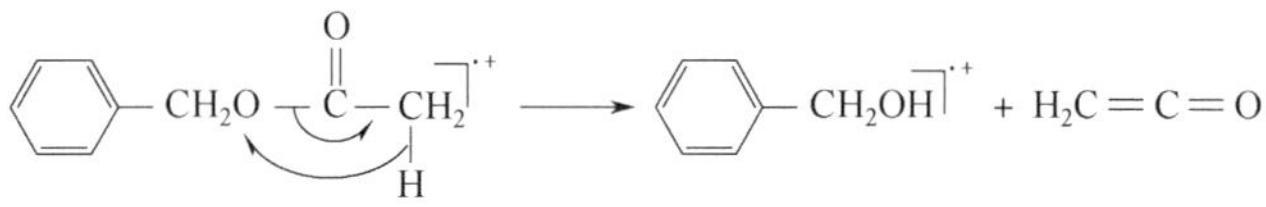

卤代烃（Cl、Br）通过四元环过渡态，氢原子向卤素迁移，消去卤化氢：

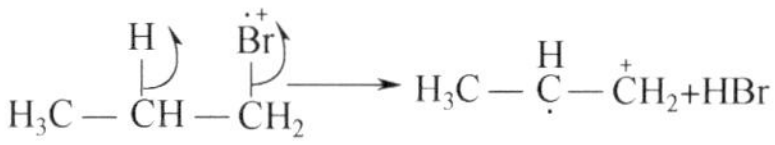

卤代烃有时也可通过五元环过渡态进行氢重排：

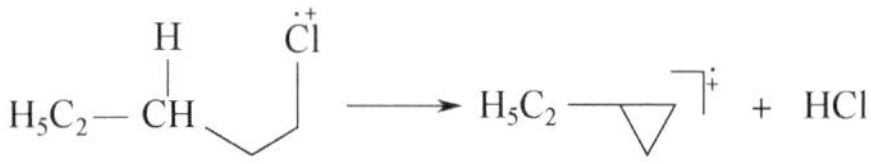

醚和硫醚也可能发生类似的反应：

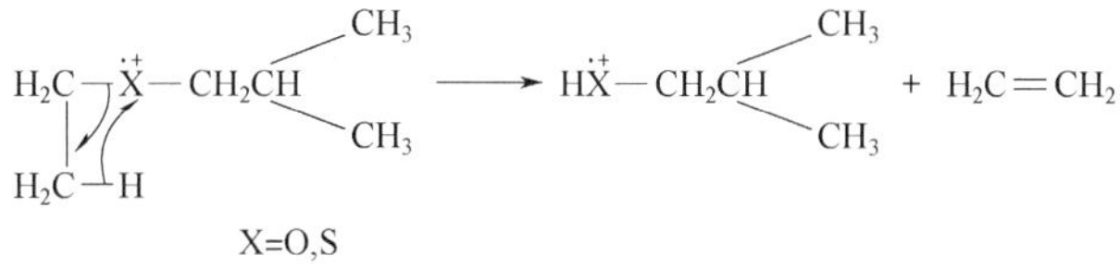

正丁醇和环己醇的脱水，都在 1,3-位和 1,4-位发生该重排反应，产物质荷比是相等的：

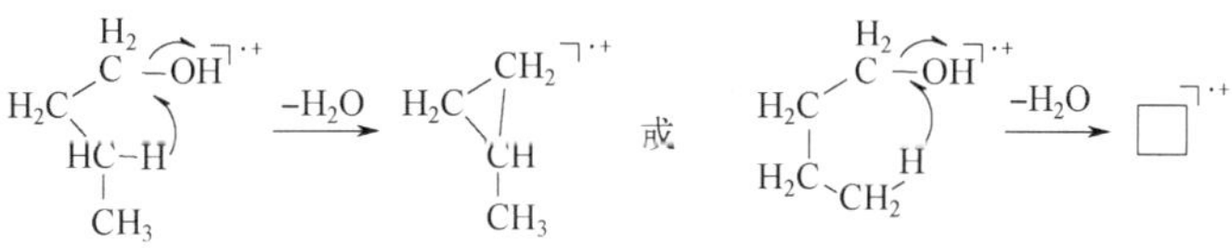

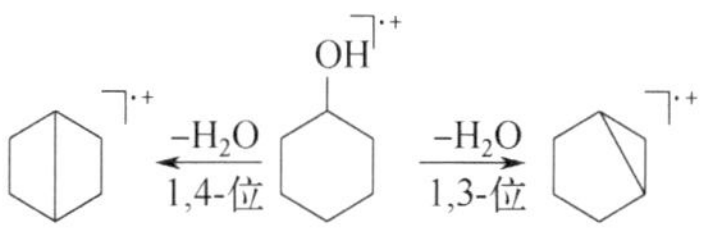

含杂原子的邻位取代苯可发生类似重排-邻位效应：

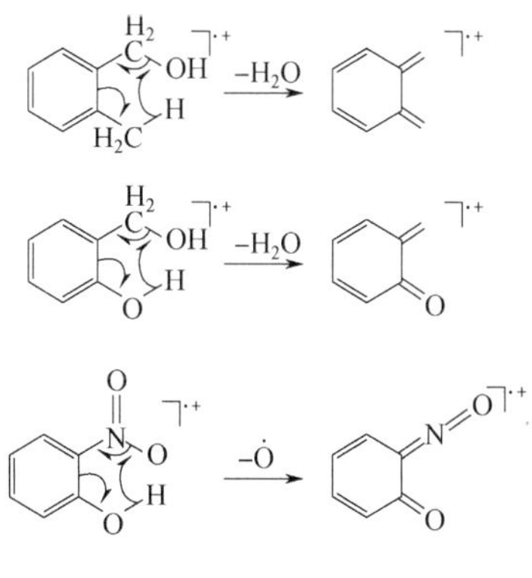

如具有如下结构特点的邻二取代苯都可发生重排：

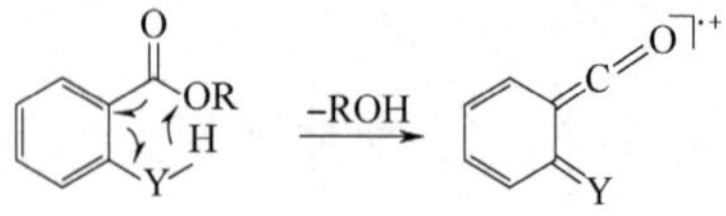

根据上述各类化合物的重排反应可以得出，邻位效应是通过两个因素的协同作用引发的：一个适于重排的活泼氢和一个由电荷转移产生的稳定离子。这种由于氢重排到饱和杂原子上，然后再使邻位键断裂的结果，经常是脱去一个含杂原子的小分子。脱去的小分子多是 H_2O、H_2S、NH_3、CH_3COOH、CH_3OH、$CH_2{=}C{=}O$、CO、CO_2、HCN 等。

（3）消除重排　消除重排（elimination rearrangements）反应与氢重排类似，只是迁移的不是氢原子而是一种基团，所以也称“非氢重排”。消除重排的特点是伴随着基团的迁移同时消除小分子或自由基碎片，通常是电离能较高的小分子或自由基，如 CO、CO_2、CS_2、SO_2、HCN、CH_3CN 和 $\cdot CH_3$ 等。消除重排的形式多样，常见的有以下几种：

甲基迁移

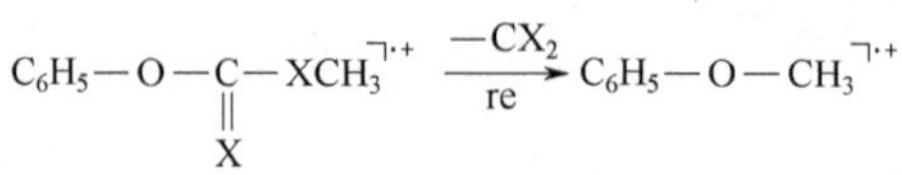

乙基和其他脂烃基迁移

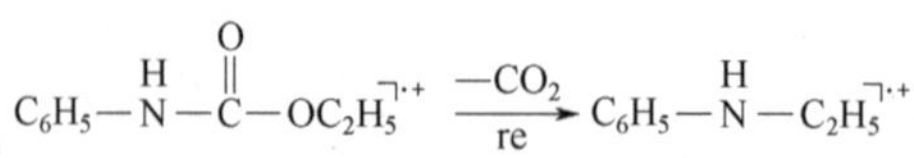

芳基迁移

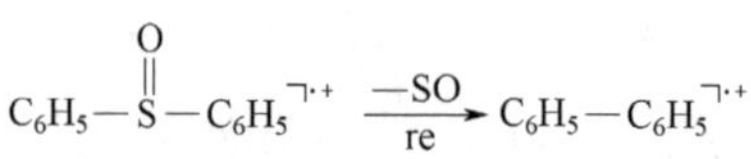

烷氧基迁移

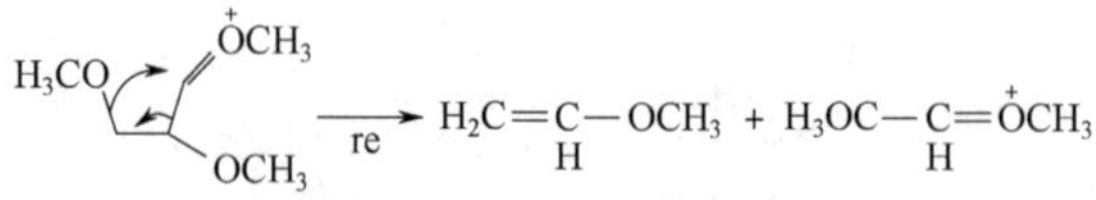

羟基迁移

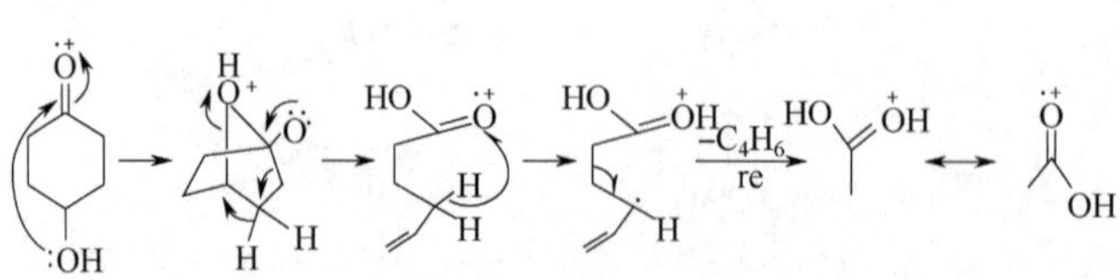

氨基迁移

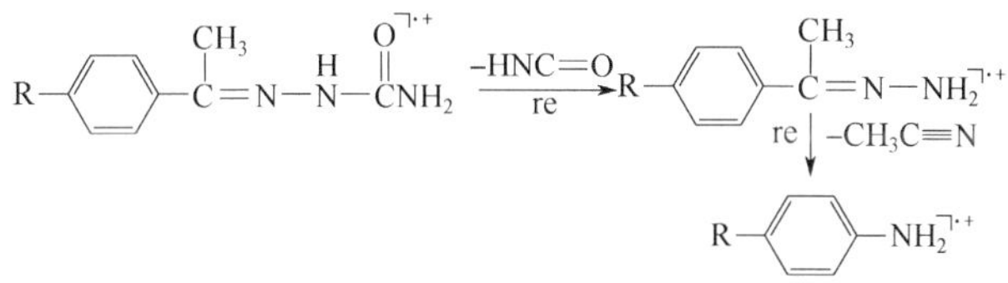

如下所示消除重排比较复杂，在重排反应中产生的离子或中性碎片往往不存在于原来的分子中，而是经过重排后形成的。例如：

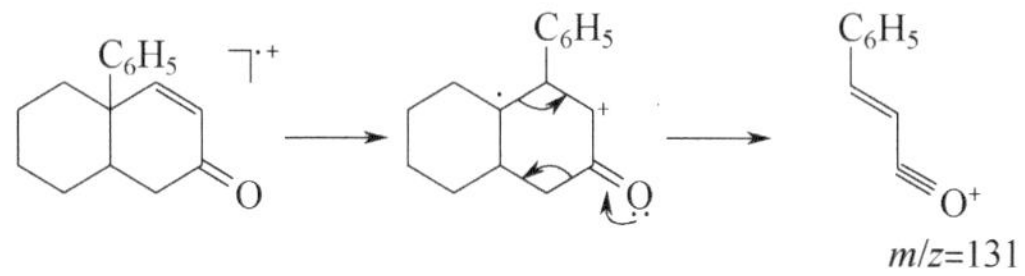

m/z 为 131 的离子峰的形成是消除重排反应中苯基迁移后形成的，这种“骨架重排”给图谱解析带来麻烦，应引起重视。

（4）置换重排　置换重排（displacement rearrangements）又称为取代重排，也是一种非氢重排，在分子内部两个原子或基团（常常是带自由基的）能够相互作用，形成一个新键，与此同时，其中一个基团的另一个键断裂，在置换的同时发生环化反应，在这一个过程中会断掉一个键而形成新键：

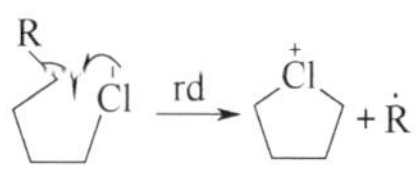

长链硫醇和硫醚经常是通过三元环过渡态发生置换重排反应的，如己硫醚的质谱中，*m/z* 为 145 离子峰的产生：

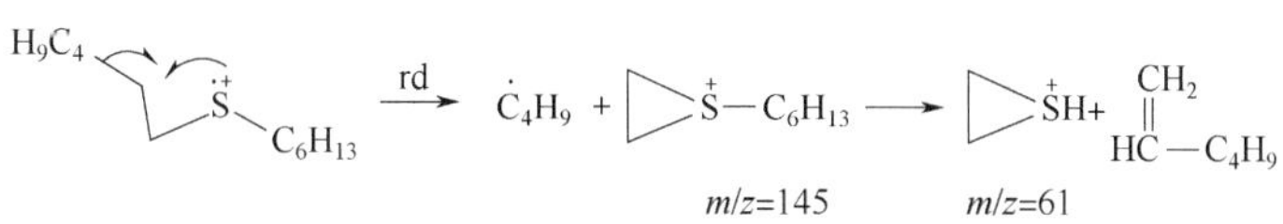

长链伯胺的置换重排主要通过六元环过渡态形成相应 *m/z* 为 86 的环状离子：

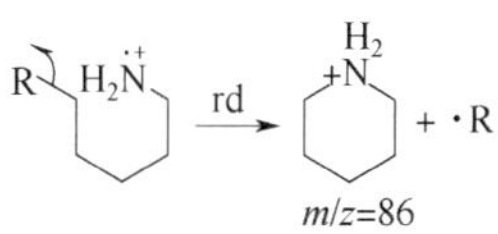

这里的重排脱去自由基，母离子与子离子的电子奇偶性不一致。

有时置换重排和消除重排一样会引起“骨架”的改变，因此，这两种重排也可称为“骨架重排”。

3.3.2.2 电荷引发的重排反应

电荷引发的重排反应分为以下三种情况：

① 在伯、仲、叔碳原子连有 OH、NH_2 或 SH 时，会发生 α 开裂，而产生的碎片离子如果能形成四元环过渡状态，就会发生下面的四元环重排：

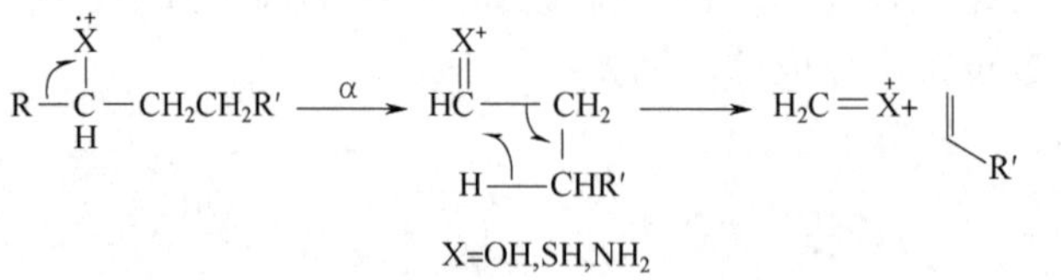

例如，3-己醇质谱中，m/z=31 离子峰就是这种重排产生的：

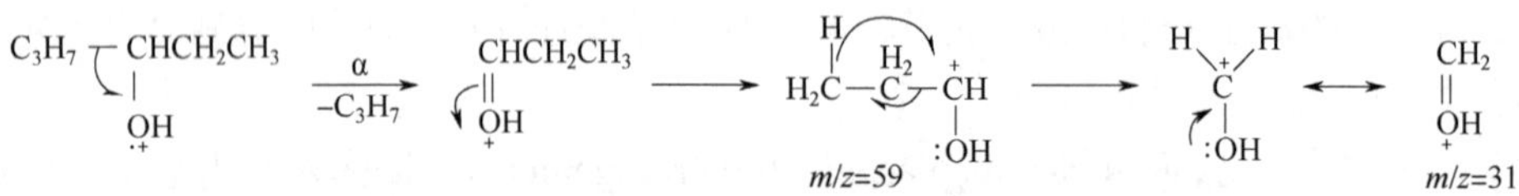

② 由醚、硫醚、仲胺和叔胺的简单开裂产生的𬭩离子，如果含有乙基以上的烷基，会进一步经过四元环重排而脱离链烯：

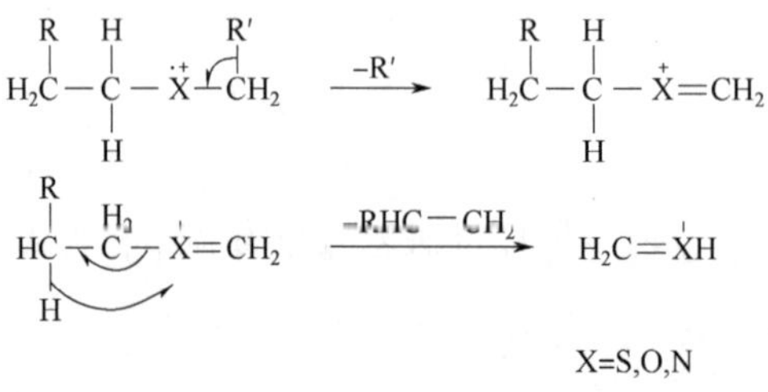

在异丙基正戊基醚的质谱中，m/z=45、m/z=31 的离子峰就是这样产生的：

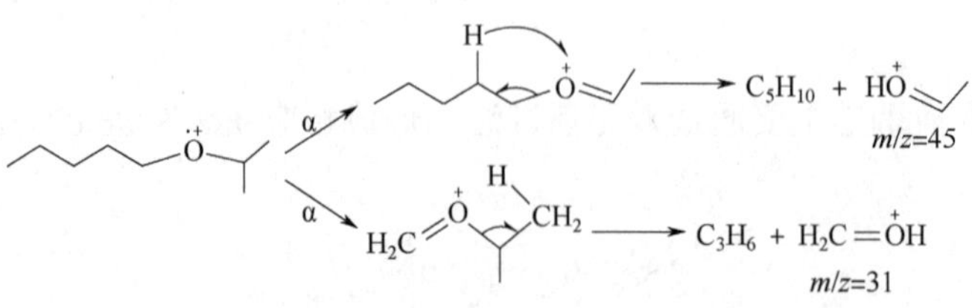

类似地，各级醇都能得到 m/z=31 的碎片离子。

③ 取代芳香化合物的正离子，可借四元环过渡态重排，失去中性分子：

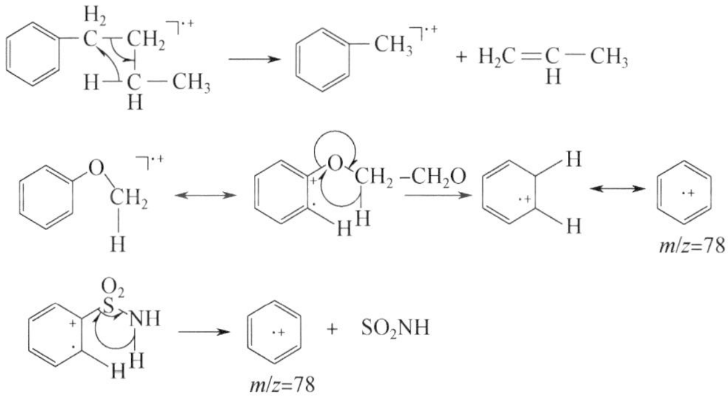

3.3.2.3　双氢重排

质谱中有时会出现比简单开裂多两个质量单位的碎片离子，这是因为脱离的基团中有两个氢原子转移到这个离子上，叫作双氢重排或双重重排。

（1）乙酯以上的酯和碳酸酯的双氢重排　当化合物（a）发生简单裂解时产生$[RCO_2]^+$，而如果发生双氢重排，就产生稳定离子（b），离子（b）比$[RCO_2]^+$多两个氢原子。

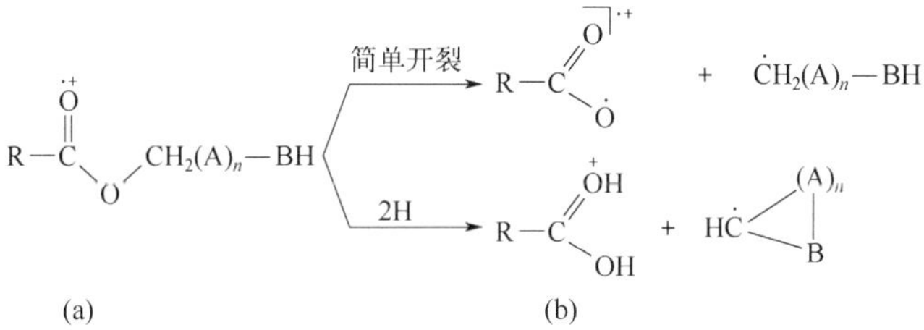

乙酯以上的酯都会发生下列重排：

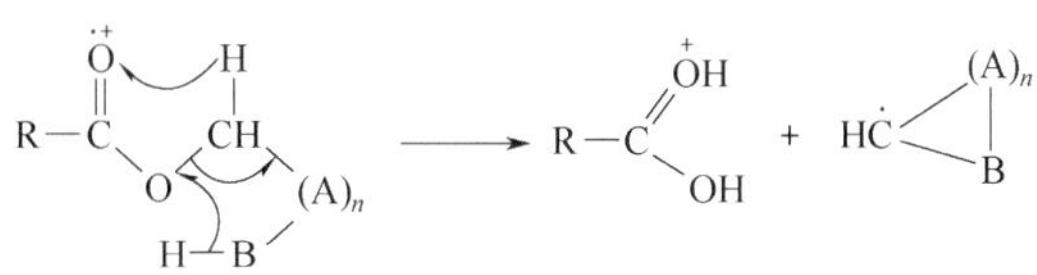

式中，A=C，S，O；n=1，2，3 等。如 n=3 时，A 的组成可以是 $CH_2CH_2CH_2$、CH_2OCH_2、CH_2CH_2O 等，B 为 C、O、S。但 B 为 O 或 S 时，A 的末端不应该是 O 或 S。另外，分子中必须有两个能移动的氢原子。分子为碳酸酯时，R 为 OR。

根据双氢重排产物就可以判断酯中酸部分的组成。例如，根据 m/z=61 或 m/z=89 就知道该化合物是乙酸酯或丁酸酯，因为离子的 m/z 为 61+n×4。

酯的双氢重排可以通过五元、六元甚至更大的多元环过渡态得到，例如：碳酸二正丙酯和长链脂肪酸的双氢重排。

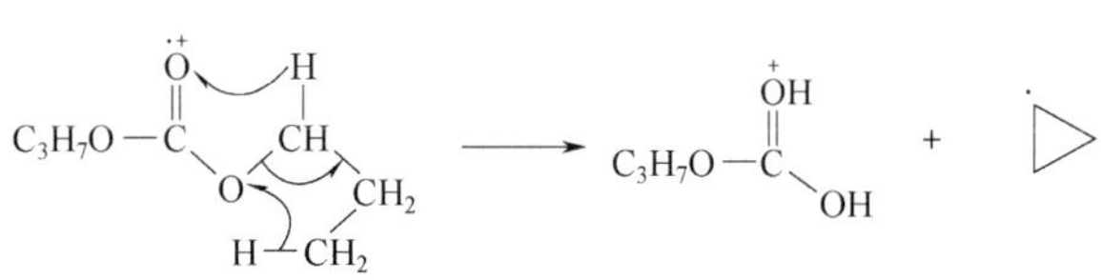

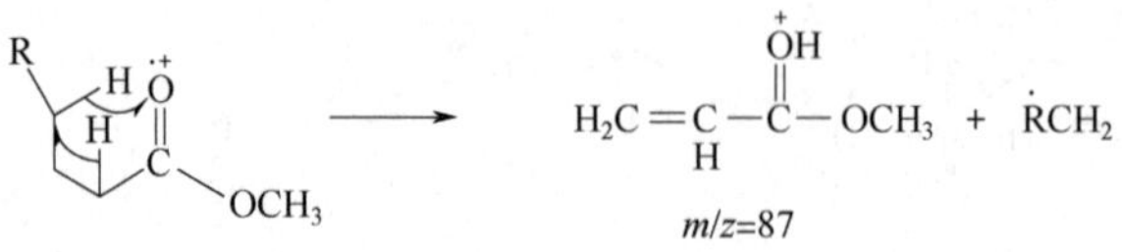

（2）在邻接碳原子上有适当的取代基时也会发生双氢重排。

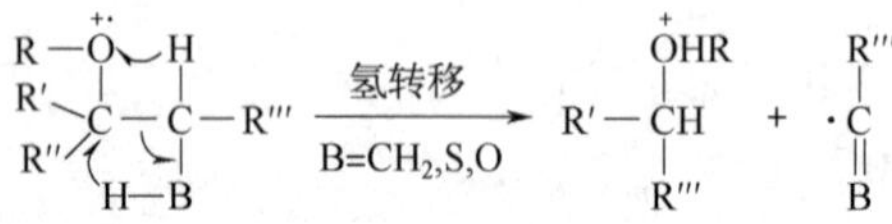

例如，乙二醇的质谱中 m/z=33 的离子峰很强，可能就是双氢重排的结果。

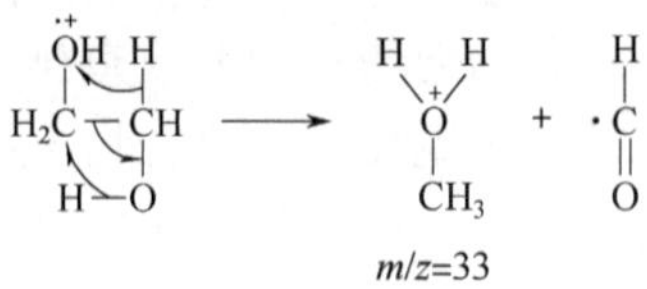

酯的质谱图也存在由这种机制生成的离子峰。如果遇到用简单开裂或一般重排无法解释的离子峰，就应该想到可能是由双氢重排产生的。带奇数电子的离子经过双氢重排后得到的是带偶数电子的碎片离子。双氢重排（有时称为麦氏+1 重排）的裂解机理可表示为：

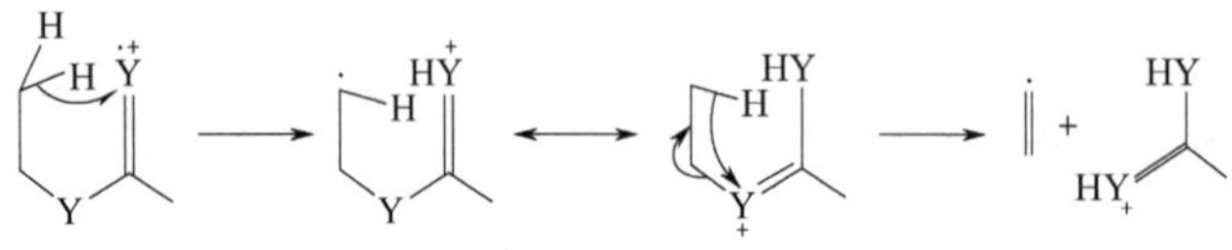

3.3.3 环裂解——多中心断裂

在复杂的分子中，各官能团的相互作用能给出复杂的断裂反应，这些反应涉及一个以上的键的断裂，叫多中心断裂。

3.3.3.1 一般的多中心断裂

一个环的单键断裂只产生一个异构离子，为了产生一个碎片离子必须断裂两个键：

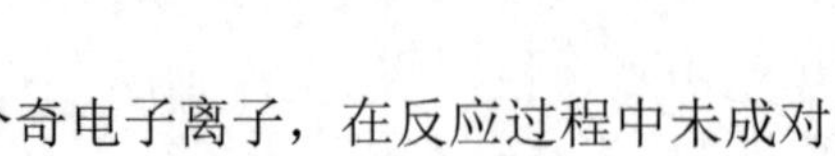

其裂解产物一定是一个奇电子离子，在反应过程中未成对电子与邻近碳原子形成一个新键，同时该 α 碳原子的另一个键断裂。

一般的环状化合物常发生简单断裂和氢重排相互组合的多键断裂：

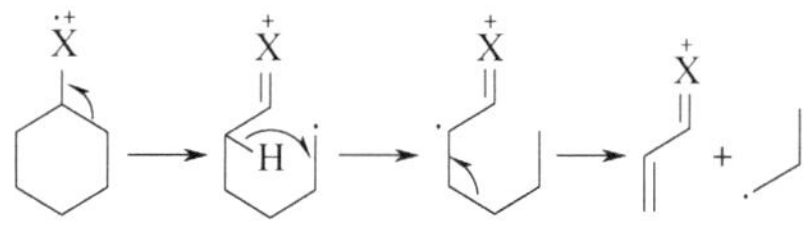

X=O, OH, OR, NH, NH_2, NR_2

裂解先是由分子离子的杂原子自由基定位驱动发生的，它没有质量损失，而是造成自由基和正电荷的分离。后者通过六元环过渡态取得一个氢原子，接着断裂邻接新自由基中心的键，形成稳定的共轭离子。在环己酮、环己醇、环己基醚、环己基胺、环己基硫醚等化合物的质谱中，都产生非常相似的特征离子：

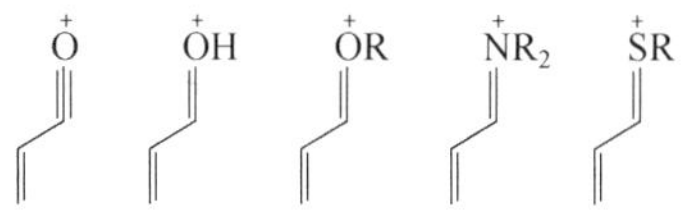

在环戊烷衍生物中，也有类似的通过五元环过渡态的反应发生。在环丁烷衍生物中，因四元环过渡态能量高，而不能发生氢原子迁移：

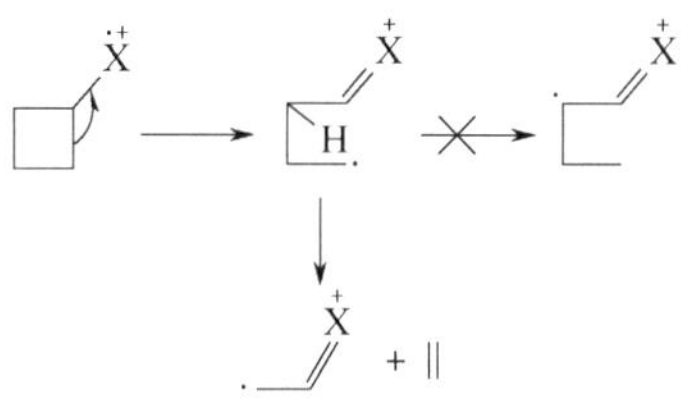

不饱和环，如环己烯，离子定位于重键处而发生多键断裂：

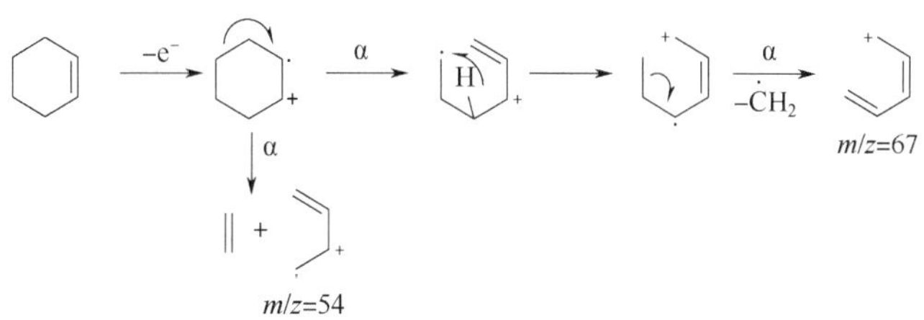

苯酚和苯胺的质谱有着类似的裂解过程，在没有其他取代基的情况下，会发生氢重排断裂，然后经 α 断裂、i 断裂形成碎片离子：

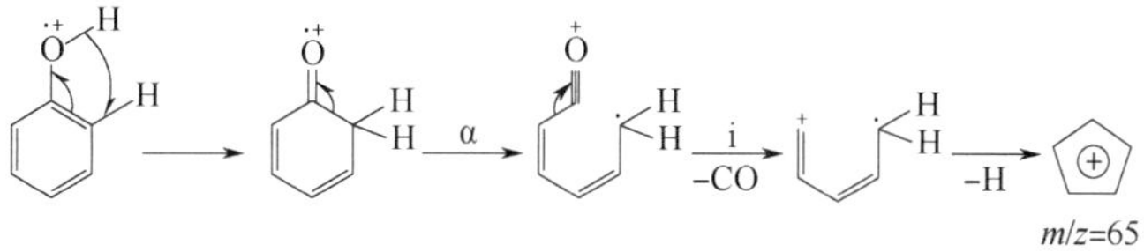

同样，苯胺将消除 HCN，也得到 m/z=65 的离子。

3.3.3.2 逆狄尔斯-阿尔德裂解

在质谱的分子离子断裂反应中，一个六元环单烯可裂解成一个共轭双烯和一个单烯碎片离子，这种裂解被称为逆狄尔斯-阿尔德裂解（retro-Diels-Alder，RDA）。它是以双键为起点的重排，在脂环化合物、生物碱、萜类、甾类和黄酮等化合物的质谱中，经常得到这种重排产生的离子：

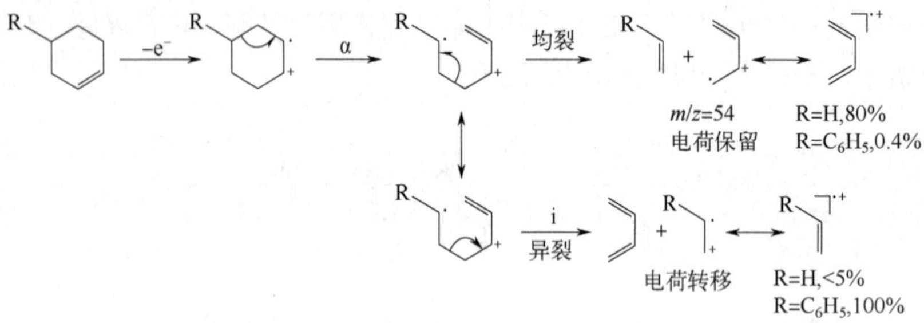

这类反应的特点是，环己烯的双键打开，同时引发两个 α 键断裂，形成两个新的双键，正电荷通常是处在含共轭二烯的碎片上。

有机化合物分子常常按照上述裂解方式裂解，此外，也会发生随机裂解，这给图谱解析带来一定的困难，使得质谱图中的每一个峰未必都能解析清楚。

一些碳链化合物常有难以解释的重排离子产生，如

$$[C(CH_3)_4]^{\cdot+} \longrightarrow [CH_3CH_2]^+$$

3.4 影响裂解反应的主要因素

如果分子离子的内能较高，可进一步发生裂解反应，生成相应的碎片离子。这些裂解反应受多种因素的影响。

（1）碎片离子的电荷与自由基定位原理　电荷中心和自由基引发的断裂反应是一对竞争反应。一般来讲，自由基中心引发的反应更容易进行，因其开裂过程中碎片离子的电荷中心不发生变化，依然保留在原来的原子上。自由基中心引发的断裂随着自由基中心原子电负性的增加而逐渐减弱，相反电荷中心引发的断裂则逐渐加强。电荷中心引发的断裂反应趋势是：卤素＞O、S＞N、C。强电负性的原子（如卤素）容易吸引相邻化学键上的电子对，发生电荷中心引发的断裂反应。

（2）产物离子的稳定性　从化学热力学角度出发，在分子离子裂解过程中能够产生稳定碎片离子的过程总是优先进行，观察到的碎片离子的丰度也高。碳正离子的稳定性有如下顺序：

叔碳正离子＞仲碳正离子＞伯碳正离子＞甲基正离子

这是因为叔碳正离子上的正电荷被三个烷基的超共轭效应所分散，叔碳正离子电

荷的分散程度最高，所以其最稳定；而甲基正离子没有烷基的超共轭效应，所以稳定性最低。因此，烃类化合物多在有较多支链的碳原子处发生断裂，且优先丢失较大的烷基。

当存在π-π共轭时，会使碎片离子更稳定。如发生在烯烃β位的断裂，即烯丙基断裂，产生的碎片离子往往是基峰。芳香化合物的苄基断裂可以将正电荷分散到整个苯环上，故由苄基断裂产生的碎片离子也往往是基峰。苄基离子很容易通过重排形成更稳定的草𬭩离子。如烷基苯通过开裂可以重排产生草𬭩离子，因此，*m/z*为91的草𬭩离子或取代的草𬭩离了往往是基峰。

（3）斯特沃森（Stevenson）规则　奇电子离子经裂解可产生自由基和离子两种碎片，电离能较高的碎片不易电离，倾向于保留未成对电子；电离能较低的碎片易电离，产生碎片离子的概率较高。电离能低的离子一般比较稳定，所以断裂后产生的离子峰较强，这就是Stevenson规则。Stevenson规则叙述了奇电子离子断裂时支配电荷保留和转移的规则。在离子分解时，裂解形成的两个碎片互相争夺未成对电子，得到电子的碎片成为自由基，另一个碎片就成为离子。

（4）最大烷基丢失原则　当离子中的同一个原子上连接有几个烷基时，失去最大烷基的概率高，这是一个普遍倾向。丢失的烷自由基因超共轭效应致稳，烷基越大、分支越多，致稳效果越好，因而裂解后剩下的离子丰度也越高。

（5）稳定中性碎片丢失的断裂优先　离子在断裂中若能产生H_2、CH_4、H_2O、C_2H_4、CO、NO、CH_3OH、H_2S、HCl、CH_2═C═O、CO_2等电中性小分子产物，将有利于这种断裂途径的进行，产生比较强的碎片离子峰。

（6）原子或基团相对的空间排列（空间效应）的影响　空间因素以多种方式影响单分子反应途径的竞争性，也影响产物的稳定性。像需要经过某种过渡态的重排裂解，若空间效应不利于过渡态的形成，重排裂解往往不能进行。

一个纯的有机化合物的质谱图中会出现很多峰，包括强峰、中强峰和弱峰，甚至一些看不见的峰。峰的强弱反映出该*m/z*离子的多少，某些碎片离子多一些，丰度就大；某些碎片离子少一些，丰度就小。碎片离子源于各种裂解反应，显然，裂解反应受多种因素的影响必将导致离子丰度也受上述多种因素的影响。

3.5 常见各类有机化合物的质谱

3.5.1 烷烃

烷烃质谱有下列特征：

① 直链烷烃的M峰常可观察到，不过其强度随分子量增大而减小。

② M-15峰最弱，因为直链烃不易失去甲基。

③ 直链烷烃有经典的系列，其中*m/z*=43（$^+C_3H_7$）和*m/z*=57（$^+C_4H_9$）峰总是很强（基

准峰），因为丙基离子和丁基离子很稳定。除此之外，还有少量的系列离子。支链烃因为形成的仲或叔正碳离子稳定，往往在分支处裂解形成的峰强度较大，而且优先失去的是最大的烷基。

④ 环烷烃的 M 峰一般较强。环开裂时一般失去含两个碳的碎片，所以往往出现 m/z=28（$^{+}C_2H_4$）、m/z=29（$^{+}C_2H_5$）和 M−28、M−29 的峰。

不同类型烷烃裂解的可能机理示例如下。

正己烷的裂解过程：

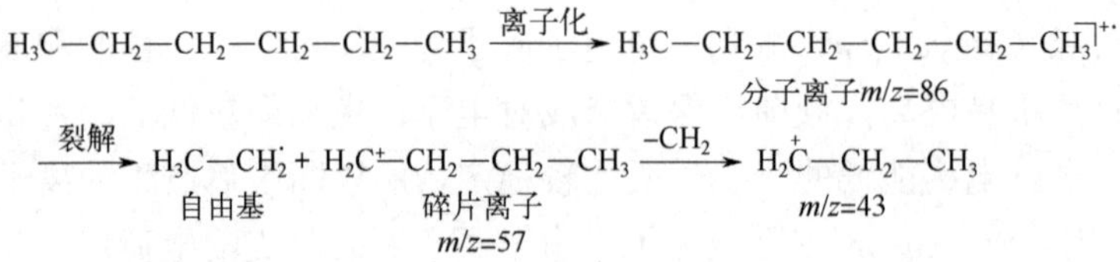

2,2-二甲基丁烷的裂解过程：

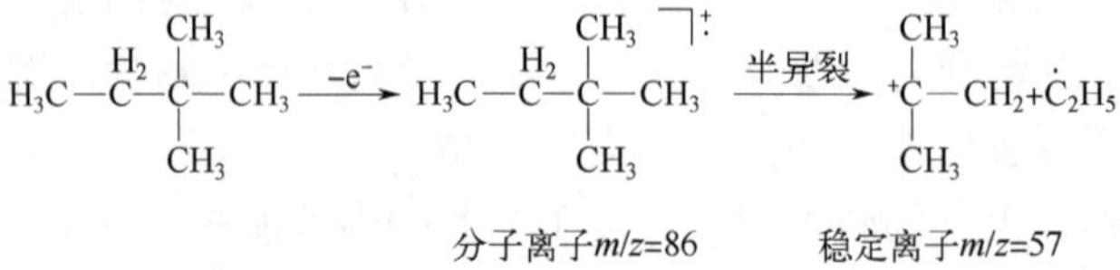

环己烷的裂解过程：

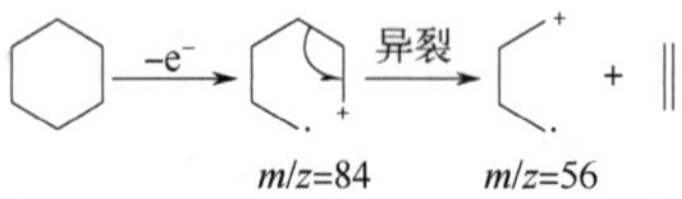

3.5.2　烯烃

烯烃质谱有下列特征：

① 烯烃易失去一个 π 电子，所以其分子离子峰明显，且强度随分子量增大而减弱。

② 烯烃质谱中最强峰（基准峰）是双键 β 位置 $C_\alpha—C_\beta$ 断裂产生的峰（烯丙基型裂解）。带有双键的碎片带正电荷：

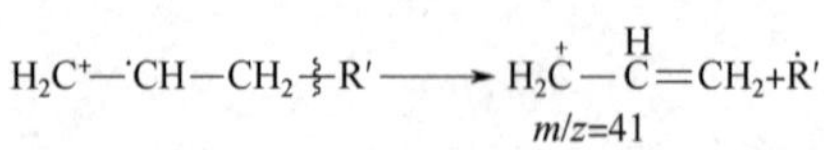

由于烯丙基型裂解，于是出现 m/z=41、55、69、83 等离子峰。这些峰比相应的烷烃碎片峰主系列少两个质量单位。

③ 烯烃容易发生麦氏重排裂解，产生 C_nH_{2n} 离子。

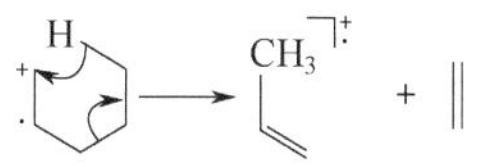

④ 环己烯类可发生逆狄尔斯-阿尔德裂解：

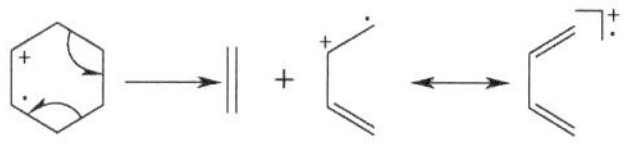

⑤ 值得注意的是，由质谱裂片峰并不能确定烯烃分子中双键位置异构体，因为在裂解过程中往往发生双键位移，而且顺式和反式异构体通常有十分相似的质谱图。

3.5.3 芳烃

芳烃的质谱特征是：

① 分子离子峰明显，M+1 和 M+2 可精确量出，便于计算分子式。

② 带烃基侧键的芳烃常发生苄基型裂解，产生 m/z=91 的䓬鎓离子（往往是基峰）。若基准峰的 m/z 比 91 大 $n\times14$，则表明苯环 α 碳上另有烷基取代，形成了取代的䓬鎓离子。例如

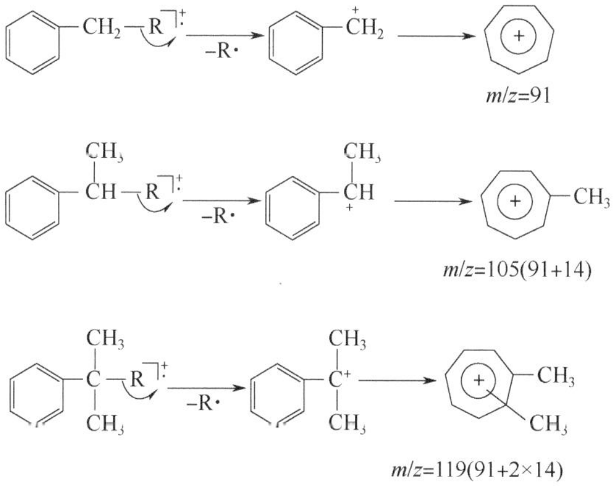

䓬鎓离子可进一步裂解形成环戊烯基离子$^{+}C_5H_5$ 和环丙烯基离子$^{+}C_3H_3$，质谱上出现明显的 m/z=39、65 的离子峰：

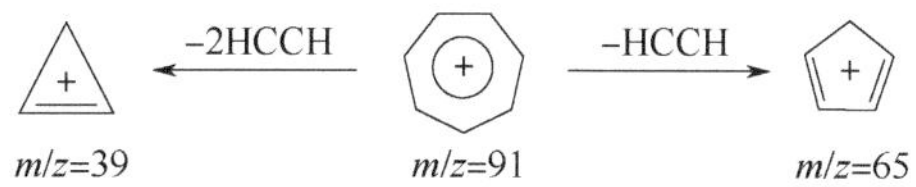

③ 带有正丙基或丙基以上侧链的芳烃（含 γ-H）经麦氏重排产生 $C_7H_8^{\cdot+}$ 离子（m/z=92）：

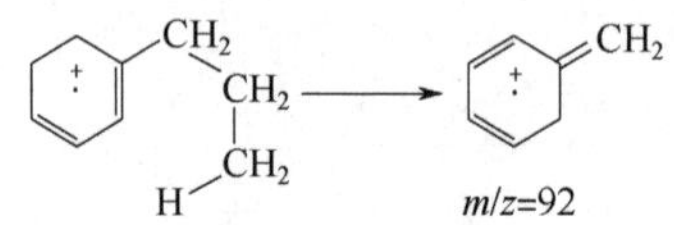

④ 侧键 α 裂解虽然发生机会较少，但仍有可能。所以芳烃质谱中可以见到 *m*/*z*=77（苯基$^{+}C_6H_5$）、*m*/*z*=78（苯基重排产物）和 *m*/*z*=79（苯加 H）的离子峰。

3.5.4 醇

醇类的质谱有下列特征：

① 分子离子峰很微弱或者消失。

② 所有伯醇（甲醇例外）及高分子量仲醇和叔醇易脱水形成 M-18 峰，不要将 M-18 峰误认为 M 峰。脱水过程为：

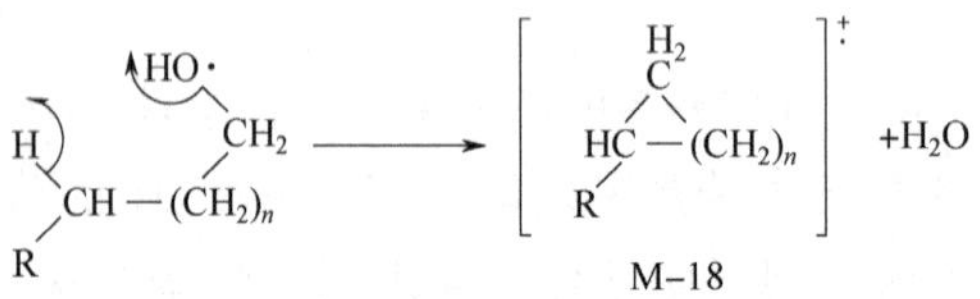

环己醇类脱水可能产生双环结构的离子，后者再继续裂解：

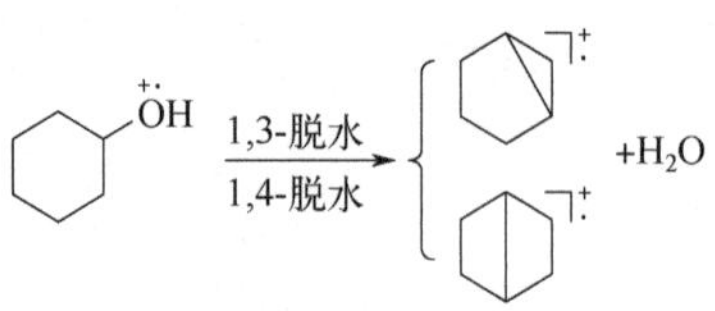

③ 开链伯醇当含碳数大于 4 时，可同时发生脱水和脱烯，产生 M-46 峰。例如，

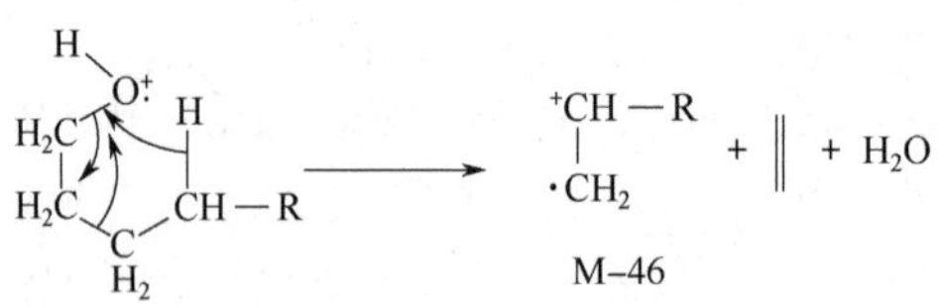

若 R 较大，M−46 的链烯还会进一步脱 $CH_2{=}CH_2$ 产生（M−18−*n*×28）的峰。如在辛醇（M=130）的质谱中产生 *m*/*z*=84（M−18−28）和 *m*/*z*=56（M−18−2×28）峰就是这样产生的。

若 β 碳有甲基取代，则失去丙烯形成 M−60 峰。仲醇及叔醇一般不发生这种裂解。

④ 羟基的 $C_\alpha—C_\beta$ 键容易断裂，形成极强的 *m*/*z*=31 峰（$CH_2O^{+}H$，伯醇），*m*/*z*=45、45+14*n* 峰（$MeCHO^{+}H$，仲醇）或 *m*/*z*=59、59+14*n* 峰（$Me_2CO^{+}H$，叔醇），这些峰对于鉴定醇类极为重要。因为醇的质谱由于脱水而与相应烯烃的质谱相似，而这些峰的存在则往往可判断样品是醇而不是烯。

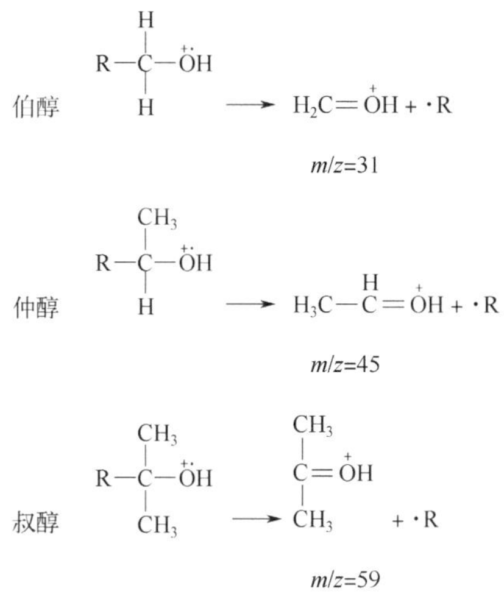

⑤ 在醇的质谱中往往可观察到 m/z=19（H_3O^+）和 m/z=33（$CH_3O^+H_2$）的强峰。实际上 m/z=19 解释图谱时无重要意义，因为 H_2O（m/z=18）也可能来自样品导入系统中的解吸水或者是作为杂质存在于样品中。

⑥ 丙烯醇型不饱和醇的质谱有 M-1 强峰，这是由于发生形成共轭离子的裂解：

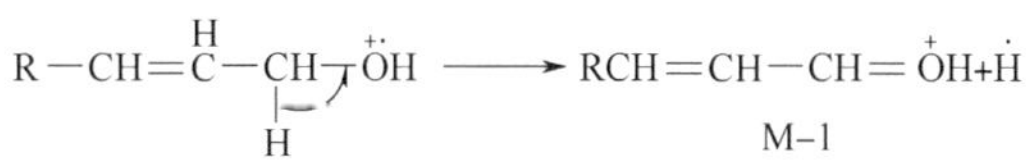

而因能量分配不利，氧原子的 β 键的断裂较少发生：

⑦ 环己醇类的裂解包括氢原子转移，较复杂：

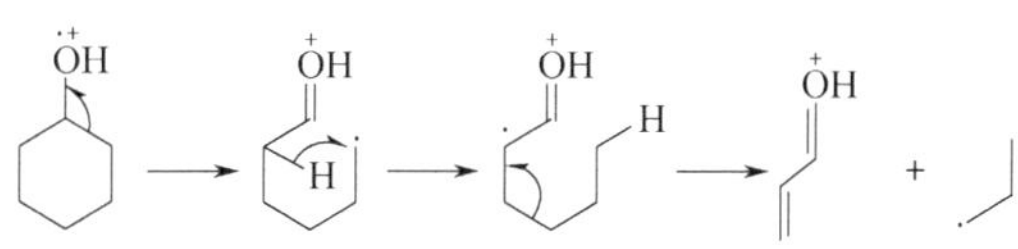

3.5.5 酚和芳香醇

① 酚和芳香醇的 M 峰很强。酚的 M 峰往往是它的基准峰。

② 苯酚的 M−1 峰不强，而甲基苯酚和苄醇的 M−1 峰很强，因为产生稳定的鎓离子：

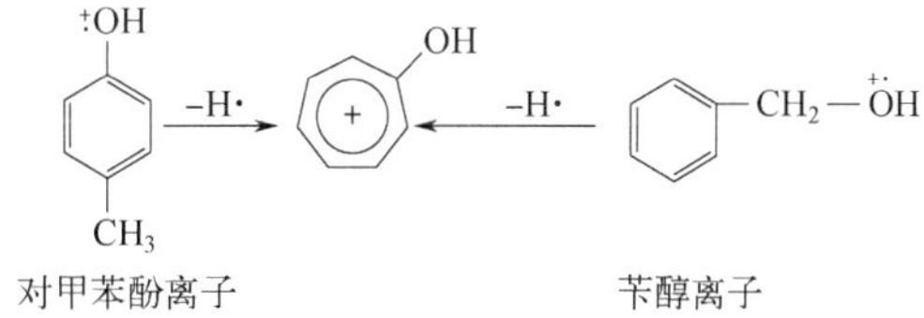

③ 苯酚可失去 CO、HCO。苯酚在没有其他取代基的情况下，可发生氢重排断裂，然后经 α 断裂、i 断裂形成 M−CO、M−HCO 的碎片离子：

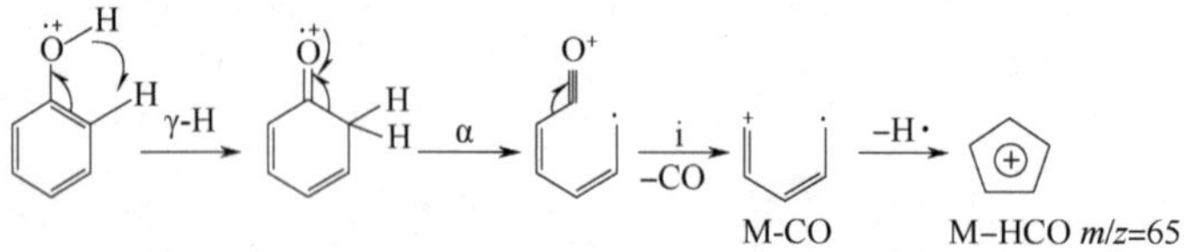

苯胺也有类似的断裂反应，它将消去 HCN 得到 m/z=65 的离子。

3.5.6　卤化物

卤化物的质谱有下列特征：

① 脂肪族卤化物 M 峰不明显，芳香族卤化物的明显。

② 氯化物和溴化物的同位素峰是很强的。含一个 Cl 的化合物有强的 M+2 峰，其强度相当于 M 峰的 1/3。由于同位素的存在，含一个 Br 的化合物有与 M 峰强度近似相等的 M+2 峰。含有多个 Cl 或多个 Br 或同时含 Cl 和 Br 的化合物，质谱中出现明显的 M+2、M+4 峰，还有可能有 M+6 等峰。因此，由同位素峰 M+2、M+4、M+6 等可估计试样中卤素原子的数目。氟化物和碘化物因无天然重同位素而没有相应的同位素峰。

③ 卤化物质谱中通常有明显的 X、M−X、M−HX、M−H_2X 和 M−R 峰。例如

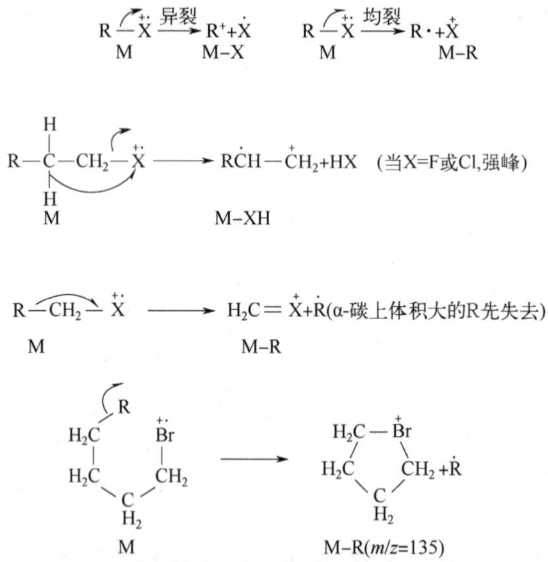

芳香卤化物中，当 X 与苯环直接相连时，M-X 峰显著。多氟烷烃质谱中，m/z=69（CF_3^+）是基准峰，m/z =131（$C_3F_5^+$）和 m/z=181（$C_4F_7^+$）峰也明显。

3.5.7　醚

醚的分子离子裂解方式与醇相似。

① 脂肪醚的 M 峰很弱，但可观察出来，芳香醚的 M 峰较强。若增大样品用量或增大操作压力，可使 M 及 M+1 峰增强。

② 脂肪醚主要按下列三种方式裂解：

a．α 裂解（C_α—C_β 键断裂）。正电荷留在氧原子上，取代基团大的优先丢失。

例如

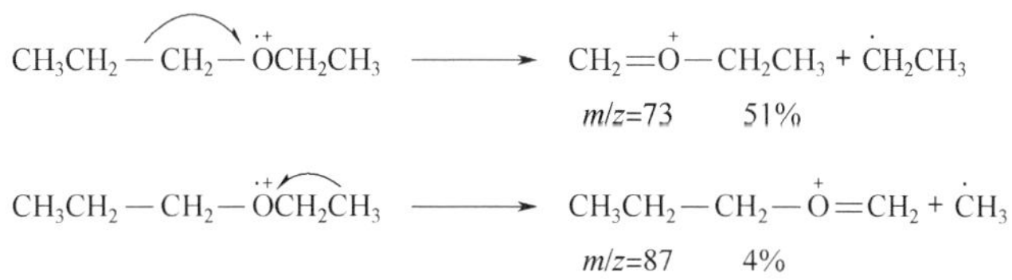

这样的裂解通常导致形成 m/z=45、59、73 等相当强的峰。这样的离子还可以进一步裂解：

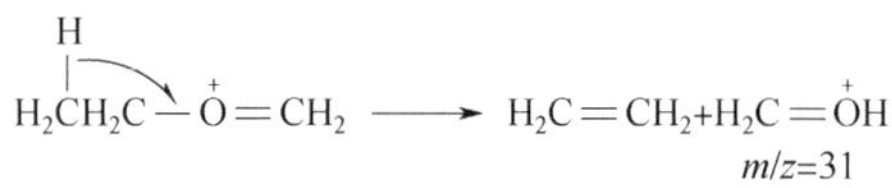

b．i 裂解（O—C_α 键断裂）。这种裂解在醇中一般难以发生。因为醚发生这种裂解后所形成的烷氧基裂片·OR 较·OH 稳定，故较易发生：

$$R-\overset{+\cdot}{O}-R' \xrightarrow{\text{异裂}} R\dot{O}+\overset{+}{R'}\text{或}\ \dot{O}R'+R^+$$

这样的裂解通常导致形成 m/z=29、43、57、71 等峰。

c．重排裂解

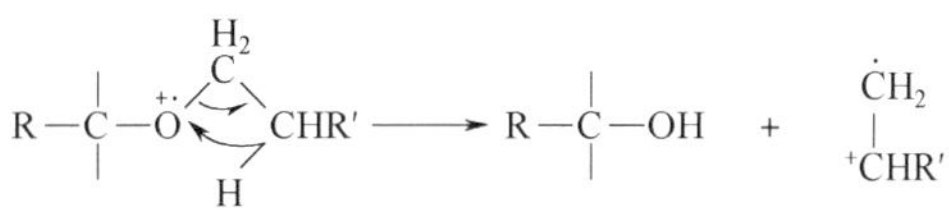

这样的裂解通常导致形成比不重排的 i 裂解碎片少一个单位的峰，如 m/z=28、42、56、70 等峰。

③ 芳香醚经常发生 O—C_α 键断裂的裂解。例如

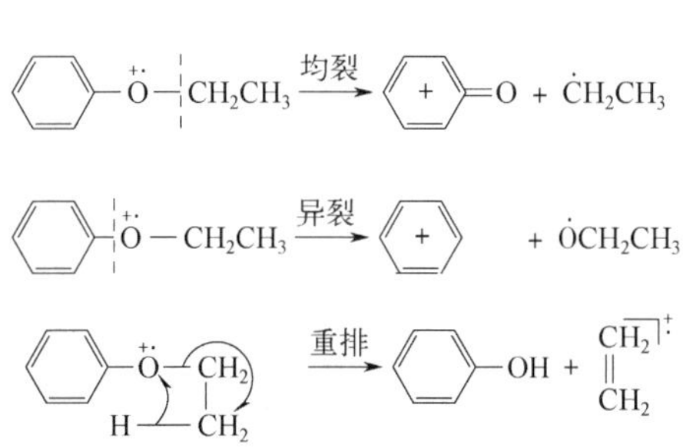

④ 缩醛是一类特殊的醚。中心碳原子的四个键都可裂解，概率相差无几：

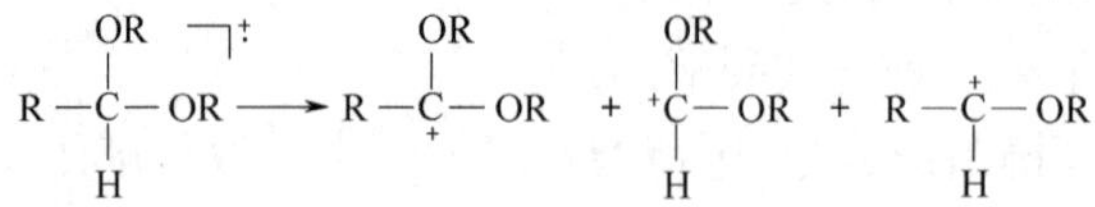

⑤ 环醚裂解脱去中性碎片醛：

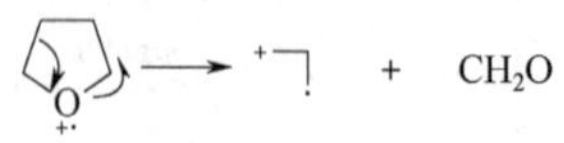

3.5.8 醛、酮

① 羰基化合物氧原子上的未配对电子很容易被轰去一个电子，所以醛和酮的 M 峰都比较明显，脂肪族醛和酮的 M 峰不及芳香族的强。

② 脂肪族醛酮中，主要碎片峰是由麦氏重排裂解产生的离子，例如

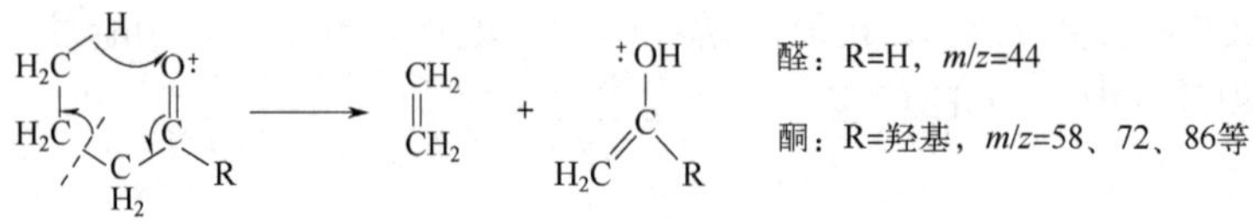

醛类裂解时，正电荷可能留在不含氧的裂片上，则形成 M−44 的强峰。

酮类发生麦氏重排裂解后，若 R≥C_3，则可再发生第二次重排裂解，形成更小的碎片离子。例如：

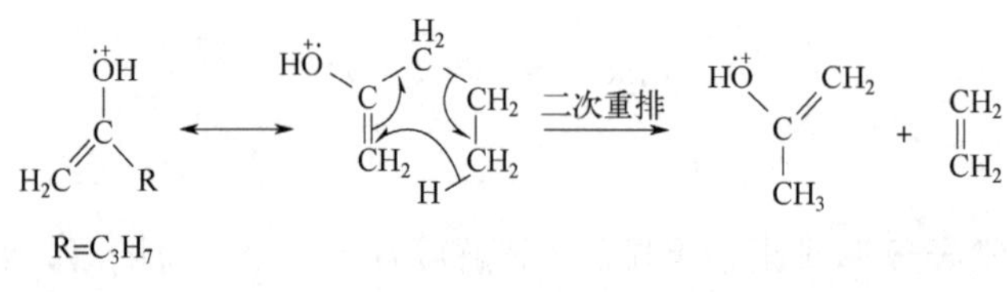

③ 醛、酮在羰基碳发生 α 裂解和 i 裂解。如醛类的羰基碳上的裂解：

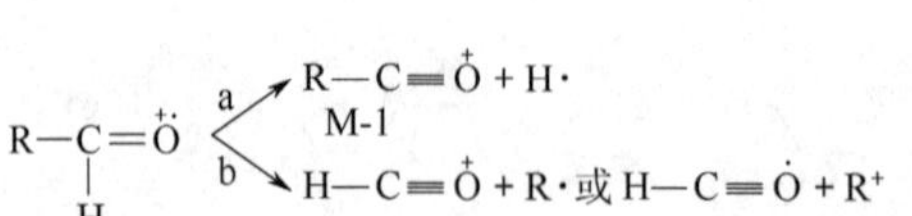

脂肪醛的 M−1 峰强度一般与 M 峰近似，而 m/z=29 峰往往很强；芳香醛则易产生 R^+（M−29），因正电荷与苯环共轭而致稳。酮类发生类似裂解，脱去的离子碎片是较大的烃基：

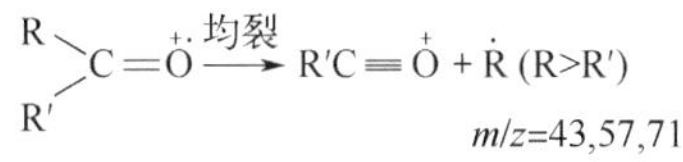

也可能发生异裂导致形成烃基离子：

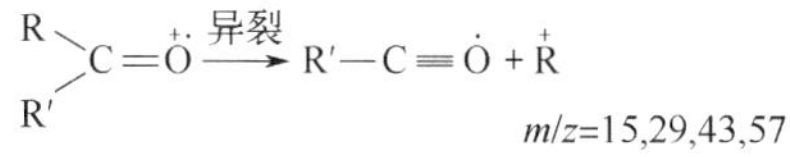

芳香酮在羰基碳发生 i 裂解，最终导致产生苯基离子，例如：

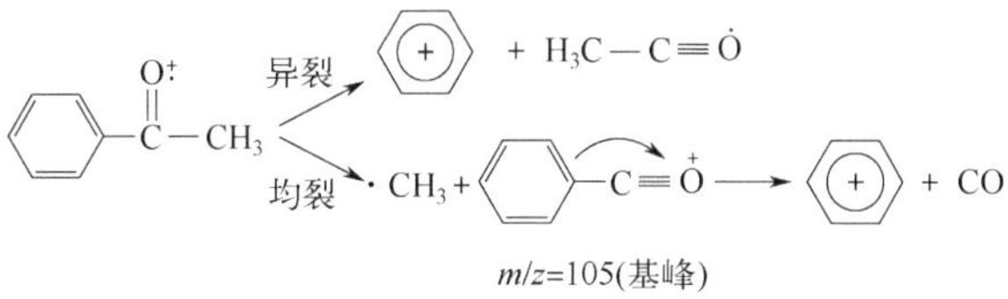

④ 其他有利于鉴定醛的碎片离子峰是 M−18（M−H_2O）和 M−28（M−CO）。

⑤ 环状酮可能发生较为复杂的裂解（但仍以酮基 α 裂解开始）：

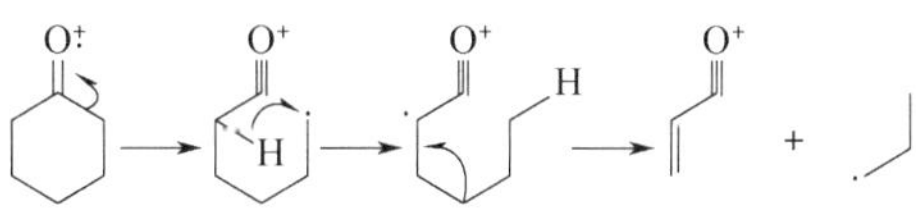

芳香稠环酮：

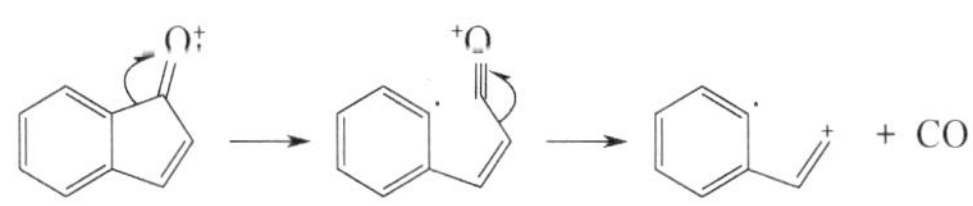

3.5.9 羧酸

① 脂肪羧酸的 M 峰一般可看到。它们最特征的峰是 *m*/*z*=60 峰，由麦氏重排产生：

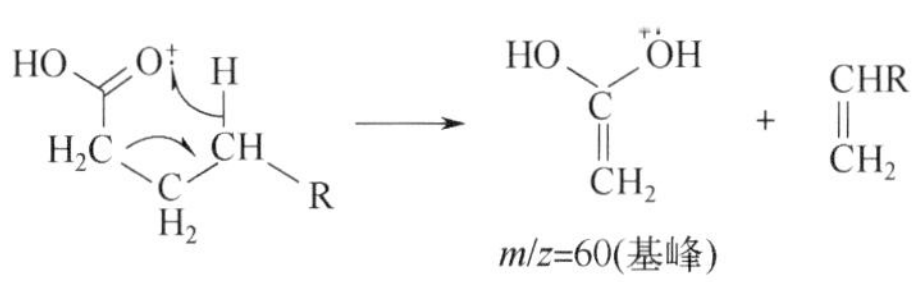

m/*z*=45 的峰（α 裂解，失去 R·，形成$^{+}$COOH）通常也很明显。低级脂肪酸常有 M−17（失去 OH）、M−18（失去 H_2O）和 M−45（失去 COOH）峰等。

② 芳香羧酸的 M 峰相当强，其他明显峰有 M−17、M−45 峰。由重排裂解产生的 M−44 峰也往往出现。邻位取代的芳香羧酸可能发生重排失水形成 M−18 峰。例如：

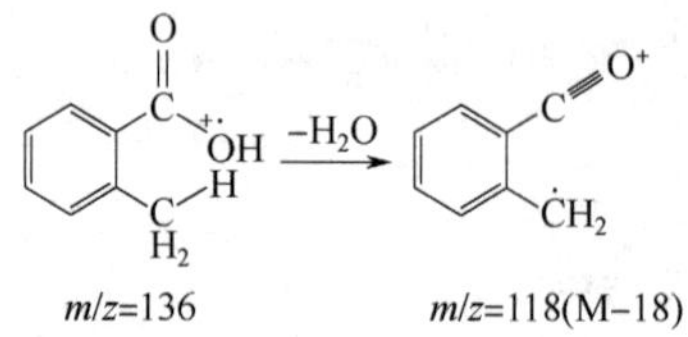

3.5.10 羧酸酯

① 直链一元羧酸酯的 M 峰通常可观察到，且随分子量的增高（C 数＞6）而增大。芳香羧酸酯的 M 峰较明显。

② 羧酸酯的强峰（有时为基准峰），通常来源于下列两种类型的羰基碳上的 α 裂解或 i 裂解：

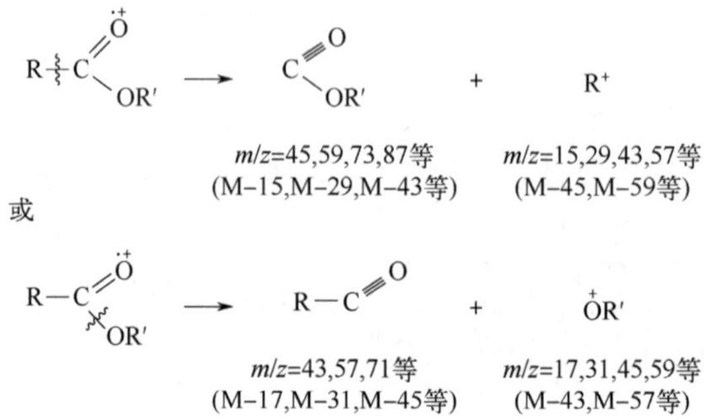

③ 由于麦氏重排，甲酯可形成 m/z=74 的基准峰，乙酯可形成 m/z=88 的基准峰。例如：

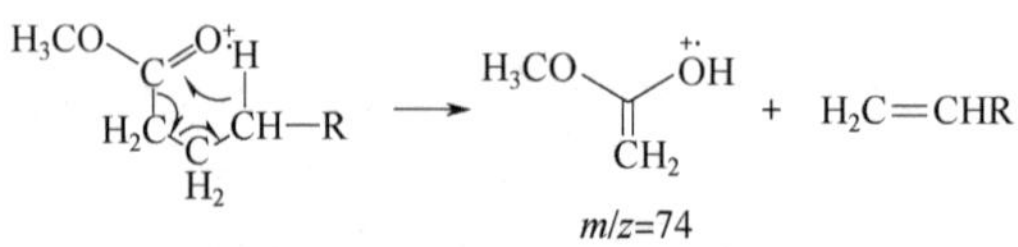

若 α 碳上有羟基取代，则将形成 m/z=74、88、102、116 等同系列峰。

羧酸酯也可能发生双氢重排裂解，产生质子化的羧酸离子碎片峰：

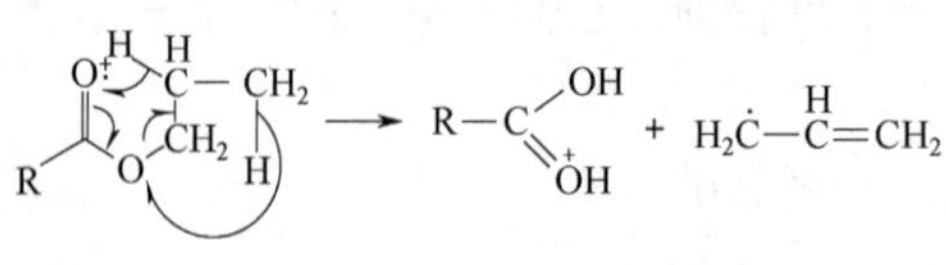

④ 二元羧酸及其甲酯形成强的 M 峰，其强度随两个羧基接近程度增大而减弱。二元羧酸酯出现由于羰基碳裂解失去两个羧基的 M−90 峰。

3.5.11 胺

伯胺的质谱与醇的有些相似；仲胺的质谱与醚的有些相似。

① 脂肪开链胺的 M 峰很弱或者消失。脂环胺及芳胺 M 峰较明显。含奇数 N 的胺，其 M 峰质量数为奇数，低级脂肪胺、芳香胺可能出现 M−1 峰（失去·H）。

② 正如醇一样，胺最重要的峰是 α 裂解（C_α—C_β 断裂）得到的峰。在大多数情况下，这种裂解离子往往是基准峰：

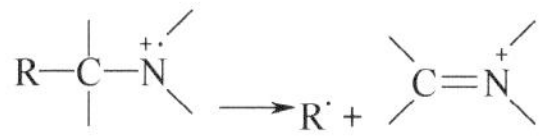

③ 脂肪胺和芳香胺可能发生 N 原子的双侧 α 裂解：

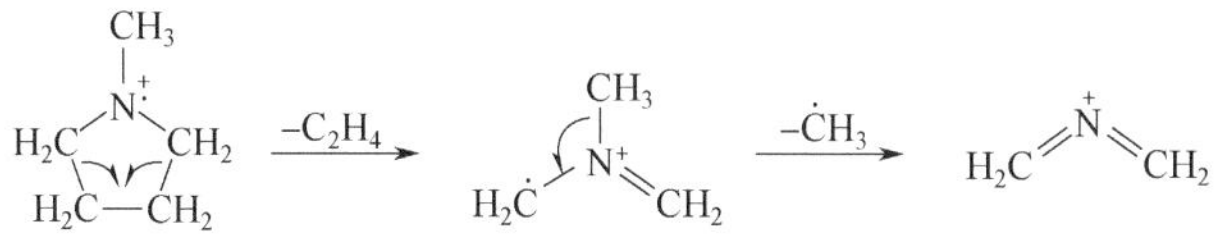

苯胺可以失去 HCN 和 H_2CN，正如苯酚失去 CO 和 CHO 一样：

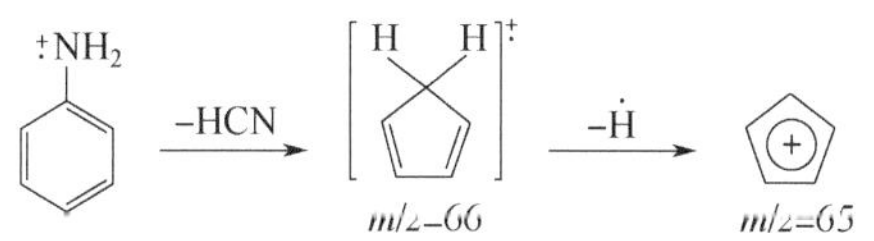

④ 胺类极为特征的峰是 m/z=18 的峰（$^+NH_4$）。醇类也有 m/z=18 的峰（H_2O^+），但两者不难区别。在胺类中质量数 18 与 17（$^+NH_3$）峰的比值远大于醇类的比值。

⑤ 与含氧化合物如醇、醛等相似，胺类会产生质荷比为 31、45、59 等的重排峰。

⑥ α-氨基酸乙酯主要发生丢失 COOEt 的裂解（下式中 a 式裂解），也可发生下列所示的 b 式裂解形成中等强度的 m/z=102 峰：

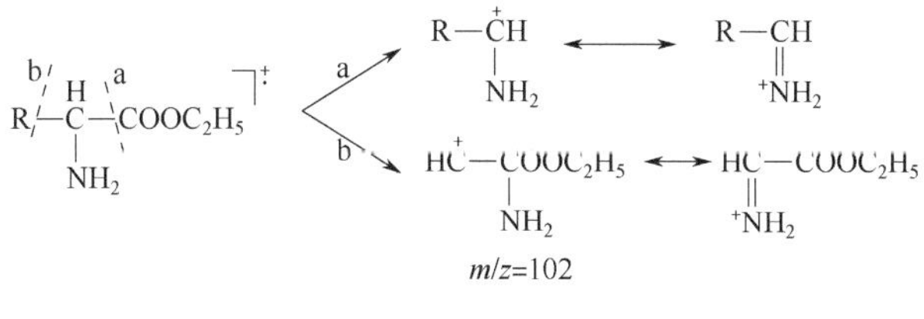

3.5.12 酰胺

酰胺的质谱和羧酸相似。

① 酰胺的 M 峰（含一个 N 原子的为奇数质量）一般可观察到。

② 正如羧酸一样，酰胺的最重要碎片离子峰（往往是基准峰）是羰基碳 α 裂解产物。

③ 凡含有 γ-H 的酰胺通常发生麦氏重排，得到 m/z=59+14n 的峰。

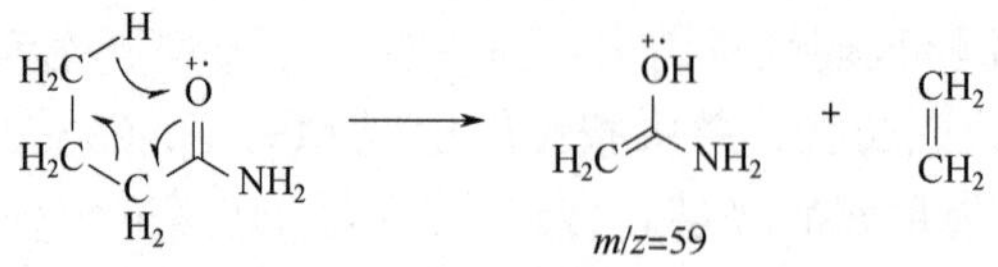

④ 长链脂肪伯酰胺也能在羰基的 $C_\beta—C_\gamma$ 间发生裂解，产生较强的 m/z=72（无重排）或 m/z=73（有重排）的峰。

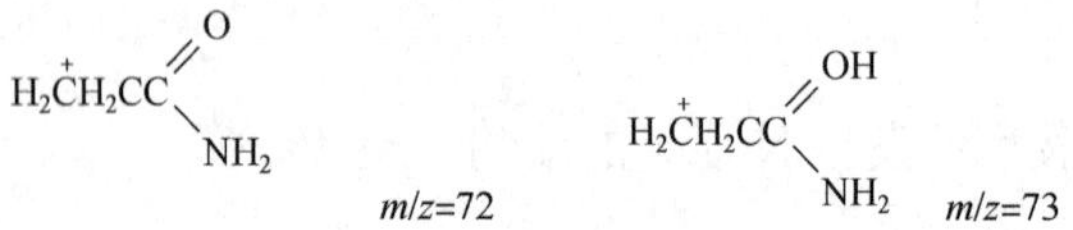

⑤ 四个碳以上的伯酰胺也产生 m/z=44 的强峰，其来源于羰基的 α 裂解或 N 的 $C_\alpha—C_\beta$ 断裂，这与胺的裂解类似：

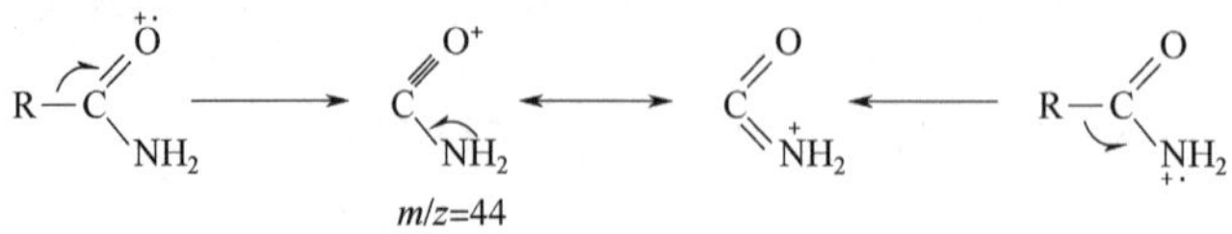

3.5.13　腈

① 高级脂肪腈不显 M 峰。增大样品量或增大离子化室压力可增强 M 峰，M+1 峰也可看到。

② 腈的质谱中 M−1 峰明显，有利于鉴定此类化合物，脱氢碎片离子由于下列共轭效应而致稳：

含 1 个 N 原子的腈，这个峰质量数为偶数。相类似的偶数质量峰出现在 m/z=40、54、68、82 等处，它们是由碳链的不同键处单纯断裂而形成。

③ C_4～C_{10} 的直链腈产生 m/z=41 的基准峰（CH_3CN^+或 $H_2C═C═N^+H$），是因为发生了麦氏重排裂解：

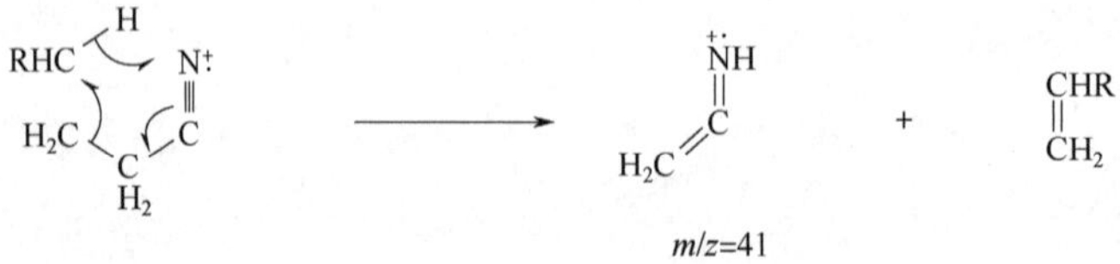

3.5.14　硝基化合物

① 脂肪硝基化合物一般不显 M 峰。

② 强峰出现在 m/z=46 及 30 处，是形成 NO_2^+ 和 NO^+ 的缘故。

③ 高级脂肪硝基化合物一些强峰是烃基离子（C—C 键断裂产生），另外还有 γ-H 的重排引起的 M−OH、M−（OH+H_2O）和 m/z=61 的峰。

④ 芳香硝基化合物显出强的 M 峰（含奇数个 N，M 为奇数质量），此外有 m/z=30（NO^+）及 M−30、M−46、M−28 等峰。例如：

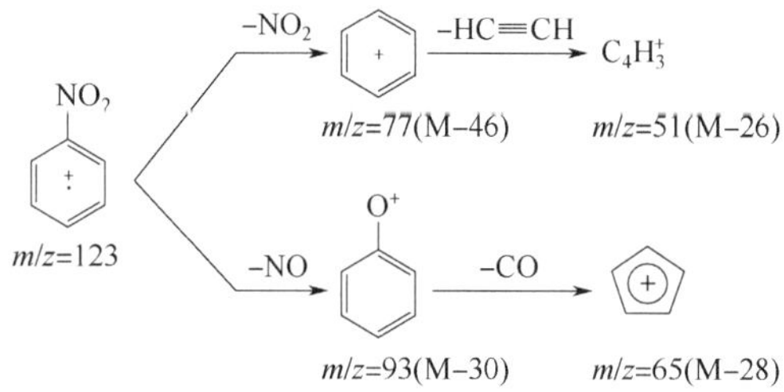

3.6 有机质谱解析

3.6.1 质谱图解析步骤

（1）当测定有机物结构时，第一步工作就是测定它的分子量和分子式。用质谱法研究过的有机化合物中，几乎有 75%可以由谱图上直接读出其分子量。根据分子离子峰的特点判断出质谱图中出现的分子离子峰，若分子离子峰太弱或消失，可以采取一些措施增强分子离子峰的强度从而检出它。确定了分子离子峰即可确定分子量。

除了分子量之外，分子离子提供的信息还包括以下方面。

① 是否含奇数氮原子（氮规则）：有机物分子中，含奇数个 N 原子的化合物分子量为奇数。所以，当分子离子的质量为奇数时，则可断定分子中含有奇数个 N 原子。

② 含杂原子的情况：氯、溴元素的同位素丰度较强。含氯、溴的分子离子峰有明显的特征，在质谱图上容易辨认。通过同位素的峰形，还可了解这两种元素在分子中的原子数。根据谱图中分子离子的同位素峰及丰度，还可以分析被测样品是否存在其他元素，如 Si、S、P 等。

③ 对于化学结构不是很复杂的普通有机物，根据其分子离子的质量和可能的元素组成，可以计算分子的不饱和度（Ω）及推测分子式。

（2）根据分子离子峰和附近的碎片离子峰推测被测分子的类别：根据质谱图中分子离子峰和附近的碎片离子峰的 m/z 差值，可推测分子离子失去的中性碎片及被测分子离子的结构类型。一旦确定了分子离子峰以后就不难推算所丢失的碎片的质量，不过在使用数据表时，要记住裂解时会发生重排，否则将得出错误结论。

（3）根据碎片离子的质量及所符合的化学通式，推测离子可能对应的特征结构片段或官能团。

（4）结合分子量、不饱和度、碎片离子结构及官能团等信息，合并可能的结构单元，搭建完整的分子结构。再根据不饱和度、元素分析并结合其他波谱分析等方法，确定合理和排除不合理的结构。例如，*m*/*z*=29 的离子峰可能对应 CHO^+或 $C_2H_5^+$，若样品的 IR 谱不显示碳氧双键的特征吸收峰，则可肯定 *m*/*z*=29 的离子峰源于 $C_2H_5^+$。

（5）用 MS-MS 找出母离子和子离子，或用亚稳扫描技术找出亚稳离子，把这些离子的质荷比读到小数点后一位。根据 $m^*=(m_2)^2/m_1$，找出 m_1 和 m_2 两种碎片离子，由此判断裂解过程，有助于了解官能团和碳骨架。

（6）配合元素分析、UV、IR、NMR 和样品理化性质提出样品分子的结构式。检查推测得到的分子是否能按质谱裂解规律产生主要的碎片离子。如果谱图中重要的碎片离子不能由所推测的分子按合理的裂解反应过程产生，则需要重新考虑所推测的化合物的分子结构。若没有矛盾，就可确定可能的结构式。

（7）已知化合物可用计算机检索出质谱图数据库中该物质的标准图谱对照来确定结构是否正确。对新化合物的结构，最终结论就要用合成此化合物并做波谱分析的方法来确证。

3.6.2 质谱图解析示例

【例 3-1】一个含 C、H、O 的有机化合物，它的红外光谱显示在 $3100cm^{-1}$ 和 $3700cm^{-1}$ 之间无吸收。它的质谱如图 3-7 所示，(M+1)/M=9.0%。在 33.8 和 56.5 有两个亚稳离子。试求结构式。

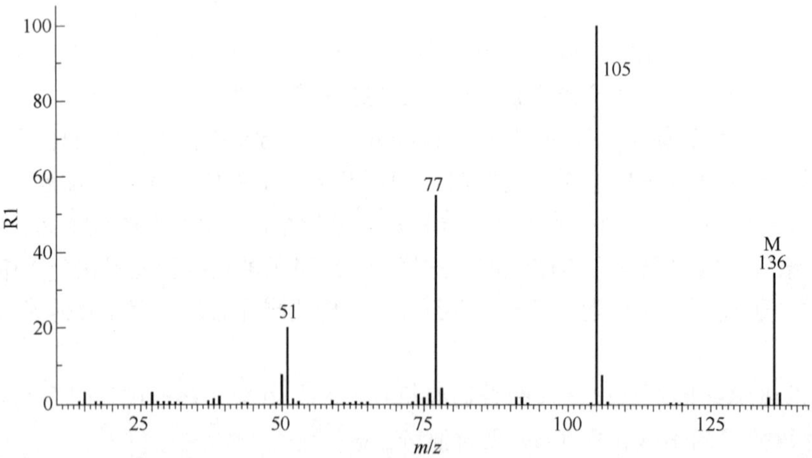

图 3-7 【例 3-1】质谱图

解 （1）由质谱图看出有相当强的 M 峰，M=136。结合 *m*/*z*=39、51、77 可推测化合物为芳香化合物。

（2）由题可知，(M+1)/M=9.0%。碳原子可能为 9～7 个，加上含氧，可能化合物有下列三个：

① $C_9H_{12}O$　　②$C_8H_8O_2$　　③$C_7H_4O_3$

（3）计算不饱和度：

① Ω=4　　②Ω=5　　③Ω=6

进一步说明了化合物含苯环。

（4）由两种亚稳离子 33.8 和 56.5 的存在，证实可能的裂解是 m/z=105→77，77→51：

$77^2/105=56.47$　　$51^2/77=33.8$

（5）基准峰 m/z=105 推测为苯甲酰离子 $C_6H_5CO^+$。77 是苯环 $C_6H_5^+$ 离子峰，由此可知裂解过程为

$$\underset{m/z=105}{C_6H_5CO^+} \xrightarrow{-CO} \underset{m/z=77}{C_6H_5^+} \xrightarrow{-C_2H_2} \underset{m/z=51}{C_4H_3^+}$$

（6）分子中含苯甲酰基，则其 Ω 应为 5，因此 $C_9H_{12}O$ 为不可能（Ω 不合适）；此外 $C_7H_4O_3$ 也可排除，因 H 太少。剩下的只有 $C_8H_8O_2$ 符合。

（7）因 $C_8H_8O_2$ 减去 C_6H_5CO，剩下的基团为 OCH_3 或 CH_2OH，因此可能的结构有两种：

$C_6H_5COOCH_3$，$C_6H_5COCH_2OH$

A　　　　B

（8）根据红外光谱数据，B 为不可能，因其含 OH 基团，在 3400cm^{-1} 会有羟基吸收，最后确定样品的结构式为：$C_6H_5COOCH_3$。

【例 3-2】 某未知化合物的谱图如图 3-8 所示，试推断其结构。

解　该化合物分子量 M=100。M=100（丰度 20%），M+1=101 的丰度为 1.34%，M+2=102 的丰度为 0.08%。折算后（分子离子峰强度按 100%计）M=100（丰度 100%），M+1=101 的丰度为 6.7%，M+2=102 的丰度为 0.40%，查 Beynon 表可知其中同位素丰度比与含有所给数据相符的分子式为 $C_6H_{12}O$。

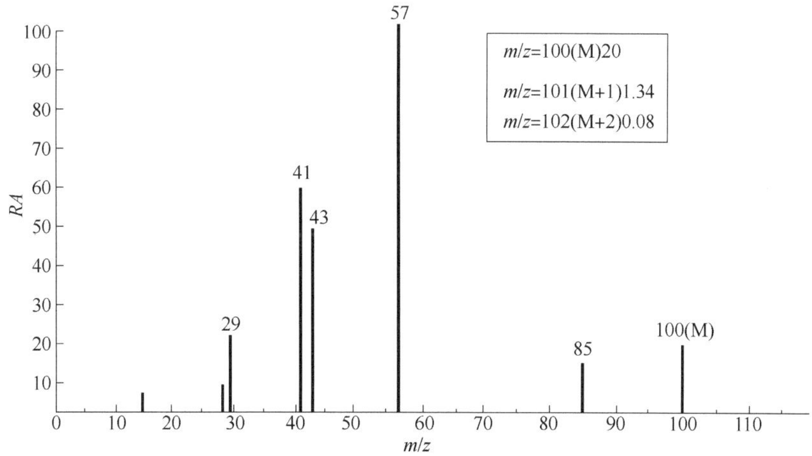

图 3-8 【例 3-2】质谱图

（1）该化合物的分子式为 $C_6H_{12}O$，Ω=1+6+（1/2）（0−12）=1，由不饱和度判断该化

合物可能含有一个羰基。

（2）碎片离子 m/z=85 为（M−15）离子峰，说明有甲基；碎片离子 m/z=57 可能为（$C_4H_9^+$）；m/z=43 可能为 $CH_3C{\equiv}O^+$，所以化合物可能含有甲基酮结构。

（3）可能的结构如下：

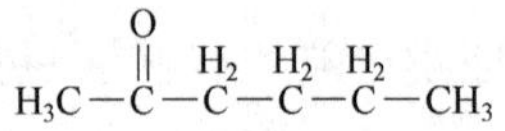

(a)

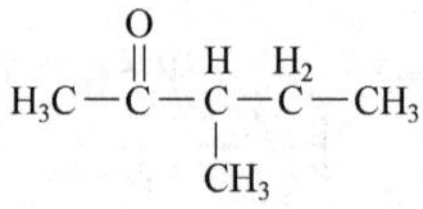

(b)

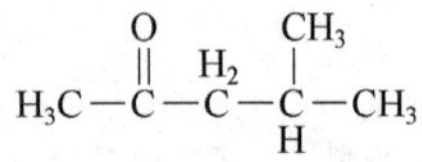

(c)

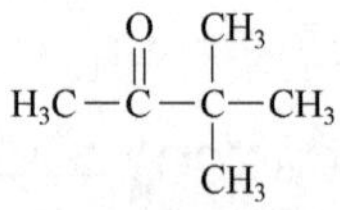

(d)

（4）进一步考察，谱图中没有出现偶数质量的重排峰，结构（a）、（b）和（c）均可发生麦氏重排反应，产生偶数质量的重排峰；故（d）是正确的结构式。

（5）断裂反应如下：

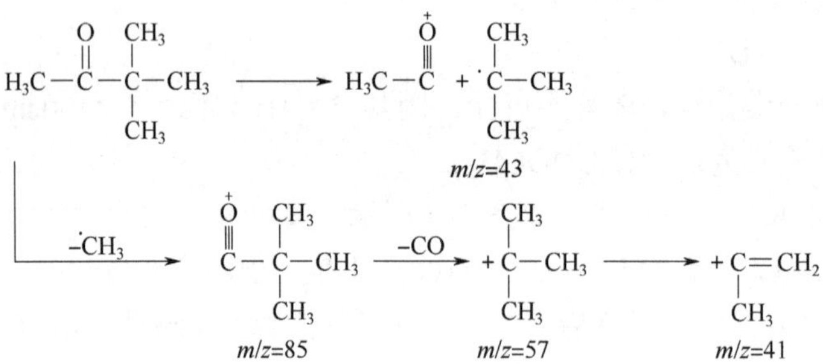

思考题

1. 质谱仪是由哪些部分组成的？每个部分分别起到什么作用？质谱仪常用的性能指标有哪些？
2. 质谱图中峰的类型有哪几种？分别是怎样形成的？
3. 化合物分子在质谱中有哪些裂分形式？

第4章 紫外–可见吸收光谱

通过本章的学习，掌握紫外-可见吸收光谱的基本概念、原理；了解紫外-可见分光光度计；掌握典型化合物光谱计算公式、判断各类化合物的紫外-可见吸收光谱以及该类谱图的实际应用。

紫外-可见吸收光谱法（ultraviolet-visible molecular absorption spectrometry，UV-Vis）是研究 10～800nm 波长范围内分子吸收光谱的一种方法。该方法主要研究分子中价电子跃迁所产生的现象和规律，也被称为电子吸收光谱。通过测定分子对紫外-可见光的吸收，可以定性和定量测定部分有机化合物和无机化合物。该方法的灵敏度和选择性较好；仪器设备简单，易于操作，广泛地应用于化学、医学、生物、材料、环境等领域。

4.1 紫外-可见吸收光谱的基本原理

4.1.1 紫外–可见吸收光谱的波长范围

紫外-可见吸收光谱的波长范围一般分为三个区域：

远紫外区 10～200nm

紫外区 200～400nm

可见区 400～800nm

远紫外区又称为真空紫外区，该区域的辐射易被空气中的 N_2、O_2 等分子吸收，只有在真空状态下才能加以利用。因此常用紫外-可见吸收光谱的波长范围是 190～800nm。

4.1.2 常用术语

（1）生色团 分子中自身可产生紫外或可见吸收的基团或体系。生色团的结构特征是含有 π 电子，如 C═C、C═O、C═N、—COOH、$—NO_2$、苯环等。一些典型生色团的紫外吸收特征见表 4-1。

（2）助色团　本身不一定产生紫外或可见吸收的基团，但当其与生色团相连时，可使生色团的吸收光谱发生明显的变化。助色团的结构特征是含有 n 电子（孤对电子），如—OH、—OR、—NR_2、—NO_2、—SR、—Cl 等。

表 4-1　一些典型生色团的紫外吸收特征

生色团	实例	溶剂	λ_{max}/nm	ε_{max}①	跃迁类型
>C=C<	1-己烯	庚烷	180	12500	$\pi\to\pi^*$
—C≡C—	1-丁炔	蒸气	172	4500	$\pi\to\pi^*$
>C=O	乙醛	蒸气	289	12.5	$n\to\pi^*$
			182	10000	$\pi\to\pi^*$
	丙酮	环己烷	275	22	$n\to\pi^*$
			190	1000	$\pi\to\pi^*$
—COOH	乙酸	乙醇	204	41	$n\to\pi^*$
—COCl	乙酰氯	戊烷	240	34	$n\to\pi^*$
—$CONH_2$	乙酰胺	甲醇	205	160	$n\to\pi^*$
—NO_2	硝基甲烷	乙烷	279	15.8	$n\to\pi^*$
			202	4400	$\pi\to\pi^*$
$=\overset{+}{N}=\overset{-}{N}$	重氮甲烷	乙醚	417	7	$n\to\pi^*$
—N=N—	偶氮甲烷	水	343	25	$n\to\pi^*$
>C=N—	$C_2H_5CH=NC_4H_9$	异辛烷	238	200	$n\to\pi^*$
	苯	水	254	250	$\pi\to\pi^*$
			203.5	7400	$\pi\to\pi^*$
	甲苯	水	261	225	$\pi\to\pi^*$
			206.5	7000	$\pi\to\pi^*$

① ε 单位：$L\cdot mol^{-1}\cdot cm^{-1}$，全书同。

（3）红移　由于取代基效应或溶剂的影响，吸收谱带向长波方向移动，谱带的最大吸收波长 λ_{max} 值增大。

（4）蓝移（紫移）　由于取代基效应或溶剂的影响，吸收谱带向短波方向移动，谱带的最大吸收波长 λ_{max} 值减小。

（5）增色效应　由于取代基效应或溶剂的影响，使吸收强度增大的效应。

（6）减色效应　由于取代基效应或溶剂的影响，使吸收强度减小的效应。

4.1.3　紫外-可见吸收光谱简介

4.1.3.1　紫外-可见吸收光谱的产生

紫外-可见吸收光谱属于分子光谱。分子具有特征的分子能级，分子的总能量 $E_{总}$ 由以下几部分组成：

$$E_{总}=E_{内能}+E_{平动能}+E_{电子}+E_{振动}+E_{转动}$$

式中，$E_{内能}$是分子固有的内能，不随运动而改变；$E_{平动能}$是分子在空间作平行的自由运动所需要的能量，是连续变化的，它仅是温度的函数；$E_{电子}$是分子中电子相对于原子核运动所具有的能量；$E_{振动}$是分子内原子在平衡位置附近振动的能量；$E_{转动}$是分子绕重心转动的能量。分子中电子运动的能量、各原子在平衡位置附近振动的能量和分子转动的能量，其变化是量子化而不连续的，如图 4-1 所示。当分子吸收外界辐射能后，总能量变化 $\Delta E_{总}$是电子运动能量变化 $\Delta E_{电子}$、振动能量变化 $\Delta E_{振动}$和转动能量变化 $\Delta E_{转动}$的总和：

$$\Delta E_{总}=\Delta E_{电子}+\Delta E_{振动}+\Delta E_{转动} \quad (4\text{-}1)$$

三类能量的大小顺序为：

$$\Delta E_{电子}>\Delta E_{振动}>\Delta E_{转动} \quad (4\text{-}2)$$

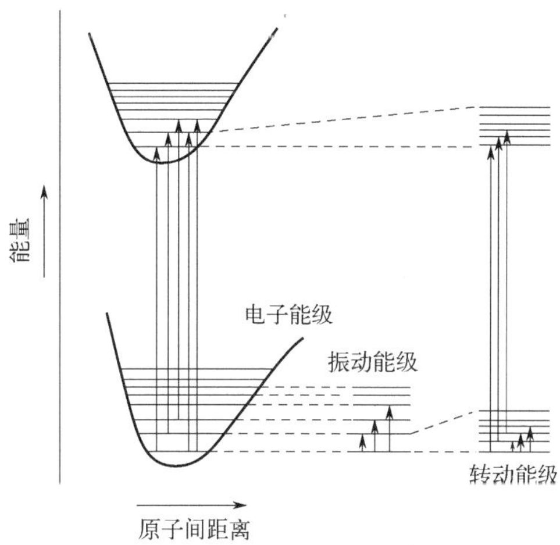

图 4-1 分子能级和跃迁示意图

根据量子理论，若分子从外界吸收的辐射能等于分子中高能级与低能级的能量差 ΔE 时，分子将从低能级跃迁至高能级。

$$\Delta E=h\nu=h\frac{c}{\lambda} \quad (4\text{-}3)$$

由于发生三种能级跃迁需要的能量 $\Delta E_{电子}$、$\Delta E_{振动}$和 $\Delta E_{转动}$不同，所以分别在紫外-可见光区、红外光区和远红外光区产生相应的吸收带。

通常情况下，发生电子能级间跃迁需要的能量为 1～20eV，由式（4-3）可计算出与能量相应的波长为 1242～62nm。紫外-可见光区的波长为 200～800nm，分子吸收紫外-可见光获得的能量足以使价电子发生跃迁，因此，由价电子跃迁产生的分子吸收光谱称为紫外-可见吸收光谱或电子吸收光谱。

由于 $\Delta E_{电子}>\Delta E_{振动}>\Delta E_{转动}$，因此当分子吸收外界辐射能而引起电子能级跃迁时，必然伴随振动能级和转动能级的跃迁。所以分子光谱比原子光谱复杂，在光谱图上呈现的是带状光谱。

4.1.3.2 紫外-可见吸收光谱曲线

紫外-可见吸收光谱图通常是以波长 λ（nm）为横坐标，以吸光度 A 或摩尔吸光系数 ε 或摩尔吸光系数的对数 $\lg\varepsilon$ 为纵坐标，所获得的分子对光吸收的曲线图。例如，苯甲酸的紫外-可见吸收光谱图如图 4-2 所示。

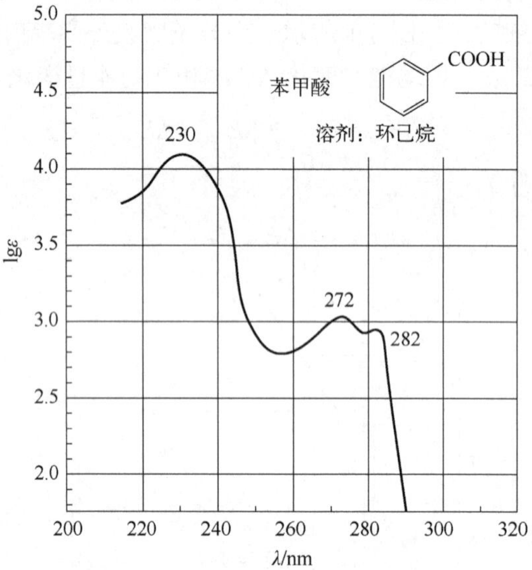

图 4-2 苯甲酸的紫外-可见吸收光谱图

紫外-可见吸收光谱吸收曲线表征的是在紫外-可见光的某个区域范围内，物质对光辐射的吸收能力。由于分子中电子能级之间的跃迁必定包含振动能级和转动能级的跃迁，因此紫外-可见吸收光谱的谱带较宽。通常以最大吸收强度所对应的波长为谱带的最大吸收波长，以 λ_{max} 表示，相应的吸收强度（吸光系数）为 ε_{max}。因此，最大吸收波长 λ_{max} 和最大吸收强度 ε_{max} 表征了一个谱带的主要特征，也是化合物结构鉴定和定量分析的重要依据。

4.1.3.3 吸收谱带的强度

（1）吸收强度 紫外-可见吸收光谱中吸收谱带的强度标志着相应电子能级跃迁的概率，其遵守 Lambert-Beer 定律：

$$A=\lg\frac{I_0}{I}=\varepsilon lc$$

式中，A 为吸光度；I_0 和 I 分别为入射光和透射光的强度；ε 为摩尔吸光系数；l 为吸收池厚度；c 为溶液的物质的量浓度。摩尔吸光系数 ε 值的大小表明了在一定波长下，电子从低能级分子轨道跃迁至高能级分子轨道的可能性的大小，即跃迁概率的高低。一般情况下，$\varepsilon_{max}>5000\text{L·mol}^{-1}\text{·cm}^{-1}$ 为强吸收，$5000\text{L·mol}^{-1}\text{·cm}^{-1}>\varepsilon_{max}>200\text{L·mol}^{-1}\text{·cm}^{-1}$ 为中等强度的吸收，$\varepsilon_{max}<200\text{L·mol}^{-1}\text{·cm}^{-1}$ 为弱吸收。对某一化合物来说，在一定的测试条件下

ε 为常数，是鉴定化合物和定量分析的重要参数。

（2）吸光度的加和性　按照 Lambert-Beer 定律，吸光度 A 在一定波长下与物质的量浓度成正比，即与吸收辐射的分子数成正比。若溶液中含有多种对光有吸收的物质，则仪器在波长 λ 处所测得的总吸光度 $A_{总}$ 等于该溶液中每一组分对该波长光的吸光度之和，此为吸光度的加和性(式 4-4)。

$$A_{\lambda总} = A_{\lambda1} + A_{\lambda2} + A_{\lambda3} + \cdots = \varepsilon_1 lc_1 + \varepsilon_2 lc_2 + \varepsilon_3 lc_3 + \cdots \tag{4-4}$$

4.1.3.4　电子跃迁

在紫外-可见吸收光谱中，由于分子中的电子跃迁概率不同，因而形成的谱带高低强弱不一样，这取决于电子跃迁是属于允许跃迁还是禁阻跃迁。允许跃迁的跃迁概率大，吸收峰强度大；禁阻跃迁的跃迁概率小，吸收峰强度小，甚至观察不到。

（1）自旋多重性　根据 Pauli 原理，处于分子中同一轨道的两个电子自旋方向相反，这两个电子的自旋量子数分别为+1/2 和−1/2，其自旋量子数的代数和为 0，此时自旋多重性 $2s+1=1$，称为单重态（singlet），用 S 表示。当电子由一个分子轨道（如 π 轨道）激发到另一个能量较高的分子轨道（如 π^*轨道）时，它的自旋方向可以不变，也可以反转。自旋方向不变的跃迁，$s=0$，仍然是单重态；自旋方向反转的跃迁，处于两个分子轨道上的两个电子自旋平行同向，此时自旋量子数的代数和的绝对值 $s=1$，自旋多重性 $2s+1=3$，称为三重态（triplet），用 T 表示。分子在基态时电子的能量最低，单重态以 S_0 表示；第一激发态分别以 S_1 和 T_1 表示；能量更高的激发态分别以 S_2、S_3、…、S_n 和 T_2、T_3、…、T_n 表示。按照 Hund 原理，激发单重态的能量比相应地激发三重态的能量高一些（如下所示）。

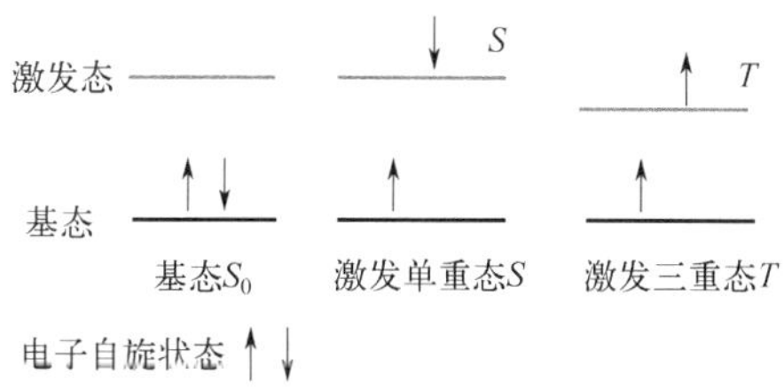

（2）电子跃迁选择定则　电子自旋允许跃迁要求电子的自旋方向不变，$\Delta s=0$，即在激发过程中，电子只能在自旋多重性相同的能级之间跃迁，如 $S_0 \leftrightarrow S_1$、$T_1 \leftrightarrow T_2$ 等跃迁都是允许的。$S_0 \rightarrow S_1$ 的跃迁概率很大，产生强的紫外吸收光谱；$S_1 \rightarrow S_0$ 的跃迁也容易发生，这种发射光谱即荧光光谱；但 $S_0 \rightarrow T_1$ 跃迁属于禁阻跃迁，需经过系间窜越后再由 $T_1 \rightarrow S_0$ 跃迁而产生发射光谱，即磷光光谱。

对称性允许跃迁，其跃迁概率很高，吸收强度大。如 $\sigma \rightarrow \sigma^*$、$\pi \rightarrow \pi^*$跃迁是对称性允许的跃迁，故跃迁概率很高，摩尔吸收系数 ε 大，一般 $\pi \rightarrow \pi^*$跃迁的 ε 值为 4～5 个数量级。而 $n \rightarrow \pi^*$跃迁为对称性禁阻跃迁，跃迁概率很低，其吸收强度弱，例如丙酮的 $n \rightarrow \pi^*$跃迁谱带出现在 275nm，其 ε 值仅为 $22L \cdot mol^{-1} \cdot cm^{-1}$。

4.2 紫外-可见分光光度计（光谱仪）

紫外-可见吸收光谱仪多为自动记录式平衡型光电分光光度计，可检测紫外和可见光两部分吸收光谱。常见的有单波长（又分为单光束和双光束）和双波长分光光度计两类。紫外-可见吸收光谱仪主要由光源、单色器、样品池、检测器和记录装置等几部分构成。光源有钨丝灯、氢灯、氘灯、氙灯等；单色器主要有石英棱镜、光栅或全息光栅；样品池有石英池和玻璃池；检测器常用光电倍增管，近年来也有仪器采用光电二极管阵列检测器。

4.2.1 单波长分光光度计

单波长单光束分光光度计是一种较为简便的吸收光谱仪。波长范围为330～800nm，灯光源为钨卤灯；或波长范围为200～1000nm，灯光源为氢弧灯（200～320nm）和钨灯（320～1000nm）。图4-3为光栅型单波长单光束分光光度计的光路图。

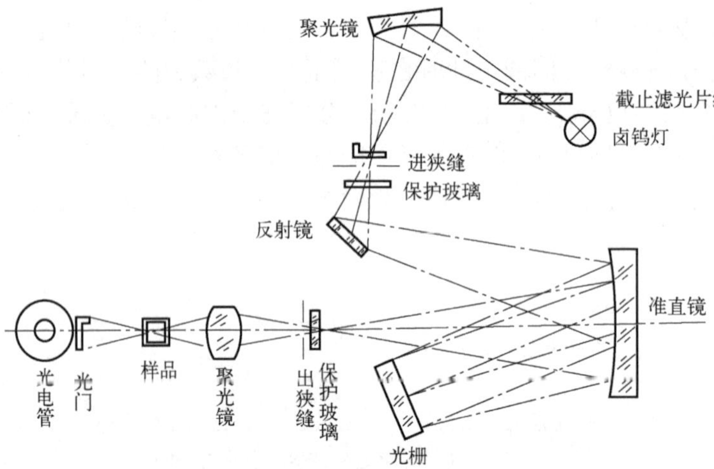

图4-3 光栅型单波长单光束分光光度计光路图

单波长双光束分光光度计将光源的光束分成两路，分别入射进参比池和试液池，这样消除了测量空白和样品池之间由于光源强度漂移引起的误差。其光路图见图4-4。

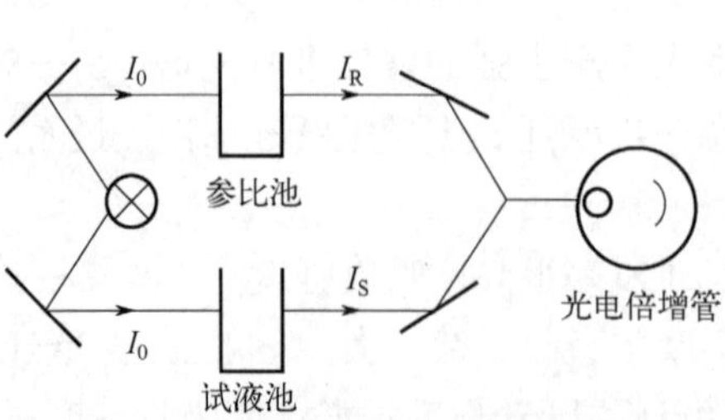

图4-4 单波长双光束分光光度计光路图

由光源发出的光经入口狭缝和反射镜反射后至石英棱镜或光栅，经分光后得到所需波长的单色光束。然后由反射镜反射到调制板（又称斩光器）及扇形镜上，当调制板以一定速度旋转时，将光调制成一定频率的交变光束，并交替地投射到参比池和试液池中。透过光被光电倍增管接收、适当放大，并用解调器分离及整流后，被记录器记录并绘制出吸收曲线。

4.2.2　双波长分光光度计

双波长分光光度计采用两个单色器，如图 4-5 所示。光源发出的光束经两个单色器分光后分别形成波长为 λ_1 和 λ_2 的两单色光，用切光器使两单色光以一定时间间隔交替进入同一吸收池，透过光被光电倍增管交替接收，测得吸光度差值 ΔA。当光强度为 I_0 的两单色光 λ_1 和 λ_2 交替进入同一吸收池时，根据朗伯-比尔定律，通过吸收池后的光强度差为：

$$\Delta A=\lg\frac{I_{0(\lambda_1)}}{I_{0(\lambda_2)}}=A_{\lambda_1}-A_{\lambda_2}=(\varepsilon_{\lambda_1}-\varepsilon_{\lambda_2})bc \tag{4-5}$$

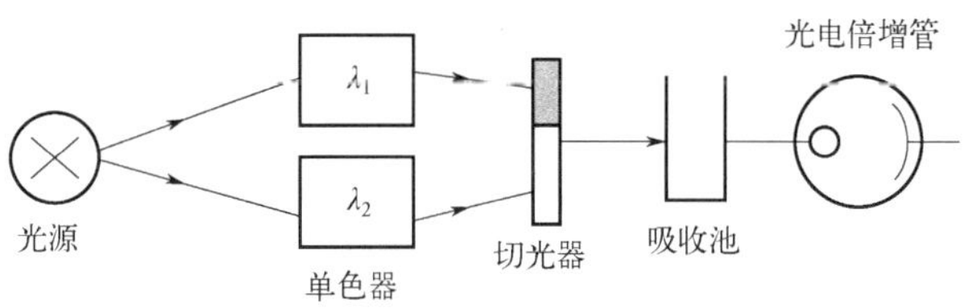

图 4-5　双波长分光光度计光路图

双波长分光光度计既可以双波长方式工作，也可以单波长双光束的方式工作。双波长分光光度计消除了因参比池不同或空白溶液制备等产生的误差。此外，使用同一光源获得两束单色光，减小了由于光源电压变化而产生的误差。

4.2.3　多通道分光光度计

多通道分光光度计与常规仪器的不同之处在于使用了光电二极管阵列检测器（仪器光路简图如图 4-6 所示）。

由光源发出的辐射聚焦到吸收池上，光通过吸收池后到达光栅，经光栅分光后照射到光电二极管阵列检测器上。该检测器是由几百个乃至上千个光电二极管排成的阵列，由计算机控制。每个二极管可对某一特定波长进行检测，该阵列则可在全光谱范围内检测所有波长信号。光电二极管阵列仪器的优点是多光路，信噪比高于单通道仪器，测定速度快，与普通的扫描式光谱仪相比，极大地缩短了检测时间。因此，该类仪器在动力学研究、反应中间体的研究、液相色谱分析、毛细管电泳分析中得到很好的应用。

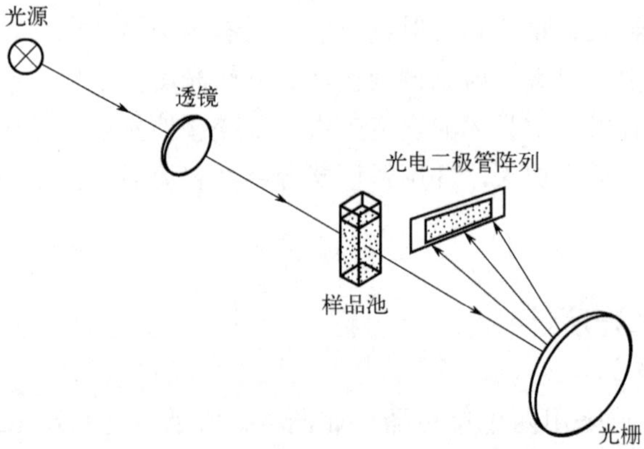

图 4-6　光电二极管阵列多通道分光光度计光路图

4.3　紫外-可见吸收光谱的解析

4.3.1　有机化合物的电子光谱

4.3.1.1　跃迁类型

有机化合物分子中价电子包括成键的 σ 电子和 π 电子，以及非成键的 n 电子。分子内各种电子的能级高低的次序如图 4-7 所示，为 $\sigma^*>\pi^*>n>\pi>\sigma$。

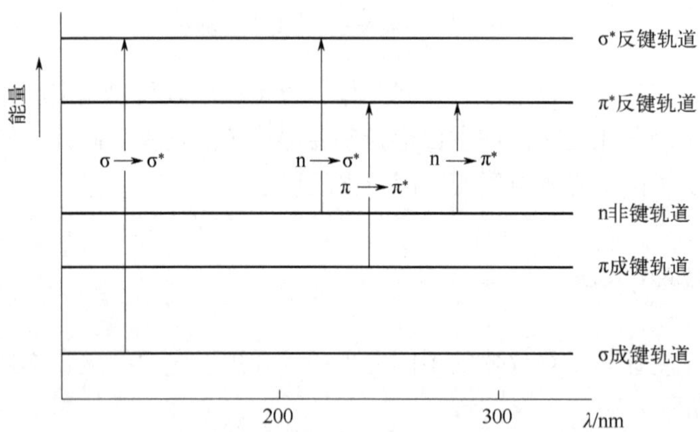

图 4-7　有机化合物分子中的电子跃迁

在大多数有机化合物分子中，价电子总是处在 n 轨道以下的各个轨道中。当分子吸收一定的光能后，处在较低能级的电子跃迁至较高能级。由图 4-7 可见，可能的主要跃迁方式有：$\sigma\rightarrow\sigma^*$、$\pi\rightarrow\sigma^*$、$\pi\rightarrow\pi^*$和 $n\rightarrow\pi^*$。其中，$\sigma\rightarrow\sigma^*$跃迁需要的能量最大，而 $n\rightarrow\pi^*$跃迁需要的能量最小。

（1）$\sigma\rightarrow\sigma^*$跃迁　产生 $\sigma\rightarrow\sigma^*$跃迁需要吸收的能量较大，故吸收带的波长短，通常 λ_{max}

＜150nm。饱和碳氢化合物具有 σ 电子，这类分子受到光照射时将发生 σ→σ* 跃迁。例如：甲烷 C—H　σ→σ* 跃迁的 λ_{max}=125nm。仅在真空紫外区才能观察到它们的吸收谱带。所以在紫外-可见吸收光谱分析中，这类化合物常用作溶剂。

（2）n→σ* 跃迁　含氮、氧、硫和卤素等杂原子的饱和烃化合物中具有非键电子（n 电子）。这些分子除了发生 σ→σ* 跃迁外，还可发生 n→σ* 跃迁。n→σ* 跃迁需要的能量比 σ→σ* 小，相应的吸收峰波长在 200nm 附近。n→σ* 跃迁需要的能量与含有未成键电子的杂原子的电负性和非成键轨道是否重叠有关。例如 CH_3Cl、CH_3Br 和 CH_3I，由于卤素元素的电负性强度不同，则致使这三种化合物的 λ_{max} 产生差异（见表 4-2）。从表 4-2 中可知 n→σ* 跃迁的摩尔吸光系数 ε_{max} 一般较小。

表 4-2　某些化合物 n→σ* 跃迁的特征

化合物	λ_{max}/nm	ε_{max}/L·mol^{-1}·cm^{-1}
CH_3OH	184	150
CH_3Cl	173	200
CH_3Br	204	200
CH_3I	258	365
$(CH_3)_2S$	229	140
$(CH_3)_2O$	184	2520
CH_3NH_2	215	600
$(CH_3)_2NH$	220	100
$(CH_3)_3N$	227	900

（3）π→π* 跃迁　含有 π 电子的基团可发生 π→π* 跃迁。非共轭体系的 π→π* 跃迁比 n→σ* 跃迁产生的波长短一些，λ_{max} 一般在 160～190nm 范围。若化合物中有两个或两个以上 π 键共轭，则共轭效应使 π 电子离域，降低了 π→π* 跃迁能量，吸收谱带向长波方向移动，摩尔吸光系数 ε_{max} 增大。例如，线形多环芳香族中缩合环越多，λ_{max} 红移越显著。萘的 λ_{max} 为 314nm，蒽的 λ_{max} 为 380nm，均无色；丁省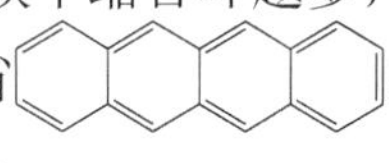的 λ_{max} 为 480nm（黄色），戊省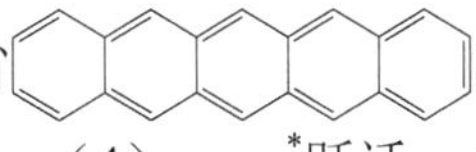的 λ_{max} 为 580nm（蓝色）。

（4）n→π* 跃迁　含有杂原子的双键基团（如 C═O、N═O、C═S 等基团），杂原子上的非键电子可被激发到双键 π* 反键轨道，产生 n→π* 跃迁。由于 n 轨道的能级比 π 轨道的高，n→π* 跃迁的吸收谱带波长比 π→π* 的长。在许多有机化合物中同时含有 n 电子和 π 电子，因此可同时发生 π→π* 跃迁和 n→π* 跃迁。π→π* 跃迁的概率比 n→π* 跃迁的大，因此吸收带强度大；而 n→π* 吸收带较弱。

有机化合物中由 π→π* 和 n→π* 产生的吸收带最有用，它们的吸收峰在近紫外光区或可见光区，见表 4-1。由吸收带波长可推测有机化合物的某些官能团或由有机化合物的结构推算最大吸收波长 λ_{max}。

（5）电荷转移跃迁　当某些化合物受到外来辐射时，可能发生电子从体系中的电子给予体部分转移到该体系的电子接受体部分，该过程又称为内氧化还原反应，即发生电荷转移跃迁。例如：

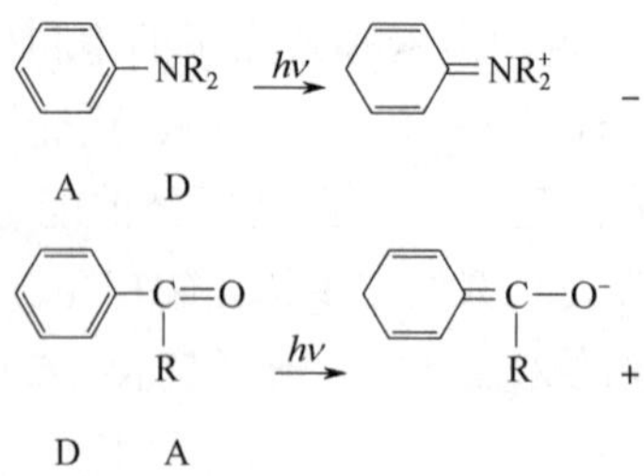

上式中：D 和 A 分别表示电子给予体和电子接受体。此过程表示分子吸收光辐射后，电子从给予体转移到接受体上。由电子转移而产生的吸收光谱称为电荷转移吸收光谱（或荷移光谱）。

4.3.1.2　有机化合物的紫外–可见吸收光谱

（1）饱和烷烃及其取代衍生物　饱和烷烃的 $\sigma\rightarrow\sigma^*$ 跃迁所需能量高，λ_{max} 出现在真空紫外区。例如：甲烷 λ_{max} 为 125nm，乙烷 λ_{max} 为 135nm，环丙烷 λ_{max} 为 190nm。

若饱和烷烃中的氢原子被 O、N、S、X 等杂原子或由它们组成的基团所取代，可发生较低能量的 $n\rightarrow\sigma^*$ 跃迁，见表 4-3。

表 4-3　某些烷烃和卤代烷烃的紫外吸收特征

化合物	$\lambda_{max(\sigma\rightarrow\sigma^*)}$ /nm	$\lambda_{max(n\rightarrow\sigma^*)}$ /nm
CH_4	125	
C_2H_6	135	
CH_3Cl	154～161	173
CH_3OH	150	184
CH_3NH_2	173	215
CH_3I	150～210	258

（2）非共轭烯烃及其衍生物　非共轭烯烃可以发生 $\sigma\rightarrow\sigma^*$ 和 $\pi\rightarrow\pi^*$ 两种类型的跃迁。$\pi\rightarrow\pi^*$ 跃迁比 $\sigma\rightarrow\sigma^*$ 跃迁的能量低，因此其紫外吸收波长要长一些。当连接在双键上的氢被烷基取代时，由于相邻的 C—Hσ 轨道与 π 轨道部分重叠，相互作用而产生 σ-π 超共轭效应，电子活动范围扩大，引起吸收峰红移。一般双键上每增加一个烷基，吸收谱带向长波方向移动约 5nm，逐渐接近仪器测量的范围。例如乙烯的 λ_{max} 为 165nm，$(CH_3)_2C{=}C(CH_3)_2$ 的 λ_{max} 为 197nm。因此，取代的非共轭烯烃在谱图上大多不出现吸收峰，仅能观察到吸收曲线的末端出现较强的吸收，称为"末端吸收"（见图 4-8）。凡在光谱图上显示出"末端吸收"的化合物，在分子中往往含有孤立的烯键。

若杂原子 N、O、S、X 与 C═C 相连，由于杂原子的助色效应，使 λ_{max} 红移。例如表 4-4。

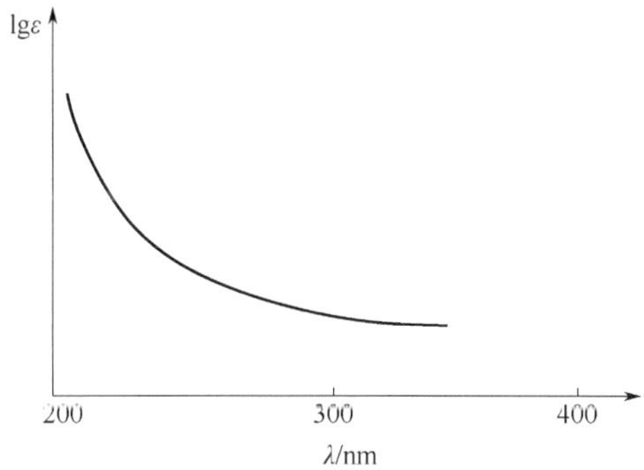

图 4-8　烯烃的紫外末端吸收

表 4-4　某些含杂原子烯烃的紫外吸收特征

化合物	λ_{max}/nm	ε_{max}/L·mol^{-1}·cm^{-1}
CH_2═CHCl	185	10000
CH_2═$CHOCH_3$	190	10000
CH_2═$CHSCH_3$	228	8000

在环状烯烃中，吸收光谱与双键所在的位置有关。在双键位于环外时，吸收峰可明显地向长波方向移动；若双键同时与两个环结构相连，这种移动可更大些。例如：

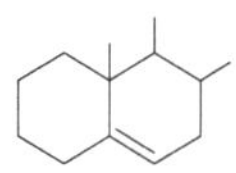
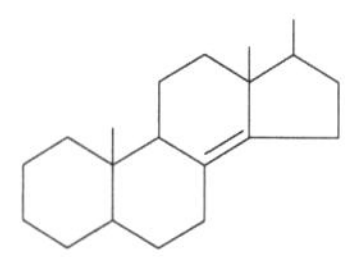

λ_{max}/nm（ε/L·mol^{-1}·cm^{-1}）　183（6800）　191（10200）　206（11200）

（3）含杂原子的双键化合物　含杂原子的双键化合物除了 $\sigma\rightarrow\sigma^*$跃迁之外，还可发生 $\pi\rightarrow\pi^*$、$n\rightarrow\pi^*$和 $n\rightarrow\sigma^*$跃迁。

① 饱和羰基化合物：醛、酮类化合物的 C═O 有四种跃迁形式，如 $\sigma\rightarrow\sigma^*$跃迁，$\lambda_{max}$ 120～130nm；$\pi\rightarrow\pi^*$跃迁，λ_{max} 160nm 附近；$n\rightarrow\sigma^*$跃迁，λ_{max} 180nm 附近；$n\rightarrow\pi^*$跃迁，λ_{max} 270～300nm。前三种跃迁产生的谱带位于真空紫外区，因此饱和羰基化合物研究较多的是 $n\rightarrow\pi^*$跃迁，该跃迁的吸收谱带弱（$\varepsilon<100$L·mol^{-1}·cm^{-1}），呈平滑宽带形，称为 R 带（源于德文 Radikalartig），谱带位置对溶剂很敏感，为羰基化合物的特征谱带。

羰基的吸收光谱受取代基的影响较为显著。一般酮的 R 带在 270～280nm；醛的则略向长波方向移动，在 280～300nm（见表 4-5）。

表 4-5　脂肪族醛、酮的 $n\rightarrow\pi^*$跃迁吸收特征

化合物	溶剂	λ_{max}/nm	ε/（L·mol^{-1}·cm^{-1}）
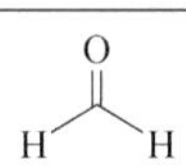	蒸气	304	18
	异戊烷	310	5

续表

化合物	溶剂	λ_{max}/nm	ε/（$L \cdot mol^{-1} \cdot cm^{-1}$）
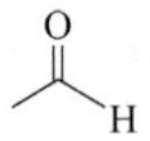	甲醇	285	—
	己烷	293	12
	甲醇	270	12
	环己烷	279	15
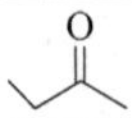	乙醇	277	20
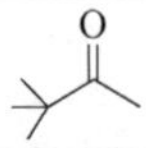	乙醇	285	21.2
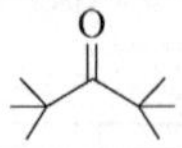	乙醇	295	20
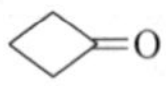	甲醇	278	—
	异辛烷	281	20
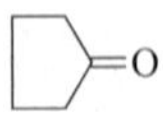	甲醇	287	—
	异辛烷	300	18
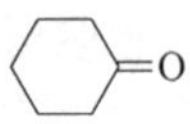	甲醇	283	—
	异辛烷	291	15
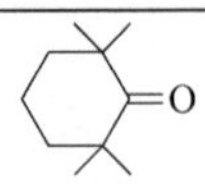	己烷	305	21

羧酸、酯、酰氯、酰胺类化合物中，羰基的碳原子与带 n 电子的杂原子基团如—OH、—OR、—X、$-NH_2$ 等相连，杂原子上未成键电子对通过共轭效应和诱导效应影响羰基，使羰基的 $n \rightarrow \pi^*$ 跃迁吸收与醛、酮相比，以较大幅度向短波方向移动。因此可用紫外光谱区分醛、酮与羧酸、酯、酰氯、酰胺类化合物。例如：

2-丁酮 λ_{max}=277nm（乙醇溶剂）　　2，2，4，4-四甲基戊酮 λ_{max}=295nm（乙醇溶剂）

CH_3COOH λ_{max}=205nm（乙醇溶剂）　　CH_3COCl λ_{max}=240nm（庚烷溶剂）

② 氮杂双键化合物：此类化合物包括亚胺、腈、偶氮化合物和硝基、亚硝基化合物，它们具有与羰基相似的电子结构。

简单的亚胺类（C═N）和腈类（C≡N）化合物可能出现两个谱带：一个在 172nm 附近，对应于 $\pi \rightarrow \pi^*$ 跃迁；另一个在 244nm 左右，强度约为 $\varepsilon \approx 100L \cdot mol^{-1} \cdot cm^{-1}$，对应于 $n \rightarrow \pi^*$ 跃迁。例如一些亚氨基化合物（在己烷中）：

	Me_3CCH═NBu	$C_6H_{11}CMe$═NOH	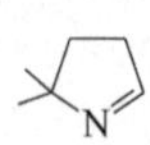	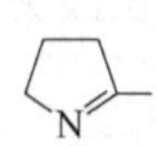
λ_{max}/nm（ε_{max}/$L \cdot mol^{-1} \cdot cm^{-1}$）	244（87）	205（1380）	231（87）	277（214）

硝基（$-NO_2$）的饱和烃衍生物出现两个吸收谱带，一个在 220nm 附近，由 $\pi \rightarrow \pi^*$ 跃迁引起的高强度吸收带（$\varepsilon \approx 4400L \cdot mol^{-1} \cdot cm^{-1}$）；另一个在 275nm 附近，由 $n \rightarrow \pi^*$ 跃迁产生的

低强度吸收带（$\varepsilon \approx 20L \cdot mol^{-1} \cdot cm^{-1}$）。例如：

CH_3NO_2 λ_{max}=279nm（ε=16$L \cdot mol^{-1} \cdot cm^{-1}$），202nm（$\varepsilon$=4400$L \cdot mol^{-1} \cdot cm^{-1}$）。

（4）脂肪族共轭分子

① 共轭烯烃：分子中若有多个双键共轭组成共轭多烯体系，则吸收光谱将发生较大幅度红移。随着共轭多烯双键数目增加，π-π 共轭体系中最高占有轨道（highest occupied molecular orbital，HOMO）的能级逐渐增高，而最低空轨道（lowest unoccupied molecular orbital，LUMO）的能级逐渐降低，故 π 电子跃迁所需的能量 ΔE 逐渐减少（图 4-9），相应吸收谱带逐渐向长波方向移动，吸收强度也随之增加。

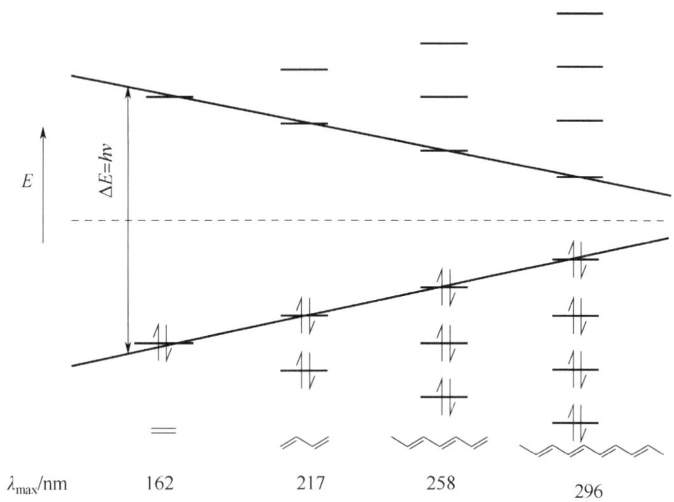

图 4-9　共轭多烯分子轨道能级示意图

此类共轭体系的 $\pi \rightarrow \pi^*$ 跃迁谱带称为 K 带（德文 Konjugierte）。例如一些共轭多烯化合物的紫外光谱，见图 4-10。

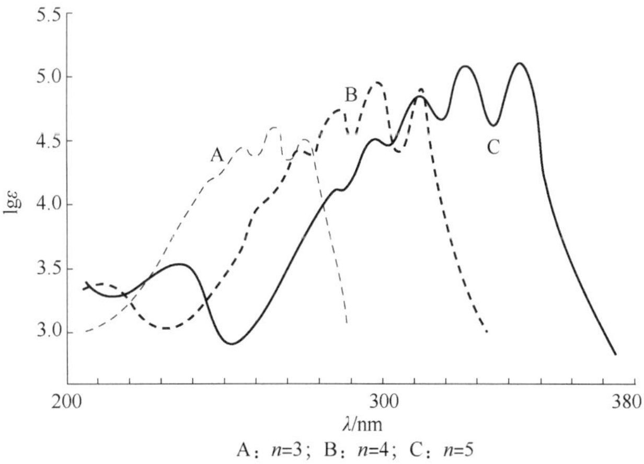

图 4-10　$CH_3\text{-}(CH=CH)_n\text{-}CH_3$ 的紫外吸收光谱

Woodward 和 Fieser 总结出预测共轭多烯体系及其衍生物 K 带 λ_{max} 值的经验规则，即

Woodward-Fieser 规则（见表 4-6）。

表 4-6 共轭烯烃 K 带 λ_{max} 值的 Woodward-Fieser 规则

	共轭烯烃	λ_{max}/nm
基数	异环或开环共轭双烯母体 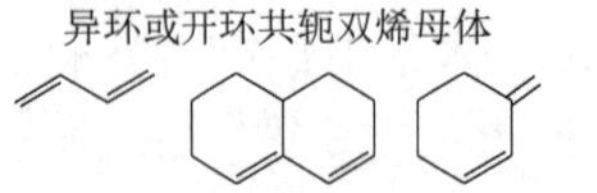	214
	同环共轭双烯母体 	253
增值	延长一个共轭双键	30
	环外双键	5
	双键上每个烷基	5
	双键上每个极性基团：	
	—OCOR	0
	—OR	6
	—SR	30
	—Cl，Br	5
	$—NR_2$	60

Woodward-Fieser 规则适合预测 2～4 个双键共轭烯烃及其衍生物 K 带的 λ_{max} 值。首先选择一个共轭双烯作为母体，确定其最大吸收位置的基值，然后加上表 4-6 所列与 π 共轭体系相关的经验参数，得到 λ_{max} 的计算值，将计算值与实测的 λ_{max} 值进行比较，以确定推断的共轭体系的骨架结构是否正确。

应用 Woodward-Fieser 规则计算共轭烯烃及其衍生物 K 带 λ_{max} 值时应注意以下几方面。

a．若有多个可供选择的双烯母体，应选择较长共轭体系作为母体；若同时存在同环双键和异环双键，应选取同环双键作为母体。例如：

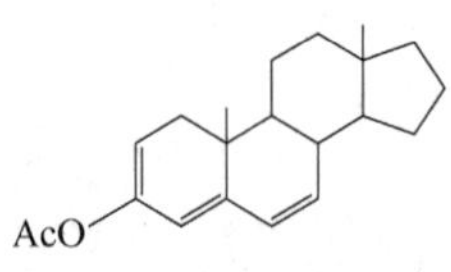

同环双键母体	253nm	乙酰氧基	0
延长一个双键	30nm	计算值	303nm
三个取代烷基	5nm×3	实测值	304nm
一个环外双键	5nm		

b．交叉共轭体系只能选取一个共轭键，分叉上的双键不算延长双键，其取代基也不计算在内。例如：

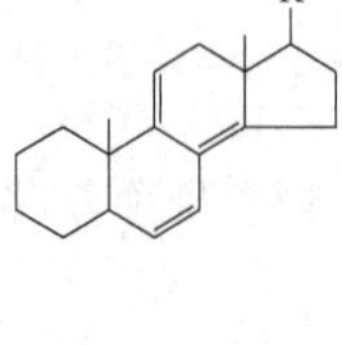

同环双键母体	253nm	计算值	293nm
五个取代烷基	5nm×5	实测值	285nm
三个环外双键	5nm×3		

c．若烷基位置为两个双键共有，应计算两次。例如：其中 C10 应作为两个取代烷基，计算两次。

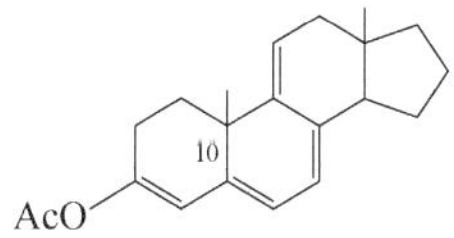

同环双键母体	253nm	乙酰氧基	0
五个取代烷基	5nm×5	计算值	353nm
延长两个双键	30nm×2	实测值	355nm
三个环外双键	5nm×3		

d．若环张力或立体结构影响到 π-π 共轭时，计算值与实测值相差较大。例如：

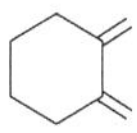

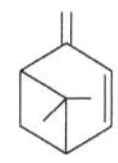

计算值	214+2×5+2×5=234nm	214+5+2×5=229nm
实测值	220nm	245nm

② 不饱和羰基化合物：*α,β*-不饱和醛、酮中 C═C 与 C═O 处于共轭状态，与饱和醛、酮相比，其分子中 $\pi\rightarrow\pi^*$跃迁和 $n\rightarrow\pi^*$跃迁的 λ_{max} 均红移。$\pi\rightarrow\pi^*$跃迁的 λ_{max} 在 220～250nm（称为 K 带），为强吸收带，$\varepsilon>10000$；$n\rightarrow\pi^*$跃迁的 λ_{max} 在 300～330nm（称为 R 带），为弱吸收带，ε=10～100。溶剂可对羰基化合物的谱带产生影响，随溶剂极性的增加，K 带红移，R 带蓝移。*α,β*-不饱和醛、酮化合物 $\pi\rightarrow\pi^*$跃迁 K 带的 λ_{max}，也可应用 Woodward-Fieser 规则计算进行预测。经验计算参数见表 4-7。

表 4-7　*α, β*-不饱和醛酮 K 带 λ_{max} 值的 Woodward-Fieser 规则

—C═C—C═C—C═O（δ γ β α）			λ_{max}/nm
基数	五元环的 *α, β*-不饱和酮		202
	开链或大于五元环的 *α, β*-不饱和酮		215
	α, β-不饱和醛		207
增值	延伸一个共轭双键		30
	环外双键		5
	共轭双键同环		39
	烷基或环烷基	*α*	10
		β	12

续表

	$-\underset{\delta}{C}=\underset{\gamma}{C}-\underset{\beta}{C}=\underset{\alpha}{C}-\underset{\mid}{C}=O$		λ_{max}/nm
增值		γ或以上	18
	极性基团：		
	—OH	α	35
		β	30
		γ	50
	—OAc	α，β，γ	6
	$—OCH_3$	α	35
		β	30
		γ	17
		δ	31
	—Cl	α	15
		β	12
	—Br	α	25
		β	30
	$—NR_2$	β	95
	—SR	β	85

应用此规则时应注意以下几个方面。

a．有两个可选择的α,β-不饱和羰基母体时，应选择波长较大的一个。例如：

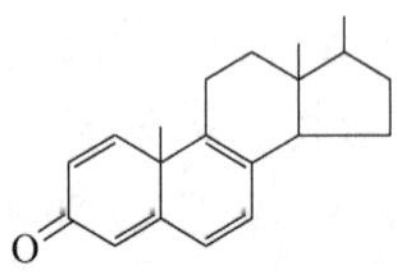

六元环不饱和母体	215nm	γ-位以上烷基	18nm×3
延长两个双键	30nm×2	环外双键	5nm
同环双键	39nm	计算值	385nm
β-位烷基	12nm	实测值	388nm

b．环上的羰基不作为环外双键，共轭体系有两个羰基时，其中之一不作为延长双键，仅作为取代基R计算。例如：

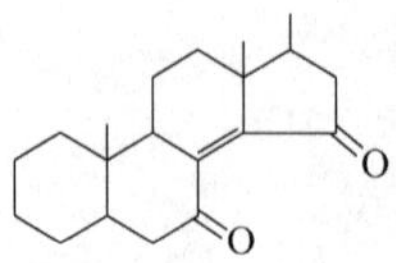

六元环不饱和母体	215nm	环外双键	5nm×2
α-位烷基	10nm	计算值	259nm

β-位烷基　　12nm×2　　　　　　　　实测值　　254nm

α,β-不饱和酸、酯的 π→π* 跃迁产生 K 带吸收的 λ_{max} 为 210～230nm；n→π* 跃迁产生 R 带的 λ_{max} 为 260～280nm。当 α 或 β 位连有极性基团时，导致 λ_{max} 较大幅度地红移，红移值与取代基的类型和位置有关。α,β-不饱和酸、酯的 K 带 λ_{max} 值可按表 4-8 进行计算。

表 4-8　不饱和酸、酯 K 带 λ_{max} 值的 Nielsen 计算规则

β>C=C(α)—COOR		λ_{max}/nm
基数	双键上 α 或 β 单取代	208
	双键上 α,β 或 β,β 双取代	217
	双键上 α,β,β 三取代	225
增值	环外的 α,β-双键	5
	不饱和双键在五元或七元环内	5
	延长共轭双键	30
	γ 或以上烷基	18

（5）芳香族化合物

① 苯及其衍生物:苯的紫外光谱在 180nm 以上由三个吸收带组成,皆是由 π→π* 跃迁引起的。在 180～184nm 和 200～204nm 有两个强吸收带，分别称为 E_1、E_2 带。E_1 带（又称烯带，ethylenic band）为芳香环的结构特征谱带，没有精细结构；E_2 带有分辨不清的振动结构，与 E_1 带有重叠。第三个吸收带较弱，位于 230～270nm，称为 B 带（benzenoid band）。B 带是芳香环（包括芳杂环）的另一特征谱带，以较低强度吸收和明显的振动精细结构为特征。B 带对溶剂效应很敏感。苯在环己烷中的紫外光谱见图 4-11。

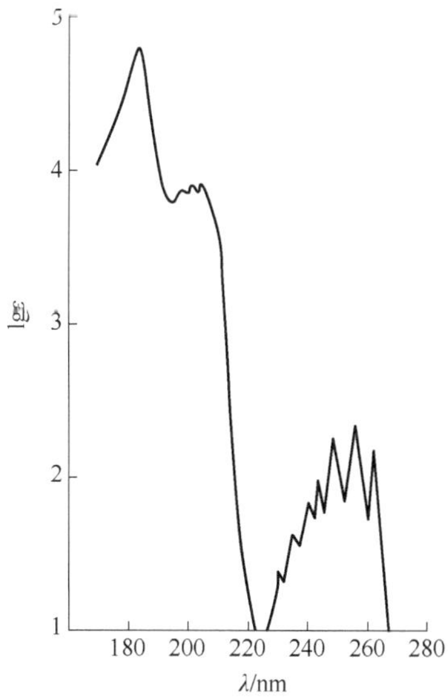

图 4-11　苯分子的紫外光谱（溶剂：环己烷）

a．烷基取代苯:烷基对苯环的电子结构产生很小的影响，由于超共轭效应，一般导致

E_2 带和 B 带红移，同时降低了 B 带的精细结构特征。例如表 4-9 中：

甲苯 E_2 带 λ_{max}=208nm，ε_{max}=7900L·mol^{-1}·cm^{-1}，B 带 λ_{max}=262nm，ε_{max}=260L·mol^{-1}·cm^{-1}

表 4-9 助色团取代苯的特征吸收光谱数据

化合物	溶剂	E_2 带		B 带	
		λ_{max}/nm	ε_{max}/L·mol^{-1}·cm^{-1}	λ_{max}/nm	ε_{max}/L·mol^{-1}·cm^{-1}
苯	乙烷	204	8800	254	250
	H_2O	203	7000	254	205
甲苯	H_2O	208	7900	262	260
间二甲苯	25%乙醇	212	7300	264	300
对二甲苯	乙醇	216	7600	274	620
1，3，5-三甲苯	乙醇	215	7500	265	220
氯代苯	乙醇	210	7500	257	170
碘代苯	己烷	207	7000	258	610
苯酚	H_2O	211	6200	270	1450
酚盐离子	NaOH 水溶液	236	9400	287	2600
苯胺	H_2O	230	8600	280	1450
苯胺离子	酸性水溶液	203	7500	254	160
苯甲醚	H_2O	217	6400	269	1500

b．助色团取代苯：在助色团取代苯中，由于含有未成键电子对的助色团（—OH、—NH_2、—OR、—NR_2、—X 等）与苯相连时，助色团的 n 电子与苯环形成 p-π 共轭体系，一方面使 E_2 带和 B 带均红移，B 带吸收强度增大，精细结构特征消失，若助色团为强推电子基团，B 带的变化更为显著；另一方面，产生新的谱带 R 带，通常 R 带的 λ_{max} 在 275～330nm 范围内，为低强度吸收带（ε=10～100L·mol^{-1}·cm^{-1}），故常被增强的 B 带所掩盖而观察不到，或偶尔以肩峰的形式出现。

在表 4-9 中，比较典型且重要的例子是苯酚和苯胺，它们的紫外吸收峰位置随 pH 值的变化而改变。在苯胺分子中，与苯比较，氨基的 n 电子由于共轭效应向苯环转移，导致苯胺的 E_2 带和 B 带均红移且强度增加。当苯胺在酸性溶液中转变为铵正离子时，由于氨基的 n 电子与质子结合而不再与苯环的 π 电子共轭，结果这种铵正离子的紫外光谱吸收带的位置和强度变得与苯相似，E_2 带从 230nm 蓝移至 203nm，B 带从 280nm 蓝移至 254nm。苯胺-苯胺离子在酸碱溶液中的相互转化，从而反映在紫外光谱上的变迁，可以用于结构鉴定。

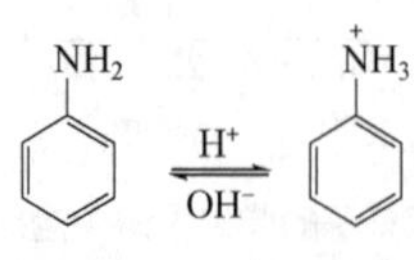

E_2 带 230nm 203nm

B 带 280nm 254nm

同样，苯酚转化为酚氧负离子时，增加了一对可用于共轭的电子对，结果使酚氧负离子的吸收波长和强度都有所增加。当加入盐酸时，吸收峰又回到原处，峰强度也减小至原来的程度。

c. 生色团取代苯：生色团取代苯（见表 4-10）由于延长了 π-π 共轭体系，不仅 B 带明显红移，吸收强度增加，而且体系中还产生了新的谱带即 K 带。这种 K 带通常与 E_2 带合并出现在 E_1 带和 B 带之间。由于 K 带是在苯环上引入生色团产生的，因此不同生色团的 K 带的位置和强度变化各不相同。随着基团的共轭体系延伸，λ_{max} 进一步红移，ε 进一步增加，在一些大共轭体系中，B 带可以被 K 带完全掩盖。

表 4-10　生色团取代苯的特征紫外吸收

化合物	溶剂	λ_{max}/nm（ε_{max}/$L\cdot mol^{-1}\cdot cm^{-1}$）			
		E_1 带	K 带	B 带	R 带
苯	己烷	204（8800）		254（250）	
$C_6H_5CH{=}O$	庚烷	200（28500）	240（13600）	278（1100）	336（25）
$C_6H_5CH{=}CH_2$	己烷		248（15000）	282（740）	
$C_6H_5NO_2$	石油醚	208（9800）	251（9000）	292（1200）	322（150）
C_6H_5COOH	H_2O		230（10000）	270（800）	
$C_6H_5COCH_3$	乙醇		243（13000）	278（1200）	315（55）
$C_6H_5CH{=}CH{-}COOH$					
（*trans*）	己烷	215（35000）	284（56000）		351（100）
（*cis*）	己烷	215（17000）	280（25000）		
$C_6H_5CH{=}CH{-}C_6H_5$					
（*trans*）	己烷	229（16400）	296（29000）		
（*cis*）	乙醇	225（24000）	274（10000）		

若取代基是含有 n 电子的生色团，取代苯的光谱中还会出现低强度的 R 吸收带。由于此种体系的 LUMO 能级很低，使得由 $n\rightarrow\pi^*$ 跃迁引起的 R 吸收带较 B 带红移。例如：苯乙酮的 B 带 λ_{max}=278nm，R 带 λ_{max}=315nm，其吸收强度由于苯环的 π 电子与羰基的 π 电子共轭而增加。在极性溶剂中，R 带有可能被 B 带掩盖。

d.多取代苯：多取代苯的 E_2（K）带的取代基增值经验计算参数见表 4-11。计算时以 E_2 带 λ=203.5nm 为基数，加上各取代基的位移增值，即该苯系物的 E_2（K）带 λ_{max}。对于 *o*-、*m*-取代基的苯系物，计算值与实测值较接近；对 *p*-二取代苯则不能应用。二取代苯的 λ_{max} 与两个取代基的类型和相对位置有关。二取代苯中两个取代基为同种类型定位取代基时，λ_{max} 红移值近似为单取代时 λ_{max} 红移值较大者。二取代苯中两个取代基为不同类型定位取代基时，则取代基的相对位置对 λ_{max} 有影响，两个取代基为邻位或间位时，λ_{max} 的红移值接近两者单取代时的红移值之和；两个取代基为对位时，λ_{max} 的红移值远大于两者单取代时的红移值之和。

表 4-11 取代苯的 E_2（K）带的取代基增值经验计算参数 单位：nm

取代基	位移	取代基	位移	取代基	位移
$—CH_3$	3.0	—CN	20.5	—CHO	46.0
$—COCH_3$	42.0	—COOH	25.5	—Br	6.5
$—NH_2$	26.5	—OH	7.0	—Cl	6.0
$—NHCOCH_3$	38.5	$—O^-$	31.5		
$—NO_2$	65.0	$—OCH_3$	13.5		

② 稠环芳烃：稠环芳烃较苯形成更大的共轭体系，吸收谱带比苯更移向长波方向，吸收强度增大，精细结构更加明显。可分为两类：一类如萘、蒽等为线形排列的分子，对称性较强，一般表现出苯的三个典型谱带。与苯相比，这三个谱带都明显地红移且产生振动精细结构。随着环的增加，吸收谱带可逐渐到达可见区。另一类如菲等为角式排列，也可表现出三个典型的苯环谱带。与苯相比都在长波区，吸收曲线比较复杂。图 4-12 为一些稠环芳烃的吸收光谱。

③ 芳杂环化合物：六元杂环芳香化合物如吡啶，由于 $n \rightarrow \pi^*$ 跃迁可能出现 R 带，常在 B 带的末端呈现弱的肩式峰。由于氮原子的存在，引起分子的对称性变化，对苯为禁阻跃迁的 B 带，对吡啶则为允许跃迁，使其 B 带的强度增加。对于芳杂环化合物，其紫外光谱与相应的稠环芳烃化合物类似。

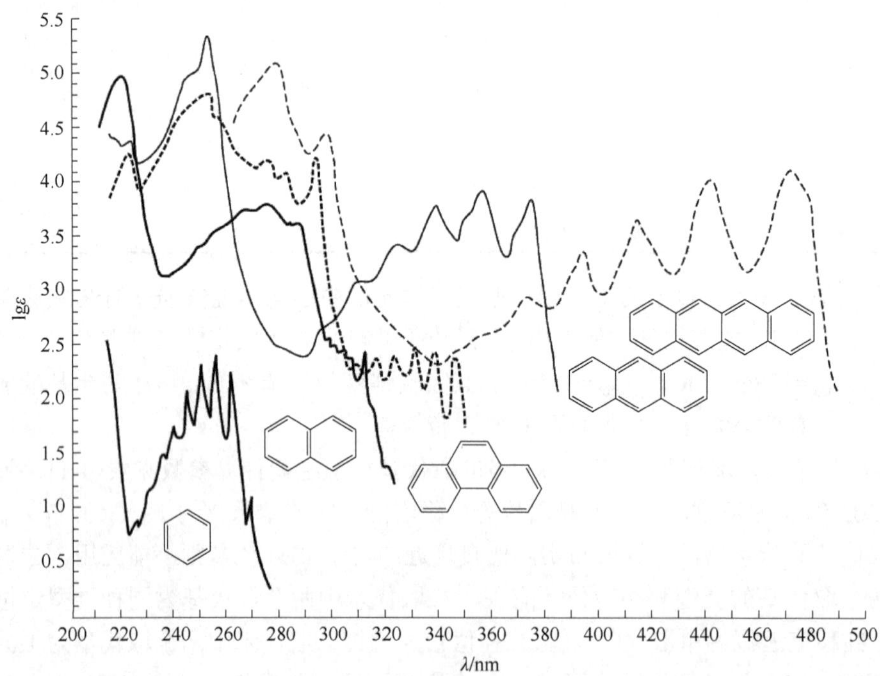

图 4-12 一些稠环芳烃的吸收光谱

表 4-12 中列出了一些芳杂环化合物母体的紫外吸收光谱数据。

表 4-12　芳杂环化合物母体的紫外吸收光谱数据

化合物	λ_{max}/nm	ε_{max}/L·mol^{-1}·cm^{-1}	溶剂
吡啶 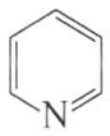	176 198 251 270	70000 6000 2000 450	己烷
吡嗪 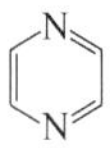	194 260 328	6100 6000 1040	己烷
三嗪 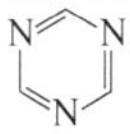	218 272	135 770	己烷
呋喃 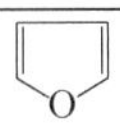	207	9100	环己烷
吡咯 	208	7700	己烷
噻吩 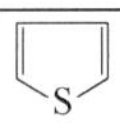	231	76100	环己烷
嘌呤 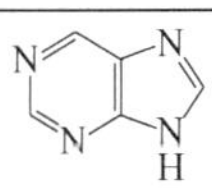	200 263	22000 7000	甲醇
喹啉 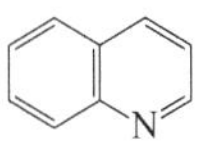	203 226 281 308	43000 34000 3600 3850	甲醇
吖啶 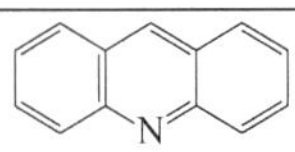	249 351	166000 10000	乙醇

4.3.2　无机化合物的电子光谱

常用的无机化合物电子光谱主要是金属配合物的电子吸收光谱，其生色机理可分为三类：配位体微扰的金属离子的 d-d 电子跃迁和 f-f 电子跃迁（配位体场跃迁）；电荷转移跃迁；金属离子微扰的配位体内电子跃迁。对金属配合物来说，可能是其中一种或几种同时起作用。

4.3.2.1　配位体场跃迁光谱

配位体场吸收带包括 d-d 和 f-f 跃迁产生的吸收带。这两种跃迁必须在配位体的配位场微扰作用下才能发生。配位体场吸收带主要用于配合物结构的研究。

d-d 电子跃迁是由于 d 电子层未填满的第一、第二过渡族金属离子在配位体场作用下，原来相同能量的 d 轨道发生分裂，当入射光波长与 d 轨道裂分后的能级差 ΔE 相当时，d 电子则在两个能级不同的 d 轨道之间跃迁，即发生 d-d 跃迁。这种跃迁产生的吸收带通常位于可见光区，强度较弱。

f-f 电子跃迁是由镧系或锕系元素在配位体场作用下，f 轨道发生分裂，其 4f 或 5f 电子在不同能量的 f 轨道之间跃迁所产生的。

4.3.2.2 电荷转移跃迁光谱

无机化合物的电荷转移跃迁通常发生在配合物中。构成分子的两个组分（金属离子和配位体），一个为电子给予体，另一个则为电子接受体。电荷转移跃迁光谱通常发生在具有 d 电子过渡金属和 π 键共轭的有机分子中，故又称为 d-π 生色团。

电荷转移跃迁光谱可分为三种类型。

（1）从配位体到金属离子的电荷转移　这是最常见的一种类型。配合物中的中心离子是电子接受体，配位体是电子给予体。若中心离子的氧化能力（或配位体的还原能力）越强，或中心离子的还原能力（或配位体的氧化能力）越强，产生电荷转移跃迁所需的能量就越小，吸收波长则红移。例如：$Fe^{3+}—SCN^{-} \xrightarrow{h\nu} Fe^{2+}—SCN$。

电荷转移跃迁吸收带的特点是吸收强度大，$\varepsilon_{max} > 10^4 L \cdot mol^{-1} \cdot cm^{-1}$。故此类跃迁用于定量分析，具有较高的灵敏度。

（2）从金属离子到配位体的电荷转移　发生该类电荷转移的必要条件是金属离子容易被氧化（处于低氧化态）；配位体容易被还原，配位体具有空的反键轨道，可以接受从金属离子转移出来的电子。例如：2,2′-联吡啶、1,10-二氮杂菲及其衍生物，与可氧化性阳离子 Fe（Ⅱ）、V（Ⅱ）、Cu（Ⅰ）结合生成有色配合物。反应过程中电子从定域在金属离子的 d 轨道转移到配位体 N 原子的 π^* 轨道上。

（3）金属-金属间的电荷转移　配合物中含有两种不同氧化态的金属离子时，电子可以在不同氧化态的两种金属离子之间转移。其中，高氧化态金属离子作为电子接受体；低氧化态金属离子作为电子给予体。例如：普鲁士蓝 $KFe^{Ⅲ}[Fe^{Ⅱ}(CN)_6]$，硅钼蓝 $H_8[Si(Mo_2^{Ⅲ}O_5)(Mo_2^{Ⅳ}O_7)_5]$。

4.3.2.3 金属离子微扰的配位体内电子跃迁光谱

金属离子与有机配位体反应生成配合物后，引起的颜色变化主要取决于金属离子与配位体之间成键的性质。若金属离子与配位体是以静电作用力结合的，则金属离子以类似于配位体质子化的方式影响其吸收光谱，通常表现为配合物的吸收光谱红移或蓝移，但吸收光谱的形状和摩尔吸光系数变化不显著。

若金属离子与配位体分子之间是以共价键和配位键结合的，则配位体分子的共轭体系在形成螯合物前后发生显著的变化。金属离子一方面取代了有机分子中的氢离子形成共价键；另一方面又与具有孤对电子的杂原子（如 O、S、N 等）形成配位键。这不仅扩大了分子中的共轭体系，而且改变了原有基团的给电子或吸电子的性质。因此，这类螯合物的形成通常可使吸收峰显著红移，摩尔吸光系数明显提高。

4.3.3 紫外-可见吸收光谱的影响因素

分子立体结构、溶剂的极性、溶液的 pH、温度等因素都可影响紫外-可见吸收光谱，使吸收带红移或蓝移，吸收强度增强或减弱，谱图中精细结构出现或消失。

4.3.3.1 溶剂极性的影响

溶剂的极性可引起吸收谱带形状的变化。在气态或非极性溶剂中，可以观察到孤立分子产生的振动跃迁的精细结构，但在极性溶剂中，由于溶剂与溶质分子的相互作用增强，溶剂分子将溶质分子包围（即溶剂化），使溶质分子的振动和转动受到限制，因而使精细结构变得模糊，以至于完全消失而变成平滑的吸收谱带。例如对称四嗪［结构见图 4-13（b）］在气态、非极性溶剂和极性溶剂中的吸收光谱图［见图 4-13（a）］。

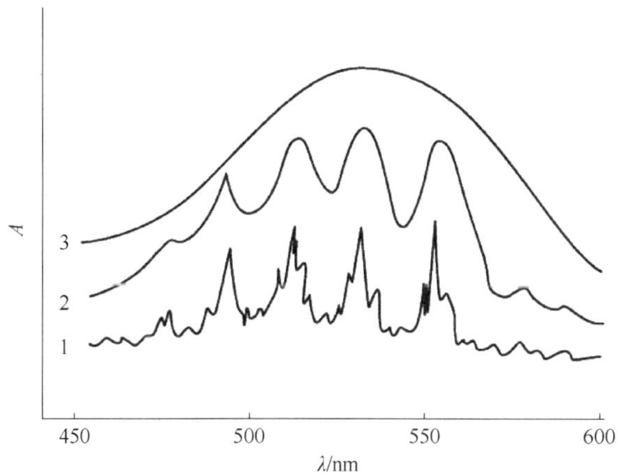

(a) 吸收光谱

(b) 结构

图 4-13 对称四嗪的吸收光谱和结构

1—蒸气状态；2—环己烷中；3—水中

溶剂极性对吸收谱带 λ_{max} 的影响，可因跃迁形式的不同而不同。通常随着溶剂极性增加，$\pi\rightarrow\pi^*$跃迁的吸收谱带向长波方向移动；$n\rightarrow\pi^*$跃迁的吸收谱带则向短波方向移动。在发生 $n\rightarrow\pi^*$跃迁的分子中，由于非键电子 n 的存在，基态极性比激发态大。极性大的基态与溶剂作用强，能量下降较大，而激发态能量下降较小，故基态与激发态之间的能量差 ΔE 比在非极性溶剂中的大，则引起吸收谱带的 λ_{max} 蓝移（图 4-14）；在 $\pi\rightarrow\pi^*$跃迁的分子中，激发态的极性比基态的大，在极性溶剂作用下，激发态的能量降低比基态的大，故使 ΔE 减小，则引起吸收谱带的 λ_{max} 红移（图 4-15）。

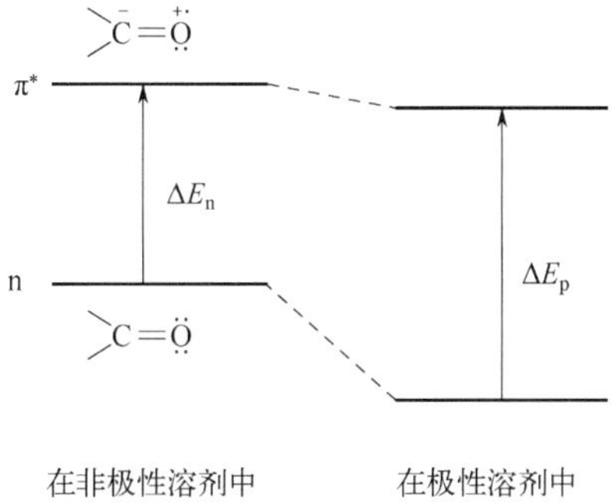

图 4-14 $n\rightarrow\pi^*$跃迁的溶剂效应

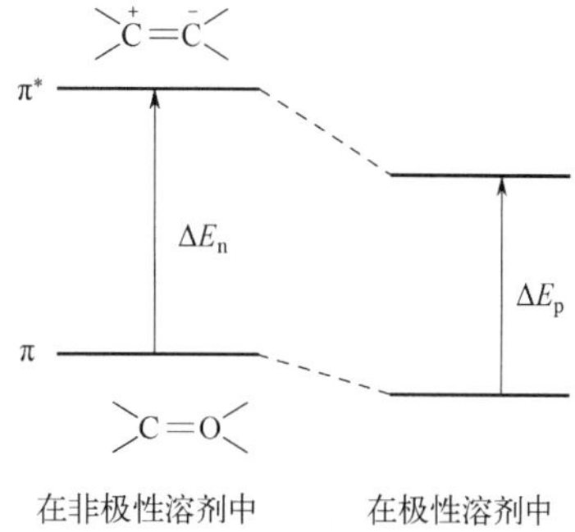

图 4-15 $\pi\rightarrow\pi^*$跃迁的溶剂效应

表 4-13 列出了一些常用溶剂对亚异丙基丙酮 $H_3C-C(CH_3)=CHC(=O)-CH_3$ 紫外吸收光谱的影响，其中水和环己烷对亚异丙基丙酮紫外吸收的影响见图 4-16。

表 4-13　溶剂效应对亚异丙基丙酮紫外吸收的影响

溶剂	π→π*跃迁		n→π*跃迁	
	λ_{max}/nm	ε_{max}/L·mol^{-1}·cm^{-1}	λ_{max}/nm	ε_{max}/L·mol^{-1}·cm^{-1}
环己烷	230	12600	327	60
乙醚	230	12600	326	96
乙醇	237	12600	325	78
甲醇	238	10700	312	74
H_2O	245	10000	305	98

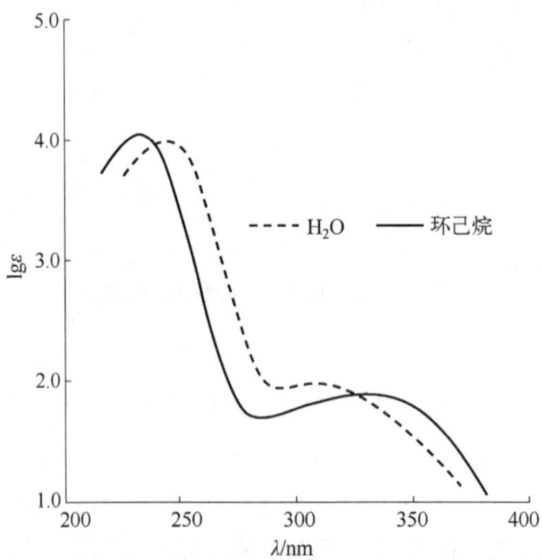

图 4-16　在水或环己烷中亚异丙基丙酮的紫外-可见吸收光谱

【例 4-1】席夫碱 2-(苯亚氨基)-4-苯乙烯基酚（结构见图 4-17）在 THF 和甲醇中都有三个吸收峰。在 THF 中的吸收峰分别为 237nm、276nm 和 308nm；而在甲醇中的吸收峰分别为 226nm、252nm 和 280nm。从图 4-18 可以看出，该化合物在甲醇中的吸收峰比在 THF 中的吸收峰发生了明显的蓝移。这是因为席夫碱的紫外吸收峰是由 n→π*跃迁引起的，极性溶剂分子和溶质可形成氢键，极性溶剂分子的偶极矩使溶质分子的极性增强，因而在极性溶剂中 n→π*跃迁所需能量大，则吸收波长蓝移。因此可知席夫碱具有明显的溶剂效应。

图 4-17　席夫碱结构图

由于溶剂对紫外-可见吸收光谱影响很大，因此在测定紫外-可见吸收光谱时应注明所使用的溶剂。通常烷烃溶剂对 λ_{max} 和 ε_{max} 影响较小，在测定紫外-可见吸收光谱时应尽量采用此类非极性溶剂；在可见光区测量时，可使用无色溶剂。表 4-14 列出了紫外-可见吸收光谱中常用的溶剂。其中截止波长表明当紫外光波长大于截止波长时，该溶剂无吸收，不引起干扰。

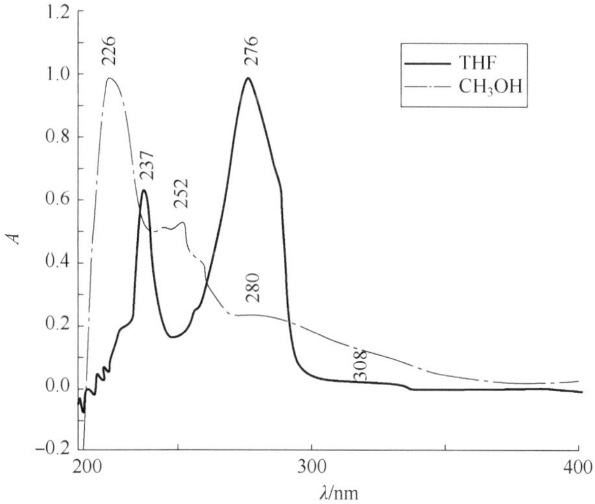

图 4-18　2-(苯亚氨基)-4-苯乙烯基苯酚（席夫碱）在不同溶剂中的紫外-可见吸收光谱

表 4-14　紫外吸收光谱中常用的溶剂

溶剂	截止波长/nm	溶剂	截止波长/nm
十氢萘	200	十二烷	200
己烷	210	环己烷	210
庚烷	210	异辛烷	210
甲基环己烷	210	水	210
乙醇	210	乙醚	210
正丁醇	210	乙腈	210
甲醇	215	异丙醇	215
二氯甲烷	235	1，2-二氯乙烷	235
氯仿	245	甲酸甲酯	260
四氯化碳	265	*N*，*N*-二甲基甲酰胺	270
苯	280	四氯乙烯	290
二甲苯	295	苄腈	300
吡啶	305	丙酮	330
二硫化碳	380	溴仿	335

4.3.3.2　立体结构的影响

（1）位阻效应　在共轭体系中，由于取代基的位阻效应，导致体系中的单键或双键发生一定程度的扭曲，影响到共轭体系的共轭程度，对光谱产生明显的影响。

【例 4-2】联苯的两个苯环容易处于同一平面，易产生共轭，故 λ_{max} 和 ε_{max} 均较大。但在 2，2′-二甲基联苯中，由于甲基的位阻效应使两个苯环不易共平面，其共轭程度降低，谱带蓝移，且强度减弱（见表 4-15）。

表 4-15 邻位取代基对联苯紫外-可见吸收光谱的影响

化合物	λ_{max}/nm	ε_{max}/L·mol^{-1}·cm^{-1}
联苯	249	14500
2-甲基联苯	237	10500
2,2′-二甲基联苯	227	6800

（2）顺反异构　一般情况下，与顺式异构体相比较，反式异构体的 $\pi\rightarrow\pi^*$跃迁谱带处于较长的波长位置，吸收强度较大。例如，反式 1,2-二苯基乙烯为平面型，可产生共轭，而顺式结构由于两个苯环为非平面共轭体系，导致吸收峰的 λ_{max} 蓝移，吸收强度也大为降低。

λ_{max}=295nm　　　　λ_{max}=280nm

ε_{max}=27000L·mol^{-1}·cm^{-1}　　ε_{max}=13500L·mol^{-1}·cm^{-1}

（3）跨环共轭效应　分子中没有直接共轭的两个基团，如果在空间位置上接近，尤其是在环状体系中，分子轨道可以相互重叠而在光谱中显示出类似共轭作用的特性，称为跨环共轭效应。

【例 4-3】 图 4-19 中，化合物 B 中 C═C 双键与 C═O 双键的 π 轨道相互重叠，使 $\pi\rightarrow\pi^*$跃迁谱带红移；但对 $n\rightarrow\pi^*$跃迁影响小。化合物 C 中两个 π 轨道相距较远，不发生 π 轨道间的相互重叠，$\pi\rightarrow\pi^*$跃迁的吸收光谱发生在真空紫外区；而羰基氧原子的 2p 轨道向 C═C 双键的 π 轨道方向伸展，产生 p-π 共轭，与化合物 A 相比较，C 的 $n\text{-}\pi^*$跃迁谱带红移，且吸收强度增加。

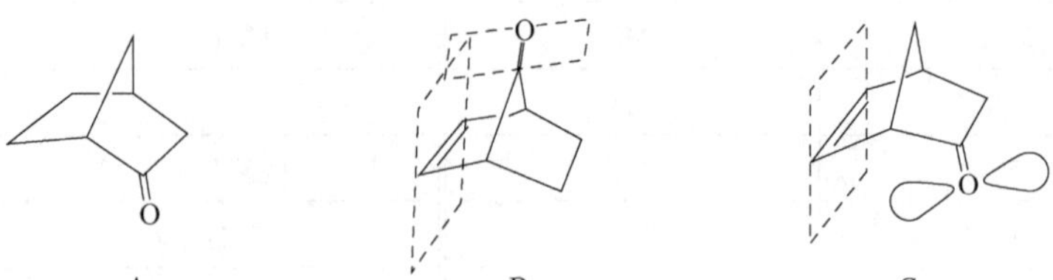

	A	B		C
	$n\rightarrow\pi^*$	$\pi\rightarrow\pi^*$	$n\rightarrow\pi^*$	$n\rightarrow\pi^*$
λ_{max}/nm	287	225	275	300.5
ε_{max}/L·mol^{-1}·cm^{-1}	147	1200	33	292

图 4-19　跨环共轭效应的影响

4.3.3.3 溶液 pH 的影响

溶液 pH 值对紫外-可见吸收光谱的影响既普遍又显著。pH 值的改变可引起分子共轭体系的延长或缩短，或助色团助色能力的改变，从而引起吸收峰位置的变化。烯醇、酚、不饱和酸及苯胺类化合物的紫外-可见吸收光谱受溶液 pH 的影响较大。

【例 4-4】腺嘌呤是生命体中构成 DNA 和 RNA 的几种基本碱基之一，又是辅酶维生素 B_{12} 的重要组成部分。腺嘌呤的结构式为：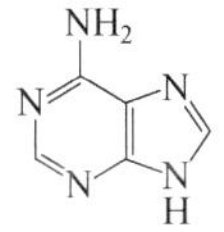

腺嘌呤在水溶液中呈中性，存在两个 pK_a 值 pK_1=4.17，pK_2=9.75。当 pH 值在某一范围内变化时，分别呈现出阴离子型与阳离子型。当溶液 pH 从酸性（pH1.90）过渡到中性（pH7.00），再至碱性（pH11.85），腺嘌呤的紫外-可见吸收光谱中两个吸收峰的波长均明显向长波方向移动（红移）（见图 4-20）。这是由于 pH=11.85 时，主要表现为—NH—去质子的腺嘌呤形式，使得其共轭程度增大，故吸收峰红移；相反在 pH=1.90 时，发生了—NH_2质子化，使得共轭性减弱，因此其吸收峰处在较短波长位置。

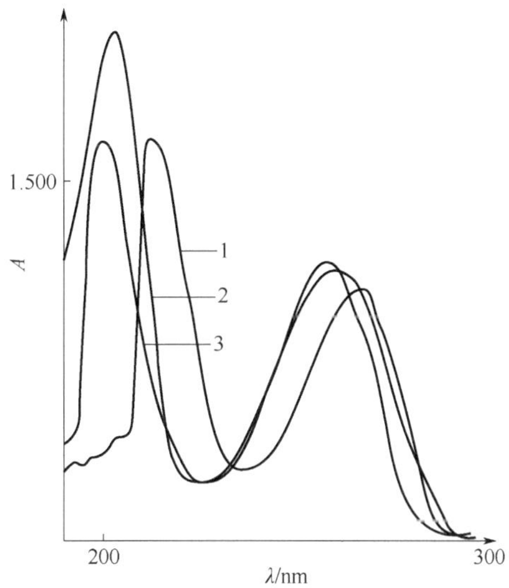

图 4-20　腺嘌呤在不同 pH 溶液中的紫外-可见吸收光谱

1—pH 11.85；2—pH 7.00；3—pH 1.90

4.3.3.4　温度的影响

室温下由于一系列相近的振动能级和转动能级跃迁的存在，得到的是不可分辨的宽带紫外-可见吸收光谱；当温度降低时将减小振动或转动能级跃迁对吸收带的贡献，因此可在某种程度上呈现出单峰式的电子跃迁的紫外-可见吸收光谱。

【例 4-5】在不同温度下，反-1,2-二苯乙烯的紫外-可见吸收光谱呈现不同的形状，见图 4-21。

4.3.4　紫外-可见吸收光谱的应用

紫外-可见吸收光谱反映了分子中价电子跃迁时的能量变化与化合物所含发色团之间的关系，其谱图的特征首先取决于分子中含有的双键数目、共轭情况和几何排列情况；其次取决于分子中的双键与未成键电子的共轭情况以及周围存在的饱和取代基的种类和数目。紫外-可见吸收谱图主要提供了分子内共轭体系的结构信息，至今仍为一种重要的分析鉴定分子结构，特别是共轭结构以及研究化学微环境变化引起结构信息改变的有用手段。

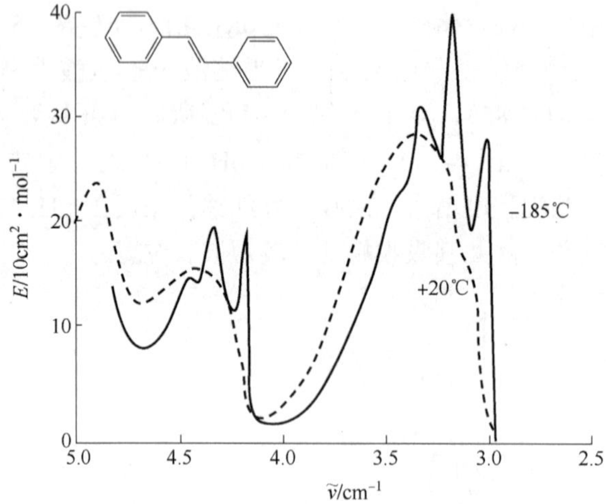

图 4-21 反-1,2-二苯乙烯在不同温度下的紫外-可见吸收光谱

4.3.4.1 化合物的鉴定及鉴别

在相同测定条件下得到样品和标准化合物的谱图，将该样品谱图与标准物的谱图进行比对，若两者的谱图相同，则可初步判断样品与已知标准物具有相同的结构。但需注意：由于紫外-可见吸收光谱通常只有两三个较宽的吸收峰，具有相同生色团但分子结构不一定相同的化合物，也可能产生相同的紫外-可见吸收光谱。如果没有标准化合物，可查找相关手册或检索仪器配置的谱图库，将已知化合物的光谱图和数据与样品进行比对。

由于紫外-可见吸收光谱能够表征物质分子的骨架特征，因此可利用紫外吸收曲线的形状和 λ_{max} 对物质进行鉴别分析。例如中药具有化学成分复杂的特点，对于中药真伪优劣的鉴定除了传统的感官判断外，目前还可利用薄层色谱、紫外-可见吸收光谱等方法，提供相关成分的分子结构及其变化的微观信息。

4.3.4.2 化合物的结构解析

（1）有机化合物的结构解析　由于紫外-可见吸收光谱仅提供分子中的共轭体系和某些基团的结构信息，因此紫外-可见吸收光谱在有机化合物结构解析中的作用与其他光谱方法相比有较大的不同。如果物质组成的变化不影响生色团和助色团，则其吸收光谱就不会受到显著影响。因此，化合物的紫外-可见吸收光谱基本上反映的是分子中生色团以及助色团的特征，而不是整个分子的特性，通常不能仅靠紫外-可见吸收光谱来推断未知有机化合物的结构，这是紫外-可见吸收光谱在应用方面的局限性。但紫外-可见吸收光谱也有其特有的优点，其优点在于灵敏度较高，对于含有 π 键电子以及共轭双键的化合物，在紫外区有强烈的 K 带吸收，其摩尔吸收系数 ε 可达 $10^4 \sim 10^5 L \cdot mol^{-1} \cdot cm^{-1}$。因此，紫外-可见吸收光

谱的 λ_{max} 和 ε_{max} 提供了有价值的定性数据。另外，紫外-可见吸收光谱图提供了化合物的结构骨架及构型、构象情况，利用紫外-可见吸收光谱图可简洁明确地判断光谱曲线与有机分子结构及其环境变化的关系。在有机化合物结构分析中，需要在对紫外-可见吸收光谱解析的基础上，与其他解析技术相互配合才能发挥其独特的作用，才能对分子结构作出可靠的解析。

紫外光谱解析的一般方法如下：

① 若已知分子式，计算不饱和度；或已测得了分子量，有助于估计分子中可能存在的生色团。

② 根据谱带的峰位（λ_{max}）、谱带的形状和强度（ε_{max}），归属可能的电子跃迁类型。

③ 根据谱带的 λ_{max} 和 ε_{max} 值估计分子中的生色团和共轭体系的部分骨架结构。并与 FT-IR、NMR 检测的官能团结构信息相互配合进行分析。将预测 K 带位置的经验规则计算结果与最后推断的结构进行比对，判断所推测的共轭体系结构是否正确。

④ 利用溶剂效应和介质 pH 影响与光谱变化的相关性，可以确定 K 带和 R 带、B 带的归属，对酚羟基、芳香胺、不饱和羧酸、互变异构体等进行识别。

⑤ 若有机化合物（如某些天然产物）的结构复杂，难以准确计算谱带的 λ_{max}，则可利用已知同类化合物的光谱进行对照。如天然产物黄酮类、香豆精类、蒽酮类等都有其光谱特征，故可利用母体光谱推测其衍生物，根据该类型光谱与结构变化规律作出判断。

【例 4-6】 叔醇 A 经浓 H_2SO_4 脱水得到产物 B。

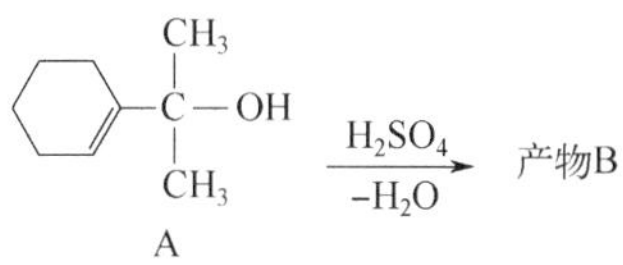

为确定 B 的结构，由紫外-可见吸收光谱测得其 λ_{max}=242nm。已知 B 的分子式为 C_9H_{14}，叔醇失去一分子 H_2O 的途径可有两个：①1,2-位失水得到产物的结构为

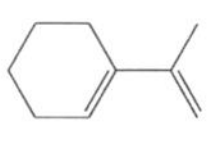

② 1,4-位失水，双键移动得到产物的结构为

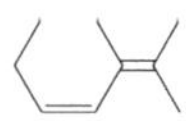

按照表 4-6 经验计算法进行计算：

① λ_{max}=214+3×5=229nm　　② λ_{max}=214+4×5+5=239nm

计算值与实测值比较，故知产物 B 应是 1,4-位失水过程所对应的结构。

（2）配合物的结构解析　采用紫外-可见吸收光谱分析并结合红外光谱、原子吸收光谱等可研究配合物的结构、组成及其配位行为，对配合物的光物理性能、化学催化性能、生化性能等进行表征，为设计高性能的无机/配合物材料提供理论基础。

4.3.4.3 分子间作用力的判断

当分子之间发生相互作用时，必定会对分子的微观结构产生影响，特别是具有共轭结构的分子，其紫外-可见吸收谱图则可显示相应的变化。因此，根据谱图变化的信息可对分子间相互作用的机理、作用部位、作用程度等进行判断和分析。

4.3.4.4 分子/离子的识别分析

分子/离子的识别属于超分子化学研究的热点领域，其识别性质的研究主要用于开发各类化学传感器。在超分子化学领域中，化学传感器是指能够与被分析物质即客体发生相互作用并产生可检测信号的主体化合物。通常是通过合成设计，制备或筛选出具有高选择性识别功能的线形、环状、钳形、爪形等多种形式的主体化合物，并利用紫外-可见吸收光谱、荧光光谱等对其识别特性、识别机理、识别位点等进行考察和研究。

4.3.4.5 在定量分析中的应用

紫外-可见分光光度法的定量测定依据即 Lambert-Beer 定律，实际应用时通常是根据样品在一定条件下，其吸光度与样品浓度成正比的关系，进行定量分析。

如果样品中待测组分的吸收峰不被共存物干扰，或经过样品预处理后已消除了共存干扰物的干扰，则该体系中待测组分的测定即为单组分的测定，进行定量测定时可选用标准对照法、标准曲线法、吸收系数法等方法。

如果要用紫外-可见吸收光谱法直接测定多组分混合物中的某些组分的含量，则需利用吸光度的加和性进行定量分析。例如，混合液中两组分 a 和 b 在特定波长范围内均有吸收，仪器在波长 λ_1 和 λ_2 测得的吸光度为混合液在该两个波长下的总吸光度，与 a 和 b 各自吸光度的关系如下（见图 4-22）。

$$\begin{cases} A_{总}(\lambda_1)=A_a(\lambda_1)+A_b(\lambda_1)=\varepsilon_{\lambda_1}lc_a+\varepsilon_{\lambda_1}lc_b \\ A_{总}(\lambda_2)=A_a(\lambda_2)+A_b(\lambda_2)=\varepsilon_{\lambda_2}lc_a+\varepsilon_{\lambda_2}lc_b \end{cases}$$

利用上式以及两个波长 λ_1 和 λ_2 下混合溶液的总吸光度，即可得到混合液中两个组分 a 和 b 各自的浓度。

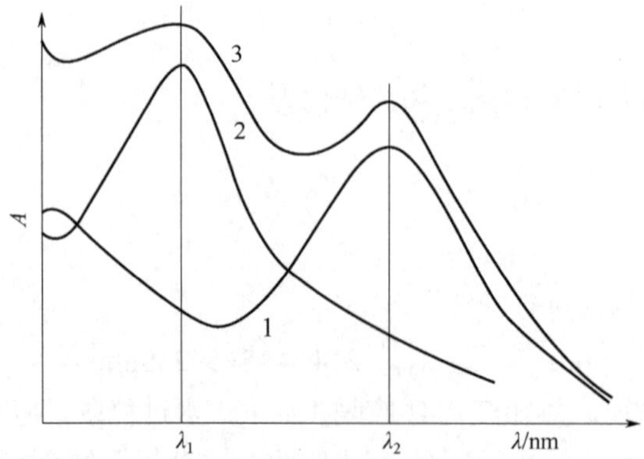

图 4-22 两组分的吸收曲线及其吸光度的加和

（1 和 2：组分 1 和组分 2 单独的吸收曲线；3：两组分混合后的吸收曲线）

对于多组分的定量测定，可采用一些较新的吸光光度分析方法，例如导数吸光光度法、双波长吸光光度法、多波长吸光光度法等。另有一类方法是利用化学计量学，例如多波长线性回归法、最小二乘法、卡尔曼滤波法、因子分析法等。通过对测定数据进行数学处理，即可同时得到所有组分的含量。

思考题

1. 紫外-可见吸收光谱分析仪由哪些部分组成？
2. 为什么紫外-可见吸收光谱峰形比红外以及核磁要宽？
3. 紫外-可见吸收光谱图的峰可能是由哪些电子跃迁形成的？溶剂和温度对紫外吸收的影响是什么？

第5章 红外吸收光谱

通过本章的学习，掌握红外吸收光谱的基本概念、原理。了解红外光谱仪。掌握各类官能团以及化合物的典型吸收带，通过图谱解析，判断化合物光谱图归属。

利用物质分子对红外辐射的吸收，得到与分子结构相对应的红外光谱图，从而来鉴别分子结构的方法，称为红外吸收光谱法（IR）。红外吸收光谱法是物质结构研究、定性鉴定和定量分析中不可缺少的工具。

5.1 概述

5.1.1 红外光区的划分

红外光区在可见光区和微波光区之间，其波数范围为 12800～10cm^{-1}（0.75～1000μm），习惯上又将红外光区分为三个区：近红外光区、中红外光区、远红外光区。

近红外光区（0.75～2.5μm）：该区主要研究 C—H、O—H、N—H 等化学键伸缩振动的泛频吸收。近红外光波长短，具有较强的穿透能力和散射效应，不被玻璃或石英介质所吸收，因而可以透过容器或直接测量液体、固体、半固体和胶状类等不同物态的样品，操作方便，分析速度快，分析成本低，是对环境友好的分析方法。另外，近红外光在光纤中具有良好的传输特性，便于实现在线分析检测和远程监控。目前，近红外光谱因其有别于中红外光谱的独特性和优越性正得到越来越多的重视和应用。

中红外光区（2.5～50μm）：绝大多数有机化合物和无机离子的基频吸收带出现在中红外光区，该区最适于进行红外光谱的定性和定量分析。特别是在 4000～670cm^{-1}（2.5～15μm）范围内的红外光谱最为成熟、简单，并已积累了大量的数据资料，因此它是应用极为广泛的光谱分析方法。中红外光谱的测定从对简单体系有机化合物的定性及结构分析，发展到可以对复杂试样进行定量分析，可以用于表面的显微分析，还可通过衰减全反射、漫反射以及光声测定法等对固体试样进行分析。

远红外光区（50～1000μm）：该区特别适合研究无机化合物，该区的吸收带主要是由气体分子中的纯转动跃迁、振动-转动跃迁、液体和固体中重原子的伸缩振动、某些变角振动、骨架振动以及晶体中的晶格振动所引起的。该区能提供无机固体物质的晶格能及半导体材料的跃迁能量，能方便地研究异构体的结构，还能用于金属有机化合物（包括配合物）、氢键、吸附现象的研究。不过由于该光区能量弱，通常在其他波长区内没有合适的谱带时才用该光区进行分析，实际应用相对较少。

5.1.2　红外吸收光谱图

图 5-1 为丙醇的红外吸收光谱图。在红外谱图中，纵坐标表示谱带的强度，常用透过率（T）或吸光度（A）表示；横坐标表示谱带的位置，常用波长（λ）或波数（$\tilde{\nu}$）来表示。红外吸收光谱分析根据吸收谱带的位置、形状和强度来推断化合物的结构组成或确定其化学基团，进行定性分析；依照吸收谱带的强度来计算化合物的含量，进行定量分析和纯度鉴定。

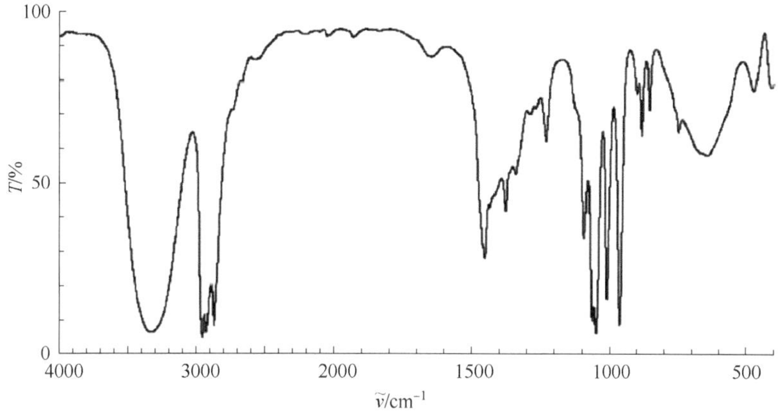

图 5-1　丙醇的红外吸收光谱图

5.1.3　红外吸收光谱法的特点

红外吸收光谱法能分析气体、液体和固体等不同物态的试样，测定速度快、试样用量少、操作简便，它特征性强，应用范围广，几乎所有的有机化合物在红外光区均有吸收，是鉴定化合物和测定分子结构的有效方法，但是分析灵敏度较低、定量分析误差较大。

5.2　红外吸收光谱的基本原理

5.2.1　分子的振动

5.2.1.1　振动频率

大部分分子都是多原子分子，振动形式多样。我们从最简单的双原子分子入手来分析分子的振动，多原子分子可视为双原子分子的集合。

将双原子看成质量为 m_1 与 m_2 的两个小球，把连接它们的化学键看作质量可以忽略的弹簧，那么原子在平衡位置附近的伸缩振动，可以近似看成一个简谐振动，由经典力学的 Hooke 定律导出振动频率：

$$v=\frac{1}{2\pi}\sqrt{\frac{k}{\mu}}$$

式中 v——振动频率；

k——力常数；

μ——折合质量。

5.2.1.2 振动能级

按量子力学的观点，分子的振动是不连续的，振动能级是量子化的，满足下式：

$$E_{振}=\left(V+\frac{1}{2}\right)hv$$

式中 $E_{振}$——分子振动的总能量；

V——振动量子数（V=0，1，2，3…）；

h——普朗克常数；

v——振动频率。

当 V=0 时，分子处于基态，$E_{振}=\frac{1}{2}hv$；

当 $V\neq 0$ 时，分子处于激发态。

任意两个相邻的振动能级，即 ΔV=1 时，能量差相等，均为：

$$\Delta E_{振}=hv=\frac{h}{2\pi}\sqrt{\frac{k}{\mu}}$$

当分子受到特定波长的红外光照射，能量与振动能量差相等时才会产生红外吸收，此时红外吸收频率（用波数 $\tilde{v}$ 表示）为

$$h\frac{c}{\lambda}=hc\tilde{v}=\frac{h}{2\pi}\sqrt{\frac{k}{\mu}}$$

$$\tilde{v}=\frac{1}{2\pi c}\sqrt{\frac{k}{\mu}}$$

当键力常数 k 用 $N\cdot cm^{-1}$ 为单位，μ 用原子的摩尔质量时 $\tilde{v}=1307\sqrt{\frac{k}{\mu}}$。

【例 5-1】 某芳香族有机化合物 C—H 键的伸缩振动出现在红外光谱的 $3030cm^{-1}$ 处，求该 C—H 键的力常数。

解　$\tilde{\nu}=\dfrac{1}{2\pi c}\sqrt{\dfrac{k}{\mu}}$　　$\mu=\dfrac{m_1m_2}{m_1+m_2}$

C—H 的 μ 值：$\mu=\dfrac{12.01\times1.008}{(12.01+1.008)\times6.02\times10^{23}}=1.54\times10^{-24}(\mathrm{g})$

$$k=4\pi^2c^2\mu\tilde{\nu}^2=4\pi^2(3.00\times10^{10})^2\times(1.54\times10^{-24})\times3030^2$$

$$\approx5.03\times10^5(\mathrm{g\cdot s^{-2}})=5.03\ (\mathrm{N\cdot cm^{-1}})$$

或

$$\tilde{\nu}=1307\sqrt{\frac{k}{\mu}}\Rightarrow k=\frac{12.01\times1.008}{12.01+1.008}\times\frac{3030^2}{1307^2}\approx5.03(\mathrm{N\cdot cm^{-1}})$$

根据红外吸收光谱（也叫“红外光谱”）的测量数据，可以计算出各种类型的化学键力常数 k。表 5-1 给出了一些化学键的力常数。一般来说，单键键力常数的平均值约为 $5\mathrm{N\cdot cm^{-1}}$，而双键和三键的键力常数分别大约是此值的 2 倍和 3 倍。化学键的力常数 k 越大，原子折合质量 μ 越小，则化学键的振动频率越高，吸收峰将出现在高波数区；相反，则出现在低波数区。例如，C—C，C═C，C≡C，这三种碳-碳键的原子质量相同，但键力常数的大小顺序是：三键＞双键＞单键，所以在红外光谱中，吸收峰出现的位置不同：C≡C（约 $2222\mathrm{cm^{-1}}$）＞C═C（约 $1667\mathrm{cm^{-1}}$）＞C—C（约 $1429\mathrm{cm^{-1}}$）。又如，C—C、C—N、C—O 键力常数相近，原子折合质量不同，其大小顺序为 C—C＜C—N＜C—O，故这三种键的基频振动峰分别出现在 $1430\mathrm{cm^{-1}}$、$1330\mathrm{cm^{-1}}$ 和 $1280\mathrm{cm^{-1}}$ 左右。

表 5-1　某些化学键的力常数 k

化学键	C—H	N—H	O—H	C—C	C═C	C≡C	C—O	C═O	C≡N
$k/\mathrm{N\cdot cm^{-1}}$	5～6	6～7	7～8	约 5	9～10	15～17	5～6	12～13	16～18

5.2.1.3　基频、倍频、组频、差频和泛频

分子振动的跃迁，只有 $\Delta V=\pm1$ 时，才是允许的跃迁，这种跃迁对应的分子吸收频率称为基频。振动量子数变化大于 1，即 $\Delta V=\pm2$，±3，…的跃迁属于禁阻跃迁，这种跃迁对应的分子吸收频率称为倍频，并分别称为一级泛音、二级泛音……在红外光谱中可以观察到强的基频吸收峰，也可以看到弱的倍频吸收峰。如果分子吸收了一个红外光子，同时激发了基频分别为 ν_1 和 ν_2 的两种跃迁，此时所产生的吸收频率等于上述两种跃迁的吸收频率之和，称为合（组）频；等于两者之差时称为差频。倍频峰、合频峰和差频峰统称为泛频峰。

5.2.1.4　振动形式

一般将分子的振动形式分为两类，即伸缩振动和变形振动。

伸缩振动是化学键两端的原子沿键轴方向做来回周期运动的振动，其特点为振动时键长有变化，键角无变化。可分为对称伸缩振动 ν_s 和不对称伸缩振动 ν_{as} 两类。

变形振动（又称弯曲振动）是使化学键的键角发生周期性变化的振动，可分为面内弯曲振动 β 和面外弯曲振动 g 两类。前者又可分为剪式振动 δ、面内摇摆 ρ；后者又可分为面外摇摆 ω、扭曲振动 τ。

图 5-2 以亚甲基为例，列出了各种振动形式。

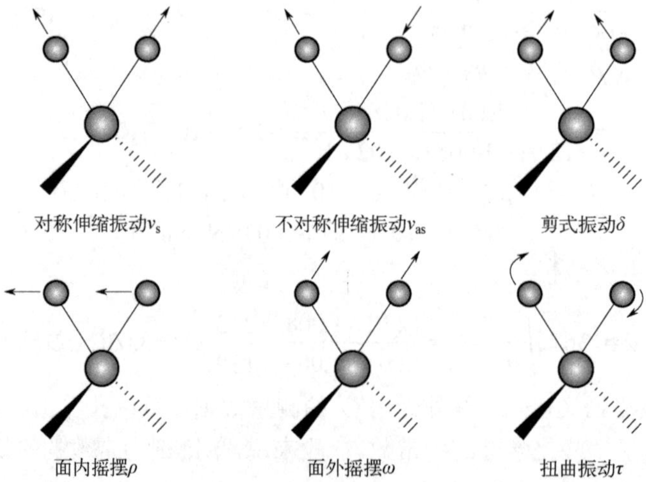

图 5-2 亚甲基的振动模式

5.2.1.5 振动自由度

具有 N 个原子的分子，自由度为 $3N$，其中分子的平动具有 3 个自由度，非线形分子的转动自由度为 3，而线形分子的转动自由度为 2，所以多原子分子的振动自由度为：

$3N-6$ 非线形分子（平动 3、转动 3）；$3N-5$ 线形分子（平动 3、转动 2）

该公式为理论计算的多原子分子的振动自由度，实际测得的红外吸收峰数远小于理论计算值，这是因为：某些振动方式不伴随偶极矩的变化，为非红外活性；频率相同的振动方式发生简并现象；有些振动频率十分接近，仪器不能分辨；吸收强度太弱，无法检测；吸收带落在仪器检测范围外。

【例 5-2】 CO_2 分子的基本振动形式及其红外吸收光谱

CO_2 为线形分子，振动自由度为 $3N-5=3\times3-5=4$，具体振动形式如图 5-3 所示。

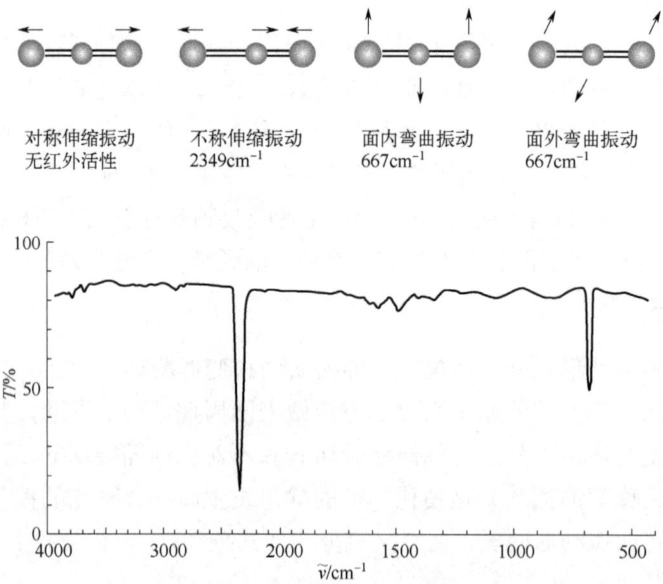

图 5-3 CO_2 分子的振动形式和红外吸收光谱图

由于 CO_2 分子的对称伸缩振动的偶极矩为零，所以没有红外吸收峰产生。另外，面内弯曲振动和面外弯曲振动频率完全相同，谱带重叠在一起，两种振动形式只有一个吸收峰。因此，CO_2 分子虽有四种振动形式，但实际上只在 $667cm^{-1}$ 和 $2349cm^{-1}$ 处出现两个吸收峰。

5.2.2　红外吸收的产生

分子振动必须满足以下两个条件，才能产生红外吸收：

① 照射分子的红外辐射频率与分子某种振动频率相同；

② 分子振动时，必须伴随有瞬时偶极矩的变化。

物质吸收电磁辐射首先是辐射的能量与物质跃迁的能量要一致，当红外辐射具有合适的能量，才能产生振动跃迁。其次，辐射与物质之间要有耦合作用，外界辐射能量才能迁移到分子中去，产生吸收。当分子在振动时引起了偶极矩的变化，就会产生一个稳定的交变电场，这个交变电场与具有相同频率的红外辐射发生相互作用，从而产生红外吸收光谱。可见，并非所有振动都会产生红外吸收。因此，我们把有偶极矩变化且能产生红外吸收谱带的振动称为红外活性的振动，反之，则为非红外活性振动。

5.2.3　吸收峰的强度

影响吸收峰强度的因素主要有以下两个方面。

（1）跃迁概率　振动能级跃迁概率越大，红外吸收峰越强。从基态向第一激发态跃迁时，跃迁概率最大，因此，基频吸收带一般较强。

（2）偶极矩　根据量子理论，红外光谱的强度与分子振动时偶极矩变化的平方成正比。电负性相差越大，分子对称性越差，则偶极矩变化越大，峰越强。例如，$\nu_{C=O}$ 的强度大于 $\nu_{C=C}$ 的强度。不同的振动形式对分子的电荷分布影响不同，所以吸收强度不同。一般地，反对称伸缩振动的吸收峰强度比对称伸缩振动的大，伸缩振动的吸收峰强度比变形振动的大。

红外吸收峰的强度常用 vs（极强）、s（强）、m（中）、w（弱）、vw（极弱）表示。

5.2.4　影响红外吸收谱带位移的因素

影响红外吸收谱带位移的因素很多，有外因，也有内因，主要的影响因素有以下几个方面。

5.2.4.1　电子效应

（1）诱导效应　电负性不同的取代基，通过静电诱导效应，沿键产生作用，引起分子中电子分布的变化，改变了键的力常数，使吸收谱带发生位移。如表 5-2 所示，具有不同电负性取代基团的羰基化合物，其羰基的伸缩振动频率随基团电负性的增强而向高频方向移动。这是因为羰基为极性基团，成键电子云偏向氧原子，当受到电负性强的基团如 Cl、

F 的诱导效应作用时，成键电子云往键的中心偏移，使羰基的双键性增强，力常数增大，吸收频率向高波数方向位移。

表 5-2　元素的电负性对 ν_{C-O} 的影响

R—CO—X	R═X═CH_3	R═CH_3，X═Cl	R═X═Cl	R═Cl，X═F	R═X═F
ν_{C-O}/cm^{-1}	1715	1780	1827	1876	1928

（2）共轭效应　共轭效应会使共轭体系中的电子云密度平均化，双键略有伸长，单键略有缩短。因此，双键的吸收频率向低波数方向位移，单键的吸收频率向高波数方向位移。例如，

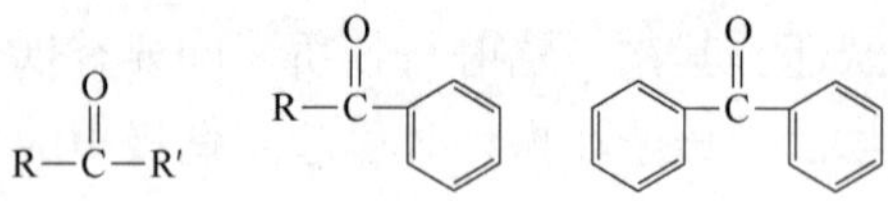

ν_{C-O}　$1715cm^{-1}$　$1690cm^{-1}$　$1660cm^{-1}$

如果在同一化合物中，同时存在诱导效应和共轭效应，此时吸收峰的位移方向由影响较大的电子效应决定，吸收频率向高波数或低波数方向移动。例如，

$1776cm^{-1}$　$1750cm^{-1}$　$1740cm^{-1}$

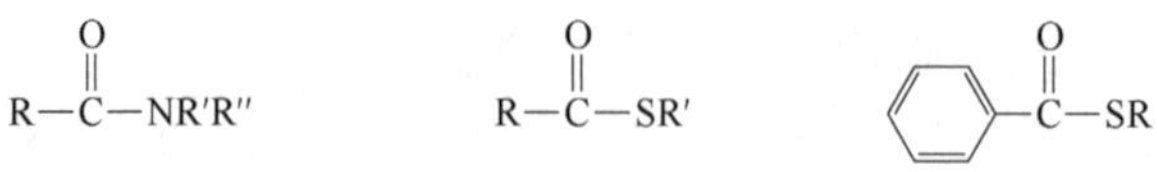

$1680cm^{-1}$　$1690cm^{-1}$　$1665cm^{-1}$

5.2.4.2　空间效应

（1）环张力效应　具有环状结构的分子，环越小，环张力越强，键角改变越大，环内双键被削弱越多，其伸缩振动频率降低越多；环外双键则被增强，其伸缩振动频率升高，峰强度也增强，如图 5-4 所示。

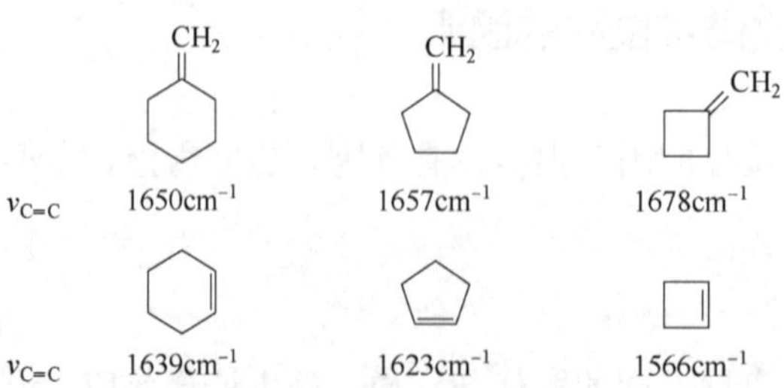

图 5-4　环张力效应

（2）空间位阻　当空间位阻使共轭体系受到影响，双键的共轭受限制且共平面性减弱时，双键吸收峰向高波数方向变化。例如，

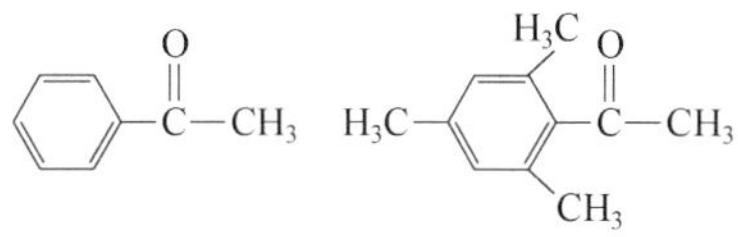

$\nu_{C=O}$ 1680cm^{-1} 1700cm^{-1}

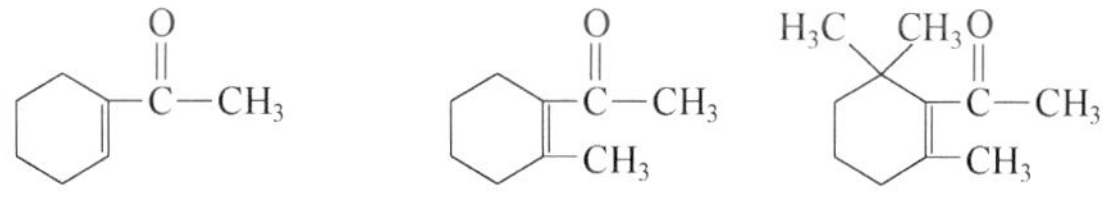

$\nu_{C=O}$ 1663cm^{-1} 1686cm^{-1} 1693cm^{-1}

（3）场效应 通常在立体结构上互相靠近的基团才会发生场效应。场效应不是通过化学键起作用，而是通过空间传递起作用。例如，氯代丙酮存在以下两种不同的构象：

红外光谱观测到氯代丙酮 C═O 的两个基频吸收带，1726cm^{-1} 与 1744cm^{-1}，如图 5-5 所示，这是因为在 C—Cl 与 C═O 空间接近的构象中，同性电荷排斥的场效应使 C═O 极性降低，双键性增强，$\nu_{C=O}$ 向高波数移动。

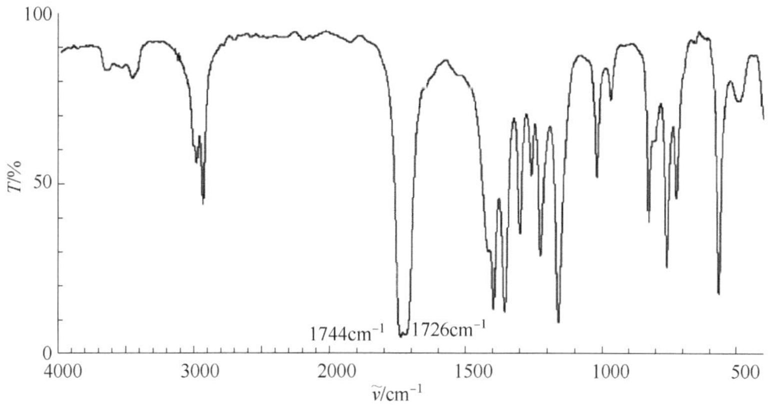

图 5-5 氯代丙酮的红外光谱图

（4）跨环效应 类似于场效应，跨环效应也是一种通过空间发生的电子效应。在有些分子中，虽然双键与其他基团本身不产生共轭，但由于适当的立体排列，特别是成环类的特殊构型，使双键和其他基团产生电子效应，振动频率发生变化。例如，

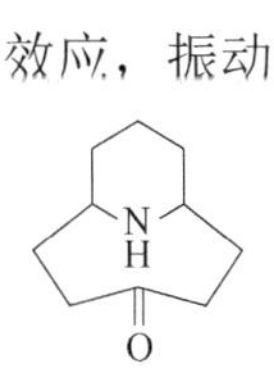

红外光谱测得 $\nu_{C=O}$ 为 1675cm^{-1}，低于正常酮羰基的振动吸收频率，这是因为分子中氨基和羰基空间位置接近，产生 p-π 共轭所致。

5.2.4.3 氢键效应

氢键的形成使化学键 X—H 键长增大，力常数降低，吸收频率向低波数移动。同时，

振动时的偶极矩变化加大，因此，吸收强度增大。

醇、酚中的 O—H，当分子处于游离状态时，其伸缩振动频率为 3640cm^{-1}左右，是中等强度的尖锐吸收峰，当分子处于缔合状态时，其振动频率红移到 3300cm^{-1}附近，谱带增强并加宽。

5.2.4.4　振动偶合

分子中的基团或键的振动并不是孤立进行的。如果同一分子中有两个相同的基团，而且相距很近，一个基团的振动会影响另一基团的振动，引起吸收峰分裂为两个，其中一个峰移向高频，另一个峰移向低频。例如，正构烷烃中 CH_3 的对称弯曲振动频率为 1380cm^{-1}，但当两个甲基连在同一个 C 原子上，形成异丙基时发生振动偶合，则出现 1385cm^{-1} 和 1375cm^{-1} 两个吸收峰，如图 5-6 所示。

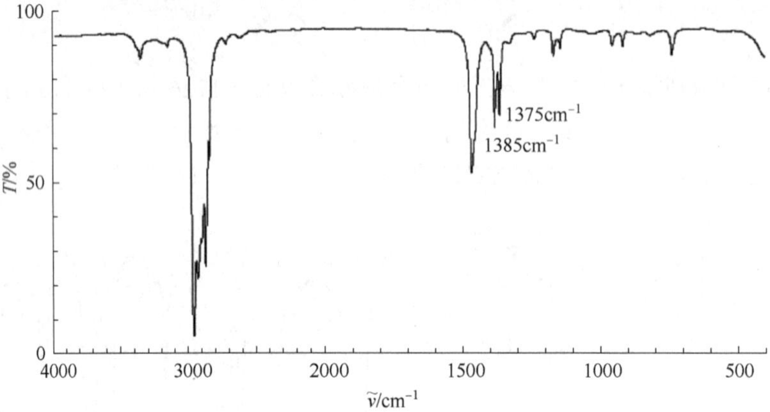

图 5-6　2-甲基戊烷的红外光谱图

当弱的倍频（或组合频）峰位于某强的基频吸收峰附近时，它们的吸收峰强度常常随之增加，或发生谱峰分裂。这种倍频（或组合频）与基频之间的振动耦合，称为费米共振。例如，$CH_3(CH_2)_3OCH{=}CH_2$ 红外光谱图（图 5-7）中，═C—H 变形振动 810cm^{-1} 的倍频（约 1600cm^{-1}）与 C═C 伸缩振动发生费米共振，在 1638cm^{-1} 与 1613cm^{-1} 出现两个强的吸收带。

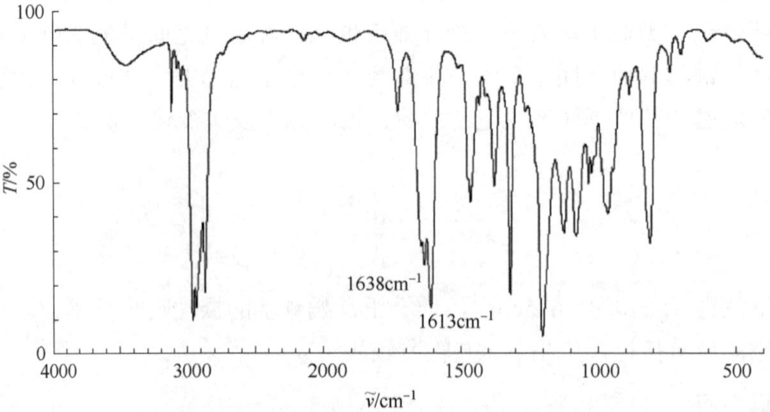

图 5-7　$CH_3(CH_2)_3OCH{=}CH_2$ 红外光谱图

5.2.4.5　外部因素的影响

（1）物质的状态　气态分子间距离大，分子间作用力弱，可观测到分子的振动-转动光谱的精细结构；液态分子间作用较强，有的可形成分子间氢键，使相应谱带向低频位移；固态分子间距离减小而相互作用更强，一些谱带低频位移程度增大。固态分子还可能发生分子振动与晶格振动的耦合，出现某些新的吸收峰。另外，某些弯曲振动和骨架振动之间的相互作用也能使指纹区发生变化，所以固态吸收峰比液态和气态时尖锐且数目增多。硬脂酸的 KBr 压片法和 CCl_4 溶液法制得红外光谱图分别见图 5-8 和图 5-9。

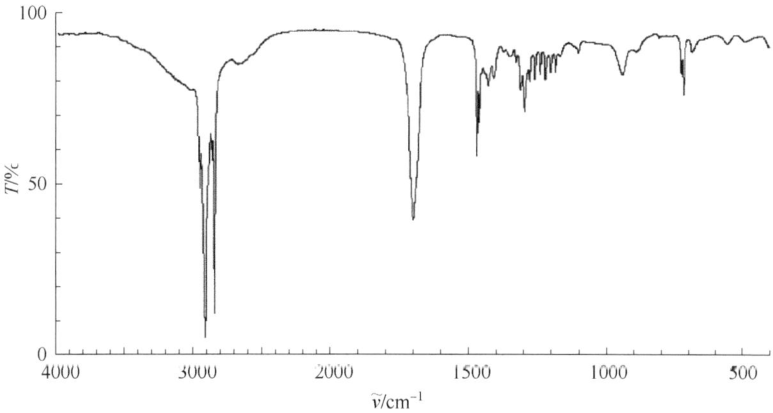

图 5-8　硬脂酸（KBr 压片法）红外光谱图

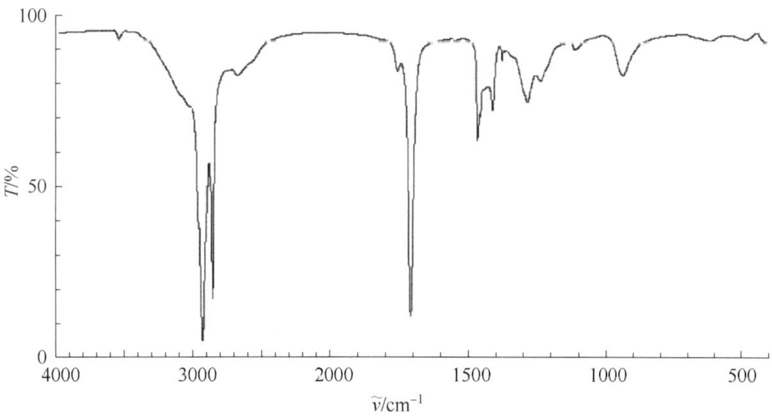

图 5-9　硬脂酸（CCl_4 溶液法）红外光谱图

（2）浓度　溶液浓度对红外光谱的影响主要是对那些易形成分子间氢键的化合物（分子内氢键与溶液的浓度无关）的影响。随着浓度增加，羟基缔合程度增大，ν_{O-H} 吸收谱带向低波数移动，强度增大，谱带变宽。

（3）溶剂　对极性溶剂，溶质分子的极性基团的伸缩振动频率随溶剂极性的增加而向低波数方向移动，并且强度增大。

5.3 红外光谱仪

5.3.1 红外光谱仪的类型

红外光谱仪有三种类型：色散型红外光谱仪，主要用于定性分析；傅里叶变换红外光谱仪，适宜进行定性和定量分析测定；非色散型红外光度计，用来定量测定大气中的有机物质。

5.3.1.1 色散型红外光谱仪

色散型红外光谱仪的基本结构和紫外-可见分光光度计类似，如图 5-10 所示，主要由光源、样品池、单色器、检测器、放大器和记录仪等部件组成。

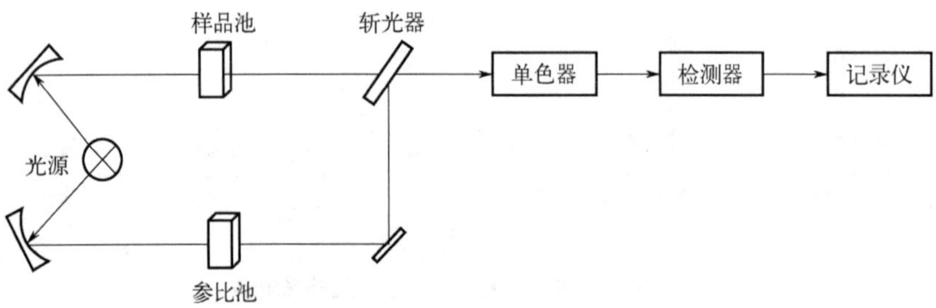

图 5-10 色散型红外光谱仪的结构示意图

大多数色散型红外光谱仪采用双光束，一束为试样光束，另一束为参比光束，可以消除大气中 CO_2 和水蒸气等气体引起的背景吸收。由于红外辐射能量比紫外可见的能量小，不同于紫外-可见分光光度计的是，色散型红外光谱仪将样品池放在光源和单色器之间，这样使试样接收更多光源的照射，还可减少到达检测器来自试样和样品池的杂散光。

5.3.1.2 傅里叶变换红外光谱仪

傅里叶变换红外光谱仪是 20 世纪 70 年代出现的新一代仪器，它由光源、干涉仪、样品池、检测器、计算机和记录仪等部分构成，如图 5-11 所示。它没有色散元件，干涉仪是 FTIR 的核心部分，最常用的是迈克尔逊干涉仪，其由光分束器、固定镜、动镜和动镜驱动结构组成。迈克尔逊干涉仪的作用是将光源发出的光分成两光束后，分别经固定镜和动镜反射后又合并到同一光路，因动镜移动产生不同的光程差，由此发生随时间而变化的干涉现象，每个时间或光程差所对应的光强度都是各波长光干涉的加合，因此干涉图是包含全部频率及其对应强度信息的时域图，经计算机进行傅里叶变换而得到普通的红外光谱图。

5.3.1.3 非色散型红外光度计

非色散型红外光度计结构简单，价格低廉，适于气体或液体被测组分的连续测定。非色散型红外光度计分为滤光型和非滤光型两种。前者用滤光片或滤光器件进行分光，后者则是不用波长选择的简易式红外分析仪。滤光型红外光度计主要用于大气中的某些有机物质，如：卤代烃、光气、氢氰酸、丙烯腈等的定量分析。非滤光型红外光度计可用于单一组分的连续监测，如：气体混合物中的一氧化碳，气体试样中的杂质等的监测。

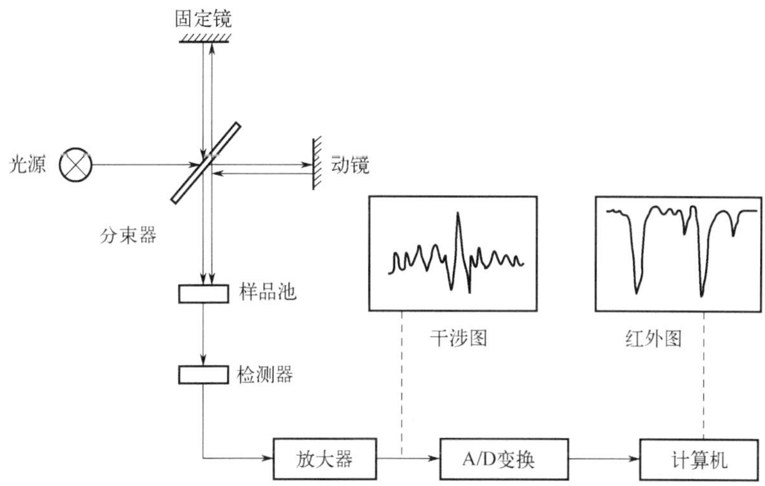

图 5-11　傅里叶变换红外光谱仪的结构示意图

5.3.2　红外光源

作为红外光谱仪的光源，要求能发射出稳定的、高强度的连续红外光，中红外区通常使用能斯特灯和硅碳棒。

能斯特灯是由氧化锆、氧化钇和氧化钍等粉末按一定比例混合压制成棒状，并在高温下烧结而成。硅碳棒是由硅碳砂压制成型后经高温烧结而成，在室温下是一导体。硅碳棒发光面积大，价格便宜，操作方便，波长范围比能斯特灯宽，使用寿命比能斯特灯长。

在 $\lambda>50\mu m$ 的远红外光区，需要采用高压汞灯。在 20000～8000cm^{-1} 的近红外光区通常采用钨丝灯。

5.3.3　检测器

红外光区的检测器一般有两种类型：热检测器和光导检测器。

（1）热检测器　热电偶和辐射热测量计主要用于色散型红外光谱仪中，而热电检测器主要用于中红外傅里叶变换红外光谱仪中。

（2）光导检测器　光导检测器是将一层半导体薄膜沉积到玻璃表面，真空密封后组成。半导体材料可以吸收红外辐射，某些价电子获得能量成为自由电子，半导体的电阻随之降低，同时电流或电压发生改变，由此可以测量辐射的强度。近红外光区使用硫化铅，中红外和远红外光区主要采用汞/镉碲化物作为敏感元件。光导检测器响应性能优于热电检测器，广泛应用于傅里叶变换红外光谱仪以及与气相色谱仪联用的红外光谱仪器中。

5.3.4 傅里叶变换红外光谱仪附件

傅里叶变换红外光谱仪附件（简称“红外附件”）随着红外光谱技术的不断发展而不断地更新换代。红外附件通常由专门的厂商设计、生产，其种类多样。近年来，红外附件在功能和性能方面不断地提升，红外光谱技术也从而得到更加广泛的应用。

目前，常用的红外附件有：衰减全反射（ATR）附件（水平 ATR、可变角 ATR、单次反射 ATR、圆形池 ATR），漫反射附件，镜面反射附件（固定角反射、可变角反射、掠角反射），变温光谱附件，红外显微镜附件，拉曼光谱附件，偏振红外附件，光声光谱附件，高压红外光谱附件，红外光纤附件（中红外光纤、近红外光纤），色红联用模块，热重红外联用模块，发射光谱附件等。

5.3.5 红外吸收光谱分析的制样技术

在进行红外吸收光谱分析时，首先要针对不同状态和性质的试样，采用相应的制备方法，才能适应不同的分析目的和测试仪器，有利于获取高质量的红外光谱图。

（1）气体试样　气体试样通常在两端黏合着盐窗的气体池内进行测定。盐窗的材质一般是氯化钠或溴化钾。进样时，先将气体池抽成真空，然后导入测试气体至所需压力，即可进行测量。

（2）液体试样　液体试样通常在液体池内进行测定。液体池的透光面通常是用 NaCl 或 KBr 等晶体做成。常用的液体池有三种，即厚度一定的密封固定池，垫片可自由改变厚度的可拆池以及可用微调螺丝连续改变厚度的密封可变池。

液体试样还可采用液膜法或溶液法进行测定。

① 液膜法：将 1～2 滴试样直接滴在一块盐片上，使之形成薄薄的液膜，然后盖上另一块盐片，夹紧，放到样品架上进行测定。适用于对高沸点及不易清洗的试样进行定性分析。

② 溶液法：将液体试样溶解在适当的溶剂中，注入固定池中进行测定。较之液膜法，溶液法特别适于定量分析，还能用于低沸点高挥发性样品的测试。

（3）固体试样　可用溶液法、糊状法、压片法、薄膜法、反射法等制备固体试样，其中尤以压片法、糊状法和薄膜法最为常用。

① 压片法是分析固体试样应用最广的方法。把固体试样分散在 400～4000cm^{-1} 光区不产生吸收的碱金属卤化物中，如溴化钾和氯化钠等，压片后进行测定。

② 糊状法是将研细的试样粉末分散在与其折射率相近的液体介质（即糊剂）中进行测定。最常用的分散剂是石蜡油。

③ 薄膜法主要用于高分子化合物的测定，通常将试样热压成膜，或将试样溶解在沸点低易挥发的溶剂中，然后倒在平板上，待溶剂挥发后成膜，直接插入光路即可进行测定。

5.4 基团频率和特征吸收峰

在红外吸收光谱中，某些化学基团虽然处于不同分子中，但它们的吸收频率总是出现在一个较窄的范围内，吸收强度较大，且频率不随分子构型变化而出现较大的改变。这类频率称为基团频率，其所在的位置一般又称为特征吸收峰。

5.4.1 官能团区和指纹区

（1）官能团区　4000～1500cm^{-1}是基团伸缩振动出现的区域，该区的吸收峰数目不多、特征性强，主要用于鉴定官能团。

（2）指纹区　1500～600cm^{-1}是单键振动和变形振动产生的复杂光谱区，当分子结构稍有不同时，该区的吸收就有细微的差异，就像人的指纹因人而异一样，对于区分结构类似的化合物很有帮助。

可以把红外光谱分为若干个区，每个区对应某一类或几类基团的振动频率，如表 5-3 所示。通常将中红外光谱分为四个区：氢键区、三键和累积双键区、双键区、单键区。

表 5-3　中红外光谱的分区

分区	氢键区	三键和累积双键区	双键区	单键区
波数范围	4000～2500cm^{-1}	2500～2000cm^{-1}	2000～1500cm^{-1}	1500～400cm^{-1}
基团及其振动形式	O—H、C—H、N—H 等含氢基团的伸缩振动	C≡C、C≡N、C═C═C、N═C═O 等的伸缩振动	C═O、C═C、C═N、NO_2等双键基团的伸缩振动	C—C、C—O、C—N、C—X 等单键的伸缩振动以及含氢基团的弯曲振动

5.4.2 常见基团频率

5.4.2.1 O—H、N—H 伸缩振动区（3700～3000cm^{-1}）

（1）O—H 伸缩振动（ν_{O-H}）　在气态或低浓度的非极性溶剂溶液中，醇以游离态存在时，ν_{O-H}在 3650～3590cm^{-1}处出现一个尖峰，强度中等。随着浓度的增加，形成氢键缔合，醇以二聚态或多聚态存在，ν_{O-H}向低波数移动，在 3550～3200cm^{-1}处出现强、宽吸收带。酚类和不饱和醇的吸收频率略低于醇类。羧酸通常都以二聚体的形式存在，二聚体羧酸的ν_{O-H}峰位于更低波数，在 3300～2500cm^{-1}范围，中心约为 3000cm^{-1}，谱带很宽。在这个区段，要注意水分子也有吸收，所以样品必须干燥。另外，羰基伸缩振动的倍频在 3500～3400cm^{-1}处出现弱吸收。

（2）N—H 伸缩振动（ν_{N-H}）　N—H 伸缩振动出现在 3500～3150cm^{-1}处，比ν_{O-H}谱带强度弱、峰形尖。伯胺出现两个峰，仲胺只有一峰。

酰胺的游离态只存在于极稀溶液中（ν_{N-H}3500～3400cm^{-1}）。一般以缔合状态存在。与伯胺类似，伯酰胺也出现双峰（约 3350cm^{-1}、约 3150cm^{-1}）。仲酰胺在约 3200cm^{-1} 出现 1 个峰，叔酰胺在此范围内无吸收带。

铵盐中 ν_{N-H} 较胺类 ν_{N-H} 向低波数移动，在 3200～2200cm^{-1} 范围出现强而宽的吸收带。有时，当胺的鉴别难以确认时，可利用形成铵盐使其谱带变宽及大幅低频位移来确认。

5.4.2.2　C—H 伸缩振动区（3300～2700cm^{-1}）

一般饱和烃基的 ν_{C-H} 低于 3000cm^{-1}。烷烃的 ν_{C-H} 位于 3000～2700cm^{-1}，如图 5-12 所示，分辨率较高时可观察到 4 个吸收带：

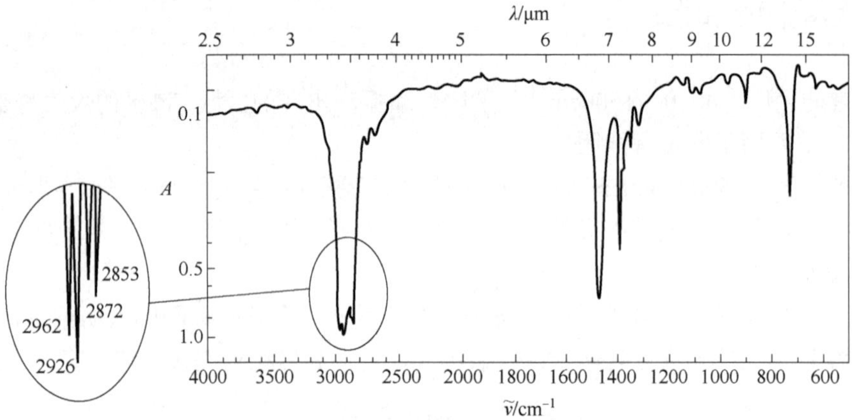

图 5-12　正十二烷烃的红外光谱

—CH_3　约 2960cm^{-1}（ν_{as}），约 2870cm^{-1}（ν_s）

—CH_2—　约 2926cm^{-1}（ν_{as}），约 2850cm^{-1}（ν_s）

次甲基的 ν_{-CH-} 约在 2890cm^{-1} 处，较—CH_3、—CH_2—的谱带强度弱，通常被后者掩盖，特征性不强。

醛基中 ν_{C-H} 约在 2820cm^{-1} 和 2720cm^{-1} 有两个吸收峰，这是由于醛基的 ν_{C-H} 与 δ_{C-H}（约 1390cm^{-1}）的倍频产生费米共振所致。少数醛类化合物，其倍频远离醛基的 ν_{C-H}，不发生费米共振，如三氯乙醛（CCl_3CHO）仅在 2851cm^{-1} 呈现单峰。

不饱和烃的 ν_{C-H} 出现在高于 3000cm^{-1} 处，烯烃的 $\nu_{=C-H}$ 位于 3100～3000cm^{-1}；芳烃 ν_{Ar-H} 出现在约 3030cm^{-1}；炔烃的 $\nu_{\equiv C-H}$ 约为 3300cm^{-1}，该谱带的特点是吸收强度大、谱带尖锐、特征性强。

需要注意的是，仲酰胺、聚酰胺和蛋白质等多在 3100～3050cm^{-1} 范围出现 δ_{N-H} 的倍频带，形状尖锐，强度中等或弱，易与 $\nu_{=C-H}$ 带混淆。

5.4.2.3　C≡C、C≡N 三键及累积双键伸缩振动区（2500～1900cm^{-1}）

主要为三键、累积双键及 B—H、P—H、As—H、Si—H 等键的伸缩振动吸收区。谱带为中等强度吸收或弱吸收。

（1）C≡C 伸缩振动（$\nu_{C\equiv C}$）　炔基的伸缩振动吸收位于 2260～2100cm^{-1}。

RC≡CR′，2260～2190cm^{-1}，强度弱；RC≡CH，2140～2100cm^{-1}，强度中等多炔化

合物的 $\nu_{C\equiv C}$ 谱带数目由于振动偶合而出现多个，例如 1，4-壬二炔的 $\nu_{C\equiv C}$ 在 $2260cm^{-1}$、$2190cm^{-1}$、$2150cm^{-1}$ 有 3 个谱带。

（2）C≡N 伸缩振动（$\nu_{C\equiv N}$）　脂肪族氰基化合物中 $\nu_{C\equiv N}$ 谱带在 $2260\sim2240cm^{-1}$ 范围。C≡N 键极性较 C≡C 键强，其谱带强度也较强。当 C≡N 与苯环或双键共轭，谱带向低波数移动 $20\sim30cm^{-1}$。

（3）重氮盐及累积双键的伸缩振动　重氮盐中重氮基（$—N^+\equiv N$）的伸缩振动在 $2290\sim2240cm^{-1}$ 范围，谱带较强。

累积双键类化合物，如丙二烯类、烯酮类、异氰酸酯类、叠氮化合物等，都有振动偶合谱带。

5.4.2.4　C═O、C═C 伸缩振动区（$1900\sim1500cm^{-1}$）

主要为双键（包括 C═O、C═C、C═N、N═O 等）的伸缩振动吸收区，是红外光谱中很重要的区域。另外，N—H 键的弯曲振动也位于此峰区。

（1）C═O 伸缩振动（$\nu_{C=O}$）　羰基化合物的 $\nu_{C=O}$ 位于 $1900\sim1600cm^{-1}$，吸收强，通常是谱图中的最强峰或次强峰，特征性强。当羰基与苯环或双键共轭时，$\nu_{C=O}$ 向低波数移动 $20\sim30cm^{-1}$。不同类型的羰基化合物 $\nu_{C=O}$ 的吸收频率是：脂肪酮约 $1715cm^{-1}$，环丁酮 $1800\sim1750cm^{-1}$，环戊酮 $1780\sim1700cm^{-1}$，环己酮 $1760\sim1680cm^{-1}$，醛 $\nu_{C=O}$ 约 $1725cm^{-1}$，羧酸 $\nu_{C=O}$ $1730\sim1700cm^{-1}$，酯 $\nu_{C=O}$ $1740\sim1710cm^{-1}$，酰卤 $\nu_{C=O}$ $1800cm^{-1}$，酸酐有两个羰基振动偶合产生两个强度不等的强吸收峰 $\nu_{C=O}$（$1850\sim1800cm^{-1}$ 和 $1780\sim1740cm^{-1}$），酰胺 $\nu_{C=O}$ $1700\sim1680cm^{-1}$。

（2）C═C 伸缩振动（$\nu_{C=C}$）

① 烯烃 $\nu_{C=C}$ 位于 $1680\sim1600cm^{-1}$ 处，吸收峰强度中等或弱。$\nu_{C=C}$ 吸收峰的位置、强度与其分子结构的对称性、共轭效应及张力等因素有关。双键与氧相连时，吸收强度显著增大。共轭烯烃的 $\nu_{C=C}$ 向低波数方向移动，与苯环共轭时，在约 $1625cm^{-1}$ 处；与羰基共轭时，$\nu_{C=C}$ 吸收向低波数移动约 $30cm^{-1}$，强度明显增大。双键处于端位时，$\nu_{C=C}$ 吸收带较强。若双键对称地被取代，峰很弱甚至观察不到，完全取代的 C═C 键振动为非红外活性。

共轭多烯有时发生 C═C 的振动偶合，图 5-13 为异戊二烯的红外光谱图，在 $1600cm^{-1}$ 附近出现两个吸收峰：$1640cm^{-1}$，对称振动耦合，很弱；$1598cm^{-1}$，不对称振动耦合，很强，为共轭二烯特征峰。

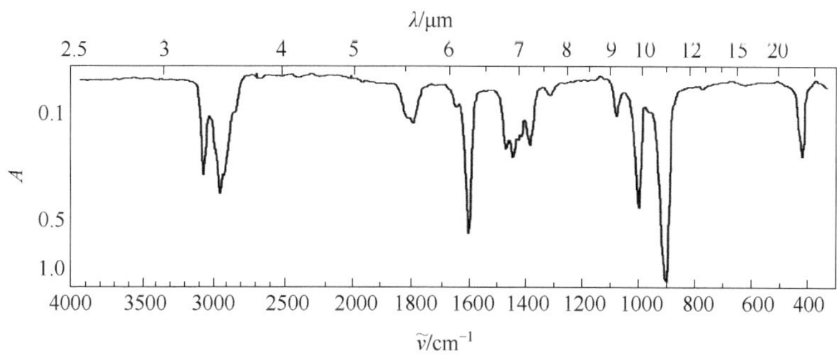

图 5-13　异戊二烯的红外光谱

② 芳环的C═C骨架振动位于1600～1450cm^{-1}范围，出现3条谱带1600cm^{-1}、1500cm^{-1}和1450cm^{-1}。其中，1450cm^{-1}处的谱带因与饱和烃基的C—H弯曲振动重叠，特征性不强。通常1500cm^{-1}的峰最强，1600cm^{-1}处峰较弱。当不饱和取代基或带孤对电子的取代基与苯环共轭时，1600cm^{-1}处明显分裂为1600cm^{-1}和1580cm^{-1}两个峰。苯衍生物的C—H面外和C═C面内变形振动的泛频吸收出现在2000～1650cm^{-1}处，强度很弱，特征性很强，在判断芳环取代类型上非常有用。图5-14为取代苯在2000～1600cm^{-1}的特征吸收。

（3）1900～1500cm^{-1}这个区域还有硝基化合物、亚硝基化合物的$\nu_{N=O}$，含C═N键化合物如肟（R—CH═N—OH）、亚胺（R—CH═N—R）的$\nu_{C=N}$吸收，胺、酰胺化合物N—H键的面内弯曲振动。另外，在此区域还有芳环及烯烃面外弯曲振动的倍频峰出现。

5.4.2.5 $\nu_{C-X(X\neq H)}$单键伸缩振动及各类弯曲振动区（1500～910cm^{-1}）

（1）C—H弯曲振动

① 烷烃：多数有机物含有甲基和亚甲基，甲基的不对称变形振动$\nu_{CH_3}^{as}$在约1460cm^{-1}，亚甲基的剪式振动δ_{CH_2}在约1468cm^{-1}，通常不可区分。甲基的对称变形振动$\nu_{CH_3}^{s}$在约1380cm^{-1}有吸收，特征很强，可用此判断有没有甲基。当有两个或三个甲基连在同一个碳上时，由于振动偶合发生谱峰分裂，如图5-15所示，异丙基—CH(CH$_3$)$_2$在约1385cm^{-1}、约1370cm^{-1}处有强度相近的两峰；叔丁基—C(CH$_3$)$_3$在约1390cm^{-1}、约1365cm^{-1}处有一弱一强的两峰。

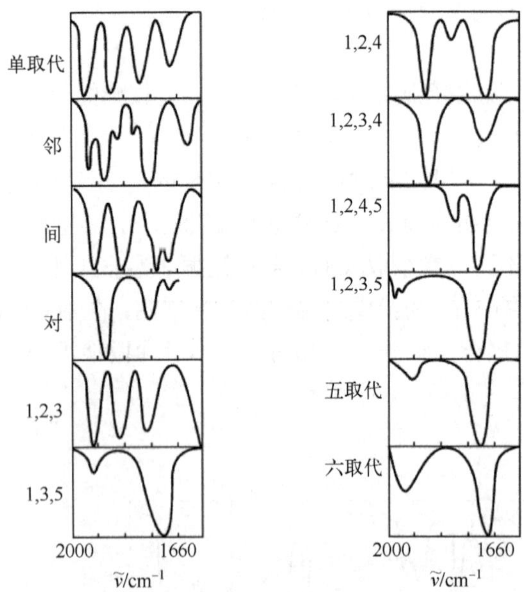

图5-14 取代苯在2000～1660cm^{-1}的特征吸收

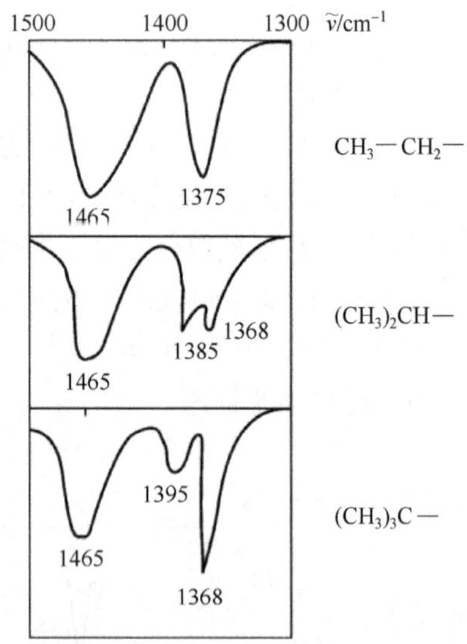

图5-15 异丙基和叔丁基在1380cm^{-1}处的分裂情况

此外，在800～700cm^{-1}还有$\leftarrow$CH$_2\rightarrow_n$平面摇摆振动，弱吸收带，可用于判断n的数目。

n	1	2	3	4
ρ_{CH_2}/cm^{-1}	785～770	743～734	729～726	725～722

当 $n<4$ 时吸收弱，不易被观察到。

② 烯烃：C—H 面内弯曲振动在 1400～1300cm^{-1} 处强度较弱，干扰大，特征性不强。面外弯曲振动位于 1000～670cm^{-1} 的吸收峰强度大，容易识别，可用以鉴别各种取代类型的烯烃。$RCH=CH_2$ 在 990cm^{-1}、910cm^{-1} 出现两个强吸收峰。$R_1R_2C=CH_2$ 在 890cm^{-1} 出现一个强吸收峰。反式 $R^1HC=CHR^2$ 在 730～675cm^{-1} 处出现一个弱而宽的吸收峰。

③ 炔烃：$\delta_{\equiv C-H}$ 在 700～610cm^{-1} 范围出现强度中等或弱的吸收带，其倍频峰在 1370～1220cm^{-1} 出现弱而宽的谱带。

④ 芳烃：C—H 面内弯曲振动位于 1300～1000cm^{-1} 范围，出现多条谱带，因吸收强度弱，受其他谱带干扰。面外弯曲振动位于 900～650cm^{-1} 范围，出现强吸收带，谱带位置及数目与苯环的取代情况有关，利用此范围的吸收带可判断苯环上取代基个数和位置，如表 5-4 所示。芳环 C—H 弯曲振动的倍频出现在 2000～1660cm^{-1}，是一组弱谱带，谱带的形状与苯环的取代情况有关，可辅助判断苯环的取代情况。

表 5-4　各种取代类型的芳环上 C—H 面外弯曲振动的吸收频率

苯环上的取代形式	峰位/cm^{-1}	峰强度
单取代	770～730 710～690	强 强
邻双取代	770～735	特强
间双取代	810～750 725～680	强 中→强
对双取代	860～800	特强
1，2，3-三取代	780～760 745～705	强 强
1，3，5-三取代	865～810 730～675	强 强
1，2，4-三取代	885～870 825～805	强 强
1，2，3，4-四取代	810～800	强
1，2，4，5-四取代	870～855	强
1，2，3，5-四取代	850～840	强
五取代	约 870	强

（2）C—O 伸缩振动（ν_{C-O}）　C—O 键的伸缩振动位于 1300～1000cm^{-1}，通常为强吸收带。

① 醇、酚：C—O 伸缩振动在 1250～1000cm^{-1}，伯醇约 1050cm^{-1}，仲醇约 1100cm^{-1}，叔醇约 1150cm^{-1}，酚约 1200cm^{-1}。

② 醚：C—O—C 伸缩振动位于 1250～1020cm^{-1} 范围。可存在不对称伸缩振动 ν_{C-O-C}^{as} 1250～1210cm^{-1} 和对称伸缩振动 ν_{C-O-C}^{s} 1075～1020cm^{-1}。

③ 酯：C—O—C 伸缩振动位于 1300～1050cm^{-1} 出现 2 条谱带。对应于 ν^{as}_{C-O-C} 和 ν^{s}_{C-O-C}，均为较强吸收带，通常两吸收带波数之差为 170cm～130^{-1}。

④ 酸酐：酸酐分子中 C—O—C 伸缩振动吸收带强而宽，线形酸酐的 ν_{C-O-C} 在 1170～1050cm^{-1}，环状酸酐的 ν_{C-O-C} 在 950～890cm^{-1} 出现强吸收。

（3）其他

① C—C：C—C 伸缩振动一般很弱，很少用于结构鉴定。酮类化合物在 1300～1100cm^{-1} 出现一条或几条 ν_{C-C} 谱带，可辅助判断分子中有无酮基。

② C—N：C—N 伸缩振动位于 1350～1100cm^{-1}，强度较 C—O 伸缩振动弱，比 C—C 伸缩振动强。但硝基苯中由于强吸电子基的影响，ν_{C-N} 向低波数移动显著，吸收强度增大。

③ —NO$_2$：$\nu^{as}_{NO_2}$ 在 1600～1500cm^{-1}，$\nu^{s}_{NO_2}$ 在 1400～1300cm^{-1}。

碳卤键	C—F	C—Cl	C—Br	C—I
ν_{C-X}/cm^{-1}	1400～1000	800～600	600～500	约 500

5.5 典型有机化合物的红外吸收光谱

5.5.1 烷烃

（1）—CH$_3$ 正己烷的红外光谱见图 5-16。

对称、不对称伸缩振动：2870cm^{-1}、2960cm^{-1} 附近；对称变形振动：1380cm^{-1} 附近；有异丙基 1380cm^{-1} 分裂为 1385cm^{-1} 与 1375cm^{-1}（两强度相似）；有叔丁基 1380cm^{-1} 分裂为 1395cm^{-1} 及 1370cm^{-1}（两强度不等）。

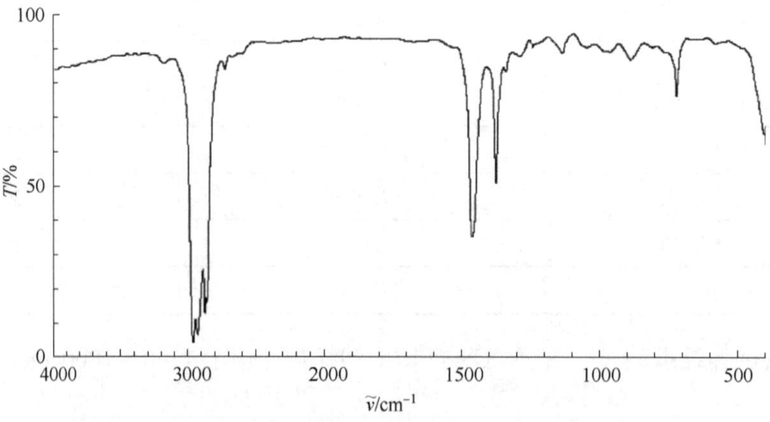

图 5-16 正己烷的红外光谱

（2）—CH$_2$— 不对称、对称伸缩振动：2925cm^{-1}、2850cm^{-1} 附近；剪式振动：1480～1440cm^{-1}，强度中等；$\text{—}(CH_2)_n\text{—}$ $n\geqslant4$，面内摇摆：722cm^{-1}。

5.5.2 烯烃和炔烃

（1）烯烃 1-己烯的红外光谱见图5-17。

═C—H 伸缩振动：3100～3000cm^{-1}，峰尖锐，强度中等；C═C 伸缩振动：1680～1620cm^{-1}，共轭时移向低频约 20cm^{-1}；═C—H 面外弯曲：1000～650cm^{-1}；—CH═CH_2 面外弯曲：990cm^{-1}，910cm^{-1}，两条很强谱带。

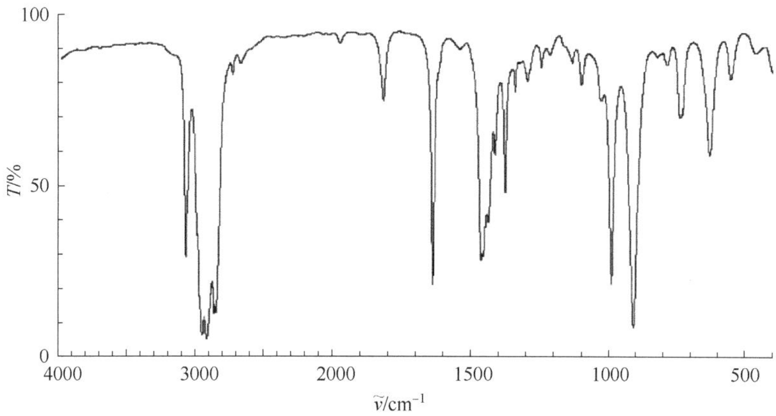

图5-17 1-己烯的红外光谱

（2）炔烃 1-己炔的红外光谱见图5-18。

① ≡C—H 伸缩振动，3310～3300cm^{-1}；弯曲振动，642～615cm^{-1}之间。

② C≡C 伸缩振动，2140～2100cm^{-1}（末端）；2260～2190cm^{-1}（中间）。

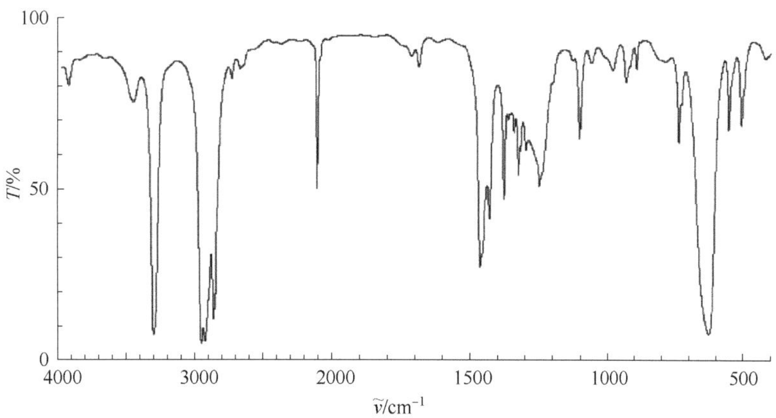

图5-18 1-己炔的红外光谱

5.5.3 芳烃

邻二甲苯的红外光谱见图5-19。

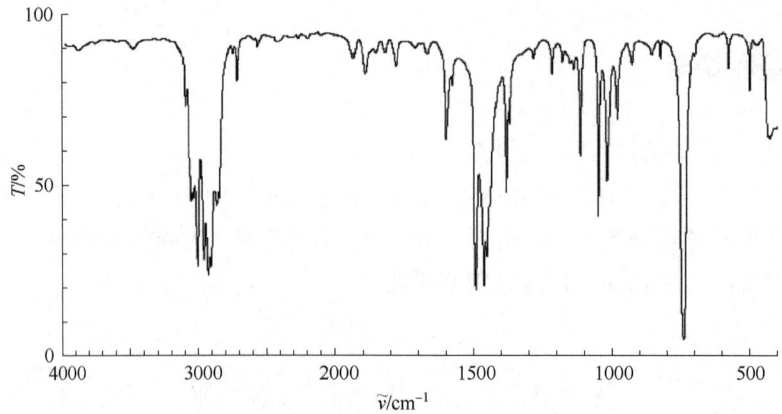

图 5-19　邻二甲苯的红外光谱

芳环上的═C—H，伸缩振动在 3100～3000cm^{-1}之间有三条吸收带；芳环的骨架 C═C，伸缩振动，1600cm^{-1}、1500cm^{-1}及 1450cm^{-1}附近有三条吸收带，特别是前两个带，是芳环的最重要特征带；芳环与其他不饱和体系发生共轭时，1600cm^{-1}带往往分裂成 1600cm^{-1}及 1580cm^{-1}两条吸收带。芳环上═C—H 面外弯曲振动 900～650cm^{-1}，随相邻芳氢数的增加移向低频。单取代：2 条吸收带，740cm^{-1}、690cm^{-1}；邻二取代：1 条吸收带，740cm^{-1}；间二取代：3 条吸收带，860cm^{-1}、780cm^{-1}、710cm^{-1}；对二取代：1 条吸收带，800cm^{-1}。

5.5.4　醇和酚

醇、酚呈液态或固态时，由于分子间形成氢键而缔合。

（1）O—H 伸缩振动　3550～3200cm^{-1}之间，强而宽（缔合体越多，吸收带越向低频移动）；

（2）O—H 面外弯曲　750～650cm^{-1}之间，带很宽；

（3）C—O 伸缩振动　1260～1000cm^{-1}之间，强度大（从伯醇、仲醇和叔醇，吸收带向高频移动，分别在 1050cm^{-1}、1120cm^{-1}、1190cm^{-1}附近）。

异丙醇和邻甲酚的红外光谱见图 5-20 和图 5-21。

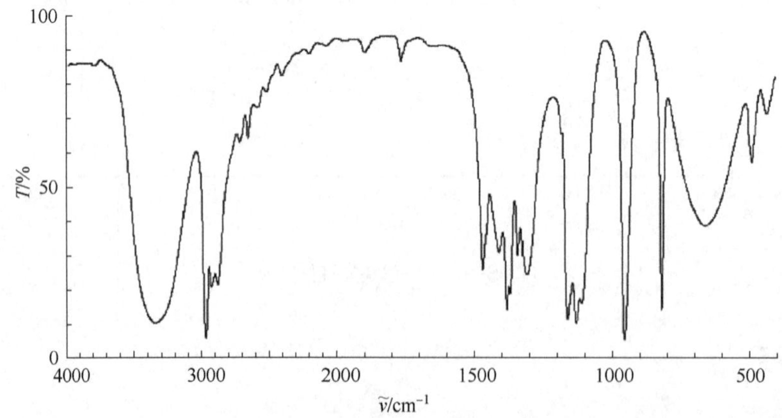

图 5-20　异丙醇的红外光谱

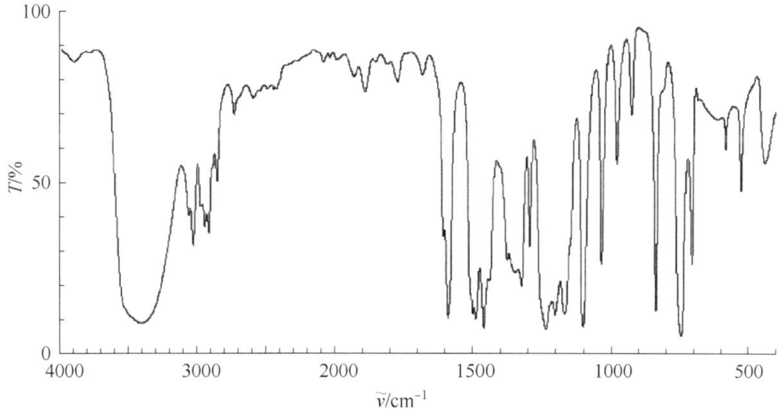

图 5-21 邻甲酚的红外光谱

5.5.5 醚

（1）C—O—C（饱和）伸缩振动　强 1125cm^{-1}（不对称）和弱 940cm^{-1}（对称），α-碳上有侧链，1170～1070cm^{-1} 双带；

（2）芳基烷基醚　1280～1220cm^{-1} 及 1100～1050cm^{-1} 两条强吸收带。

乙醚和苯甲醚的红外光谱见图 5-22 和图 5-23。

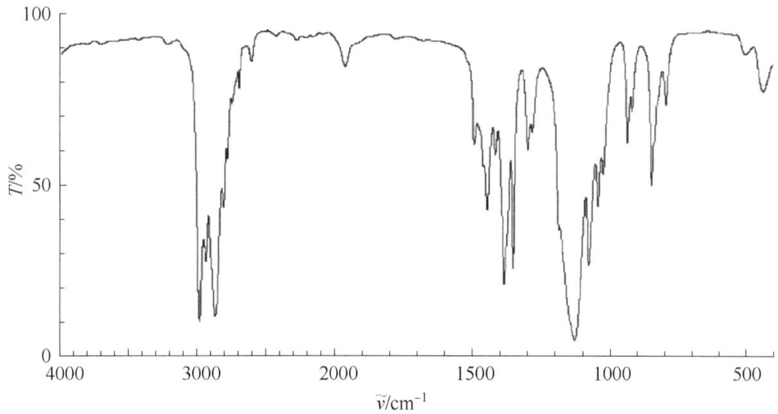

图 5-22 乙醚的红外光谱

5.5.6 酮和醛

（1）酮　丁酮的红外光谱见图 5-24。

C═O：伸缩振动（饱和），1715cm^{-1}；芳酮向低频移动约 20cm^{-1}；α，β-不饱和酮向低频移动约 40cm^{-1}。

（2）醛　丙醛的红外光谱见图 5-25。

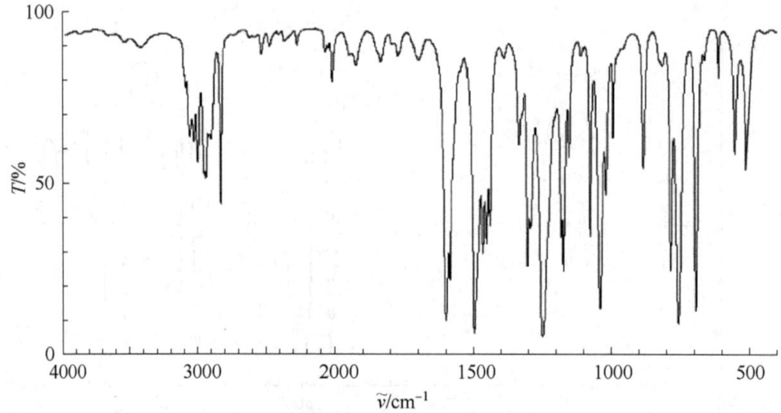

图 5-23　苯甲醚的红外光谱

C═O：伸缩振动，1740～1720cm^{-1}；醛类在 2830cm^{-1} 和 2720cm^{-1} 附近有两条 C—H 伸缩振动的吸收带，可与其他羰基化合物区分开来。

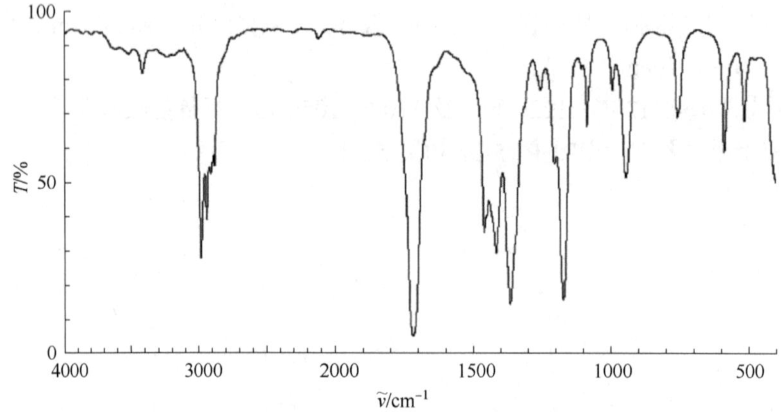

图 5-24　丁酮的红外光谱

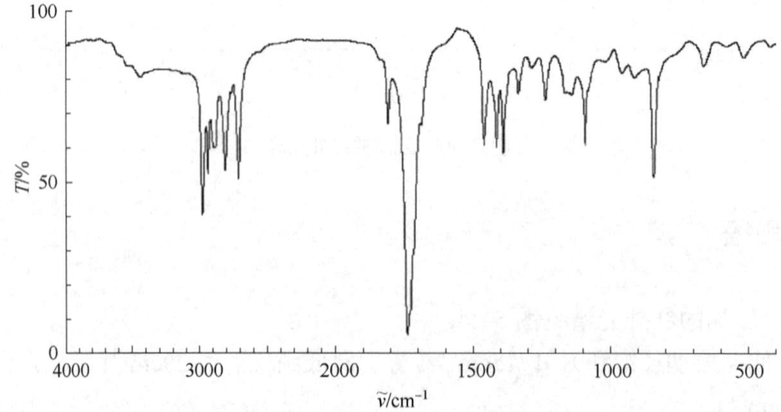

图 5-25　丙醛的红外光谱

5.5.7　酸和酯

（1）羧酸　丙酸的红外光谱见图 5-26。

O—H 伸缩振动：3000cm^{-1}附近，强而宽；C═O 伸缩振动：1720cm^{-1}附近；C—O 伸缩振动：1440～1395cm^{-1}强带；O—H 面内弯曲：1320～1210cm^{-1}强带；O—H 面外弯曲：955～915cm^{-1}强带。

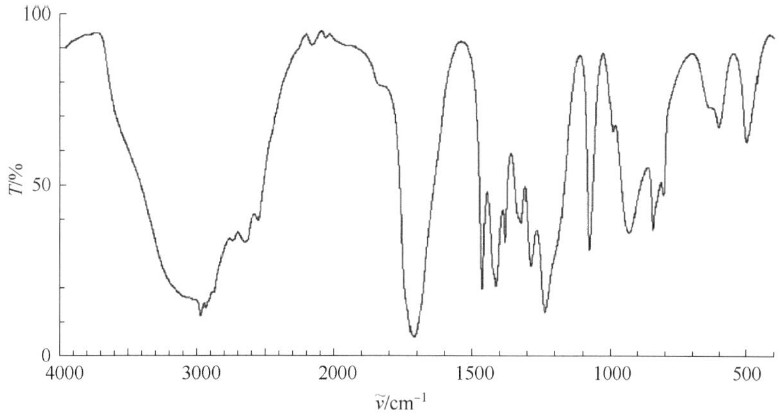

图 5-26　丙酸的红外光谱

（2）酯　乙酸乙酯的红外光谱见图 5-27。

C═O 伸缩振动：1740cm^{-1}附近；α，β-不饱和酸酯向低频移动约 20cm^{-1}；酯的 C—O—C 不对称伸缩振动和对称伸缩振动在 1300～1000cm^{-1}有两条强吸收带，前者为强而宽的峰，后者峰形相对较窄，强度较小。

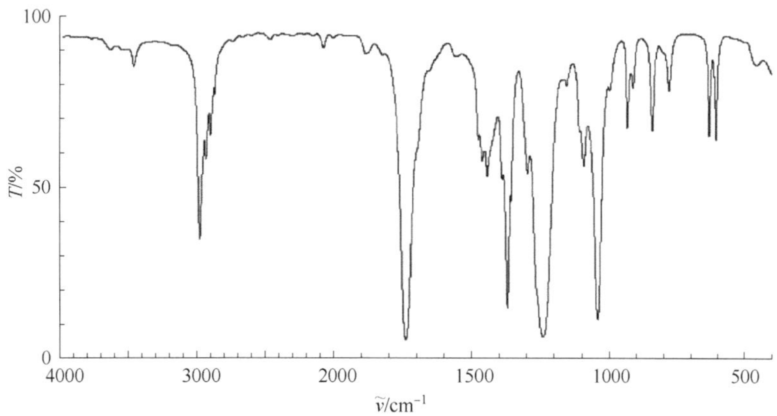

图 5-27　乙酸乙酯的红外光谱

5.5.8　含氮化合物

（1）胺类　苯胺的红外光谱见图 5-28。芳香胺的吸收峰强度大于脂肪胺。

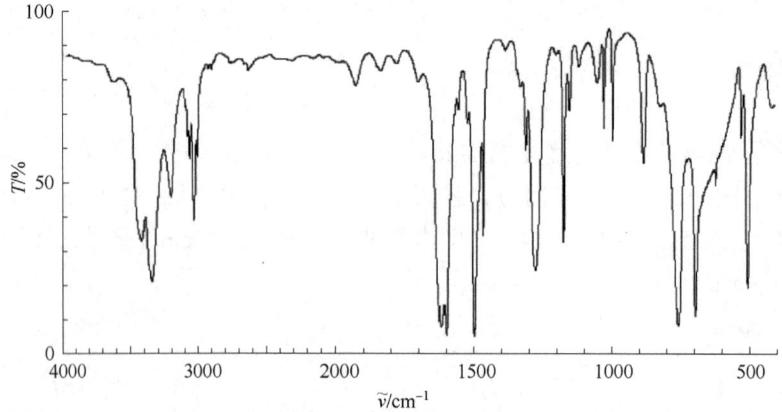

图 5-28 苯胺的红外光谱

① 伯胺 N—H：不对称、对称伸缩，3500～3300cm^{-1}双峰，中强；面内弯曲，1640～1600cm^{-1}，较宽较强。

② 仲胺 N—H：伸缩振动，约 3400cm^{-1}；面内弯曲，1640～1600cm^{-1}较弱。

（2）酰胺类 苯酰胺的红外光谱见图 5-29。

① N—H：伸缩振动，3350cm^{-1}、3200cm^{-1}双峰，中强（伯酰胺），约 3400cm^{-1}（仲酰胺）。

② C═O：伸缩振动，1690～1650cm^{-1}强，尖（酰胺Ⅰ带）；面外弯曲，850～750cm^{-1}（伯酰胺），750～650cm^{-1}（仲酰胺）。

③ N—H：面内弯曲，中强，约 1600cm^{-1}（伯酰胺），约 1550cm^{-1}（仲酰胺）（酰胺Ⅱ带）。

④ C—N：伸缩振动，中强，约 1400cm^{-1}（伯酰胺），约 1300cm^{-1}（仲酰胺）（酰胺Ⅲ带）。

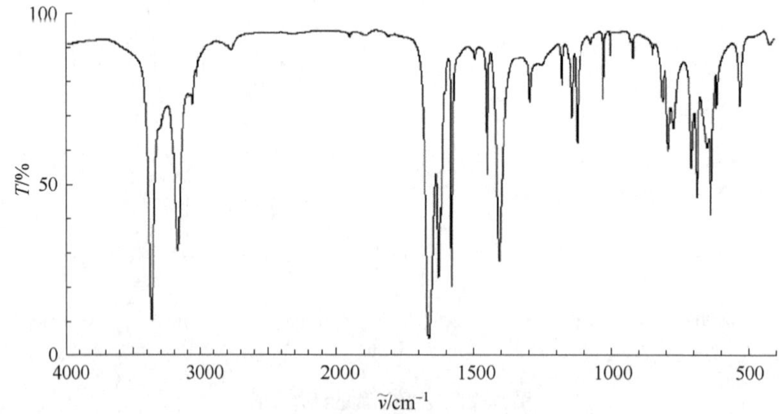

图 5-29 苯酰胺的红外光谱

（3）硝基化合物 硝基苯的红外光谱见图 5-30。

$\nu_{NO_2}^{as}$ 1590～1500cm^{-1}，强；$\nu_{NO_2}^{s}$ 1390～1330cm^{-1}，强。

（4）腈类化合物　正丁腈的红外光谱见图 5-31。

$v_{C \equiv N}$　2260～2215cm^{-1}，中强，尖。

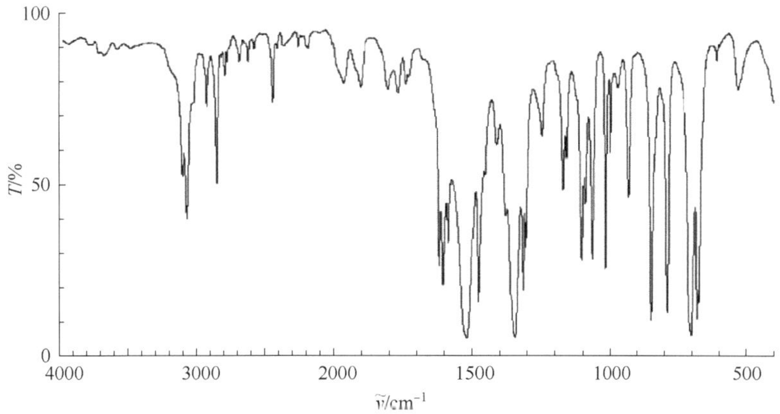

图 5-30　硝基苯的红外光谱

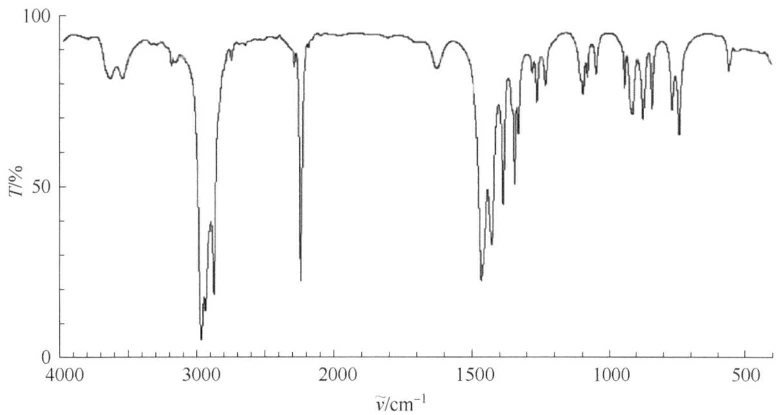

图 5-31　正丁腈的红外光谱

5.5.9　有机卤化物

2-溴丙烷的红外光谱见图 5-32。卤素的原子量比较大，C—X 的伸缩振动出现在较低波数范围，吸收峰强度大。在 1300～1100cm^{-1} 之间出现 C—C 伸缩振动强吸收峰。

① C—F：伸缩振动，1400～1000cm^{-1}，强带；

② C—Cl：伸缩振动，800～600cm^{-1}，强带；

③ C—Br：伸缩振动，660～500cm^{-1}，强带；

④ C—I：伸缩振动，约 500cm^{-1}，强带。

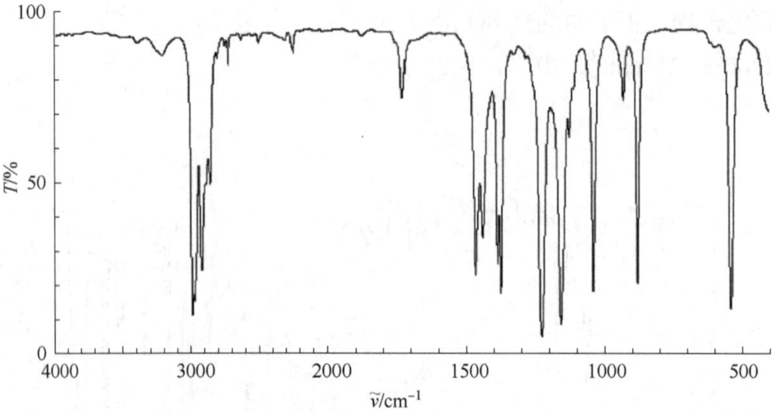

图 5-32　2-溴丙烷的红外光谱

5.5.10　有机硫、磷化合物

（1）含硫化合物　二甲亚砜的红外光谱见图 5-33。

① S—H，S—C，S—S 吸收很弱。

② C═S：伸缩振动，1200～1050cm^{-1}，强带。

③ S═O：伸缩振动，1060～1040cm^{-1}，强带（亚砜）；约 1090cm^{-1}，强带（亚磺酸）；1135～1125cm^{-1}，强带（亚磺酸酯）；1440～1350cm^{-1}，强带（亚硫酸酯 S═O 不对称伸缩振动）；1230～1150cm^{-1}，强带（亚硫酸酯 S═O 对称伸缩振动）。

④ S—O：伸缩振动，900～700cm^{-1}，强带。

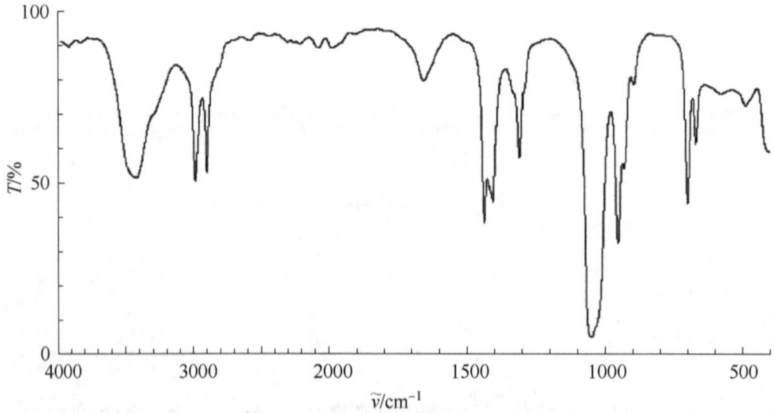

图 5-33　二甲亚砜的红外光谱

（2）含磷化合物　敌敌畏的红外光谱见图 5-34。

① P—H：伸缩振动，2425～2325cm^{-1}，中等强度，尖峰；②P═O：伸缩振动，1350～1140cm^{-1}，强带；③P—O：伸缩振动，1050～1030cm^{-1}，强带；④O—H（有机磷酸）：伸缩振动，2700～2500cm^{-1}，中等强度，宽峰。

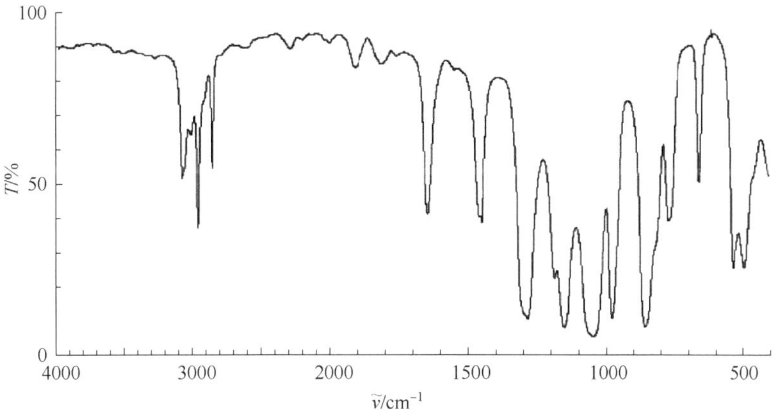

图5-34 敌敌畏[*O*，*O*-二甲基-*O*-（2，2-二氯乙烯基）磷酸酯]的红外光谱

5.5.11 杂环化合物

（1）吡啶 吡啶的红外光谱见图5-35。

① C—H：伸缩振动，3075cm^{-1}、3030cm^{-1}附近，强，尖峰；

② C—C：伸缩振动，1600cm^{-1}、1500cm^{-1}附近，中等强度，尖峰。

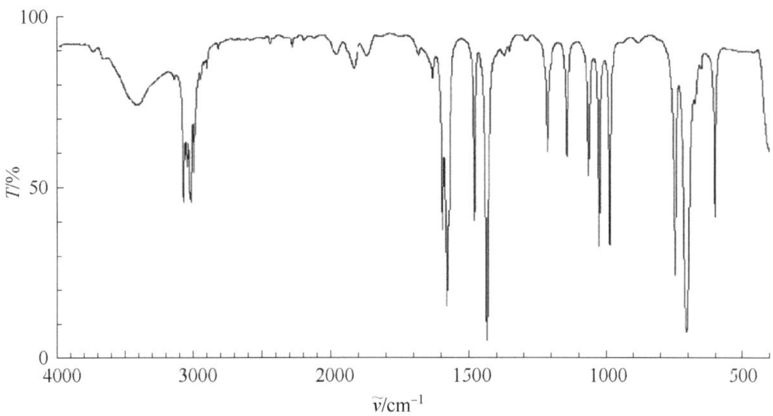

图5-35 吡啶的红外光谱

（2）呋喃 呋喃的红外光谱见图5-36。

① C—H：伸缩振动，3165～3125cm^{-1}，中等强度；

② C═C：伸缩振动，1600cm^{-1}、1500cm^{-1}、1400cm^{-1}附近三条吸收带；

③ C—H：变形振动：885～870cm^{-1}，尖峰。

（3）吡咯 吡咯的红外光谱见图5-37。

① C—H：伸缩振动，3490cm^{-1}强、尖峰；3125～3100cm^{-1}弱峰；

② C═C：伸缩振动，1600～1500cm^{-1}，两条吸收带。

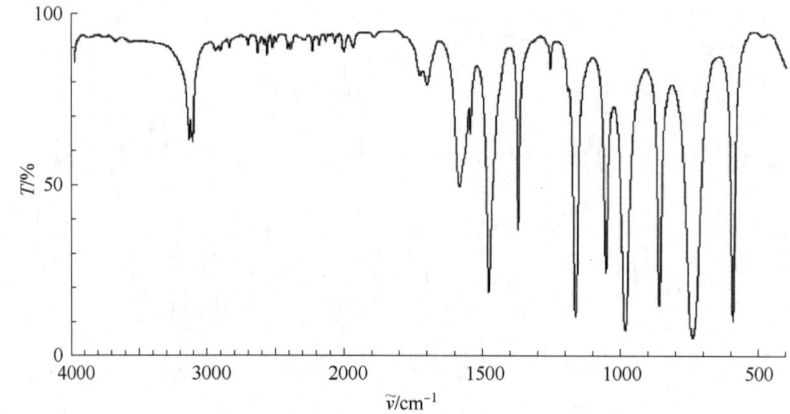

图 5-36 呋喃的红外光谱

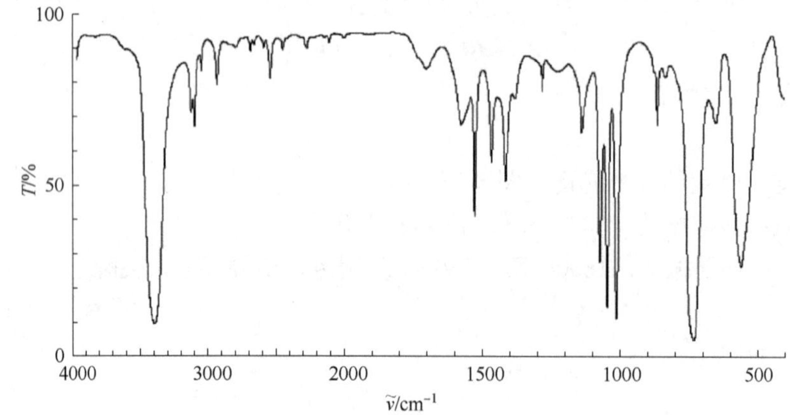

图 5-37 吡咯的红外光谱

（4）噻吩 噻吩的红外光谱见图 5-38。

① C—H：伸缩振动，3125～3050cm^{-1}，中等强度；

② C═C：伸缩振动，1520～1410cm^{-1}，两条吸收带；

③ C—H：变形振动，750～690cm^{-1}，强带。

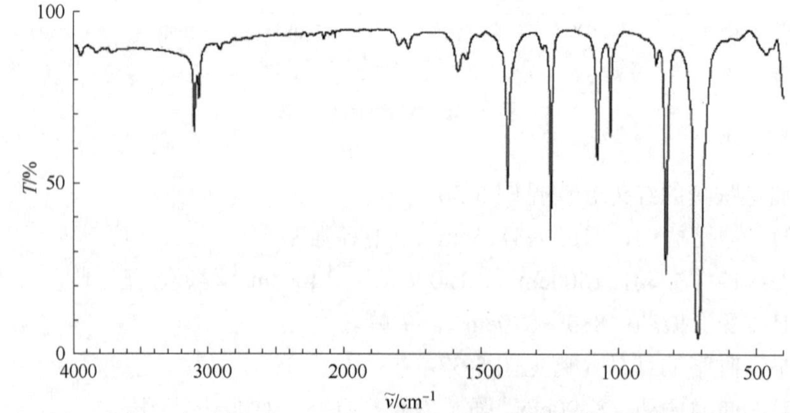

图 5-38 噻吩的红外光谱

5.5.12　高分子化合物

高分子化合物的分子量比较大，其他的分析仪器如核磁、质谱等很难对其进行检测。但是因其由重复单元组成，红外光谱并不复杂，主要出现的是重复单元的吸收峰，所以红外光谱在研究高分子化合物的组成结构方面应用广泛。典型高分子化合物聚苯乙烯的红外光谱如图 5-39 所示。

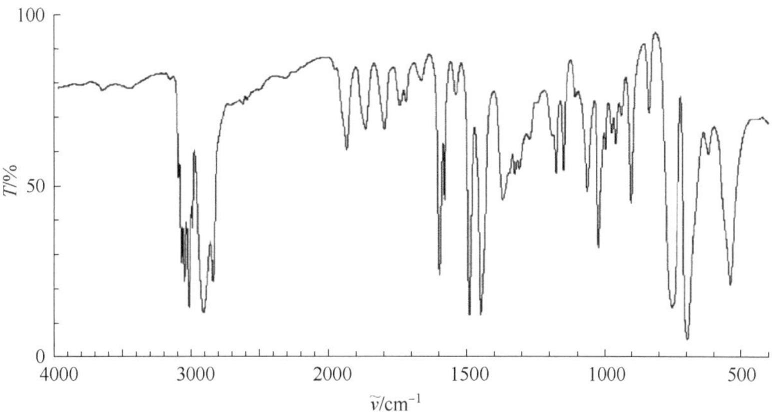

图 5-39　聚苯乙烯的红外光谱

5.6　红外光谱解析

红外光谱的解析是通过对化合物的红外吸收谱带的位置、形状和强度及其变化规律的研究，通过谱带归属的确认来进行定性鉴定和结构分析。一般红外谱图解析步骤如下：

① 检查谱图质量，排除可能的“假谱带”，如溶剂峰、水峰、二氧化碳峰、杂质谱带等；

② 了解样品的来源和制备方法、物理化学性质，其他的分析参数等信息；

③ 根据分子式计算不饱和度；

④ 观察特征谱带区，同时与其他相关谱带对照，确定官能团的存在；

⑤ 研究指纹区的特征，确定基团连接方式和相对位置，进一步推断可能的结构；

⑥ 计算机谱图库检索，与标准谱图或已知物质谱图对照，只有谱带的位置、形状、数目和强度一致，才能确定结构完全相同。

【例 5-3】已知某化合物的化学式为 C_9H_{10}，其红外图谱如图 5-40 所示，试推断其结构式。

解　不饱和度为 5。

3087～3020cm^{-1}：苯环与烯双键上 C—H 的伸缩振动；

2922cm^{-1}、2864cm^{-1}：饱和烃基的 C—H 伸缩振动；

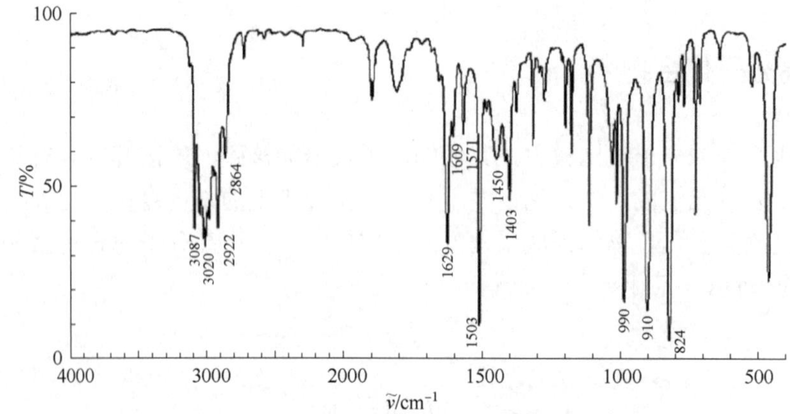

图 5-40　C_9H_{10}的红外光谱图

1950～1750cm^{-1}：苯环的泛频峰，对双取代；

1629cm^{-1}：C═C 伸缩振动；

1609cm^{-1}、1571cm^{-1}、1503cm^{-1}：苯环的 C═C 骨架伸缩振动，并与不饱和基团共轭；

1403cm^{-1}：CH_3 的对称变形振动；

990cm^{-1}、910cm^{-1}：═CH_2 的弯曲振动；

824cm^{-1}：苯环的 C—H 面外弯曲振动，对双取代。

该化合物为：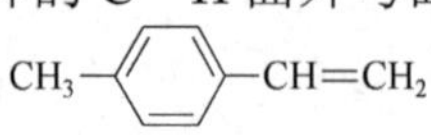

【例 5-4】 某化合物分子式为 $C_{10}H_{10}$，其红外图谱如图 5-41 所示，试推断其结构式。

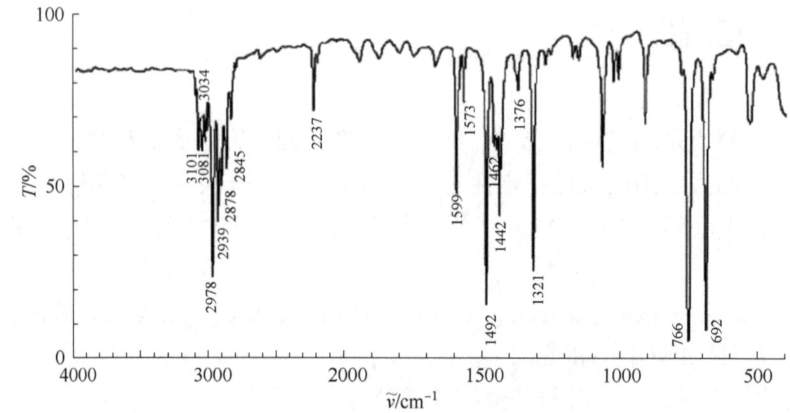

图 5-41　$C_{10}H_{10}$的红外光谱图

解　　不饱和度为 6。

3101cm^{-1}、3081cm^{-1}、3034cm^{-1}：苯环上 C—H 的伸缩振动；2978cm^{-1}、2939cm^{-1}：CH_3、CH_2 的 C—H 不对称伸缩振动；2878cm^{-1}、2845cm^{-1}：CH_3、CH_2 的 C—H 对称伸缩振动；2237cm^{-1}：C≡C 伸缩振动；1599cm^{-1}、1573cm^{-1}、1492cm^{-1}、1442cm^{-1}：苯环的 C═C 骨架伸缩振动，并与不饱和基团共轭；1462cm^{-1}：CH_3 的不对称变形振动；1376cm^{-1}：CH_3 的对称变形振动；1442cm^{-1}：CH_2 的不对称弯曲振动；766cm^{-1}、692cm^{-1}：苯环的

C—H 面外弯曲振动，单取代。

该化合物为：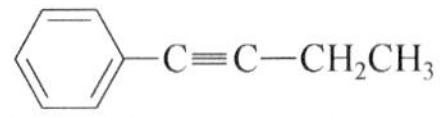

【例 5-5】化合物的分子式为 C_7H_8O，其红外图谱如图 5-42 所示，试推断其结构式。

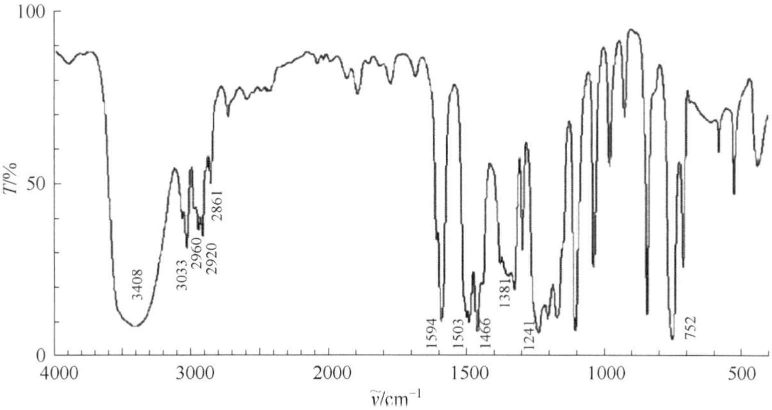

图 5-42　C_7H_8O 的红外光谱图

解　　不饱和度为 4。

3408cm^{-1}：O—H 伸缩振动（强而宽）；3033cm^{-1}：苯环上 C—H 的伸缩振动；2960～2861cm^{-1}：CH_3 的 C—H 伸缩振动；2000～1690cm^{-1}：苯环的泛频峰，邻双取代；1594cm^{-1}、1503cm^{-1}、1466cm^{-1}：苯环的 C═C 骨架伸缩振动；1466cm^{-1}：CH_3 的不对称变形振动；1381cm^{-1}：CH_3 的对称变形振动；1241cm^{-1}：酚的 C—O 伸缩振动；752cm^{-1}：苯环的 C—H 弯曲振动，邻双取代。

该化合物为邻甲酚，结构式为：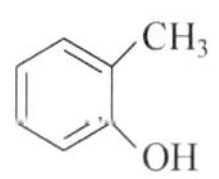

5.7　红外光谱在无机化合物中的应用

无机化合物分子，往往具有极性或呈离子状态存在，它们之间有不同程度的相互作用，可以形成氢键、缔合物、配合物等，引起红外吸收谱带位移，谱带的形状、强度的改变，甚至可以出现新谱带。对于无机金属配合物而言，配位体在形成配位化合物以后，其振动光谱会发生变化。一方面，配位体的对称性在配位后有所下降，使某些简并模式解除，谱带数增加；另一方面，配位原子参与配位，会使化学键伸缩振动频率发生变化，导致谱带位移。

由双原子构成的离子型无机化合物，如氯化钠（366cm^{-1}）、溴化钾（216cm^{-1}）等，多在 300～200cm^{-1} 出现一个吸收峰。但多原子离子型无机化合物却在 4000～600cm^{-1} 区有吸收带。无机化合物红外光谱主要是由阴离子基团的晶格振动引起的，它的吸收谱带位置与阳离子关系较小，通常当阳离子的原子序数增大时，阴离子基团的吸收位置将向低波数方向做微小的位移。表 5-5 列出了多种无机盐中基团的红外吸收谱带。

表 5-5　无机盐中基团的红外吸收

基　团	谱带波数/cm^{-1}
CO_3^{2-}	1450～1410（vs），880～800（m）
HCO_3^-	2600～2400（w），1000（m），850（m），700（m），650（m）
SO_3^{2-}	1000～900（s），700～625（vs）
SO_4^{2-}	1150～1050（s），650～580（s）
ClO_3^-	1000～900（m～s），650～600（s），
ClO_4^-	1100～1025（s），650～600（s）
NO_2^-	1380～1320（w），1250～1230（vs），840～800（w）
NO_3^-	1380～1350（vs），840～815（m）
NH_4^+	3300～3030（vs），1430～1390（s）
PO_4^{3-}，HPO_4^{2-}，$H_2PO_4^-$	1100～950（s）
CN^-, SCN^-, OCN^-	2200～2000（s）
各种硅酸盐	1100～900（s）
CrO_4^{2-}	900～775（s～m）
$Cr_2O_7^{2-}$	900～825（m），750～700（m）
MnO_4^-	925～875（s）

红外光谱可研究多晶现象，同质多晶体在固态时，由于晶型的不同测得的红外光谱不同。例如，碳酸钙有方解石、文石（又称霰石）、球霰石和无定形四种同质异构体，方解石属三方晶系，文石属斜方晶系，球霰石属六方晶系，它们的红外光谱都有很大差别。方解石型特征峰为 712cm^{-1} 和 879cm^{-1}；文石型特征峰为 712cm^{-1}、700cm^{-1}、866cm^{-1} 和 1080cm^{-1}；球霰石型特征峰为 745cm^{-1} 和 876cm^{-1}。

同核双原子分子 N_2、O_2、H_2 在自由状态振动为非红外活性的，在与金属配位后则表现为红外活性。

金属氨配位化合物的振动光谱已被广泛地研究，图 5-43 是典型的六氨配合物的红外光谱，NH_3 的伸缩振动、NH_3 的简并变形振动、NH_3 的对称变形振动以及 NH_3 的面内摇摆振动分别出现在 3400～3000cm^{-1}、1650～1550cm^{-1}、1370～1000cm^{-1} 以及 950～600cm^{-1} 处。

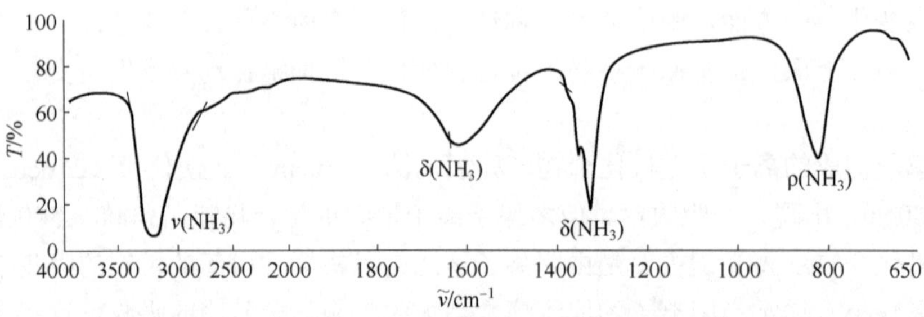

图 5-43　$[Co(NH_3)_6]Cl_3$ 的红外光谱图

配位化合物中 NH_3 的伸缩振动频率较之游离 NH_3 分子的低，这是因为配位效应导致 N—H 键减弱所致。当其他条件相同时，M—N 键越强，N—H 键越弱，则 NH_3 的伸缩振动频率就越低。如果形成氢键，会进一步削弱 N—H 键。例如，氯化物中由于形成了 N—H---Cl 型氢键，NH_3 的伸缩振动频率就要比高氯酸盐中的低得多。上述配位效应和氢键的作用使得 NH_3 的变形振动和面内摇摆振动频率向高频方向移动。

思考题

1. 产生红外吸收的条件是什么？造成红外吸收峰增多或减少的原因是什么？
2. 影响红外吸收位移的因素有哪些？如何通过红外光谱判断苯环的取代类型？
3. 有机配体和金属配位后，它的红外吸收会产生什么变化？

第6章 荧光光谱

通过本章的学习，掌握荧光光谱的基本概念和原理、荧光与分子结构的关系、环境因素对荧光的影响以及溶液荧光的猝灭，了解荧光光谱仪的结构及荧光光谱的分析应用。

6.1 荧光光谱概述及原理

6.1.1 分子发光

基态分子吸收一定能量后跃迁至激发态，当激发态分子以辐射跃迁形式将能量释放返回基态时，产生的辐射称为分子发光。分子发光的类型，可按激发模式即提供激发能的方式来分类，也可按分子激发态的类型加以分类。

按激发模式分类时，如果分子通过吸收辐射能而被激发，所产生的发光称为光致发光；如果分子的激发能量是由反应的化学能或由生物体释放出来的能量所提供，其发光分别称为化学发光和生物发光。此外，还有热致发光、场致发光、电致发光和摩擦发光等。

按分子激发态的类型分类时，由第一电子激发单重态所产生的辐射跃迁而伴随的发光现象称为荧光；而由最低的电子激发三重态发生的辐射跃迁则称为磷光。荧光和磷光都属于光致发光。应当指出的是，荧光和磷光之间并不总是能够很清楚地加以区分，例如某些过渡金属离子与有机配体的配合物，显示了单重态-三重态的混合态，它们的发光寿命处于400纳秒到数微秒之间。

6.1.2 分子的激发与弛豫

物质在吸收入射光的过程中，光子的能量传递给了物质分子。分子被激发后，发生了电子从较低能级到较高能级的跃迁。这一跃迁过程经历的时间约为 10^{-15}s，也就是飞秒级别。跃迁所涉及的两个能级间的能量差等于所吸收光子的能量。紫外、可见光区的光子能量较高，足以引起分子中的电子发生电子能级间的跃迁。处于这种激发状态的分子，称为电子激发态分子。

电子激发态的多重态用 $2S+1$ 表示，S 为电子自旋角动量量子数的代数和，其数值为 0 或 1。分子中同一轨道里的两个电子必须具有相反的自旋方向，即自旋配对。假如分子中的全部电子都是自旋配对，即 $S=0$，该分子便处于单重态，或称单线态，用符号 S 表示。大多数有机物分子的基态是处于单重态的。分子吸收能量后，如果电子在跃迁过程中不发生自旋方向的变化，这时分子处于激发的单重态；如果电子在跃迁过程中伴随着自旋方向的改变，这时分子便具有两个自旋不配对的电子，即 $S=1$，分子处于激发的三重态，或称三线态，用符号 T 表示。

图 6-1 展示了分子内的激发过程以及辐射跃迁和非辐射跃迁的衰变过程。大多数的基态分子处于单重态，基态单重态以 S_0 表示。当物质分子受到激发时，基态分子吸收能量，产生电子能级跃迁处于第一、第二电子激发单重态，以 S_1、S_2 表示。每个电子能级又包含多个振动能级，以 $V=0$、1、2 表示。

处于激发态的分子是不稳定的，它会很快地释放能量而回到基态，释放能量的方式主要分为两大类：辐射跃迁和非辐射跃迁。辐射跃迁的衰变过程伴随着光子的发射，产生荧光或磷光；非辐射跃迁的衰变过程则以热能的形式释放能量，包括振动弛豫、内转化和系间窜越等，这些衰变过程导致激发能转化为热能传递给介质。其中振动弛豫是指同一电子能级中，分子由较高的振动能级向该电子态的最低振动能级的非辐射跃迁过程；内转化指相同多重态的两个电子态间的非辐射跃迁过程，例如 $S_1 \rightarrow S_0$，$T_2 \rightarrow T_1$；系间窜越指不同多重态的两个电子态间的非辐射跃迁过程，例如 $S_1 \rightarrow T_1$，$T_1 \rightarrow S_0$。

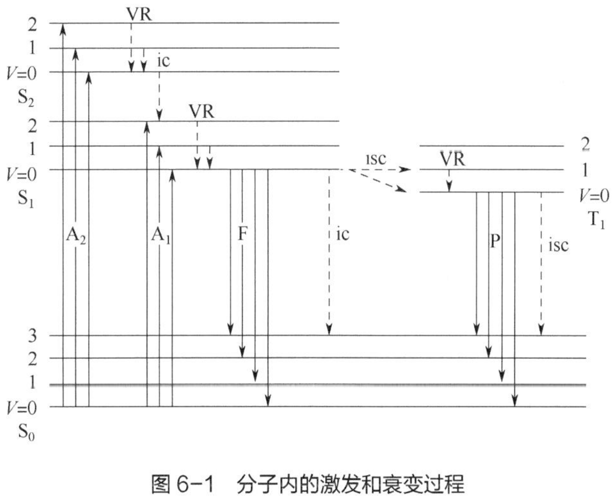

图 6-1 分子内的激发和衰变过程

A_1，A_2—吸收；F—荧光；P—磷光；ic—内转化；isc—系间窜越；VR—振动松弛

如图 6-1 所示，假如分子被激发到 S_2 以上的某个电子激发单重态的不同振动能级上，处于这种激发态的分子在很短时间内（10^{-12}～10^{-14}s）就会发生振动弛豫而衰变到该电子态的最低振动能级。接着，有如下几种衰变到基态的途径：①$S_1 \rightarrow S_0$ 的辐射跃迁而发射荧光；②$S_1 \rightarrow S_0$ 内转化；③$S_1 \rightarrow T_1$ 系间窜越。而处于 T_1 态的最低振动能级的分子，则可能发生 $T_1 \rightarrow S_0$ 的辐射跃迁而发射磷光，也可能同时发生 $T_1 \rightarrow S_1$ 系间窜越。

激发单重态间的内转化速率很快，速率常数为 10^{11}～10^{13}s^{-1}，S_2 以上的激发单重态的寿命通常很短，为 10^{-11}～10^{-13}s，因此除了极少数例外，通常在发生辐射跃迁之前便发生了非辐射跃迁而衰变到 S_1 态。所以，所观察到的荧光现象通常是自 S_1 态的最低振动能级的辐射跃迁。由于系间窜越是自旋禁阻的，因而其速率常数小得多，为 10^2～$10^6 s^{-1}$。

内转化和系间窜越过程的速率与该过程所涉及的两个电子态的最低振动能级间的能量间隔有关；能量间隔越大，速率越小。S_0 和 S_1 态两者的最低振动能级之间的能量差，通常远比其他相邻的两个激发单重态之间的能量差大，因而 $S_1 \rightarrow S_0$ 的内转化速率常数相对较小（为 10^6～$10^{12} s^{-1}$），这也是 S_1 态可以产生荧光的原因。类似地，$T_1 \rightarrow S_0$ 的系间窜越速率常数也较小（为 10^2～$10^5 s^{-1}$），使得 T_1 态可以产生磷光。

归纳起来，物质吸收能量，从基态跃迁至第一电子激发态或者更高激发态，产生吸收光谱；从第一电子激发单重态的最低振动能级跃迁至基态，也就是 $S_1 \rightarrow S_0$ 跃迁产生荧光；从第一电子激发三重态的最低振动能级跃迁至基态，也就是 $T_1 \rightarrow S_0$ 跃迁产生磷光。

6.1.3　荧光光谱的特点

图 6-2 展示了两组物质的吸收光谱和荧光光谱，一个是蒽在乙醇中的吸收和荧光光谱，另一个是硫酸奎宁在稀硫酸中的吸收和荧光光谱。从图谱中可以观察到，荧光光谱和吸收光谱之间存在着近似的镜像对称关系。

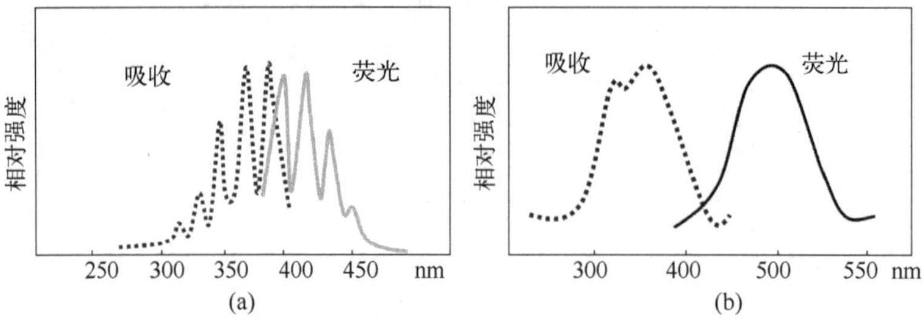

图 6-2　蒽的乙醇溶液（a）和硫酸奎宁的稀硫酸溶液（b）的吸收光谱和荧光光谱

荧光发射通常是由第一电子激发单重态的最低振动能级向基态各振动能级跃迁产生的，因此发射光谱的形状与基态中振动能级间的能量间隔情况有关。而吸收光谱中的第一吸收带是由基态分子被激发到第一电子激发态的各个不同振动能级而引起的，与第一电子激发态中振动能级分布相关。由于基态与激发态的振动能级间隔类似，所以荧光发射光谱和吸收光谱之间存在着镜像对称关系。

虽然分子的吸收光谱可能含有几个吸收带，但其发射光谱通常只含有一个发射带。绝大多数情况下即使分子被激发到 S_2 电子态以上的不同振动能级，然而由于内转化和振动弛豫的速率非常快，以致很快丧失多余的能量而衰变到 S_1 态的最低振动能级，然后发射荧光，因而其发射光谱通常只含一个发射带，且发射光谱的形状与激发波长无关，只与基态中振动能级的分布情况以及各振动带的跃迁概率有关。

在溶液的荧光光谱中，所观察到的荧光的波长总是大于激发光的波长。斯托克斯在 1852 年首次观察到这种波长移动的现象，因而称为斯托克斯位移（Stokes shift）。斯托克斯位移说明了在激发与发射之间存在着一定的能量损失。如前所述，激发态分子在发射荧光之前，很快经历了振动弛豫和内转化的过程而损失部分激发能，使发射相对于激发有一定的能量损失，这是产生斯托克斯位移的主要原因。其次，辐射跃迁可能只使激发态分子衰变到基态的不同振动能级，然后通过振动弛豫进一步损失振动能量，这也导致了斯托克斯位移。此外，溶剂效应以及激发态分子所发生的反应，也将进一步加大斯托克斯位移。

6.1.4　荧光寿命和荧光量子产率

荧光寿命和荧光量子产率是荧光物质的重要发光参数。荧光寿命定义为：当激发光切断后，荧光强度衰减至原强度的 e 分之一时所经历的时间（e 为自然常数）。它表示了荧光分子 S_1 态的平均寿命 τ：

$$\tau = \frac{1}{k_f + \sum K} \tag{6-1}$$

式中，k_f 为荧光发射的速率常数；K 为分子内各非辐射衰变过程的速度常数。

荧光寿命可以通过实验测定，荧光的寿命大致为 10^{-8}s，磷光的寿命大致为 10^{-2}s。

在没有非辐射衰变过程存在的情况下，荧光分子的寿命称为内在寿命（internal lifetime），用 τ_0 表示：

$$\tau_0 = \frac{1}{k_f} \tag{6-2}$$

因此，产生荧光有两个必要条件：一是分子能够吸收光子而跃迁至激发态；二是激发态的分子能以光的形式释放能量。荧光量子产率定义为荧光物质吸光后，所发射的荧光光子数与所吸收光子数的比值。

$$\text{荧光量子产率}(\varphi_f) = \frac{\text{发出光子数}}{\text{吸收光子数}} = \frac{k_f}{k_f + \sum K} \tag{6-3}$$

如果一个分子将吸收的光子全部释放，量子产率就等于 100%。由于激发态分子的衰变过程包含辐射跃迁和非辐射跃迁，所以荧光量子产率的大小取决于辐射跃迁过程与非辐射跃迁过程的竞争结果。假如非辐射跃迁的速率远小于辐射跃迁的速率，量子产率便接近于 1。通常情况下，量子产率总是小于 1，数值越大，化合物的荧光就越强。

荧光量子产率的大小，主要取决于化合物的结构和性质，同时也与化合物所处的环境因素有关。表 6-1 中列举了某些化合物的量子产率。其中荧光素和罗丹明 B 的量子产率都高于 0.9。

表 6-1　部分化合物的荧光量子产率

化合物	量子产率	溶剂
荧光素	0.92	0.1mol/L NaOH
曙红	0.19	0.1mol/L NaOH
罗丹明 B	0.97	乙醇

续表

化合物	量子产率	溶剂
蒽	0.31	己烷
核黄素	0.26	水
菲	0.10	乙醇
萘	0.12	乙醇
酚	0.22	水
叶绿素	0.32	苯

6.2 荧光与分子结构的关系

已知的大量有机和无机物中，仅有小部分会发强的荧光，它们的激发光谱、发射光谱和荧光强度都与它们的结构有密切的关系。当分子因吸光而被激发到电子激发态后，它可能以一系列的不同途径失去本身过剩的能量而返回电子基态，这些途径有：①发射荧光；②非辐射衰减（如内转换）；③光化学反应。这三者中哪个过程的速率常数最大，哪个过程占主导地位。要使荧光体发强的荧光，则发荧光过程的速率常数要大于另外两者。因此，强荧光物质往往具备如下特征：具有大的共轭 π 键结构；具有刚性的平面结构；最低的单重电子激发态 S_1 为 π、π_1^*型；取代基团为给电子取代基。

6.2.1 共轭 π 键体系

大部分荧光物质都具有芳环，芳环共轭体系越大，其荧光（或磷光）峰越移向长波长方向，且荧光强度往往也较强。例如表 6-2 中，苯和萘的荧光位于紫外区，蒽位于蓝光区，丁省位于绿光区，戊省位于红光区。

表 6-2　几种线性多环芳烃的荧光

化合物	最大发射波长/nm
苯	278
萘	321
蒽	400
丁省	480
戊省	640

6.2.2 刚性平面结构

荧光效率高的荧光体，其分子多是平面构型且具有一定的刚性。图 6-3 中，荧光黄（亦称荧光素）呈平面构型，是强荧光物质，它在 0.1mol/L 的 NaOH 溶液中的荧光量子产率为 0.92，而酚酞没有氧桥，其分子不易保持平面，不是荧光物质。芴和联苯，在类似的条件下，前者的荧光量子产率接近于 1，而后者仅为 0.20，它们的差别也在于芴有了亚甲基的加入，使芴的刚性增强。同样道理，偶氮苯不发荧光，而杂氮菲会发荧光。

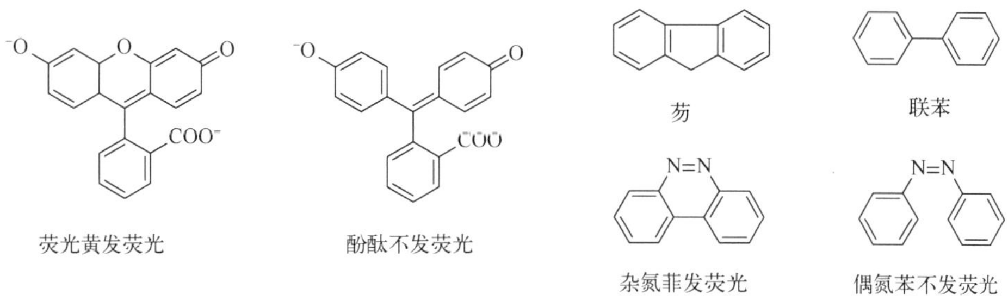

图 6-3　化合物刚性引起的荧光差异

某些情况下，有机配体与非过渡金属离子组成配合物，通过增强刚性使得荧光大大加强，例如图 6-4 中滂铬 BBR 本身不发荧光，它与铝离子在 pH=4.5 时形成的配合物会发红色的荧光。

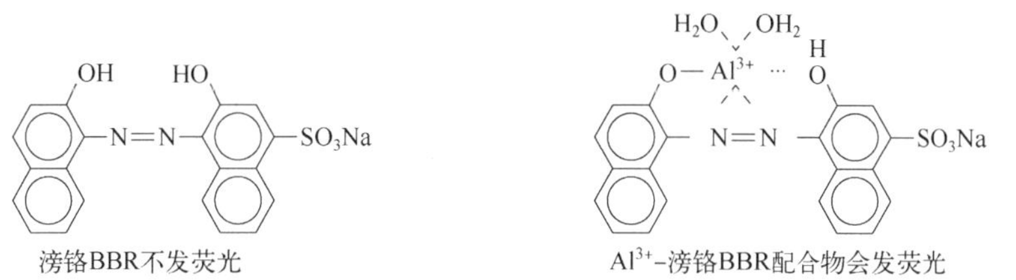

图 6-4　配合对化合物刚性的影响

氢键同样会影响分子刚性结构和增强荧光强度，例如图 6-5 中水杨酸（即邻羟基苯甲酸）的水溶液，由于能生成氢键，因而其荧光强度比对羟基苯甲酸或间羟基苯甲酸大。

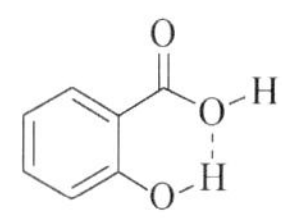

图 6-5　邻羟基苯甲酸

6.2.3　取代基的影响

取代基（尤其是发色基团）的性质对荧光体的荧光特性和强度均有强烈的影响。芳烃和杂环化合物的荧光光谱和量子产率常随取代基而变，取代基对荧光体的激发光谱、发射光谱和荧光量子产率的影响规律机制尚未完全研究清楚。

（1）给电子取代基　属于这类基团的有—NH_2、—NHR、—NR_2、—OH、—OR 等。含给电子取代基的荧光体，其激发态常由环外的羟基或氨基上的 n 电子激发转移到环上而产生。由于它们的 n 电子的电子云几乎与芳环上的 π 轨道平行，因而实际上它们共享了共轭 π 电子结构，同时扩大了其共轭双键体系。因此，这类化合物的吸收光谱与发射光谱的波长，都比未被取代的芳族化合物的波长长，荧光量子产率也提高了许多。例如，苯的荧光发射波长在 270～310nm，给电子基取代之后发射波长出现明显红移，苯胺甚至可以达到

400nm，同时荧光相对强度翻倍（表 6-3）。

表 6-3 取代基对苯荧光的影响（乙醇溶液）

化合物	荧光波长/nm	荧光相对强度
苯	270～310	10
苯酚	285～365	18
苯胺	310～405	20
苯基氰	280～390	20
苯甲醚	285～345	20

（2）吸电子取代基 如果芳环上连有吸电子取代基，如羰基、硝基、重氮等，其荧光强度一般都会减弱，而其磷光强度一般都会相应增强。这类取代基也都含有 n 电子，然而电子云并不与芳环上的 π 电子云共平面，不像给电子基团那样与芳环共享共轭 π 键。这类化合物的 $n\rightarrow\pi^*$跃迁属于禁阻跃迁，摩尔吸光系数很小（100 左右），最低单重激发态 S_1 为（n,π_1^*）型，$S_1\rightarrow T_1$ 系间窜越强烈，因而荧光强度都很弱，而磷光强度相应增强。

例如图 6-6 中，二苯甲酮的 $S_1\rightarrow T_1$ 的系间窜越产率接近于 1，它在非酸性的介质中的磷光很强。硝基对荧光体荧光的抑制作用尤为突出。例如，硝基苯不发荧光，其 $S_1\rightarrow T_1$ 系间窜越产率为 0.6，但是其磷光强度也很弱，因此人们认为，可能产生比磷光速率更快的非辐射 $T_1\rightarrow S_0$ 的系间窜越或产生光化学反应。

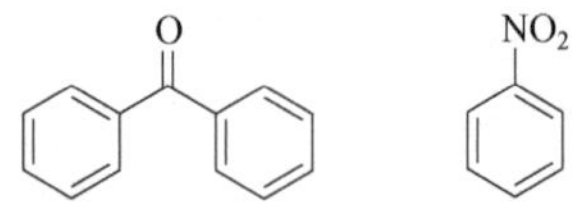

图 6-6 二苯甲酮与硝基苯

（3）重原子取代 荧光体上被重原子取代之后，一般指的是卤素（Cl、Br 和 I）取代，荧光减弱，而磷光往往相应增强。其荧光强度随卤素原子量增加而减弱，而磷光通常相应地增强，这种效应通常称为“重原子效应”。

究其原因，由于重原子的存在，使得荧光体中的电子自旋-轨道耦合作用加强，$S_1\rightarrow T_1$ 的系间窜越显著增加，结果导致荧光强度减弱、磷光强度增加。如表 6-4 所示，在萘环上引入卤素 Cl、Br 和 I 后，表现出典型的重原子效应。

表 6-4 卤素取代的重原子效应

化合物	Φ_P/Φ_F	荧光波长/nm	磷光波长/nm	τ_p/s
萘	0.093	315	470	2.6
1-甲基萘	0.053	318	476	2.5
1-氟萘	0.068	316	473	1.4
1-氯萘	5.2	319	483	0.23
1-溴萘	6.4	320	484	0.014
1-碘萘	＞1000	未观察到	488	0.0023

注：Φ_P 为磷光量子产率，Φ_F 为荧光量子产率。

有趣的是氟取代的芳烃，其荧光比原芳烃弱，而 $S_1\rightarrow T_1$ 系间窜越并没有明显提高，显然氟的取代主要是提高了非发光的 $S_1\rightarrow S_0$ 的内转换过程。

重原子效应不仅出现于重原子取代物的荧光体上，也出现于含重原子的溶剂中。当溶剂含有重原子时，没有被重原子取代的荧光体亦会出现上述的效应。

（4）饱和烷基的取代　饱和烷基的取代对荧光体的荧光强度影响不大，但是饱和烃基的引入，增加了荧光体的振动和转动的自由度，因而削弱了荧光光谱振动结构的分辨率，同时其激发峰和发射峰亦略微红移。这一点从苯和甲苯的发射光谱中体现得较为明显（图 6-7），与苯相比，甲苯发射光谱的振动结构已模糊得多，且发射波长略向长波方向移动。

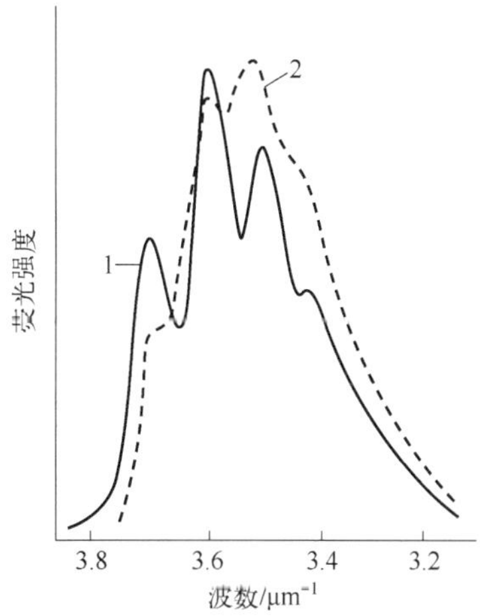

图 6-7　苯（1）和甲苯（2）的发射光谱（室温，乙醇溶液）

6.3　环境因素对荧光的影响

虽然物质产生荧光的能力主要取决于分子结构，然而环境因素尤其是介质对分子荧光可能产生强烈的影响。环境因素包括溶剂、介质酸碱性、温度还有重原子效应等。

6.3.1　溶剂的影响

同一种荧光体在不同的溶剂中，其荧光光谱的位置和强度可能发生显著的变化。由于溶液中荧光体与溶剂分子之间存在着静电相互作用，而荧光体的基态与激发态又具有不同的电子分布，从而具有不同的偶极矩和极化率，导致基态和激发态与溶剂分子之间的相互作用不同。

通常芳香族化合物的电子激发态比基态的偶极矩大，如图 6-8 所示，荧光体吸收光子被激发后，周围的溶剂分子受到微扰，溶剂分子重新定向和电子重排，从而稳定激发态，使基态和激发态之间的能量差减小，这个过程称为溶剂松弛，费时约 10^{-10} s，通常在荧光发射之前就已经完成。溶剂极性越大，对激发态的稳定作用越强，因此荧光光谱随溶剂极性增大向长波方向移动。通常来说，具有极性的荧光体对溶剂极性比较敏感，而非极性分子，比如没有取代基的芳香碳氢化合物，溶剂极性对其发光的影响要小得多。

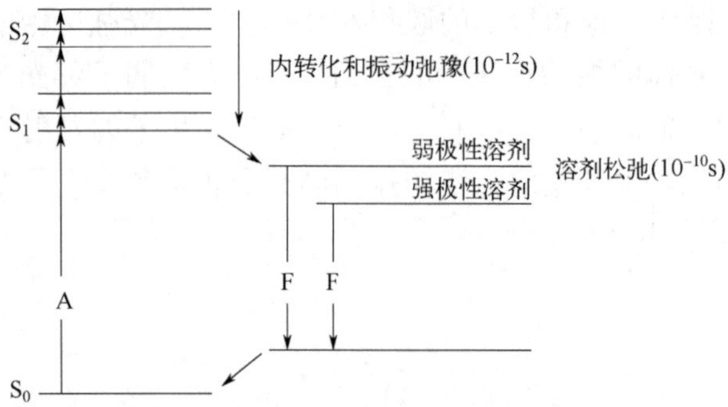

图 6-8 溶剂松弛示意图

前文讲到过荧光光谱的斯托克斯位移现象，其原因除了振动弛豫和内转换之外，溶剂松弛也是一个原因。图 6-9 展示了 DNS 在不同溶剂中的荧光照片和图谱，从左到右分别是己烷、环己烷、甲苯、乙酸乙酯和正丁醇。从图中可以看出随溶剂极性增大，荧光发射从深蓝色一直红移至红色。

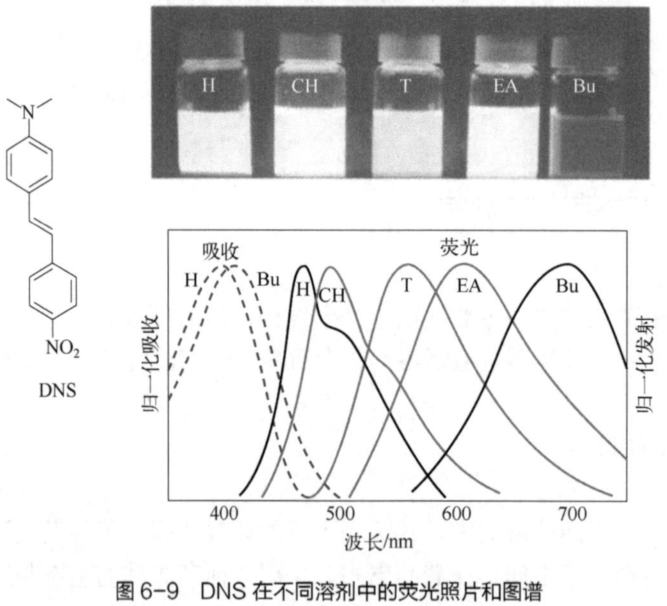

图 6-9 DNS 在不同溶剂中的荧光照片和图谱

H—己烷；CH—环己烷；T—甲苯；EA—乙酸乙酯；Bu—正丁醇

除溶剂松弛外，还有一些特殊的溶剂效应，比如荧光体和溶剂的氢键作用。如图 6-10 所示，在环己烷中加入少量乙醇，就能使 2-苯胺基萘的荧光光谱出现很大的位移。例如，加入的乙醇量小于 3%时，荧光峰从 372nm 移动到 400nm，而乙醇含量从 3%增大到 100%时，才使荧光峰移动到 430nm。加入微量乙醇，原先的光谱强度下降，同时出现新的红移光谱，这是由于少量的乙醇与荧光体中的氨基形成氢键导致的。

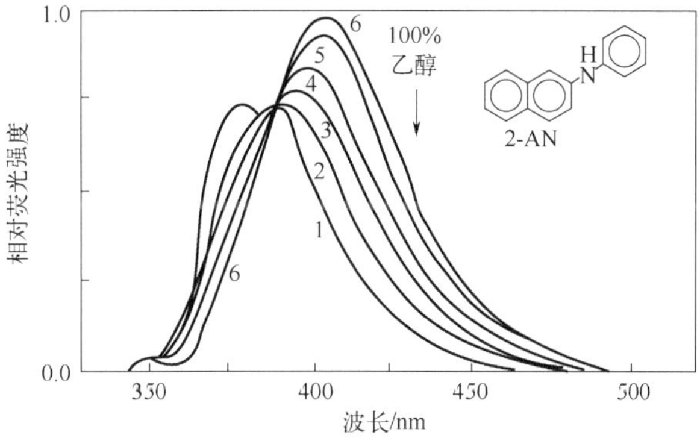

图6-10 2-苯胺基萘在混有乙醇的环己烷溶液中的荧光光谱

乙醇含量为：1—0%; 2—0.2%; 3—0.4%; 4—0.7%; 5—1.7%; 6—2.7%，箭头表示在100%乙醇中的最大发射波长

6.3.2 介质酸碱性的影响

环境对荧光的影响还包括介质酸碱性的影响。如果荧光物质是一种有机弱酸或者弱碱，则该分子及其相应的离子可视为两种不同的型体，各自具有不同的荧光性质，溶液的酸碱性变化将使荧光物质的两种不同形体的比例发生变化，从而对荧光光谱的形状和强度产生很大的影响。

例如，水杨醛（图6-11）最低激发单重态是（n，π^*）态，很快会发生从$S_1 \rightarrow T_1$的系间窜越，因而不发射荧光而显现强磷光。然而在碱性溶液中由于酚羟基解离，或在浓的无机酸溶液中，由于羰基质子化，使水杨醛变为强荧光性而不发射磷光，这是由于处在阳离子或阴离子形式时，其最低激发单重态已经是（π，π^*）态，而不是分子形式下的最低激发单重态（n，π^*）态。

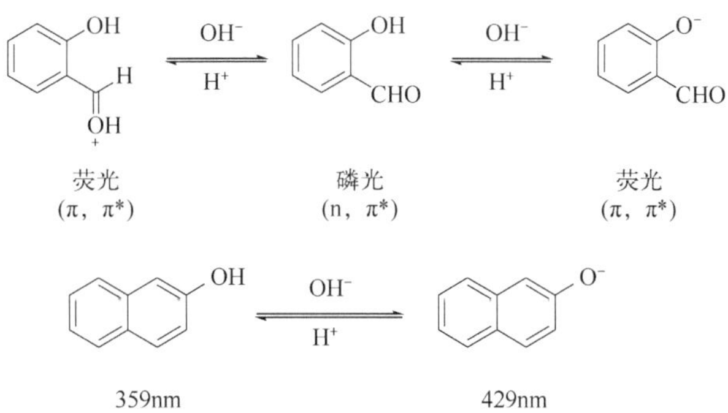

图6-11 水杨醛与2-萘酚在酸碱状态下的发光变化

2-萘酚分子在水溶液中呈现的荧光峰位于359nm，而其阴离子的荧光峰位于429nm。通过调节pH值可以获得二者不同的比例以及荧光发射。

6.3.3 温度的影响

温度对于溶液的荧光强度有着显著的影响，通常随着温度的降低，溶液的荧光量子产率和荧光强度将增大。图 6-12 中列举了罗丹明 B 的甘油溶液与硫酸铀酰的硫酸溶液在不同温度下的荧光量子产率，硫酸铀酰的水溶液温度上升至沸点时荧光消失殆尽，但它的吸收光谱及吸光能力并无多大改变；在温度升高过程中，罗丹明 B 的甘油溶液荧光量子产率也不断下降，其吸收光谱和吸光能力也并无多大改变。这种现象说明温度的改变不涉及分子结构的变化。

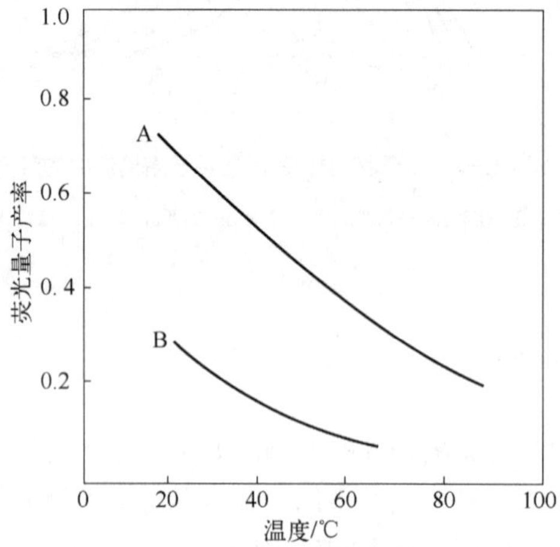

图 6-12 荧光量子产率与温度的关系

（A：罗丹明 B 的甘油溶液；B：硫酸铀酰的硫酸溶液）

当溶液中不存在猝灭剂时，荧光量子产率的大小与辐射跃迁过程及非辐射跃迁过程的相对速率有关。辐射跃迁过程的速率通常认为不随温度而改变，因此，荧光量子产率的变化反映了非辐射跃迁过程速率的改变。温度上升引起内部能量的转化，比如激发态能量转换为基态的振动能量，再通过振动弛豫而丧失振动能量。此外，随着温度的上升，介质的黏度变小，从而增加了荧光分子与溶剂分子碰撞猝灭的概率。

有些荧光物质在溶液的温度上升时，不仅荧光量子产率下降，而且吸收光谱也发生变化，这表明在该情况下，荧光量子产率的下降涉及分子结构的改变。

6.3.4 重原子效应的影响

在前面描述荧光与分子结构的关系时提及，如果分子中有氯、溴、碘等卤素重原子时，会引起系间窜越的发生，从而降低荧光、增强磷光，这类重原子效应通常称为“内重原子效应”。此外，含重原子的溶剂也能引起类似效应，称为“外重原子效应”。重原子的高核电荷引起溶质分子的旋轨耦合，使得 $S_0 \rightarrow S_1$ 的吸收跃迁、$S_1 \rightarrow T_1$ 的系间窜越、磷光以及 $T_1 \rightarrow S_0$ 的系间窜越等过程的概率增大，从而减小 S_1 激发态分子的数目，同时增大 T_1 激发态的数目，导致荧光强度减弱，磷光强度增强。重原子效应虽然会同时增大 $T_1 \rightarrow S_0$ 的系间窜越和磷光这两个过程的速率，但通常对磷光过程的影响较大，因而净结果增大了磷光的量子产率。

6.4 溶液荧光的猝灭

6.4.1 荧光猝灭概述

一般来讲，荧光强度或荧光量子产率降低的现象都可以称为荧光猝灭。而实质上，荧光猝灭的过程是指与发光过程相互竞争，从而缩短发光分子激发态寿命的过程，能量转移和电子转移是荧光猝灭的重要途径。此外，一些化学物理过程，如基态或激发态质子转移、光学异构化、光解、分子多聚化等都可能导致荧光猝灭。依据是否与激发态相互作用，一般可将荧光猝灭分为动态和静态两种猝灭途径。

动态猝灭是猝灭剂和荧光物质的激发态分子之间所发生的相互作用过程，如能量转移或电子转移过程等。在某些情况下，可能生成激基复合物或激基缔合物，而它们可能不发光，或者荧光的性质与原先的荧光物质不同，从而引起荧光猝灭现象。由此可见，动态荧光猝灭的效率受荧光物质激发态寿命和猝灭剂的浓度所限制。

静态猝灭是猝灭剂和荧光物质分子在基态时发生配合反应形成复合物，该复合物通常是不发光的。即使复合物在激发态时可能解离而产生发光的型体，但激发态复合物的解离作用可能比较缓慢，以致该激发态复合物经由非辐射的途径衰变到基态更为有效，结果便是基态配合物与未配合分子争夺入射光，导致荧光减弱。

荧光猝灭剂是使荧光强度下降或荧光量子产率降低的化学物质，或能有效地加速激发态分子失活的物质。一般这些猝灭剂通过两种途径猝灭荧光，即电荷转移和能量转移。在此介绍一些常见的猝灭剂及其猝灭荧光的光物理过程。许多情况下，猝灭是通过化学反应导致的分子结构改变。例如光化学反应，也是荧光猝灭的重要途径。

常见的猝灭剂涉及以下几种：

① 顺磁性猝灭剂，即稳定的有机自由基、氧气、一氧化氮以及顺磁性金属离子（例如：Fe^{2+}、Co^{2+}、Cu^{2+}），其机理涉及电荷转移复合物的形成和自旋-轨道耦合作用，从而增加非辐射的 $S_1 \rightarrow T_1$ 和 $T_1 \rightarrow S_0$ 的非辐射跃迁速率。

② 电子或电荷供体类猝灭剂，例如有机胺类，它可通过光诱导电子转移、光诱导电荷转移或形成电荷转移复合物、电子供-受体复合物、激基二聚体等途径猝灭荧光。

③ 重原子效应类猝灭剂，包括卤素、卤阴离子和重金属离子，其中，卤素取代基多为内重原子效应，卤阴离子则为外重原子效应产生猝灭作用，而外重原子效应即自旋-轨道耦合作用。

④ 化学反应型猝灭剂，例如生成含有硝基、亚硝基的化合物，或通过醛胺缩合等反应实现荧光猝灭。

此外，荧光猝灭还可能由质子-π 相互作用，金属离子和金属的电子结构与原子核磁性作用，石墨烯和氧化石墨烯结构的π-π 堆积与能量转移，光子相关的光化学猝灭、光敏化、光氧化、光还原、光解等过程来实现。

6.4.2 碰撞猝灭与静态猝灭

双分子作用过程的基本条件是两个分子的紧密接近，即通常所谓的“碰撞”。如图 6-13 所示，碰撞分为两类：动力学碰撞与光学碰撞。基态分子的碰撞属于动力学碰撞，要求两个分子相互接触。而对于激发态分子而言，则不一定需要两个作用分子的直接接触便可发生碰撞，即我们所说的光学碰撞。此外，在溶液中，被溶剂分子包围的两个邻近的溶质分子在漂离前，可能进行 20～100 次重复碰撞，这称为一次遭遇。而每一次遭遇所含的碰撞次数与碰撞持续时间与溶液的黏度和温度息息相关，所以黏度和温度也是荧光猝灭过程的两个重要参数。

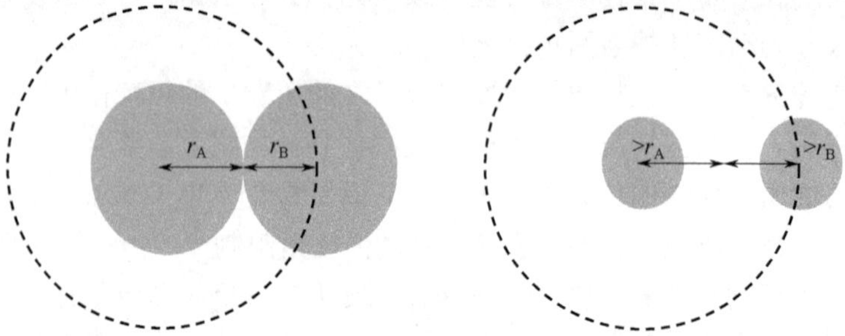

(a) 动力学碰撞　　(b) 光学碰撞

图 6-13　动力学碰撞与光学碰撞

碰撞猝灭也就是动态猝灭，其猝灭过程是与自发的发射过程相竞争从而缩短激发态分子寿命的过程。溶液中荧光分子 M 与猝灭剂 Q 相碰撞而引起荧光猝灭的过程可表示如下：

（1）$M + h\nu \longrightarrow M^*$　　（吸光）

（2）$M^* \longrightarrow M + h\nu_F$　　（荧光辐射衰变）

（3）$M^* \longrightarrow M + \Delta H$　　（非辐射衰变）

（4）$M^* + Q \longrightarrow M + Q + \Delta H$　　（猝灭过程）

首先是荧光分子吸光，随后出现三种衰变走向：荧光辐射衰变、非辐射衰变、猝灭剂的猝灭过程。通过多步假设与推导，可获得双分子猝灭过程的 Stern-Volmer 方程：

$$\frac{I_0}{I} - 1 = \frac{\tau_0}{\tau} - 1 = k_q \tau_0 [Q] = K_{SV} [Q] \tag{6-4}$$

$$K_{SV} = \frac{k_q}{k_F + \sum k_{nr}} \tag{6-5}$$

式中，τ_0 为没有猝灭剂时测得的荧光寿命；τ 为猝灭剂存在时测得的荧光寿命；K_{SV} 为 Stern-Volmer 猝灭常数，是双分子猝灭速率常数与单分子衰变速率常数的比值［式（6-5）］，它意味着这两种衰变途径之间的竞争；k_q 为双分子猝灭速率常数；k_F 为荧光速率常数；k_{nr} 为各种非辐射衰变速率常数。值得注意的是，对于有效的猝灭剂，K_{SV} 在 10^2～10^3L/mol 范围内。

前面讲过静态猝灭的定义，其主要特征表现为发光分子与猝灭剂组成基态或激基配合物。其中，基态配合物吸收光谱可能改变，而激基配合物的吸收光谱不改变。

由系列的假设与推导，我们可知静态猝灭方程［式（6-6）］与动态猝灭方程形式上一致，也具有线性关系。

$$\frac{I_0}{I}=1+K_S[Q] \tag{6-6}$$

式中，I_0 为猝灭剂加入前测得的荧光强度；I 为猝灭剂加入之后测得的荧光强度；K_S 为配合物的形成常数。

区分静态猝灭与动态猝灭最确切的方法是测量荧光寿命。因为静态猝灭中，猝灭剂的存在并没有改变荧光分子激发态的寿命，即 $\tau_0/\tau=1$。而动态猝灭中，猝灭剂使荧光分子寿命缩短，猝灭剂加入前后寿命比为加入前后的荧光强度比，即 $\tau_0/\tau=I_0/I$。此外，还可以通过扩散系数随温度的变化以及吸收光谱是否改变来进行初步区分，但后者若是在静态猝灭过程中生成基态配合物，吸收光谱也可能不变，因此，不能完全以吸收光谱的变化进行区分。

6.4.3 能量转移猝灭

能量转移是指一个激发态分子将其激发能转移给其他分子而自身失活到基态，接受能量的分子同时由基态跃迁至激发态的过程。如果将激发能传递给同种分子，称为能量迁移；如果将其激发态能量通过环境传递给其他分子，则称为能量跃移。

根据能量转移过程中作用机理的不同，能量转移又可分为辐射能量转移和非辐射能量转移。后者又具有两种不同机理假设，即基于偶极-偶极耦合作用的共振能量转移和基于电子交换作用的交换能量转移。

（1）辐射能量转移　这种能量转移过程事实上是荧光的再吸收过程。即荧光分子（能量供体）所发射的荧光被猝灭剂（能量受体）所吸收，从而导致后者被激发。这一过程可以表示如下：

$$D^* \longrightarrow D + h\nu$$

$$A + h\nu \longrightarrow A^*$$

这种能量转移过程不需要供体和受体间的任何能量作用，它仅仅是供体发射的荧光为受体所吸收，按照朗伯-比尔定律，能量转移的概率正比于受体的浓度。这种能量转移过程的效率取决于供体的发射光谱与受体的吸收光谱的重叠程度，重叠程度越大，能量转移的效率越高。

（2）共振能量转移　Förster 共振能量转移（FRET）属于长程能量转移，通过两个分子在空间所产生的电磁相互作用，可以将能量供体的激发能转移给能量受体分子。这种能量传递方式可以比作两个偶联的电偶极子的振动，当两个偶极子振动频率相同时，相互就发生共振作用传递能量。此外，过程中不涉及光子发射与再吸收，也不需要任何实物介质的联系，可发生在不同分子间，也可发生在相同分子的不同发色团间。

实现 FRET 需要满足以下条件：D 和 A 相距 1～10nm，远大于碰撞半径；供体的荧光发射光谱和受体的吸收光谱要有一定重叠，重叠区域越大，共振途径数量越多，共振转移概率就越大；D 和 A 的跃迁偶极具有一定的相对取向要求，以提高转移效率。

（3）交换能量转移　交换能量转移是非辐射能量转移猝灭的另一种机制，是发生在比共振能量转移更短距离内的能量转移现象，这种能量转移也称为短程能量转移。该过程具有以下特征：

① 只有当供体分子和受体分子波函数在空间域重叠时，即当两者发生了动力学意义的实际碰撞时，电荷云之间的静电相互作用才会大。通常，三线态能量转移是以交换途径进行的，分子间距大，转移效率呈指数下降。交换能量转移的速率是扩散控制的，因而其速率与介质的黏度有关，这一点区别于共振能量转移。

② 交换相互作用的大小与给体和受体的跃迁振子强度或跃迁概率无关。对于单线态→三线态这样的禁阻跃迁，在短距离间隔内，交换能量转移过程占主要地位。但如果跃迁是允许的，则偶极-偶极相互作用更占优势。

③ 交换能量转移遵循自旋守恒规则，即始态和终态的总自旋保持不变。图 6-14 展示了交换能量转移的两大类型，其中分子间的交换能量转移是发生在二苯甲酮和萘之间三线态-三线态的能量转移，而分子内交换能量转移则是发生在同一分子中的两个发色团之间。

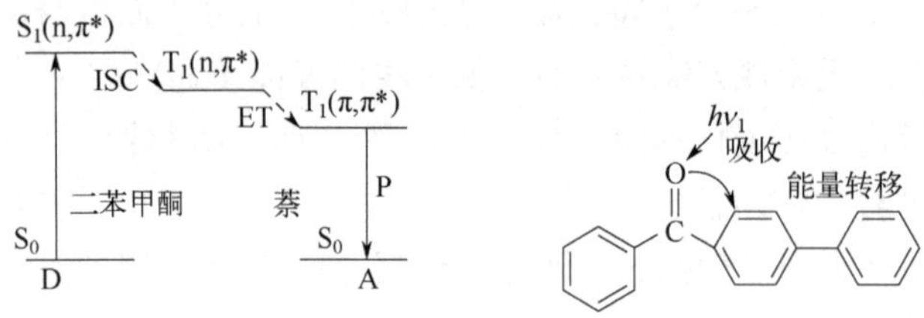

(a) 分子间交换能量转移　　(b) 分子内交换能量转移

图 6-14　分子间与分子内交换能量转移示例

6.4.4　电子转移猝灭

目前，荧光分子与猝灭剂之间的能量转移、电子转移或电荷转移是导致荧光猝灭的主要原因。

电子转移是电子的交换，如图 6-15 所示，无论是激发态将电子转出去，还是激发态的 HOMO 轨道被电子填充，都会生成自由基离子对，若这些自由基离子对可以堆积在一起，便会形成所谓的电荷转移复合物。

$$D^*+A \longrightarrow D^{\cdot+} + A^{\cdot-} \longrightarrow [D^{\cdot+}\cdot A^{\cdot-}]$$

$$LUMO_{D^*} \longrightarrow LUMO_A$$

(a) 荧光团作电子供体

$$D^*+A \longrightarrow D^{\cdot-} + A^{\cdot+} \longrightarrow [D^{\cdot-}\cdot A^{\cdot+}]$$

$$HOMO_{D^*} \longleftarrow HOMO_A$$

(b) 荧光团作电子受体

图 6-15　电子转移的两种方式

为了区分电子转移与电子能量转移，我们做如下归纳：前者只能通过交换作用，需要轨道重叠，激发态分子既可以是供体，也可以是受体。而后者可以通过偶极-偶极作用和交换作用完成，激发态分子是能量供体。

碰撞复合物是电子转移猝灭的必经途径。具体的电子转移类型如下：

（1）外层电子转移　该过程的电子转移不涉及化学键的断裂与形成，但是可以影响相关分子结构及其周围分子间的平衡关系。

（2）内层电子转移或价带间的电子转移　发生在可变价金属离子之间，即由光或热引发的具有不同氧化态金属间的电了转移。

（3）电子的跳跃转移　类比于能量跃移，电子的跳跃转移便是电子通过环境进行的交换传递。该过程可发生在核酸体系、蛋白质体系，体系中部分基团或结构扮演着电子跳跃转移中继站或介质的角色。

（4）光诱导的电子转移　由于光致激发是发生电子转移的起因，故有光诱导电子转移之称，是涉及传感器的最常用原理之一。在光的作用下，激发的电子给体（或受体）可以与受体（或给体）间发生电子转移，分别形成阳离子自由基和阴离子自由基的短程电子转移。其基本条件是该过程在热力学上可行且转移后生成自由基离子对。此外，光诱导电子转移可发生在分子内，也可发生在分子间。根据电子转移的方向不同，又可分为还原型和氧化型。还原型光诱导电子转移过程中，富电的猝灭剂因失电子被氧化，而氧化型光诱导电子转移中，缺电的猝灭剂因得电子被还原。

6.4.5 自猝灭

荧光分子本身浓度增大使其荧光猝灭的现象称为浓度猝灭或自猝灭。当荧光物质的浓度超过 1g/L 时，常发生荧光的自猝灭现象。

目前，自猝灭的类型较多，例如荧光辐射的自吸收，当荧光物质的吸收光谱和发射光谱有较大重叠时，由荧光物质发射的荧光则有部分可能被自身的基态分子所吸收。随着荧光物质浓度的增加，自吸收的现象也会加剧。当然，这种现象实际上也是辐射能量转移的过程，只不过能量的给体和供体为同一分子。再者，荧光物质在高浓度状态下易生成多类型二聚体或多聚体。而这些二聚体有的并不发荧光，有的虽然有荧光，但其发光特性，如光谱范围、荧光峰位、量子产率和寿命等都与单体的发射不同，从而引起原荧光物质的荧光猝灭。图 6-16 是形成激发态二聚体的荧光谱图变化示例。此外，自猝灭过程还可能涉及氧的猝灭、内滤效应等。

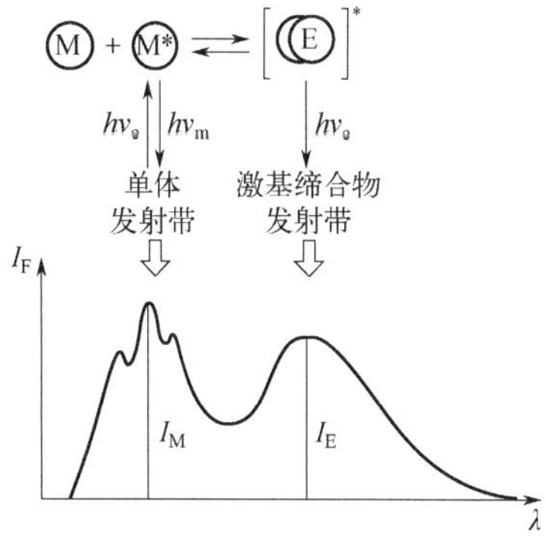

图 6-16　形成激发态二聚体的荧光谱图变化

6.5 荧光光谱仪器

常用的荧光仪器主要为两类：荧光分光光度计与荧光计。两者皆由光源、单色器、狭缝、样品池、信号检测放大系统及信号读出、记录系统六部分组成（图 6-17）。其中，单色器又分为激发单色器和发射单色器。荧光分光光度计采用的是色散型单色器，如光栅、棱镜，可对入射和发射光波长进行选择，且可进行入射/发射波长的扫描；而当激发单色器改为滤光片时，则为荧光计，具有固定的光谱通带。当在仪器样品池的入射光路和发射光路两侧分别装配起偏器和检偏器时，便可进行荧光偏振实验。

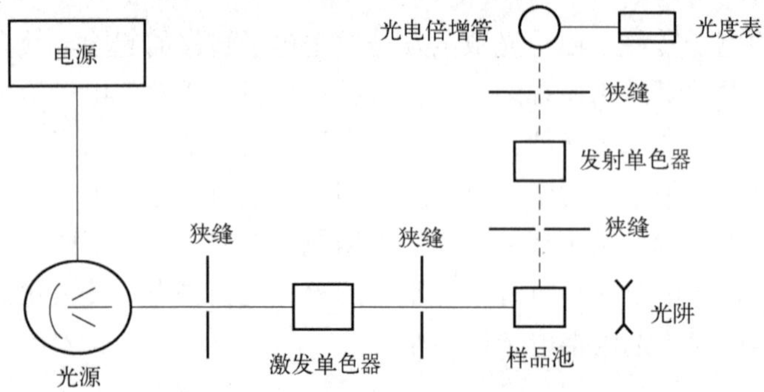

图 6-17　荧光分光光度计结构示意图

目前，市售荧光仪器各式各样，以图 6-18 为例，其兼具多类操作模式和功能，模块组成灵活多变，可根据不同模块的选择配置实现稳瞬态荧光、寿命、量子产率、偏振荧光的测定，用于研究分子动力学、能量传递、电荷传递、蛋白质折叠、键合位置、猝灭及扩散常数等。

图 6-18　荧光仪器与寿命测试模块

6.6 荧光光谱分析应用

6.6.1 常规荧光分析

在荧光分析中，可以采用不同的实验方法进行物质的浓度测量，常规的分析手段包括两类：

（1）直接测定法　只要分析物本身发荧光，便可直接通过测量其荧光强度获得浓度信息。

（2）间接测定法　根据分析物的具体情况，可选用不同的间接测定方法，如荧光衍生法、荧光猝灭法以及敏化荧光法。其中荧光衍生法有包括化学衍生、电化学衍生及光化学衍生，即通过采用化学反应、电化学反应和光化学反应，使不发荧光的分析物转变成适合测定的、发荧光的产物。

6.6.2　其他荧光分析原理与应用

（1）同步荧光分析　同步荧光光谱是同时扫描激发和发射两个单色器波长，测得荧光强度信号与对应的激发（或发射）波长的相互关系。与激发、发射光谱相比，同步扫描技术利用了化合物的吸收、发射特性，所获得的谱图简化，谱带宽度变小。

（2）三维荧光光谱分析　普通荧光光谱为二维谱图，通常是固定激发或发射波长而获得。实际上的荧光强度应是激发和发射两个波长变量的函数，而三维荧光光谱（EEM）便是描述荧光强度同时随激发波长和发射波长变化的关系图谱，进而衍生出光谱指纹技术。

（3）时间分辨荧光分析　时间分辨发射光谱（TRES）是一种实验技术。在某个样品的发射光谱范围内，以一定的波长间隔测量荧光衰减。最后获得一幅强度-时间-波长3D图。在这幅3D图的三维数据之中，沿着时间坐标轴的方向观察不同时间的光谱，而不考虑不同波长的衰减，得到的就是时间分辨发射光谱。如果样品中含有多个荧光发射体，它们发射的荧光光谱相互交叠，但是具有不同的荧光寿命，那么就可以利用时间分辨发射光谱将这些荧光发射体的荧光光谱一条一条分离开来。此外，时间分辨发射光谱还可以用于测量溶剂重取向的时间常数。

（4）相分辨荧光分析　相分辨是荧光寿命的测试方法之一，它是利用混合物中各荧光体荧光寿命的差异来进行荧光光谱的分辨，并利用激发光和荧光之间的相角和去调制因素来计算荧光寿命。相分辨除了用于荧光混合物的分析和荧光寿命的测量外，还可以降低光谱中的拉曼散射及其他散射背景，用于激态反应的研究及溶剂松弛的分辨。

（5）荧光偏振测试　当用偏振光激发荧光分子时，荧光分子发射偏振光，这种偏振发射是由荧光分子对激发光子取向的选择和发射光子的取向引起的。通常，实验测得的荧光是消偏振的。

（6）低温荧光分析　一般的荧光分析都是在室温下进行，其光谱呈带状。温度对分子荧光影响显著，当温度降低时，介质的黏度增加，荧光分子与溶剂碰撞的概率以及分子内部能量的转化作用就会降低，荧光物质的量子产率和荧光强度皆会增大。因此，在低温及特殊条件下，荧光光谱可能会呈现尖锐的准线性状态，这样便有利于对荧光物质进行指纹识别，或是针对混合物中的特定成分进行定量检测。

（7）固体表面荧光分析　固体表面荧光的测定通常有两种形式：反射式和透射式。采用反射式测定时，激光光源与检测器位于样品同一边，互成45°。当激发光聚焦于固体表面样品上时，样品发出的荧光经由单色器色散后到达检测器检出。而采用透射式测定时，样品吸附在透明载样板上，激发光源和检测器位于样品两边，同样当激发光聚焦于样品上时，发出的荧光透过载样板再经单色器色散到达检测器检出。事实上，固体表面荧光测定的精密度、准确度远不及溶液荧光测定，因此测量过程中应尽量减小误差。

除上述几种荧光光谱分析应用之外，还有动力学荧光分析、空间分辨荧光分析、单分子荧光测试、导数荧光分析等。

思考题

1. 荧光产生的原理是什么？
2. 荧光与磷光的区别是什么？
3. 荧光的猝灭方式有哪些？分别是如何产生的？

第7章 显微成像技术

通过本章的学习，了解透射电子显微镜、扫描电子显微镜、原子力显微镜和激光扫描共聚焦显微镜的基础知识和结构，掌握相关仪器的工作原理和应用。熟练掌握透射电子显微镜、扫描电子显微镜、原子力显微镜和激光扫描共聚焦显微镜在纳米科学、高分子材料、生物医学等领域的实际应用。

微观成像是在微米乃至纳米水平对物质的精细结构进行研究的有力手段。物质的结构决定了材料的功能，从物质超微结构的角度研究其性能，是调节和优化材料功能的重要基础。显微技术是人类探究微观世界的重要途径。从 17 世纪初光学显微镜的发明，到 20 世纪 30 年代的中子显微镜、电子显微镜的应用，再到 20 世纪 80 年代的扫描探针显微镜和激光扫描共聚焦显微镜的出现，无一不体现着人类在探索物质结构领域的不懈努力。

人眼的空间分辨率能达到 0.2mm，当两个物体间距离小于 0.2mm 时，肉眼将很难区分出来。光学显微镜的问世极大地扩展了人类的观察视野。20 世纪 20 年代，电子波粒二象性概念的提出，得到了波长更短的“光”——电子，同时电子在磁场中的运动理论为电子束聚焦提供了理论依据。在此基础上，1931 年，马克斯·克诺尔（Max Knoll）和恩斯特·鲁斯卡(Ernst Ruska)首次提出电子显微镜的定义，并实现了电子透镜成像的想法。电子显微镜通过电子束成像，突破了光源波长的限制，其空间分辨率可达 0.1nm。

1981 年，IBM 苏黎世实验室的物理学家格尔德·宾宁（Gerd Binnig）和海因里希·罗雷尔（Heinrich Rohrer）利用电子隧道效应，制造出了放大倍数可达 3 亿倍、侧向分辨率可达 0.01nm 的新型显微镜——扫描隧道显微镜（scanning tunneling microscope, STM），使人类能够真正实时地观测到单个原子在物体表面的排列方式以及与表面电子行为有关的物理、化学性质。STM 的信号是由导电探针针尖与样品之间的隧道电流变化决定的，该技术只能研究导体或半导体样品。Binnig 等在 STM 的基础上，于 1986 年成功研制了原子力显微镜（atomic force microscope, AFM）。AFM 通过探测微小探针针尖与被测样品表面间微弱的相互作用力来获得物质表面形貌与性能信息，从而不再受样品导电性的限制，且侧向分辨率可达 0.1nm。在 STM 和 AFM 工作原理基础上，相继发展了用于表征其他表面性能信息的一系列显微技术。这些显微技术均是利用尖细的针尖对样品表面进行扫描，获取表面形貌和物理性能信息，统称为扫描探针显微镜（SPM）。SPM 的问世是表面科学研究领域的一次里程碑式的进步，其原子级的分辨率使人们“看到”了材料表面的原子像、分子在基底的组装结构，同时实现了对原子/分子的操控，对纳米科技的发展起到了极大的推动作用，被称为第三代显微镜。

电子显微技术虽然具有超高的分辨率，但是由于样品制备及检测条件的限制，难以在生理条件下对微生物、细胞或组织等生物样本进行成像。光学显微技术具备快速简便、低成本、高灵敏度、低背景、微介入等特性，有利于样本生理功能的保持，促使其成为生命科学、医学、生物材料、农业等学科研究的有力工具。1852 年，英国物理学家斯托克斯（George.G.Stokes）提出了“荧光”一词，并阐述荧光产生的机理。1911 年至 1913 年间，德国物理学家 Otto Heimstädt 和 Heinrich Lehmann 在紫外显微镜基础上研制了第一台荧光显微镜。之后，Stanislav Von Provazek 将荧光显微镜用于荧光染料标记的固定组织和活细胞的研究，开启了细胞生物学研究的新时代。1957 年，来自美国哈佛大学的马文·明斯基（Marvin Lee Minsky）提出了共聚焦显微镜的基本原理，采用点光源装置取代传统宽场显微镜的场照明装置，在样品平面上放置不透明材料制成的小孔，焦点处的光通过小孔到达检测器，焦点外的光被屏蔽。通过平移照射点，获得焦平面所有点的图像信息，成为现代激光扫描共聚焦显微镜成像的基本原理。1967 年，MD·Egger 和 M·Petran 运用圆盘扫描共聚焦技术成功获得了一个光学断层图像。1984 年，美国 Bio-Rad 公司推出了世界上第一台共聚焦显微镜。20 世纪 80 年代后，随着计算机快速存储技术、高灵敏显示技术、软件处理技术的发展，激光扫描共聚焦显微镜逐渐成为生物学、材料学、医学等领域光学成像分辨率最高、应用最广泛的仪器。

本章节主要介绍几种认识和探索微观世界的常用工具——透射电子显微镜、扫描电子显微镜、原子力显微镜和激光扫描共聚焦显微镜。随着科学技术的发展，显微成像技术成为人们观察和探索微观世界不可或缺的工具，其广泛应用于材料科学、纳米科学、固体物理、固体化学、地质、石油化工、考古、生命科学、医学等领域。

7.1　透射电子显微镜

7.1.1　概述

透射电子显微镜（TEM）是以电子为光源，用电磁透镜聚焦和发散电子束，对穿过样品的电子束进行成像放大的设备。当电子透过样品时，电子经过不同的散射过程（部分电子不受样品影响），最终样品出射面上的电子强度不均匀分布，电子强度分布包含了样品的所有结构和化学信息等。TEM 已经成为材料微观结构表征的重要工具。根据用途和配置不同，TEM 可分为一系列不同类型的设备，例如，高分辨透射电子显微镜（HRTEM）、高压电子显微镜（HVEM）、中等电压电子显微镜（IVEM）、扫描透射电子显微镜（STEM）和分析型电子显微镜（AEM），这些设备都是从传统的 TEM 技术上逐渐发展起来的。

现代 TEM 一般呈现直立圆筒式，其外观如图 7-1 所示，镜筒顶部是电子枪，其下依次为聚光镜、样品室、物镜、中间镜和投影镜，最下部分别是荧光屏和照相装置，利于固定、密封和观察。

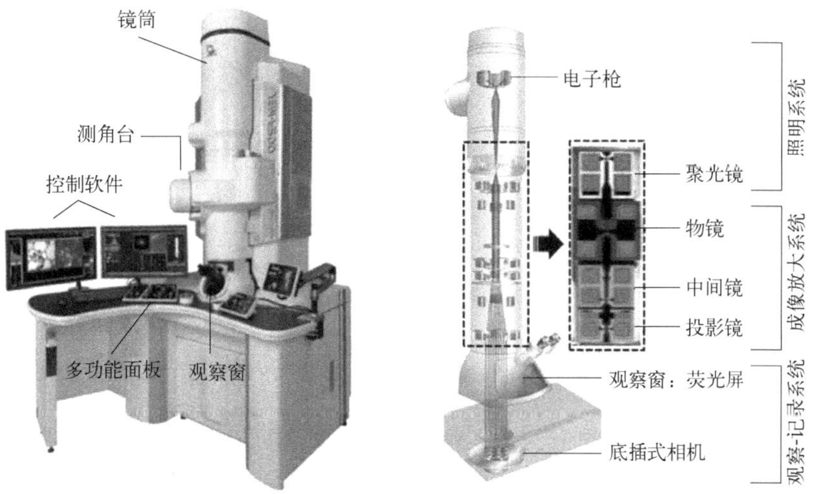

图 7-1　现代透射电子显微镜的外观和结构

电子枪发射出的电子束在加速电场的作用下穿过阳极孔，被聚光镜汇聚成一定尺寸的电子束，照射并穿透样品。透射束经过物镜聚焦放大在其像平面形成一幅带有样品微观特征的透射电子像，经过中间镜和投影镜的进一步放大成像投射到荧光屏上，使透射电子的强度分布转换成人眼直接可见的光强度分布，并进行摄像记录，得到一幅具有一定衬度的放大图像。

电子与样品相互作用发生散射是电子作为 TEM 光源的基本条件。在 TEM 中，通常将散射不远的电子束作为研究对象，这些电子可以提供有关样品内部结构和化学性质的信息，TEM 的结构设计也主要适用于收集这些电子。电子散射主要包括弹性散射和非弹性散射，对于成像过程，这两种形式的散射都非常重要。弹性散射电子是 TEM 图像衬度的主要来源，非弹性散射可以产生宽能量范围的多种信号，每种信号都能给出比弹性散射更丰富的样品化学信息。

扫描透射电子显微镜（STEM）可以利用伸缩型环状暗场探测器得到样品的 Z-衬度像（高角度环形暗场像，HAADF），HAADF 利用电子的非相干散射成像，可以形成原子柱像，在 TEM 中环形暗场探测器和明场探测器的位置如图 7-2 所示。在 STEM 中，微电子束（直径为 0.1～1nm）在样品表面进行平面扫描，电子束与样品作用过程中产生特征 X 射线、二次电子、背散射电子等。在 TEM 中安装的各种类型的探测器可对电子激发的多种电子信息进行检测和分析，由此可对样品的多种结构和元素信息进行分析。图 7-2 展示了 TEM 镜筒中安装的各种探测器，它们可以用于收集样品发射的各种信号，例如特征 X 射线探测器、二次电子（SE）探测器和背散射电子（BSE）探测器等。因此，在 STEM 模式下，在阴极射线管（CRT）或者显示屏上可得到样品的二次电子像、背散射电子像、X 射线元素分布图等，这些成像方式与扫描电子显微镜（SEM）的相似。由于 TEM 采用薄样品，因此同一种像的空间分辨率比使用块状样品的 SEM 像高很多。

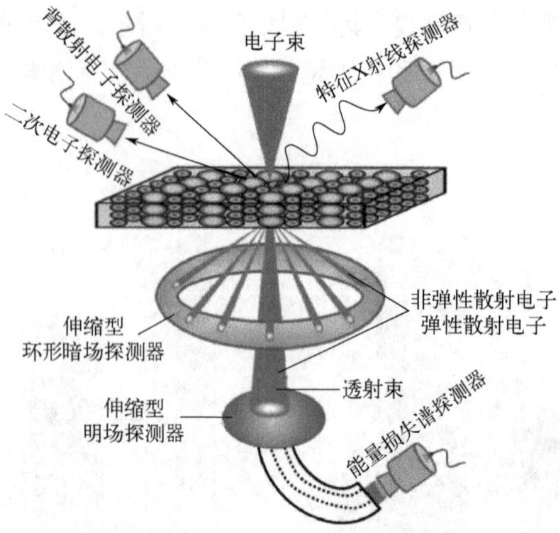

图 7-2 现代 TEM 中的各种电子探测器

TEM 镜筒的荧光屏下方可安装电子能量分析系统，可以对透过样品的非弹性散射电子进行电子能量损失谱分析（EELS），也可以选择给定能量范围的电子形成能量选择像或者能量过滤像。在 EELS 中能够测定高能电子束通过样品后的电子能量损失情况，获得微区的化学和结构信息。

表 7-1 总结了 TEM 常用的工作模式、分析方法和测试目的。

表 7-1 透射电子显微镜工作模式、分析方法和测试目的

工作模式	分析方法	测试目的
TEM 模式	明场像（BF）	微观形貌、厚度差异、尺寸大小
	暗场像（DF）	取向、分布、结构缺陷
	高分辨像（HRTEM）	原子排列、晶格缺陷、表面形态、畸变缺陷
衍射模式	选区电子衍射（SAED）	晶体结构、晶体取向、结构缺陷
	会聚束电子衍射（CBED）	晶体对称性、晶胞参数
	纳米束电子衍射（NBED）	纳米尺度的结构与成分
STEM 模式	明场像（BF）	微观形貌、厚度差异、尺寸大小
	环形暗场像（ADF）	原子序数衬度（HAADF）、衍射信息（LAADF）
	二次电子像（SEI/DPC）	二次电子表面形貌像、场分布情况等
谱学模式	特征 X 射线能谱（EDS）	4～92 号元素的成分分析（组成、元素分布等）
	能量损失谱（EELS）	获得成分与价态信息（利于轻元素分析）

7.1.2 透射电子显微镜的基本结构

TEM 的精度高、直观性强，所以对电源稳定性、加工精度和真空度等方面均有较高的要求。TEM 由电子光学系统、真空系统和电气系统（电源和控制系统）组成。电子光学系

统是 TEM 的核心，主要由照明系统、成像放大系统和观察-记录系统组成。真空系统为电子束稳定工作提供高真空和超高真空环境，确保电子自由程，避免灯丝和样品损伤。电气系统分为电源和电子显微镜控制单元。

电子光学系统

TEM 的电子枪发射出电子，在加速管内被加速，照明系统的电子透镜将其会聚，照射到样品上，透过样品的电子束被成像系统的电磁透镜放大成像。电子在镜筒内依次经过电子枪（也称为电子源）、高压发生器和加速管、照明电子透镜系统和偏转系统、测角台和样品架、成像和放大电磁透镜系统、观察室和照相室。TEM 电子光学部分的结构见图 7-3。

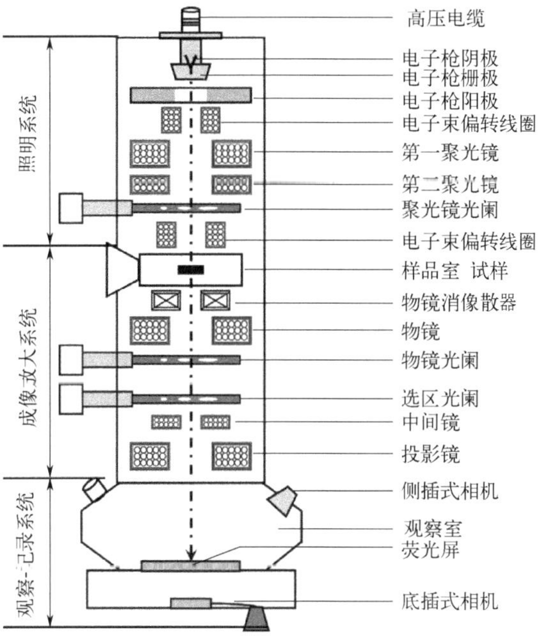

图 7-3　TEM 电子光学部分的结构图

照明系统由电子枪和聚光镜组成，其作用是提供一束亮度高、照明孔径角小、平行性好、束流稳定的电子束，作为 TEM 的照明源。

电子枪（位于电镜顶部）是 TEM 的照明源，是决定 TEM 性能的重要部分之一。由于对电子束要求非常严格，只有热电子发射源和场发射源可以满足要求。热发射电子源是钨灯丝或者六硼化镧晶体，场发射电子源是很细的针状钨丝。

聚光镜用于汇聚电子束，以减少照明亮度损失，调节照明强度、孔径角和束斑大小。

成像放大系统由物镜、中间镜和投影镜组成，还包括测角台、物镜光阑和选区光阑（限场光阑）。物镜和样品杆/测角台系统是 TEM 的核心部分，通常位于 TEM 中心约 10mm 的区域内。所有的电子束与样品的相互作用都发生在此处，且 TEM 的两种基本操作也在此处完成。样品室位于聚光镜之下和物镜之上，可以承载并移动 3mm 直径样品（载网）。测角台将样品杆固定在合适的位置，这样物镜可形成图像和衍射花样。

物镜是 TEM 中最重要的透镜，它的质量决定着所要观察样品的所有信息的质量，其分辨本领决定了 TEM 的分辨率。物镜是衍射成像透镜，透过样品的电子束在物镜后焦平面上形成衍射花样，在其像平面上形成一次放大像。

中间镜是一个弱磁透镜，其焦距较长，通过改变激磁电流调节放大倍数。中间镜的放大倍数一般在 0～20 倍。在 TEM 操作过程中，主要利用中间镜控制电镜总放大倍数，从而实现 TEM 从几千到上百万倍的放大倍数调节。如果关闭物镜，使中间镜代替物镜，TEM 的放大倍数可低至数百倍。

此外，中间镜也可实现成像模式和衍射模式之间的切换。中间镜把物镜形成的一次放大像（像平面）或者衍射花样（后焦面）投射到投影镜的物平面上，投影镜把一次放大像或者衍射花样再一次放大后投射到荧光屏上。

投影镜的作用是把经中间镜放大或缩小的微区成像或电子衍射花样进一步放大，并且投影到荧光屏上。投影镜是短焦距的强磁透镜，且具有固定的励磁电流，有很大的景深和焦长。

7.1.3 透射电子显微镜的工作模式和应用

图 7-4 展示了不同工作模式下的 TEM 简易光路图。在 TEM 模式下，调节 TEM 聚光镜、物镜和各个光阑的状态，可以得到样品的低倍形貌像（TEM，明场像）、高倍形貌像（HRTEM）和 TEM 暗场像。通过调节第二聚光镜励磁电流将工作模式切换为衍射模式，可以得到微区样品的衍射花样（SAED）。探针模式下，照明系统可提供高强度的电子束探针，适用于微小区域的分析。在此模式下，可以进行会聚束电子衍射（CBED）和纳米束电子衍射（NBED）。在 STEM 模式下，使用伸缩型明场/暗场探测器或者二次电子探测器，可得到微区样品的 STEM 明场像（BF）、STEM 暗场像（HAADF 或者 LAADF）和二次电子像。根据测试需求，可在 TEM 中配备不同类型的探测器。在 STEM 模式下，插入不同类型的探测器可以得到微区样品的特征 X 射线能谱（EDS）和能量损失谱（EELS），从而分析样品的元素种类、价态、含量和分布等信息。

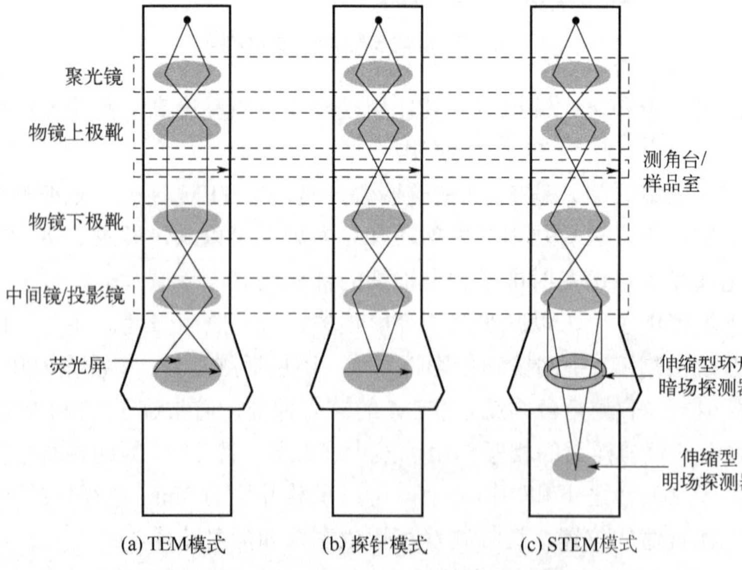

图 7-4 不同工作模式下 TEM 简易光路图

7.1.3.1　成像模式

在 TEM 中，用宽电子束照射薄样品，使整个照射区域的电子束强度均匀，图 7-5 是 TEM 成像模式的光路图。假设电子束与样品相互作用之前平行光轴向下传播，中间镜聚焦在物镜的像平面上。所有的透射束和衍射束离开样品后，在荧光屏上汇聚形成放大像。在这种简单的成像模式中，样品显示出微弱的衬度。因此，使用 TEM 进行形貌像观察时，需要在物镜后焦面上插入一个物镜光阑。物镜光阑是 TEM 中最重要的光阑，其大小限制了收集角，因而决定了透镜最重要的透镜像差，直接影响了分辨率。

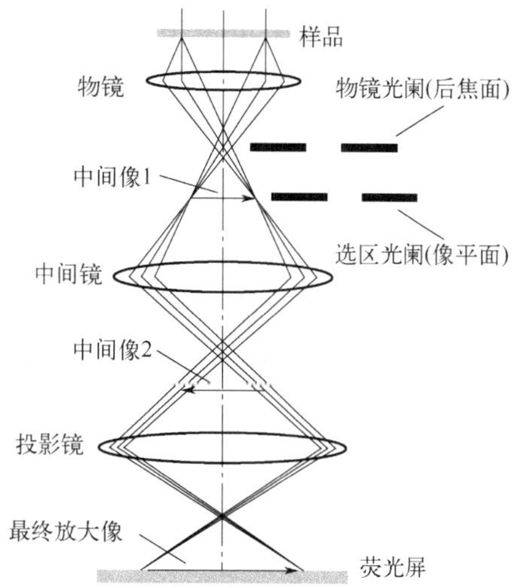

图 7-5　TEM 成像模式光路图

为了提高形貌像衬度，一般使用物镜光阑选择部分电子束参与成像，图 7-6 分别展示了加入不同尺寸的物镜光阑后，纳米材料微观形貌像的衬度变化。物镜光阑使衬度明显提高，并且随着物镜光阑尺寸减小，其衬度提高。

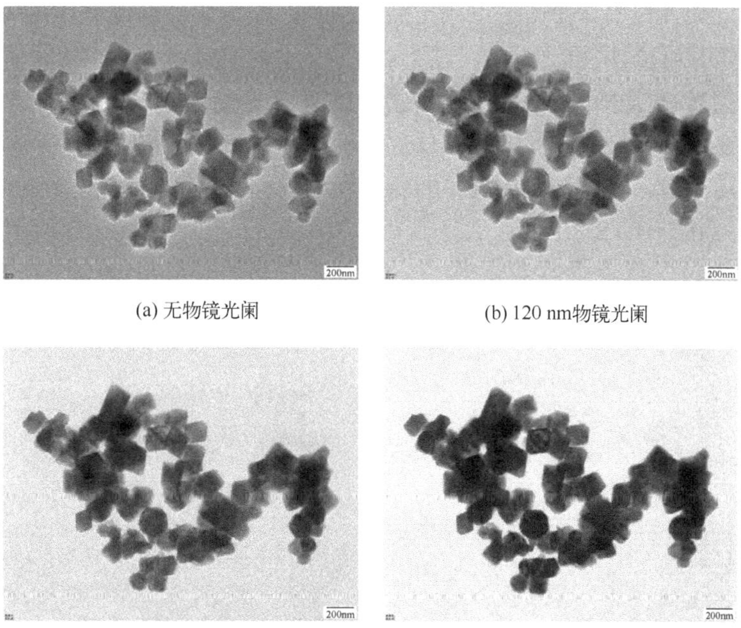

(a) 无物镜光阑　(b) 120 nm物镜光阑

(c) 60 nm物镜光阑　(d) 20 nm物镜光阑

图 7-6　物镜光阑对 TEM 形貌像衬度的影响

7.1.3.2　高分辨 TEM 像（晶格像，HRTEM）

高分辨透射电子显微镜都配备了高分辨用的物镜极靴，采用球差系数较小的物镜。由于极靴间距较小，限制了样品台的倾转空间，但是提高了分辨率。高分辨像的形成过程：①入射电子在样品内部发生散射；②通过物镜的电子束在后焦面上形成衍射花样；③相关电子束发生干涉，并在物镜像平面上形成放大的显微像。TEM 高分辨成像光路图如图 7-7 所示。

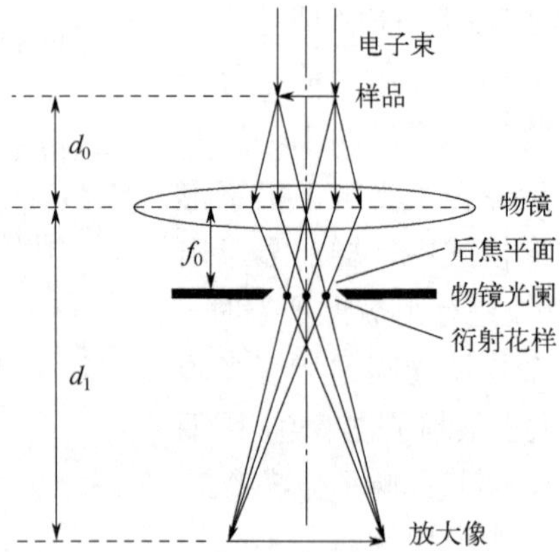

图 7-7　TEM 高分辨成像光路图

HRTEM 是唯一能够确定固体界面处原子排布的技术。HRTEM 可以获得多种结构信息，例如纳米材料结构的像、界面（例如晶界、相界等）、表面、准晶体以及单原子像等。在 HRTEM 像中，必须观察界面两侧以确定原子结构，它主要提供二维结构信息，同时某些信息可以表征第三维度（垂直方向）。图 7-8 展示的具有代表性的 HRTEM 观察结构边界和表面的例子：图（a）是 Ge 晶粒，在此图中可以清晰地看到晶粒间界；图（b）是 Si_3N_4 晶粒，在两晶粒之间存在一层非晶的玻璃质层（即非晶层边界），其厚度约为 7Å(1Å=0.1nm)；图（c）显示的是 NiO 和 $NiAl_2O_4$ 两种不同材料间的界面，其界面清晰可见；图（d）是 Fe_2O_3 晶粒的 0001 晶面的 HRTEM 图，此图不仅可以观察到材料的晶格形貌，而且可以得到材料的表面轮廓图。

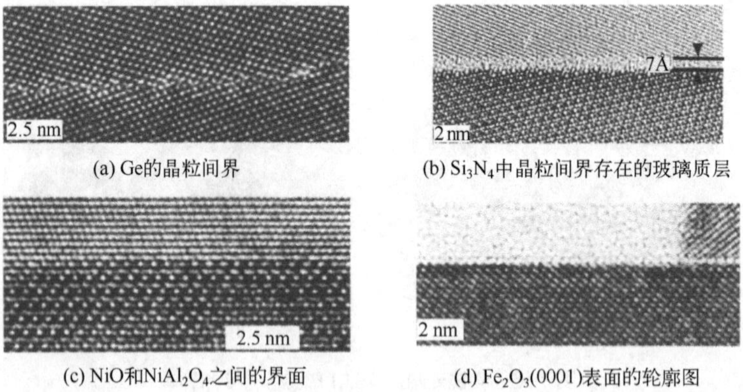

(a) Ge的晶粒间界　(b) Si_3N_4中晶粒间界存在的玻璃质层

(c) NiO和$NiAl_2O_4$之间的界面　(d) Fe_2O_3(0001)表面的轮廓图

图 7-8　平直界面的 HRTEM

7.1.3.3　电子衍射模式

电子衍射方法是获得材料晶体学信息的重要的测试技术，从电子衍射像可得到倒易空间的信息。通过观察和测量衍射花样可以区分不同的晶体结构，并确定晶体种类、晶面间距、晶体取向、晶体缺陷等多种信息。电子束照射到样品上，按照晶体结构特征发生衍射，衍射角 2θ 满足布拉格定律：

$$2d_{hkl}\sin\theta=\lambda$$

式中，d_{hkl} 为样品的晶面间距；λ 为入射电子的波长，θ 为散射角。

在物镜的作用下，衍射电子束在物镜的后焦面上形成衍射花样。如图 7-9 所示，电子衍射模式下，第一中间镜的物平面与物镜的后焦面重合，物镜后焦面上的衍射花样被中间镜和投影镜放大，并投射至荧光屏上。

TEM 可以充分利用电子散射，形成散射电子分布的图像（即衍射花样），纳米材料的结构对其影响很大，因此衍射花样中的晶体学信息与样品的微观形貌相关。在 TEM 衍射中，可以观察到大小和强度不同的斑点（如图 7-10 所示），它们本身包含了样品的结构和其他信息。因此，TEM 最重要的特性之一是衍射花样直接反映了样品微小区域的晶体学信息，并以此为桥梁将晶体结构与样品微观形貌（TEM 形貌图）关联起来。

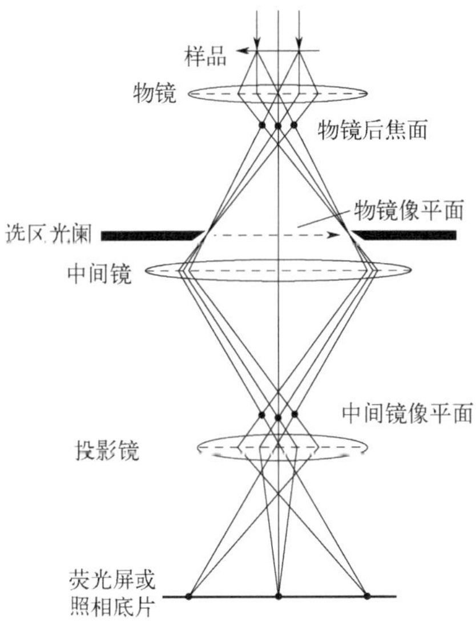

图 7-9 三级透镜电子衍射模式原理图

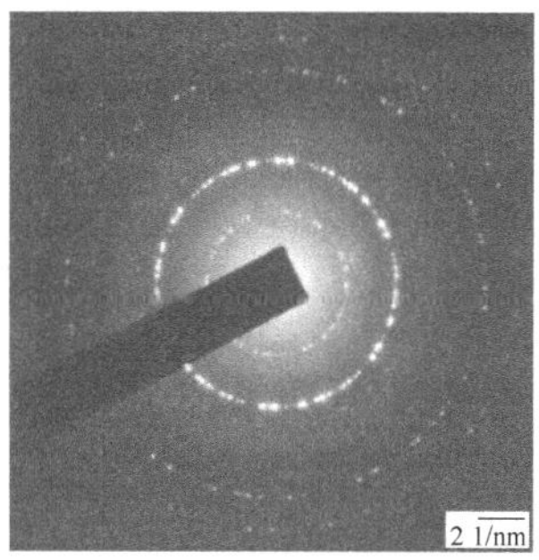

图 7-10 实验中观察的衍射花样

图 7-11 展示了 TEM 利用薄透镜的性质，在物镜后焦面形成第一幅衍射花样的简单光路图。为了选择合适的成像视野范围，在物镜的像平面插入一个限定孔径的选区光阑，使选区光阑在光轴上对中形成选区电子衍射花样。在像平面插入选区光阑会在样品平面产生一个虚光阑。虚光阑选定的样品区域的电子进入成像放大系统形成衍射花样，大于孔径的成像电子束被挡住，无法进入成像系统继续聚焦成像。只有在 AB 微区内的物点散射电子束才可通过选区光阑进入成像放大系统，从而实现了选区形貌观察和电子衍射结构分析的微区对应，即为选区电子衍射（SAED）。

图 7-12 是一组不同类型材料的衍射花样，从图中可以看出：透射电子束强度最大；随着散射角增加（与透射束距离增加），其散射强度下降；样品结构不同，其散射强度变化很大。当材料结构缺陷对材料性能有益时，通过分析衍射花样与形貌像建立关联是非常有必

要的。通过 TEM 衍射花样可以解决以下问题：

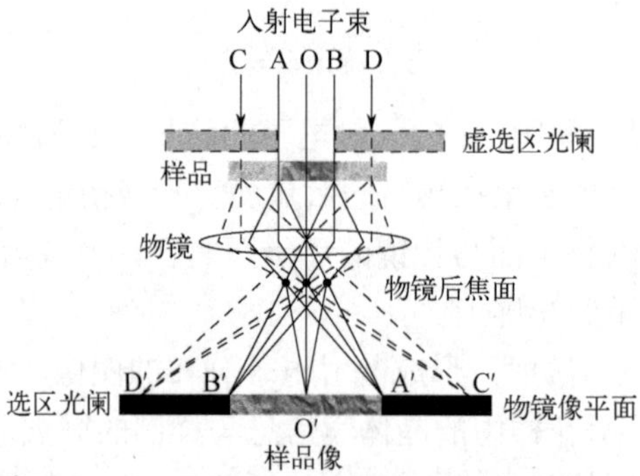

图 7-11 衍射花样的形成和选区电子衍射原理

① 从衍射花样直观地判断材料的种类（例如晶体、非晶体、单晶、多晶等）；

② 得到材料的晶体学特征（例如晶格常数、对称性等）；

③ 得到晶粒的形貌、尺寸和晶粒的粒径分布等信息，并建立起材料的形貌与结构的关系；

④ 通过分析衍射花样，确定相对于电子束入射方向，样品或者单个晶粒的取向；

⑤ 确定样品中相的个数及多个相之间的取向关系。

(a) 非晶碳　(b) 单晶Al　(c) 多晶金

图 7-12 不同类型材料的衍射花样

7.1.3.4 STEM 模式

STEM 成像光路原理图如图 7-13 所示。入射电子束被会聚成直径很小的“探针束”，电子束的尺寸因所用电子枪不同而异。STEM 工作模式下，电子束扫描系统借助于双偏转扫描线圈可使入射电子束在样品表面作光栅式扫描，且两组扫描偏转线圈使会聚电子束在样品表面扫描成像。两次偏转过程可以确保电子束在扫描过程中始终平行于光轴。

STEM 成像的基本原理与 TEM 静态电子束成像有本质的区别。TEM 模式是选择从样品某一区域散射出来的部分电子作为分析对象，并将其投影分布在荧光屏上。因此，TEM 成像模式主要研究偏离入射电子束方向不是很远的电子，这些电子包含了样品内部结构和化学性质的信息。STEM 成像时通过调节扫描线圈使电子束在样品上进行扫描，同时这些线圈在计算机显示器上同步显示，电子探测器作为来自样品的电子和显示屏上所显示图像之间的转换器。样品上产生的STEM信号都可以被探测和放大，且相应的信号将同步显示在计算机显示器的等价点上。STEM成像过程和其他扫描束设备的成像过程是完全一样的，例如扫描电子显微镜（SEM）和扫描隧道显微镜（STM）。在STEM模式中，根据探测器收集电子束不同，可以分为STEM明场像（BF）和STEM暗场像（又称为环形暗场像，ADF）。明场探测器和环形暗场探测器分别接收透射电子和散射电子，从而形成明场像和暗场像。

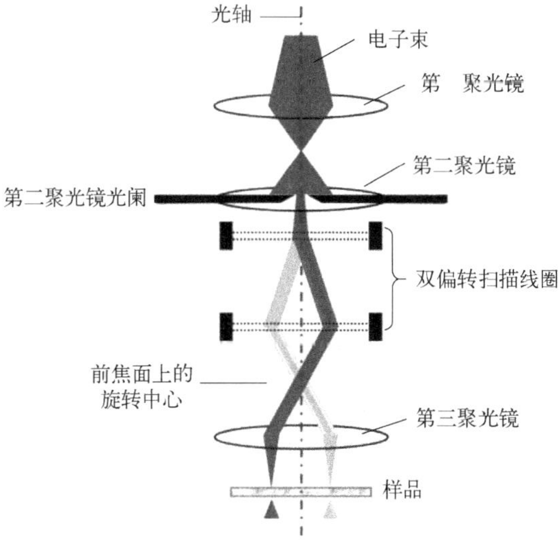

图7-13 STEM成像光路原理图

类似于扫描电子显微镜，STEM模式下，物镜没有光学意义上的成像放大作用，STEM图像的放大倍率是通过扫描作用实现的。STEM像的放大倍率 M 可以直接用显示屏面积 S_{CRT} 与电子束在样品上的扫描面积 S_S 之比得到：

$$M = \frac{S_{CRT}}{S_S}$$

TEM模式和STEM模式中，都有明场成像和暗场成像两种分析技术，但两种分析技术有差别。STEM模式是透射电子显微镜中的一种常规高分辨技术。在STEM中，通过改变相机常数 L 改变探测器的收集角，更容易控制利用某些电子成像，因此STEM模式较TEM模式更具有灵活性。通过对比图7-14(a)和(b)中的明场像可知，STEM明场像的衬度得到提高，但其噪声较强，图像质量降低。在暗场像中，环形暗场像没有像差，TEM离轴暗场像存在像差，因此STEM环形暗场像的噪声比TEM暗场像小，且衬度好，但其分辨率低。因此，需要根据样品的性质和测试需求选择合适的测试技术。

总的来说，STEM的质-厚衬度像较TEM像差，分辨率较差而且噪声较强。Z-衬度像（HAADF）可达到原子分辨率水平。TEM的衍射衬度像优于STEM的衬度，STEM的衍射衬度像的噪声较大，几乎不用。一般情况下，科研人员可将TEM和STEM相互配合使用，例如TEM模式获得较好的衍射衬度像和高分辨像；在STEM模式下观察样品中的小纳米粒子以排除衍射效应的干扰，观察非晶、复合型和生物样品可以改善图像的衬度。图7-15展示的是高比表面积的氧化铝负载 Pd/CeO_2 样品，为了提高 Pd/CeO_2 纳米颗粒的衬度，在STEM模式下拍摄的 HAADF 观察样品的形貌像。由于 Pd 和 Ce 的相对原子质量大于 Al，所以在 HAADF 像中，Pd/CeO_2 纳米颗粒是白色的亮点，不同的处理条件，得到的纳米颗粒的结构和粒径不同。

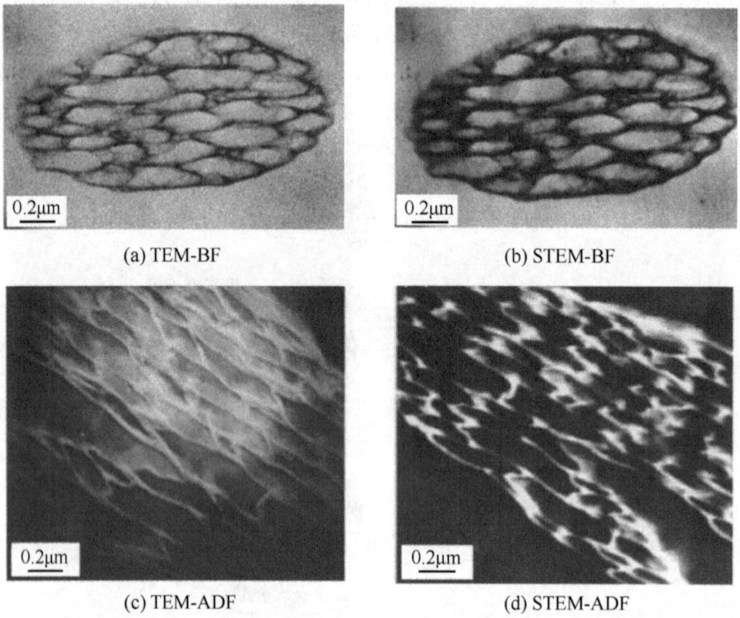

图 7-14 TEM 模式和 STEM 模式下的明场像和暗场像

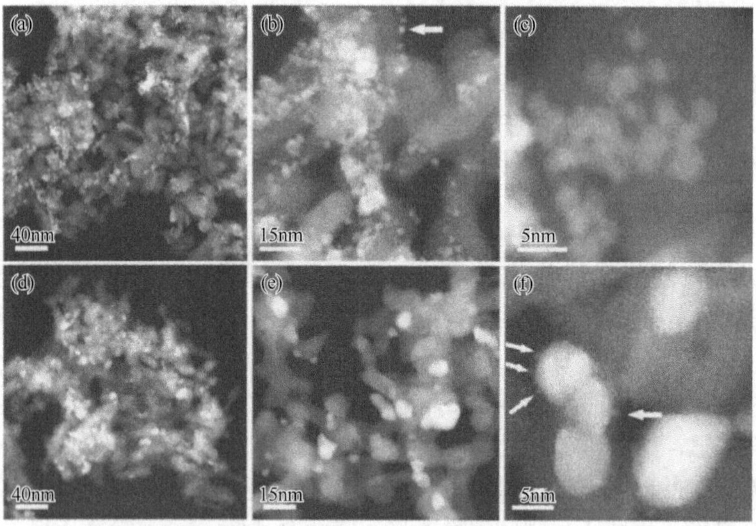

图 7-15 HAADF 应用实例：氧化铝负载 Pd/CeO_2 样品

［(a～c) 500℃处理 5h；(d～f) 800℃处理 5h］

7.1.3.5 EDS 能谱

电子束照射样品表面产生特征 X 射线，它是样品产生的最重要的二次信号。特征 X 射线的波长取决于能级跃迁过程中释放出的特征能量 ΔE，探测器通过探测和分析 X 射线可以对样品的元素进行定性和定量分析。在分析型 TEM 中，采用的是探测效率高的特征 X

射线能谱（EDS，energy dispersive X-ray spectroscopy），是 TEM 最基本、常用的、具有成分分析功能的测试技术。

特征 X 射线具有元素固有的能量，将能量展开成谱后，根据能量值可以确定元素的种类，根据谱的强度分析可以确定其含量。EDS 对重元素分析特别有效。图 7-16 展示的是 EDS 探测器系统和 TEM 样品室之间的连接装置，在样品表面产生的 X 射线通过测角台进入探测器中。理想情况下，EDS 只能接收电子束与样品相互作用产生的特征 X 射线。准直器定义了探测器的采集角和进入探测器的 X 射线的平均出射角。

能谱分析是 TEM 的一个重要功能，EDS 同主机共用一套光学系统，可对材料感兴趣区域的化学成分进行点分布、线分布和面分布分析。用 X 射线信号强度（计数率）调制 STEM 的显示器上电子束扫描样品对应的像素点亮度所形成的图像为元素面分布图像，即特征 X 射线强度的二维分布图像。图 7-17 给出核壳结构纳米材料测试实例，通过线分析，可以得到沿扫描线方向上 Gd 和 Y 两种元素浓度分布曲线。线分布不仅限于定性分析，系统还可给出样品沿着扫描线上各元素的定量分析结果。

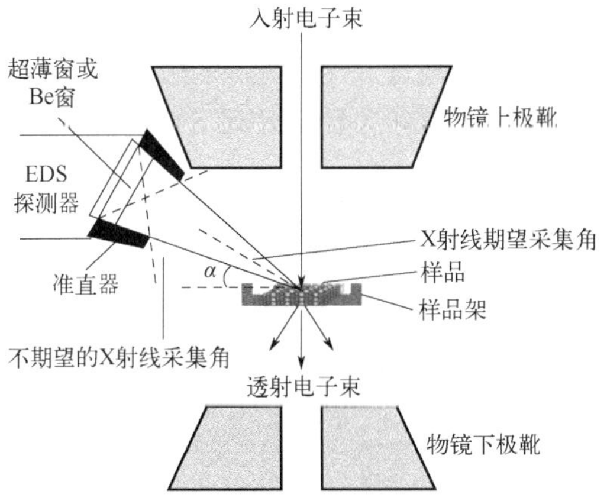

图 7-16　装有 EDS 探测器的 TEM 的样品室示意图

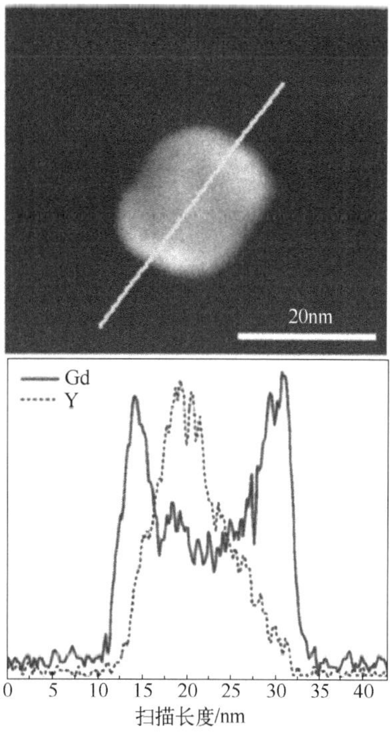

图 7-17　核壳结构纳米材料测试实例

元素的 X 射线面分析利用选定元素的特征 X 射线的强度调制阴极射线管的亮度，同时令阴极射线管的电子束与入射到样品上的电子束作同步扫描，在阴极射线管上得到该元素的 X 射线元素分布图。面分布图的放大倍数和 STEM 图像的放大倍数的改变方法相同。现代 TEM 的 EDS 元素分布图可以分别呈现各个元素的分布情况，也可以把所有感兴趣元素的分布图组合在一起得到全元素分布图，图 7-18（b）为纳米颗粒的 HAADF 和 EDS 面分布的全元素分布图，以观察各元素的分布区域和情况。现代设备上利用计算机的视窗技术进行操作和分析，可以在彩色显示器上同时以不同的颜色显示出多达 24 个元素的 X 射线面分布图。因此，元素分布图（compositional mapping）是用不同颜色或者灰度显示元素定量浓度的 X 射线元素分布图，其中每个像元的元素成分都进行了定量校正。

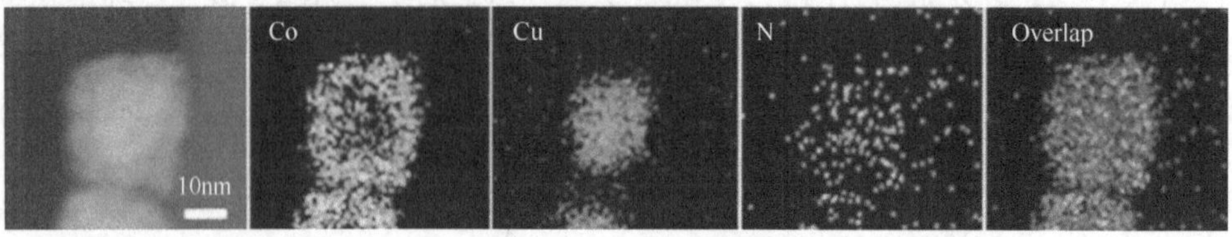

(a) HAADF　　(b) 全元素分布图

图 7-18　纳米颗粒的 HAADF 和 EDS 面分布的全元素分布图

本节内容简单介绍了透射电子显微镜的基本结构、工作模式、工作原理及其应用。随着电子显微镜技术的发展，透射电子显微镜的功能越来越强大。除了上述工作模式外，根据测试需求还可以增配不同类型的探测器，以期达到不同的测试目的，例如 X 射线能谱探测器、二次电子（SE）探测器、背散射电子（BSE）探测器、电子能量分析系统等。图 7-19 是使用透射电子显微镜对 Pd-Cu 介孔团簇的基本微观形貌、晶体结构、成分组成等进行研究。由低倍率 TEM 像和高角度环形暗场像（HAADF-STEM）可观察到产物是高度均匀且均匀分散的纳米团簇，其直径约为 45nm，且整个团簇中存在大量的介孔通道［图 7-19（a）和（d）］。由高倍率 TEM 像和高分辨率 TEM 像可知介孔团簇呈现三维中心辐射状和圆柱形开口的介孔通道［图 7-19（b）、（c）］。同时，特征 X 射线能谱（EDS）可以对样品的元素成分、组成和空间分布进行分析，如图 7-19（e）所示，可知介孔团簇是由 Pd 和 Cu 两种元素组成，且均匀分布，而非相分离的同类合金。通过 HRTEM 像可观察到介孔团簇的晶格条纹间距为 0.22nm［图 7-19（f）］。基于透射电子成像原理和景深的影响，透射电子显微镜的透射模式得到的形貌像和高分辨像为二维投影信息，且不同深度信息会有所叠加。

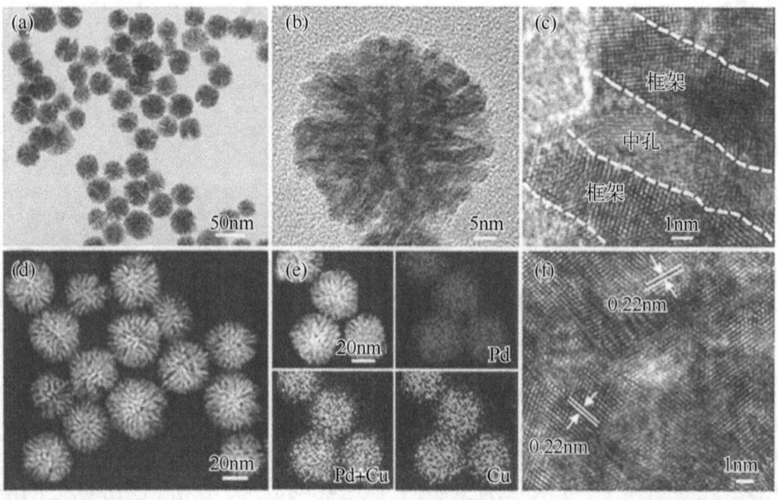

图 7-19　TEM 常规应用案例

［（a）低倍率 TEM 像；（b）高倍率 TEM 像；（c）高分辨率 TEM 像（HRTEM）；（d）高角度环形暗场像（HAADF-STEM）；（e）能量色散 X 射线谱的面分析图谱；（f）双金属 Pd-Cu 合金介孔团簇的高分辨率 TEM 图像（同 c）］

纳米材料结构与性能密切相关，当纳米材料的二维信息不足以揭示结构与性质的关系时，科研工作者将着手分析纳米材料的三维结构信息，深度解析材料的三维结构与性质的关系。当前用于全面解析纳米材料微观结构的三维成像技术包括三维电子断层扫描技术（3D ET）、三维电子衍射断层分析技术（3D EDT）、二次电子电流成像技术（SEEBIC）等。3D ET 提供了精确呈现纳米材料三维形态的能力。SEEBIC 结构信息和对比度主要来源于纳米颗粒表面。由图 7-20（b）可知，SEEBIC 成像依赖于样品近表面区域与电子束作用所产生的二次电子。对比 3D ET 成像和 SEEBIC 成像，其实验结果高度一致。图 7-20（c）建立五个具有代表性的晶体结构，对其进行傅里叶变换，得到一系列衍射斑图像，以证明结构变化可调制倒易空间中的衍射斑的形状和排列方式，因此三维电子衍射断层分析技术（3D EDT）是通过衍射斑变形及其在倒易空间中的排列方式确定纳米材料的三维结构信息。对低倍率 TEM 显示为棒状的纳米材料进行分析，A1 部分的 3D EDT 图和重构倒易晶格显示出具有旋转强度分布的拱形衍射斑，表明晶格存在畸变。对衍射斑进一步分析可以了解纳米棒的旋转方向［图 7-20（c_2）～（c_4）］。在手性纳米材料领域，3D EDT 分析方法可以有效地确定手性叠加产生的层次手性。

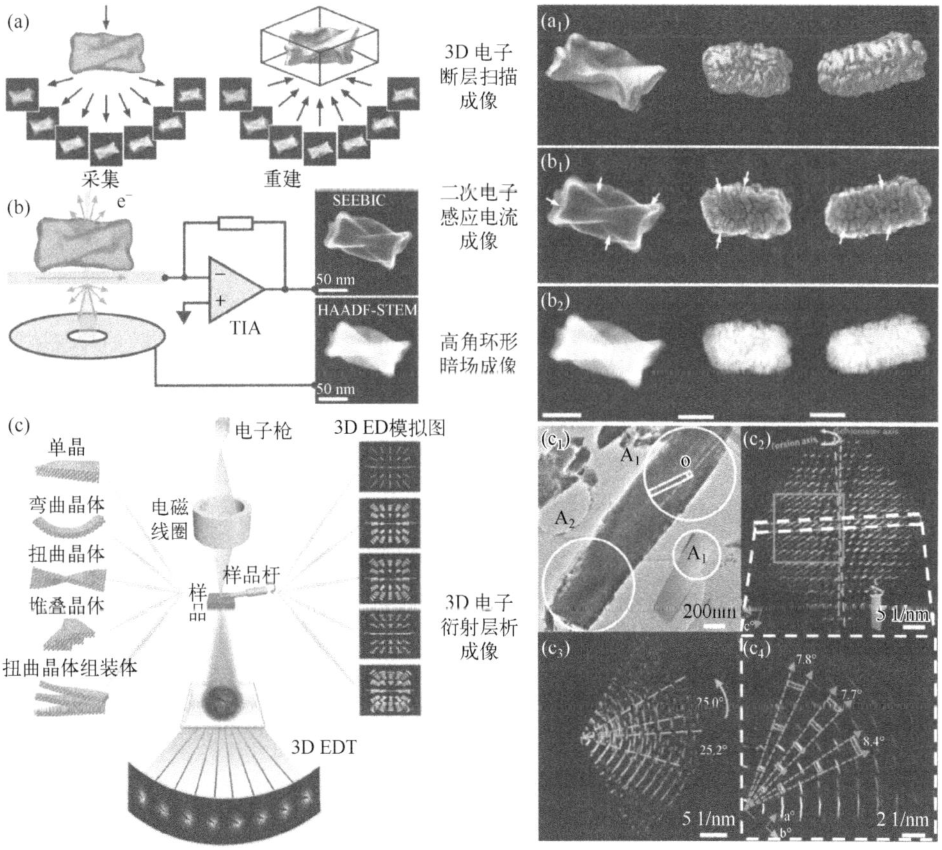

图 7-20　纳米材料的三维结构信息

［（a）3D ET 成像；（b）SEEBIC 成像、高角度环形暗场成像（HAADF-STEM）的工作原理示意图；（c）五种具有代表性的晶体结构及其在三维倒易空间中的衍射点示意图；（a_1）三种纳米颗粒的 3D ET 图像；（b_1,b_2）三种纳米颗粒的 SEEBIC 图像，HAADF-STEM 图像；（c_1）纳米材料的 TEM 成像；（c_2）A1 位置的 3D EDT；（c_3）A1 和 A2 位置的衍射斑叠加数据集；（c_4）虚线矩形部分的拱形衍射斑的放大图］

透射电子显微镜（TEM）是以电子为光源的精密光学显微设备，其利用光学和电子学领域的先进技术，在原子尺度上提供高分辨率、高质量的成像和详细的结构信息，具有强大的分析能力。TEM 不仅是产生高放大倍数图像的工具，而且是信号产生及探测的仪器，进而完成其他测试实验或者成像操作，例如在 TEM 中进行加热、冷却或者拉伸实验，并观察不同处理过程引起的材料相变或者微观结构的变化等。随着科学技术的进步，透射电子显微镜的种类和功能逐渐增多，从纳米材料的二维微观形貌特征到三维结构特征，从纳米尺寸观察到原子结构分析，从元素组成测试到元素分布分析，这些功能越来越强大，越来越精确，无疑为人们打开了通往纳米微观世界的大门，并广泛应用于材料科学、化学、生物科学、物理科学等领域。随着电镜技术的不断发展和进步，透射电子显微镜必将多角度、全方位地为人们解析纳米材料世界，使我们更为全面透彻地了解微观纳米材料的真面目。

7.2 扫描电子显微镜

7.2.1 概述

扫描电子显微镜（简称“扫描电镜”，SEM）是一种利用电子束扫描样品表面，从而获得样品信息的电子显微镜。扫描电镜的基本原理由 Knoll 于 20 世纪 30 年代提出，随后 Ardenne 于 1938 年通过理论计算和实验对磁透镜系统进行了改进，从而能够缩小电子束斑直径以得到更高的分辨率。Ardenne 的实验装置实际上是扫描透射电镜（STEM），既允许电子穿透薄样品直接在胶卷上成像，同时也可以通过收集二次电子与背散射电子信号通过阴极射线管成像。

1981 年，国际商业机器公司（IBM）苏黎世实验室的 Binnig 和 Rohrer 研发了扫描隧道显微镜（STM），其分辨率约为 0.2nm。这种显微镜可用来确定表面原子结构。它的出现，使人类第一次能够实时地观察到单个原子在物质表面的排列状态和与表面电子行为有关的物理、化学性质，被国际科技界公认为 20 世纪 80 年代世界十大科技成就之一。

作为材料显微结构表征的重要工具之一，扫描电镜已广泛应用于材料科学、矿物学、冶金学、生命科学、电子学以及考古学等领域。只要在真空和电子束照射下，稳定的固体（例如金属、硅酸盐材料、牙齿、骨骼、纤维、涂层、古陶瓷、油漆、植物根叶和分泌物等），均可采用扫描电镜进行成分分析和形貌观察。

7.2.2 扫描电子显微镜工作原理及结构

7.2.2.1 扫描电子显微镜工作原理

高能电子束和试样作用会产生多种特征信号，如二次电子、背散射电子、俄歇电子、透射电子、特征 X 射线等。扫描电镜基本结构示意图如图 7-21 所示，首先电子枪发射电子，在加速电压的作用下形成一个几微米的交叉点，经过会聚透镜和物镜的聚焦，在样品表面形成一个直径为0.5～3nm的电子束；当电子束通过扫描线圈在试样表面扫描时，另一个扫描线圈同步扫描观察图像的显示屏，通过二次电子或者背散射电子探测器收集试样表面上各个点的二次电子信号，将二次电子信号同步调制观察图像的显示屏对应各个点的亮度。因此，可以通过显示屏上成的像得到试样表面的显微结构信息。

扫描电镜的衬度是指图像上存在的灰度及色彩差异，借助这种差异，才能看到图像。像的衬度就是像的各部分强度相对于其平均强度的变化，通过样品上方的电子检测器检测到具有不同能量的信号电子，比如二次电子、背散射电子、吸收电子和俄歇电子等。本节重点介绍二次电子和背散射电子的成像衬度。

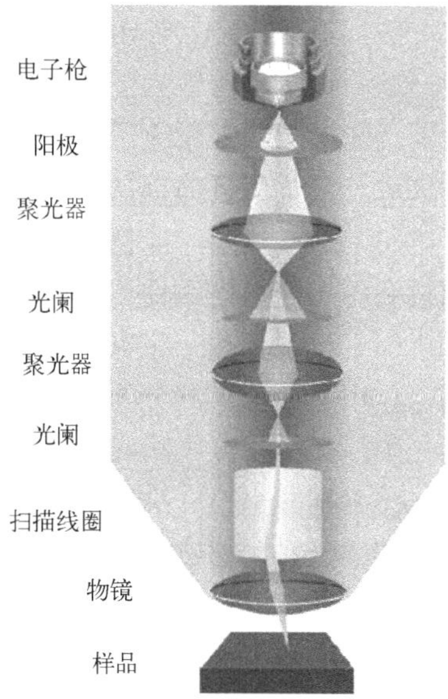

图7-21　扫描电子显微镜的基本结构示意图

7.2.2.2　扫描电子显微镜的结构

扫描电子显微镜由电子光学系统、信号检测处理记录系统及真空系统组成。其中，电子光学系统又包括电子枪、电磁透镜、光阑、扫描线圈、样品室等。

（1）电子枪　根据阴极材质和三级结构设计的不同主要分为两种:热发射(钨灯丝、六硼化镧)和场发射(热场、冷场)。电子枪的作用是产生束流稳定的电子束，如表7-2所示。钨阴极扫描电镜常用的加速电压多数在15～25kV范围内；LaB_6阴极扫描电镜常用的加速电压多数在10～20kV范围内；场发射阴极扫描电镜常用的加速电压一般在5～15kV范围内。当进行能谱和波谱分析时，应根据试样的化学组分和所要分析的元素谱线能量的不同而选取相应合适的加速电压。

表7-2　各电子枪的主要特点

特征		钨灯丝	LaB_6灯丝	热场发射枪	冷场发射枪
亮度/[A/（cm^2·立体角）]		约5×10^5	约5×10^6	约5×10^8	约5×10^8
光源尺寸		50μm	10μm	0.1～1μm	10～100nm
能量发散度/eV		2.3	1.5	0.6～0.8	0.3～0.5
使用条件	真空度/Pa	10^{-3}	10^{-5}	10^{-7}	10^{-8}
	工作温度/K	2800	2000	1800	300
电流/μA		约100	约20	约100	20～100
维修		无需	无需	安装费时间	数小时需一次闪光处理
寿命/h		30～40	200～3000	2000～3000	＞3000
价格/操作		便宜/简单	稍高/简单	较高/容易	高/复杂

（2）电磁透镜 作用是聚焦缩小到数个纳米的细小斑点。扫描电镜一般有三级电磁透镜，前两级电磁透镜为强透镜，使电子束强烈聚焦缩小，故又称聚光镜，第三级电磁透镜为弱透镜，除了汇聚电子束外，还能将电子束聚焦于样品表面。末级（第三级）透镜又称为物镜。电子束斑的直径愈细，其相应的成像分辨率就愈高。

（3）扫描线圈 能使电子束发生偏转，并在样品表面有规则地扫描。扫描方式有光栅扫描和角光栅扫描两种。

（4）光阑 每一级电磁透镜上均装有光阑，第一、第二级电磁透镜上的光阑为固定光阑，作用是挡掉大部分的无用电子，使电子光学系统免受污染。第三级透镜上的光阑为可动光阑，又称物镜光阑或末级光阑，可在水平面内移动以选择不同孔径的光阑。

（5）样品室 样品室中除了样品台外，还要安装多种信号检测器和附件。样品室已成了微型实验室，安装的附件可使样品升温、冷却，进行拉伸或疲劳等力学性能测试。

（6）信号检测处理记录系统 由二次探针探测器和显示系统组成，如图 7-22 所示。二次电子探测器是扫描电镜的“眼睛”，收集扫描样品发生的二次电子信号，并将它变成显示管的图像信号。图像显示系统由显像管及电路组成，将电信号转化成我们最终看到的图像。

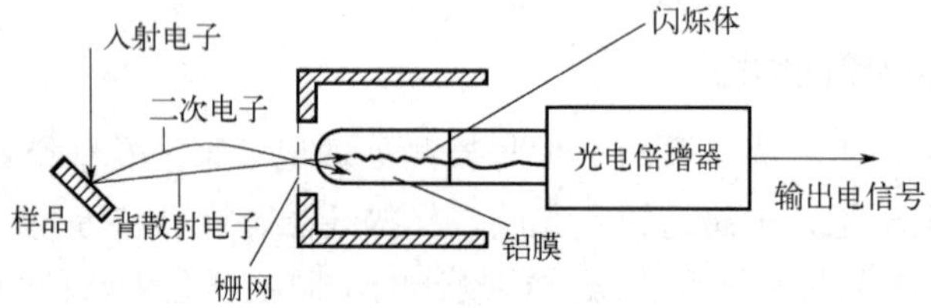

图 7-22 信号检测处理记录系统示意图

要维持电子显微镜的高分辨工作状态，就必须保证镜筒处于高真空状态。镜筒高真空是电镜高分辨的最基本保证之一，没有高真空就无法获得电子显微镜的高分辨图像。

真空泵是制造及维持电子显微镜真空环境最关键的部件。电子显微镜使用的真空泵主要有以下几种：机械泵、扩散泵、涡轮分子泵、离子泵。

7.2.3 扫描电子显微镜特点及主要性能参数

7.2.3.1 扫描电子显微镜特点

扫描电镜因具有操作简便且得到的显微结构信息直观的特点，成为目前材料微区显微结构观察和成分分析最常用的工具。扫描电镜的主要特点如下：

① 图像分辨率高、放大倍率大。目前扫描电镜的分辨率为 3～4nm，相对应最大有效放大倍率可达 10 万～150 万。

② 景深大。一般情况下，扫描电镜的景深是透射电镜的 10 倍，是光学显微镜的 100 倍，特别适合观察一些粗糙不平的断口。

③ 无损分析。对大部分材料，只要尺寸能够放入样品室，无须对试样进行任何处理，就可采用合适的条件，直接进行观察分析。

④ 试样制备简单。试样可以是自然表面、断口、块体、反光光片及透光光片。

⑤ 可加装多种附件，综合分析能力强。

7.2.3.2　扫描电子显微镜的主要性能参数

（1）分辨率　分辨率是在定义微区成分分析时，表现为能分析的最小区域；而形貌分析时，则表现为能分辨两点间的最小距离，是扫描电镜的核心性能指标。如图 7-23 所示，分辨率高低主要取决于电子束直径和调制信号的类型。扫描电镜的分辨率通常就是指二次电子像的分辨率，一般为 3～4nm，高性能扫描电镜的分辨率已经可以达到 1nm 左右。

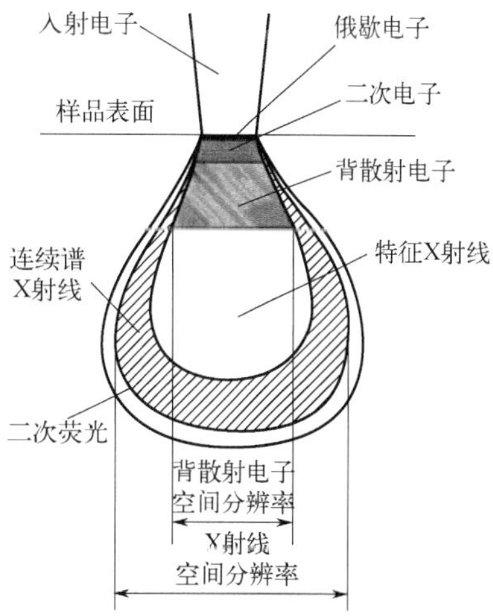

图 7-23　各种信号的发生深度

入射电子进入样品较深部位时，已经有了相当宽度的横向扩展，从这个范围中激发出来的背散射电子能量较高，它们可以从样品的较深部位逸出表面，横向扩展后的作用体积大小就是背散射电子的成像单元，所以，背散射电子像分辨率要比二次电子像低，一般为 50～200nm。X 射线也可以用来调制成像，但其深度和广度都显著大于背散射电子。X 射线图像的分辨率低于二次电子像和背散射电子像。

（2）放大倍率　放大倍率是显微镜最重要的指标之一。虽然各种显微系统工作原理不同，图像放大的方式也有所不同，但最终计算图像放大倍率的方式都是一致的。扫描电镜是根据加载在两个扫描线圈上的锯齿波电信号的振幅差异来放大图像的。目前扫描电镜的放大倍数，可以从 20～20 万倍区间连续调节。

（3）景深　景深是指透镜对试样表面高低不平的各部分能同时清晰成像的距离范围，可以理解为试样上最近清晰像点与最远清晰像点之间的距离。扫描电镜景深较大，比一般光学显微镜的景深长 100～500 倍，比透射电镜的景深长 10 倍左右，这使扫描电镜图像有较强的立体感。对于表面粗糙的断口试样来说，光学显微镜因景深小而不能清晰成像，而扫描电镜放大到 5000 倍时，景深可达数十微米，这是其他观察仪器无法比拟的优点。

7.2.4　扫描电子显微镜试样的基本要求与制备

能导电的块状试样，在洁净干燥的情况下，一般都可直接放入样品室中去观察和分析试样表面的物理特征和化学组分。但对于导电不良或绝缘的试样，如生物样本、纸张、橡胶、塑料和陶瓷等，在传统的电镜中进行图像观察和成分分析时，试样若没有蒸镀导电膜层，则容易产生放电，造成图像漂移、热损伤等异常现象，使分析时难以聚焦和定位。为了使试样表面有良好的导电性和散热功能，往往需要在试样表面蒸镀一层导电膜。

7.2.4.1　粉末样品

对于不同的粉体试样，应采用不同的制备方式、方法。

① 通常方法是可用镊子夹住导电胶带直接去黏附粉体，然后把那些黏结不牢或团聚、

重叠的粉末颗粒振掉或吹掉，再把黏结牢固的粉体连同导电胶带粘贴到试样座上。

② 对于硬粉体试样，可直接撒在试样座上的双面导电胶带表面，在粉体上面垫一张光亮不起毛的洁净纸，再用表面比较平坦的物体，在所垫的隔层纸上轻微压一下。

③ 将颗粒粉体用环氧树脂搅拌、混合、调匀并让它固化后，进行研磨、抛光、清洗、镀膜，再放入电镜中进行观察、分析。

④ 对于容易团聚的微细粉末，须将粉体放入装有分析纯的无水酒精玻璃烧杯或试管中，再在超声波清洗机中振动分散，待分散后再用滴管把含有粉体的混合液滴在干净而平整的金属箔或导电胶上，靠粉体表面的吸附力黏附在金属箔或导电胶表面，再把金属箔粘贴到试样座上。

⑤ 可用压片机将细粉体试样挤压成片状后再用洗耳球吹掉未结合牢靠的颗粒，粉体若能导电，挤压成片状后就可直接放入电镜中进行分析；粉体若导电不良，还得蒸镀导电膜后再放入电镜进行分析。

⑥ 对粉体颗粒的蒸镀最好选用行星旋转镀膜台，而对于那些用环氧树脂镶嵌并经研磨、抛光、清洗后的试样，通常只要平放蒸镀一次就可以进行分析。

7.2.4.2　块状样品

扫描电镜非常适用于分析块状试样，对于一般能导电的块状试样只要其三维方向的尺寸和质量不超出所使用的电镜样品室对试样的最大限制尺寸及样品座的最大载荷量，通常都可以直接用导电胶粘贴在试样台上，再放入样品室中去抽真空做分析。

7.2.4.3　磁性材料

用 SEM 观察磁性材料时一般都需要先退磁，再做分析。

若试样本身带有磁性，会由于洛伦兹力的存在而干扰电子光学系统的正常运行，还会影响信号电子的正常发射。但某些弱磁性的铁氧体材料可以直接放进样品仓中做分析，依其磁场的强弱，工作距离应不小于 15mm，因铁氧体的导电性较大，所以同时还要采用中低的加速电压和较小的束流。

7.2.4.4　生物试样

生物试样最好在 E-SEM（环境扫描电镜）或 LV-SEM（低真空扫描电镜）中进行分析，这样对生物试样的制备就比较简单、容易，观察效果也会更接近试样活体的实际状况，最理想的是采用 E-SEM 来分析。若是采用传统的电镜来分析生物试样，因多数的生物试样都是柔软体而且会含有水分，因此在进行扫描电镜观察前，必须对生物试样做相应的处理，依据各试样性质的不同，其处理方法和方式也不同。

7.2.5　扫描电子显微镜的应用

大多数的扫描电镜都配有能谱仪，少数还配有波谱仪，有的还配有 EBSD（电子背散射衍射装置）、FIB（聚焦离子束装置），甚至还有拉曼及 X 荧光等。这样，SEM 就成为一种不仅能对试样的表面形貌进行微观观察和测量，还能对试样的感兴趣微区进行化学组分分析的仪器，应用范围得到了扩展。

SEM 在材料学科领域获得了极为广泛的应用，如分析金属、塑料、水泥等材料的断裂失效和力学性能，以及对镀层、涂层的厚度进行微观测量，对材料表面的污染、磨损、夹杂物和腐蚀生成物进行成分分析，对电子元器件的工艺、结构缺陷和静电损伤及锈蚀等造成的失效进行分析。

7.2.5.1　生物样品

图 7-24 是用冷场发射扫描电镜拍摄的昆虫照片，分别是昆虫的整体、眼睛的放大照片和昆虫的翅膀照片。整只昆虫未经任何的导电处理，但从所拍摄的照片中也几乎看不到有明显的荷电迹象。

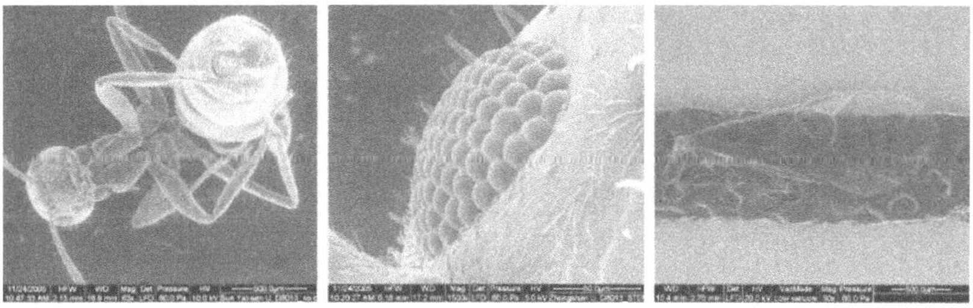

图 7-24　生物样品示例

7.2.5.2　截面样品

图 7-25 是用冷场发射扫描电镜拍摄的材料截面照片。对于表面粗糙的断口试样来说，光学显微镜因景深小而不能清晰成像，而扫描电子显微镜放大到 5000 倍时，景深可达数十微米，这是其他观察仪器无法比拟的优点。

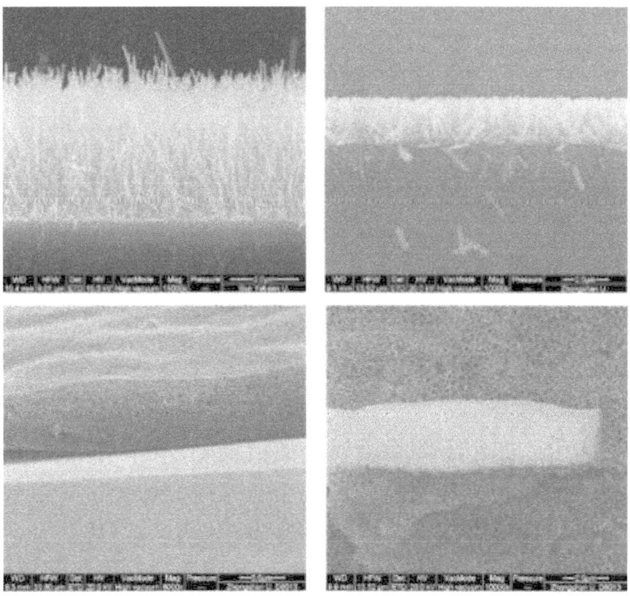

图 7-25　截面样品示例

7.2.5.3　多孔陶瓷材料

多孔陶瓷材料是以刚玉砂、碳化硅、堇青石等优质原料为主料，经过成型和特殊高温烧结工艺制备的一种具有开孔孔径、高开口气孔率的多孔性陶瓷材料，能耐高温、高压，抗酸、碱和有机介质腐蚀。SEM 能够清晰看到孔隙度，具有良好的清晰度和细节辨析度（图 7-26）。

图 7-26　多孔陶瓷样品示例

7.2.5.4　MOFs 材料

MOFs 是金属有机骨架化合物的简称，是由无机金属中心（金属离子或金属簇）与桥连的有机配体通过自组装相互连接，形成的一类具有周期性网络结构的晶态多孔材料，如图 7-27 所示。

图 7-27　MOFs 样品示例

7.2.5.5　微观尺寸的测量

扫描电镜也常用于测量微观尺寸。从待测试样的指定部位，在垂直于覆盖层的方位切割一小块作为试样，此试样通常还要经过镶嵌、研磨、抛光和化学刻蚀等处理后，才能制成合适、可测量的试样，利用 SEM 进行放大成像，再测量感兴趣部位的厚度、长度、直径或颗粒度等（如图 7-28 所示）。所有单层或多层的金属镀层、有机涂层及 IMC（金属间化合物）层的厚度均可测量。如用于测量金属表面镀层时，可以把试样切割或磨制成垂直截面，再经适当的研磨、抛光和化学刻蚀后，利用所显现的边界进行测量。如果基材为非金属或有机涂层，则制样就会稍麻烦，取样时一般需在液氮下冷冻后冲击脆断，可使非金属层不易发生变形，从而尽量保持原始形貌和厚度。如果对成像的质量要求高，则可以蒸镀导电膜，再将其放进电镜中观测。如果用的是场发射扫描电镜，也可以采用低电压、小束流来直接观测。

图 7-28 微观尺寸测量示例

7.3 原子力显微镜

原子力显微镜（AFM）是研究材料微观结构与性能的常用工具，主要用于测量材料表面形貌和测量表面原子间力等力学性能，可在真空、大气甚至液体下操作，既可以检测导体、半导体表面，也可以检测绝缘体表面，迅速发展成研究纳米科学的重要工具，广泛地应用于化学、医学、生物、材料、环境等领域。

7.3.1 概述

20 世纪微电子学的快速发展迫切需要具有更高分辨率的显微表征技术。电子显微镜虽然具有很高的分辨率，但 20 世纪 80 年代时还远未达到原子级分辨率。1981 年，扫描隧道显微镜（STM）使人类首次能够真正实时地观测到单个原子在物体表面的排列方式以及与表面电子行为有关的物理、化学性质。然而，STM 的信号是由导电探针针尖与样品之间的隧道电流变化决定的，所以该技术只能研究导体或半导体样品。为了克服对样品导电性的限制，Binnig 等在 STM 的基础上，于 1986 年成功研制了原子力显微镜（AFM）。AFM 通过探测微小探针针尖与被测样品表面间微弱的相互作用力来获得物质表面形貌与性能信息，从而不再受样品导电性的限制，且侧向分辨率可达 0.1nm。随后，在 STM 和 AFM 工作原理基础上，相继发展出了用于表征其他表面性能信息的一系列显微技术（表 7-3）。这些显微技术均是利用尖细的针尖对样品表面进行扫描，进而获取表面形貌和性能信息，因此统称为扫描探针显微镜（SPM）。

表 7-3 扫描探针显微镜家族的发展历史

年份/年	扫描探针显微镜名称	检测信号
1981	扫描隧道显微镜（STM）	探针针尖-样品间的隧道电流
1982	扫描近场光学显微镜(SNOM)	近场的光辐射
1985	扫描电容显微镜（SCM）	针尖与样品之间的电容值
1986	原子力显微镜（AFM）	针尖-样品间的相互作用力
1986	扫描热显微镜（SThM）	热量
1987	磁力显微镜（MFM）	磁性探针-样品间的磁力
1987	静电力显微镜（EFM）	带电荷探针-带电样品间静电力
1987	摩擦力显微镜（FFM）	针尖-样品间摩擦力
1988	弹道电子发射显微镜（BEEM）	肖特基势
1989	扫描离子电导显微镜（SICM）	离子电流
1989	扫描电化学显微镜（SECM）	电化学电流
1991	开尔文探针力显微镜（KPFM）	样品的表面电势值
1992	压电力显微镜（PFM）	压电材料的压电反应
1993	导电原子力显微镜（PFM）	电流
1999	原子力显微镜-红外光谱（AFM-IR）	红外吸收
2004	光导原子力显微镜（pc-AFM）	光电流

7.3.2 原子力显微镜仪器结构与成像原理

原子力显微镜结构主要包括探针扫描系统、力检测与反馈控制系统、显示系统及隔振降噪系统。图 7-29 为 AFM 的基本结构和成像原理示意图。以原子力显微镜扫描形貌成像为例，为了得到表面的形貌信息，扫描管控制探针针尖在距离样品表面足够近的范围内移动，探测两者之间的相互作用，在作用范围内，探针产生的信号随着探针和样品的距离不同，产生不同相互作用，这个信号称为探测信号。探针和样品间的相互作用的探测信号与阈值产生一个差值，叫作误差信号。使用 Z 向反馈来保证探针能够精确跟踪表面形貌的起伏。

探针扫描系统是 AFM 的技术核心。扫描器具有极高的空间定位精度（侧向 0.1nm，纵向 0.01nm），从而使 AFM 不但具有极高的空间分辨率，而且具有极高的操控和加工精度。探针微悬臂对力的作用极为灵敏，即使受到皮牛级微小的作用力，微悬臂也能产生可被检测的形变。探针针尖的形状、尺寸及表面性质可控，从而使 AFM 不仅可实现高分辨成像，而且可进行材料表面物理化学性能的研究。

7.3.2.1 探针

AFM 利用探针“摸索”样品表面成像。探针由基片、悬臂梁和针尖三部分组成。针尖材质为硅或氮化硅。悬臂梁像是一个跳水的踏板，通常有两种基本的几何形状，如图 7-30（a）所示的矩形微悬臂和三角形微悬臂，微悬臂连接基座与针尖，作为力信号的传感器反映针尖与样品间相互作用力的变化。针尖在悬臂梁的末端，探针的主要参数有弹性系数、共振频率和尖端半径。

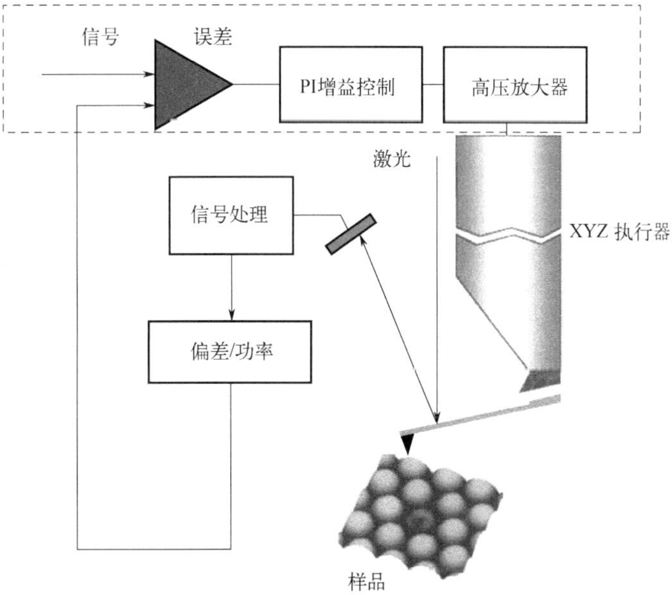

图 7-29　AFM 的基本结构和成像原理示意图

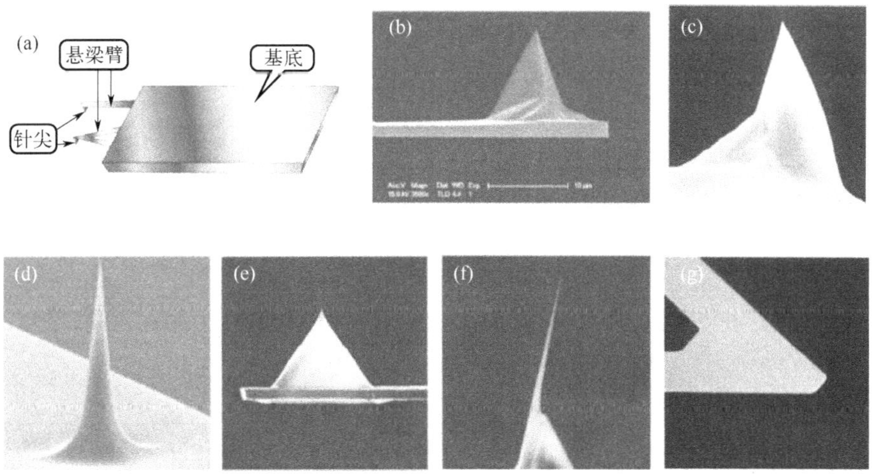

图 7-30　原子力探针

[（a）探针示意图；（b）对称型；（c）标准探针；（d）圆锥形；（e）金字塔形；（f）高长径比；（g）胶体探针（无针尖，可修饰）]

针尖几何形状对于 AFM 的成像质量起着至关重要的作用，并决定了图像最高可达到的分辨率。针尖的几何参数主要包括针尖曲率半径、侧向角及长径比等。图 7-30（b）～（g）为具有不同形状、曲率半径及长径比的针尖。针尖曲率半径越小，AFM 图像所能达到的侧向分辨率越高。当样品沿垂直方向的特征结构尺寸较大时，除了曲率半径外，针尖的侧向角及长径比也对能否获取真实微观结构有重要影响。较小的曲率半径和侧向角、较大的长径比有利于精确追踪具有表面凹槽和凸起微观结构的样品。然而，当使用超尖的针尖或者具有高长径比的针尖扫描时，尤其需要严格控制施加在针尖上的力，否则容易损坏针尖。

另外，为了满足一些特定的测试需要，探针针尖可以根据需求定制。例如，为了测量聚合物水凝胶的力学性质或聚合物表面黏结行为，往往采用胶体探针，如图 7-30（g）所示。此外，还可对针尖表面进行化学改性以满足一定特殊研究的需要。例如，在针尖表面黏附抗原或抗体以通过抗原-抗体作用来进行分子识别，通过疏水化探针表面来延长探针保持尖锐的时间。

探针种类繁多，不同型号的探针有着不同的特性和适用范围。探针的选择对于实现 AFM 精确测试至关重要。

7.3.2.2　压电陶瓷扫描器

AFM 通过监测探针针尖与样品之间相互作用力随距离的变化进行高分辨成像和性能测试。当针尖与样品间距离达到纳米至埃级别时，AFM 微悬臂才能感受到这种相互作用力。因此，AFM 结构设计中首先必须解决的两个问题：一是如何实现高分辨成像，即侧向分辨率达到 0.1nm，纵向分辨率达到 0.01nm；二是如何使针尖与样品间距离从肉眼可见的宏观距离缩短到能够发生力的相互作用的最近距离。目前能够实现这些功能的装置只有压电陶瓷扫描器、电感线圈扫描器及三板电容器。由于压电陶瓷扫描器的响应速度相对于其他两种更快，从而成为目前商业化 AFM 的主流。

扫描器的工作机制是基于压电材料的逆压电效应。AFM 所使用的压电材料是锆钛酸铅 (PZT)。在外界电场作用下，压电材料会发生机械形变，这个过程称为逆压电效应，其形变量与电场强度的关系式为：$S = d_t E$。式中，S 为压电材料的形变量；d_t 为压电系数；E 为电场强度。

压电陶瓷扫描器的常见形式为扫描管，由径向极化的压电陶瓷组成（图 7-31）。扫描管由 X、$\bar{\text{X}}$、Y、$\bar{\text{Y}}$ 和 Z 五个电极控制，以实现其在三个正交方向 x、y 和 z 方向的移动。压电陶瓷扫描管的应用使 AFM 侧向分辨率可达 0.1nm、纵向分辨率达 0.01nm；侧向的扫描范围可达 200μm，在 z 方向上，根据不同应用设计成不同的扫描范围，高分辨成像 AFM 扫描范围一般不超过 5μm，而生物型 AFM 为了扫描完整的细胞，其扫描范围可达 20μm。

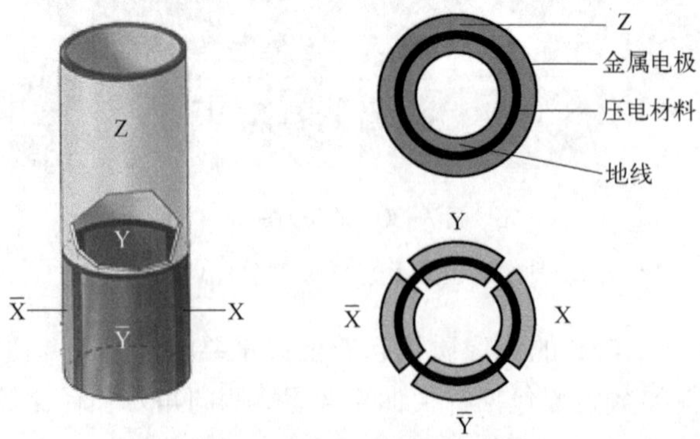

图 7-31　典型管式压电陶瓷扫描器结构示意图和 X-Y-Z 电极布置

7.3.2.3　反馈控制系统

AFM 在扫描过程中通过反馈控制系统控制样品或探针的上下运动来维持二者间相互作用力恒定。不同的成像模式采用不同的探针-样品间相互作用力，然而无论哪种成像模式，反馈控制系统的目标都是把相应的探针-样品间相互作用力维持在一个用户设定的常数上。AFM 的反馈控制系统一般采用比例积分微分控制器。

积分增益和比例增益可做适当的调整，当积分增益比较小时，系统反应比较慢，被控量缓慢到达设定值，在较长一段时间内存在较大的误差。增加比例项可以增加积分控制器的带宽。随着比例增益的增大，被控量能迅速到达设定值但不发生过冲现象。在 AFM 扫描过程中，一般先增加积分增益直到出现轻微振荡，然后增加比例增益以消除振荡。如果不能消除振荡，则再减小积分增益直到振荡消失。

7.3.2.4　探针-样品间相互作用力

原子力显微镜是利用原子间的微弱作用力来反映样品表面形貌的。如图 7-32 所示，当原子与原子相互接近但还没有接触时，它们之间存在由极化或瞬时极化引起的微弱范德华力作用；当原子与原子很接近时，彼此的电子云发生重叠，原子之间发生了接触，根据泡利不相容原理，会引起强烈的斥力作用。泡利斥力大于范德华力，合力就表现为相互排斥的作用；反之，若两原子分开一定距离，急剧减小的斥力作用小于引力作用，合力就表现为相互吸引的作用。原子之间的距离与其能量的关系比较好地服从 Lennard-Jones 势。

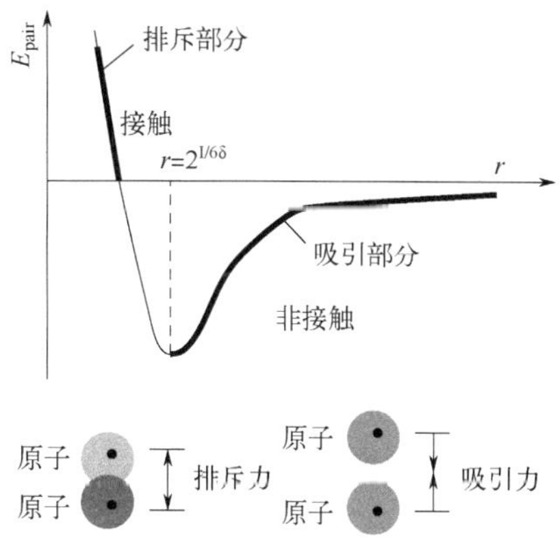

图 7-32　针尖-样品间距离与范德华力的关系

7.3.3　原子力显微镜基础成像模式

原子力显微镜基础成像模式主要有以下三种，如表 7-4 所示，目前最常用的工作模式是轻敲模式。

表 7-4　AFM 各种工作模式的优缺点

工作模式	优点	缺点	应用范围
轻敲模式	样品和针尖都不易受损	扫描速度稍慢	适用于大分子和生物样品
接触模式	图像稳定、分辨率高	针尖和样品表面易磨损	不适用于生物大分子和容易变形的样品
非接触模式	样品和针尖不易被破坏，灵敏度高	分辨率低，扫描速度慢	应用较少

7.3.4　原子力显微镜的应用

7.3.4.1　基于原子力显微镜的力学测量技术

AFM 单分子力谱技术测定的分子间相互作用力并不是一个绝对的值，其力的大小与载入速率有关，通过测定分子间作用力随载入速率的变化，就可以得到动力学力谱（DFS）。DFS 通过外力拉伸的形式降低了反应坐标中的势垒，从而使分子更容易越过能量屏障发生解离。复合物键的解离与外力的拉伸速度有关，通过理论模型将一定范围内的载入速率与解离力进行拟合，可以计算出相应的热力学和动力学参数。Bell-Evan 模型是分析动力学力谱数据最常用的模型，在这一模型中，分子间相互作用的解离力与载入速率的对数成正比。对动力学力谱进行 Bell-Evan 模型拟合分析可以得到复合物解离过程中的动力学参数，如平均寿命 t_0，不施加外力时复合物的解离速率常数 k_{off} 以及从活化态到结合态的距离 x_β。另外，还可以确定复合物在解离过程中需要跨越势垒的个数，是否存在中间体等，这些参数信息对全面阐述分子间的作用机制具有重要的意义。

在提取时，连接体被拉伸，在功能化连接体的化学基团与生物样品之间形成的键受到机械应力直至断裂。破裂力峰值出现在与连接体长度 l 对应的距离处。图 7-33（a）、（b）所示，显微镜尖端类似于一个分子工具箱，可以对其进行修改以检测物理、化学或生物相互作用。底部显示的尖端携带一个连接器，将官能团与尖端分离，用于检测特定的相互作用。图（c）为检测细胞膜上非特异性（i）和特异性（ii）相互作用力 $\boldsymbol{F}$ 的图示。如图（d）所示，一般来说，（生物）分子键的断裂（解结）力的分布取决于加载速率。图（e）为探测在大范围加载速率下破坏（生物）分子键的力，可以确定描述稳定键的自由能势垒的参数。这些参数包括束缚态和过渡态之间的自由能差 $\Delta G^{\ddagger}$，束缚态和过渡态之间的距离 x_u，以及在没有或存在外力 $\boldsymbol{F}$ 的情况下束缚态跨越能量势垒的跃迁速率 k_0 和 k_u。

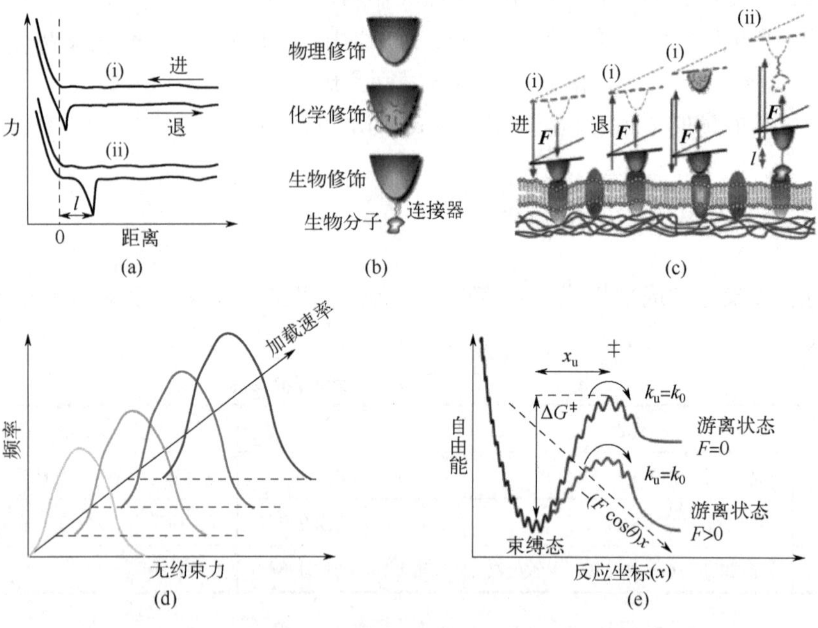

图 7-33　AFM 获得的动力学力谱

［（a）（b）使用携带功能化多肽连接体；（c）显微镜尖端记录非特异性（i）和特异性（ii）黏附；（d）的 FD 曲线示例］

7.3.4.2　基于原子力显微镜的分子识别成像技术

随着 AFM 针尖修饰技术和成像模式的不断发展，利用分子间相互作用对特异性分子的识别成像显示出了巨大的优势。基于 AFM 的识别成像技术可以在纳米尺度的分辨率下对单个分子进行识别和定位，且可以与荧光显微镜等技术相结合，因此在分子生物学和细胞生物学的研究中具有非常重要的作用。

分子识别成像技术（TREC）是在 AFM 探针针尖上修饰特定分子用于识别样品上的目标分子，同时获得形貌图和识别图像的一种技术。TREC 技术的原理是基于液体环境的动态磁力成像模式。如图 7-34 所示，将配体分子通过交联剂修饰在镀磁的 AFM 探针上，探针在磁场的作用下进行振动，并在样品表面扫描。TREC 技术可以同时得到样品的形貌图和相对应的识别图像。分子识别成像技术具有良好的重现性和特异性，在细胞生物学的研究中具有不可比拟的优势。

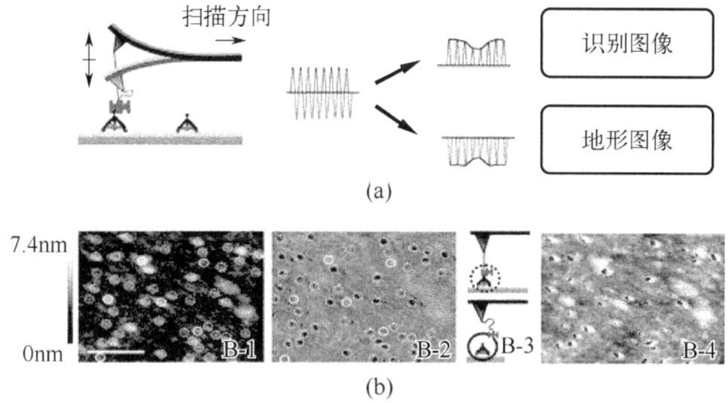

图 7-34 基于 AFM 的分子识别成像技术［（a）TREC 原理图；（b）TREC 得到的形貌图与相对应的识别图］

7.3.4.3 AFM 成像在生物分子及细胞研究中的应用

如图 7-35 所示，AFM 成像在生物分子及细胞研究中的应用包括：光学检测系统和流体电池，使接触模式 AFM 能够在水溶液中工作(Bio-AFM)；动态模式 AFM (DM-AFM)，它在绘制生物样品轮廓时振荡 AFM 尖端以减少摩擦；基于力-距离曲线的 AFM (FD-AFM)，它可以绘制生物系统表面的轮廓，同时逐像素记录完整的力-距离曲线；多参数 AFM (MP-AFM)，在绘制样品轮廓的同时还能测定多种物理或化学性质；分子识别 AFM (MR-AFM)，它可以对生物样品的特定相互作用进行成像和绘制；多频 AFM (MF-AFM)，它在悬臂顶端以多个频率振荡时勾画样品的轮廓，从而映射各种物理参数；将先进的光学成像和 AFM (Opto-AFM)相结合，用于复杂生物系统的成像；高速 AFM (HS-AFM)，它将图像采集时间加快了约 1000 倍，提供了对生物学动态过程的访问。大多数模式可相互交叉使用。

（1）AFM 成像在核酸分子研究中的应用　利用高速 AFM 可清晰观察到 DNA 上蛋白质的结合情况，也可以利用 AFM 研究 DNA-蛋白质复合物的结构和动力学。此外，AFM 可以对具有复杂形貌的 DNA 纳米结构，如 DNA 折纸的形貌进行高分辨成像。如图 7-36 所示，利用 AFM 成像在单分子水平上研究了局部位点对二维 DNA 折纸纳米结构的影响。

（2）AFM 成像在蛋白质分子研究中的应用　AFM 成像可以用来表征蛋白质的结构组成、构象变化以及自组装等行为，这为揭示蛋白质在生命活动中的作用机制具有重要的作用。例如，如图 7-37 所示，利用 AFM 成像对热变性的 β-乳球蛋白原纤维进行研究，可观察到 β-乳球蛋白在聚集不同阶段的形态变化。在不同 pH 条件下，朊病毒蛋白在 Au(111)

面上的实时聚集状态下的 AFM 成像，表明朊病毒以二聚体和三聚体为基本单位，在 Au(111) 面上通过 Au-S 键以“人”字形结构发生聚集。

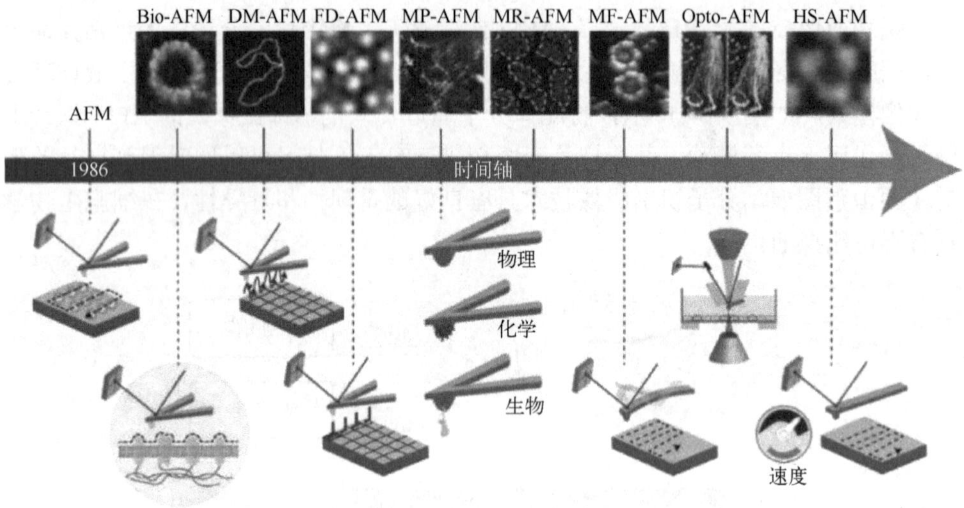

图 7-35　AFM 成像在生物分子及细胞研究中的应用

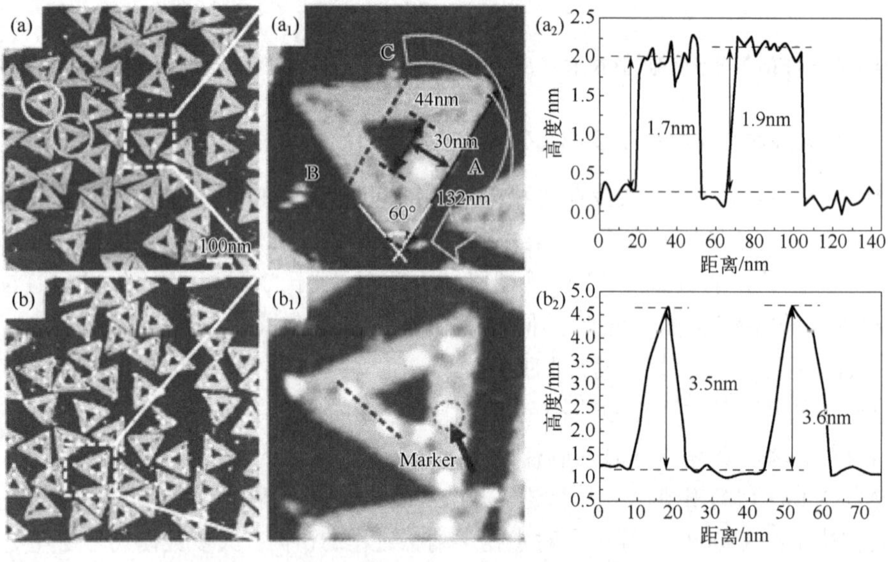

图 7-36　局部位点对二维 DNA 折纸纳米结构的影响

（a）添加生物素前 DNA 折纸的形貌特征；（a_1）a 中白色方框区域的放大图；（a_2）沿（a_1）中红色虚线所示 DNA 折纸的高度剖面图；（b）添加生物素后 DNA 折纸复合物的形貌特征；（b_1）b 中白色方框区域的放大图；（b_2）沿（b_1）中红色虚线所示生物素复合物的高度剖面图

随着 AFM 仪器精度和数据采集速度的提高，AFM 对天然蛋白成像的纵向分辨率和横向分辨率分别能够达到 0.1nm 和 1nm。目前已经利用 AFM 成像对多种蛋白的精细结构进行了研究，如膜蛋白细菌视紫红质、异羟肟酸铁摄取受体 FhuA 和 α-突触核蛋白、人胰岛淀粉样多肽原纤维和 Tau 原纤维等。Lucas 等利用 AFM 成像研究了病毒颗粒表面的衣壳组织，结果表明病毒粒子呈现六边形轮廓，组成相邻竖行的粒子彼此之间是倾斜的：一列“向上看”，下一列“向下看”。这种排列与图像平面上的螺旋轴一致（图 7-38）。

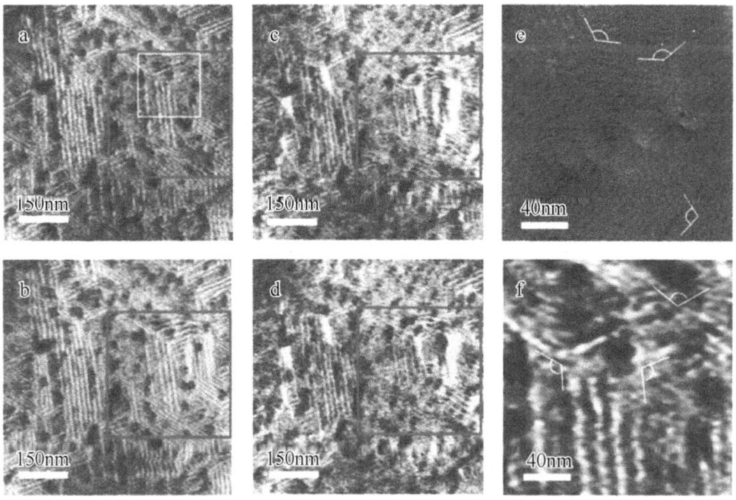

图 7-37　朊病毒蛋白在 Au(111)表面上的代表性 AFM 形貌图

（a）至（d）分别是连续扫描 21 分钟、47 分钟、172 分钟和 235 分钟后获得的形貌像。（e）重构的 Au(111) 表面的扫描隧道显微镜图像。（f）从（a）中白色框内区域放大得到的原子力显微镜图像

图 7-38　病毒颗粒表面的衣壳组织的高分辨率 AFM 图像

（b）为（a）的高倍放大图像；（c）和（d）扫描区域相同；（c）垂直方向扫描；（d）水平方向扫描

（3）AFM 成像在细胞表面研究中的应用　AFM 成像也可以对单个活细胞表面的精细结构进行表征。AFM 成像可用于区分正常细胞和病变细胞，AFM 对细胞形貌进行成像的另一个重要应用是监测药物对细胞的药理作用。Wang 等利用 AFM 研究了秋水仙碱和阿糖胞苷处理前后 Hela、HepG2 和 C6 细胞形貌和超微结构的变化，证明了细胞膜粗糙度随着药物剂量和作用时间的增加而增大，这不仅增强了我们对疾病状态的了解，而且突出了

AFM 成像在疾病诊断及评价药物治疗方面的应用潜力（图 7-39）。

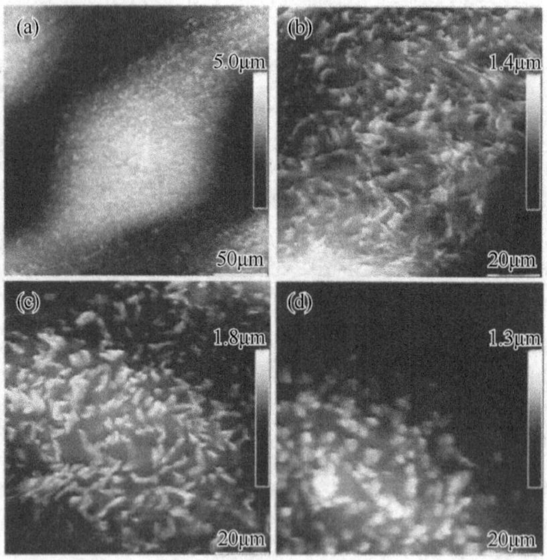

图 7-39　MDCK C11 细胞表面精细结构及微绒毛的 AFM 成像

（a）为 25×25μm 扫描；（b）为 10×10μm 扫描，垂直力为 150～250pN；（c）与（b）为相同细胞的 10×10μm 扫描，垂直力为 100～130pN；（d）为（c）的相同区域，垂直力为 80～100pN 进行扫描

7.3.4.4　单分子力谱技术在生物分子间相互作用研究中的应用

基于原子力显微镜的单分子力谱技术是一种高灵敏度的检测方法，它能实现在十几皮牛顿到几百纳牛顿作用力的范围内，对单个分子间的相互作用以及反应历程进行实时原位的观测。近年来，单分子力谱技术已经广泛应用于生物物理、表面科学和细胞分子生物学的研究中。接下来，将主要介绍单分子力谱技术在生物分子间相互作用研究中的应用。

基于 AFM 的单分子力谱技术能够测定单个生物分子内的力学性质，包括核酸、蛋白质和多糖等。例如测定 DNA 链分子内的力学性质，Rief 等对 λ-噬菌体 DNA 分子进行了单分子力谱的拉伸实验，发现在外力作用为 65pN 时 DNA 的构象从 B 转变成 S，在外力作用为 150pN 下双链 DNA 被拉伸形成单链。对蛋白质折叠和去折叠力学性质的研究，Rief 等利用单分子力谱技术研究了金基底上肌联蛋白分子的拉伸行为，从锯齿形力曲线上测量得到相邻锯齿的距离为 25～28nm，锯齿断裂力在 150～300pN 之间，每个锯齿代表蛋白的逐步去折叠过程，并且发现此蛋白的折叠和去折叠过程是可逆的。

除了测定生物分子内的力学性质，单分子力谱技术还是测定生物分子间相互作用的有力工具。在过去的几十年里已经广泛应用于配体-受体、抗原-抗体、核酸-蛋白质和蛋白质-蛋白质等生物分子间相互作用的研究。在早期利用单分子力谱研究生物分子间相互作用比较典型的例子是生物素与链霉亲和素相互作用的研究，通过测量得到了生物素与链霉亲和素分子间相互作用力的大小为 250～300pN。Tanja 等利用单分子力谱研究了肺炎链球菌 TIGR4 菌毛 1 尖端蛋白 RrgA 及其四个结构域 D1～D4 分别与纤连蛋白 Fn 之间的相互作用，揭示了肺炎链球菌菌毛 1 与宿主细胞之间的作用和黏附机制（图 7-40）。通过单分子力谱技术对生物分子内及生物分子间力学信息的测量，对人们更深入地了解生物分子的结构、物理特性以及反映生命活动的本质具有非常重要的意义。

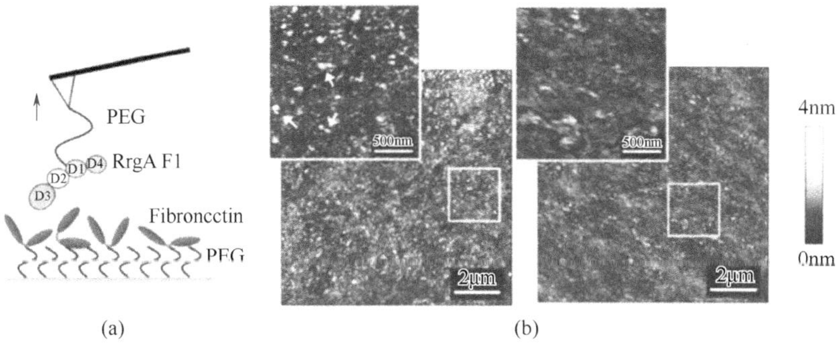

图 7-40　RrgA F1 -纤维连接蛋白(Fn)相互作用的单分子力谱

[（a）RrgA F1 和 Fn 通过异双功能 PEG 间隔剂分别共价连接到 AFM 尖端或玻璃表面；（b）有（左）和没有（右）Fn 涂层的功能化玻璃表面的 AFM 图像。箭头表示单个 Fn 分子]

7.3.4.5　AFM 在细胞力学性质测量中的应用

活细胞的力学特性与细胞的病理、生理以及药理等过程都有着非常密切的联系，而且在许多的细胞过程中如黏附、迁移和分裂等都具有非常重要的作用。在基于力谱技术的多参数成像中，系统也会记录针尖在每个像素点扫描时的力曲线，通过对力曲线的实时分析就可以获得待测样品在纳米尺度上的相关力学信息图，如形变图、黏附力图和杨氏模量图等。

该方法已广泛应用于定量测定各种活细胞的力学性能，如红细胞、成纤维细胞、肾细胞、脑内皮细胞、转移性癌细胞和细菌病原体细胞等。

7.3.4.6　AFM 在评估纳米药物功效中的应用

基于 AFM 对细胞力学性能定量测定的优势，利用 AFM 研究纳米药物与细胞作用后形貌和力学性能的变化，有助于我们评价纳米药物的功效，同时有利于我们在更深的层次研究纳米药物的作用机制，为纳米药物的开发提供一种有效的评价手段。由于纳米材料具有膜内外运输的能力以及负载靶向细胞表面受体分子的作用，使得纳米材料作为载体在药物递送方面得到了广泛的应用。当载药纳米材料与细胞膜表面接触并进行相互作用时，可能会引起细胞膜的稳定性发生变化，从而对细胞产生毒性作用。利用 AFM 成像技术不仅可以监测载药纳米材料与细胞膜作用后发生的膜结构变化及细胞膜的重组等过程，还可以评价影响纳米药物与细胞相互作用的各种因素，如生理环境、纳米药物以及细胞的性质等。Pyrgiotakis 等将 Fe_2O_3 和 CeO_2 纳米粒子分别连接在 AFM 探针上研究了不同的生理环境下这两种纳米粒子分别与肺上皮细胞之间的相互作用（图 7-41），研究结果表明，纳米粒子与细胞间的相互作用受环境的影响较大。除此之外，也受纳米粒子材质和尺寸的影响。这有助于提高我们对

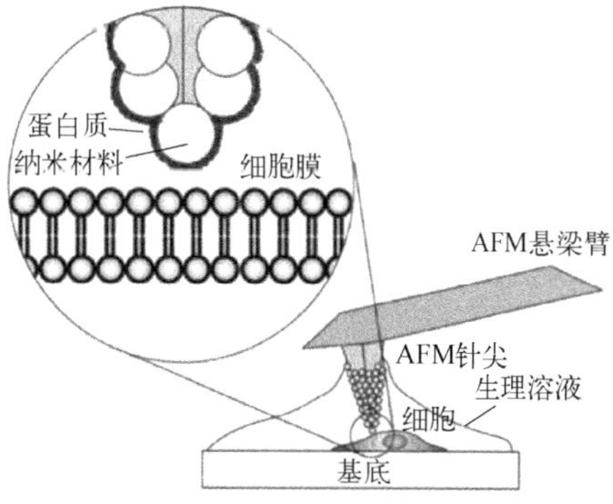

图 7-41　连有纳米粒子的 AFM 探针与细胞相互作用

纳米材料和先天免疫之间相互作用的认识。

7.4 激光扫描共聚焦显微镜

激光扫描共聚焦显微成像技术是最具代表性的荧光成像技术之一。荧光成像技术的发展改变了传统光学显微镜的观察方式，实现了细胞及亚细胞形态结构、高分子材料和生物分子形态及装配过程的定性、定位、定量观察。

荧光显微镜采用落射光照明，以汞灯、金属卤素灯或LED灯等场光源作为激发光，由于光的散射，在对荧光标记的样本进行观察时，来源于焦平面的明锐的荧光信号和离焦的模糊荧光信号相互叠加，导致图像的清晰度和分辨率不高。为了提高光学显微成像的性能，减少焦点外信号的干扰。1957年，来自哈佛大学的Minsky提出了共聚焦显微镜的基本原理，通过物像共轭聚焦的设计原理，消除了来自焦点外信号的干扰，提高了图像的分辨率。

7.4.1 激光扫描共聚焦显微镜的原理

激光扫描共聚焦显微镜（简称“共聚焦显微镜”）是在荧光显微镜的基础上，采用照明小孔光阑（照明针孔）、焦平面物点和探测小孔光阑（探测针孔）共轭聚焦的原理进行成像，激光扫描共聚焦显微镜的光路图如图7-42所示。由光源发出的激光束通过照明针孔后，经分光镜反射聚焦到样本上，样本焦点处的物点被激发，发射出一束长波长的光，这束光通过分光镜在探测针孔处再次聚焦后通过探测针孔被探测器检测，探测器将收集到的光信号转化为电信号传输到计算机上。在这个光路中，只有来源于焦点处的光线才可以通过探测针孔，焦点外的光线无法在探测针孔处聚焦，不能被探测器检测，因而形成了黑色的背景，荧光信号与背景间的反衬度增加，图像的信噪比提高，显示更加清晰。由于共聚焦显微镜成像是以高度聚集的激光为光源对焦平面上的物点逐点扫描成像，且焦点处物点在照明针孔和探测针孔处两次聚焦，因此被称为激光扫描共聚焦显微镜。

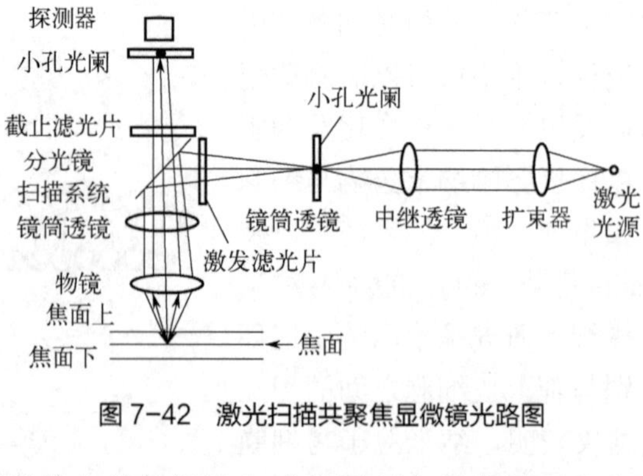

图7-42 激光扫描共聚焦显微镜光路图

激光扫描共聚焦显微镜在结构设计和成像原理上具有以下几个方面的优势：

（1）双针孔、物像共轭聚焦的设计 共聚焦显微镜采用照明针孔和探测针孔的双针孔设计，且两个针孔的位置相对于焦平面共轭，有效避免了来自焦平面以外信号的干扰，呈现低背底荧光值，高荧光信号值，有效提升了成像的对比度和清晰度。

（2）点扫描点成像技术　激光扫描共聚焦显微镜的光源是极细小的激光束，这种光源也被称为点光源。点光源是由激光束和透镜汇聚而成的，当照射到样品上时，只有焦点处激光汇聚的物点被激发，再通过分光镜的 XY 扫描振镜使光点对焦平面上的点逐一进行扫描。所有物点的信号收集完成后，由软件处理形成一幅完整的图像。共聚焦所采用的点扫描点成像技术保证了图像采集过程中每一个像素点的信号都是清晰的。

（3）断层扫描和三维重构技术　对不同厚度的样品进行成像时，激光扫描共聚焦显微镜通过微步进马达控制载物台的移动，实现了样品焦平面（光学切面）的变化，这种无损伤的光学切面称为光学切片。光学切片不同于组织切片，不损伤样品的完整性。在共聚焦成像时，由于独特的光路设计，检测器一次只能收集来源于焦平面的信号，再通过计算机处理获得焦平面图像，这种图像采集方式称为断层扫描。由微步进马达驱动，样品台沿 z 轴上下移动时，样品的焦平面也随之变化，通过再次扫描即可获得新的焦平面图像。按照这种方式，随着载物台的连续移动，可以得到样品 z 轴不同层面的连续光学切片信息。为此，共聚焦显微镜也被称为“显微 CT”。可获得样品的立体结构信息。

通过更换不同数值孔径的物镜、改变针孔大小或成像介质都可以改变光学切片的厚度。一般来说，当针孔直径一定时，物镜的数值孔径越大，光学切片越薄。而同一物镜成像时，增加针孔的直径会进一步增加光学切片的厚度。

基于激光扫描共聚焦显微镜独特的光路设计和高灵敏的信号采集方式，在生物成像中显示出比普通荧光显微镜更加优越的图像对比度和清晰度，但由于光学衍射极限的限制，激光扫描共聚焦显微镜的极限横向分辨率只能达到 200nm 左右，轴向分辨率约为 500nm。共聚焦显微镜较低的空间分辨率限制其在亚细胞水平、分子水平研究中的应用。

7.4.2　激光扫描共聚焦显微镜结构组成

激光扫描共聚焦显微镜的组成结构包括激光光源、电动荧光显微镜、检测器、计算机控制的扫描系统以及图像处理系统。

7.4.2.1　激光光源（激光器）

激光器按照受激物质的性质进行分类，可分为固态激光器、气体激光器（如：多谱线氩离子激光器、氦氖激光器、氙离子激光器等）和液体激光器。

共聚焦显微镜以激光作为光源，这是由于激光具有诸多优点：单色性好；方向性好；亮度高、强度大；较好的相干性和偏振性。

7.4.2.2　扫描系统

（1）共轭聚焦装置　针孔是共聚焦显微镜区别于荧光显微镜成像的主要结构之一，共聚焦装置中有两个大小可调的小孔光阑（针孔）。其中，照明针孔位于光源后，探测针孔在探测器前，两个针孔的位置相对于样品焦平面是共轭的，既保证了激光束经聚焦后均匀地照射到样品焦平面物点上，又可以选择信号采集的部分，只有来自焦平面的信号可以通过针孔被探测器检测到。

（2）扫描装置 扫描装置是共聚焦显微镜的核心组件之一，决定着共聚焦成像的速度和质量。扫描系统的作用是改变光的方向，使光通过物镜聚焦后照射到样品上，同时，控制光照点在聚焦面 x 和 y 方向上逐点移动，并采集每个物点的信号，通过计算机处理得到焦平面的完整图像。扫描系统逐点扫描的原理是在标本的后焦面或后焦面的共轭面调节反光镜的角度，以反光镜角度的变化对应聚焦点位置的变化，通过精确控制反光镜的角度实现聚焦点在焦面的平移。共聚焦显微镜扫描装置结构可采用多种设计方案控制扫描镜的角度，如日本 Olympus 公司通过一个中继透镜和两个扫描镜组装的方式，德国 Zeiss 公司以两个串联的扫描镜旋转的方式，德国 Leica 公司采用一个扫描镜二维旋转的方式。

7.4.2.3 检测器

检测器是将光信号转化成电信号的高灵敏度、高响应性的半导体电子器件。基于共聚焦显微镜点扫描点成像的原理，共聚焦显微镜采用了探测光子的超高灵敏度、快速响应探测器——光电倍增管探测器（PMT）。光电倍增管（图 7-43）由入射窗、光电阴极、电子光学输入系统、电子倍增系统、阳极五部分组成。光电倍增管探测器的工作原理为：入射的光子经光电阴极转化为电子，电子在倍增电场作用下倍增放大，在阳极收集后输出，经转化器将电信号通过示波器显示在屏幕上。

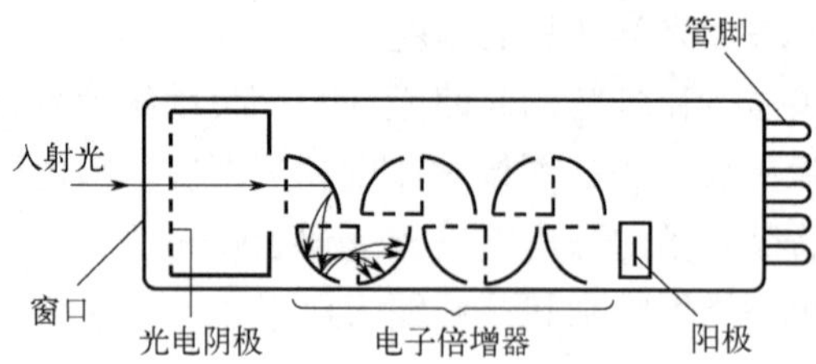

图 7-43 光电倍增管结构示意图

7.4.2.4 图像处理系统

激光扫描共聚焦显微镜的图像处理系统是将采集的样品信号转换成清晰图像，并对图像进行存储、分析和处理的控制中心。图像采集系统将光信号转变为电信号传输到计算机处理系统，由计算机软件对图片信息进行加工，比如：改变图像亮度、对比度，去除背景，色彩平衡，剪辑图像，产生立体效果、动画效果，加强图像的局部细节，对感兴趣的样品区域进行选择、放大或定量分析等，最后输出清晰的图像。

7.4.3 激光扫描共聚焦显微镜的主要性能参数

7.4.3.1 分辨率

分辨率是指能清晰分辨两个相邻物点间的最小距离。分辨率的高低直接影响着图像的质量。由于光衍射效应的影响，共聚焦显微镜的最大分辨率约为 0.2μm。共聚焦显微成像时，在入射光波长不变的情况下，光斑的大小约为宽场显微镜成像时光斑大小的平方根值，因此，在 x,y 平面，共聚焦的分辨率比宽场显微镜提高了 30%，$r_{x,y} = 0.4\lambda / NA$。除瑞利判据外，阿贝距离（也称为艾里斑的半峰宽度）也是描述光学系统分辨率的判据。在 x,y 平面，半峰宽大约为 $\Delta x, \Delta y = \lambda / 2n\sin\alpha$，式中，$\lambda$ 是入射光的波长，n 为介质的折射系数，α 是物镜的孔径角。在 z 轴方向，半峰宽大约为 $\Delta z = 2\lambda / n\sin^2\alpha$，光斑的半峰宽越小，分辨率越高。瑞利判据（$r$）和阿贝距离（$D$）的关系为 r=1.22D。但事实上，光学成像显微镜的分辨率远远小于理想值。

7.4.3.2 数值孔径

在光学显微成像系统中，物镜的性能决定着显微镜成像的质量，而数值孔径（NA）是决定物镜分辨率的主要参数，它反映了透镜的光采集能力，物镜的 NA 对于光的捕获至关重要，NA 增加一倍，从样本中收集到的光量会增加 4 倍。数值孔径的大小可以用公式 NA= 2$n$sinα 进行计算，式中，n 为介质的折射系数，α 是物镜的孔径角。孔径角是物镜光轴上的聚焦物点与物镜前透镜的有效直径所形成角度的一半。孔径角越大，进入物镜的光通量就越大，数值孔径越大。理想的共聚焦物镜应该具有低放大倍数和高数值孔径。

7.4.3.3 对比度

对比度是两个亮度相同的点光源，光斑中心亮度的最大值与亮度的最小值之间的差值与亮度的最大值的比值，比值的分布范围为 0～1。当两个点光源距离靠近时，对比度下降；距离增加时，对比度上升。理想的光学成像环境下，两个点光源光斑的对比度应为 26.4%。

7.4.3.4 针孔大小

针孔是共聚焦显微镜独有的装置，针孔的大小影响光学切片的厚度和信号的强弱。通过调节针孔的大小实现光学切片信号强度的控制。研究显示，针孔大小低于或近似于艾里斑的半径时，光学切片的成像质量没有显著的改善。当针孔大小接近于艾里斑的尺寸时，光学切片的成像质量最佳。

7.4.3.5 入射光强度

除针孔外，影响图像信号强度的因素还有激发光的强度和光电探测器的灵敏度。显微镜光路中的光学器件会减弱到达探测器的荧光信号强度，提高图像荧光信号值可以通过增加探测器的灵敏度或到达探测器的光子数量来实现。增加入射光强度是提高荧光信号的最直接而有效的方法，但是较高的激发光强度会增加光毒性，导致细胞的活性受到影响。另外，激光强度增加到一定值时，荧光强度将不再随着激光强度的增加而增加，这是由于大多数荧光分子受激进入激发态后，处于基态的分子减少，分子的激发效率减弱，荧光值饱和。

7.4.4 激光扫描共聚焦显微镜的应用

7.4.4.1 在细胞及分子生物学研究中的应用

激光扫描共聚焦显微镜是细胞功能、分子装配及转运机制研究中必不可少的工具之一。共聚焦显微镜被称为“细胞 CT”或“显微 CT”，可对细胞、亚细胞或生物分子进行荧光检测、三维重构、定量分析，如：线粒体、溶酶体、内质网、细胞核、细胞骨架、受体蛋白、DNA、RNA、激酶等细胞的组成结构或活性成分。图 7-44 为细胞骨架和线粒体的形态。同时，通过荧光探针标记技术和时间序列成像，动态观察细胞生理信号（Ca^{2+}、Mg^{2+}、Na^{+}、K^{+}、ATP、ROS、pH）的变化。

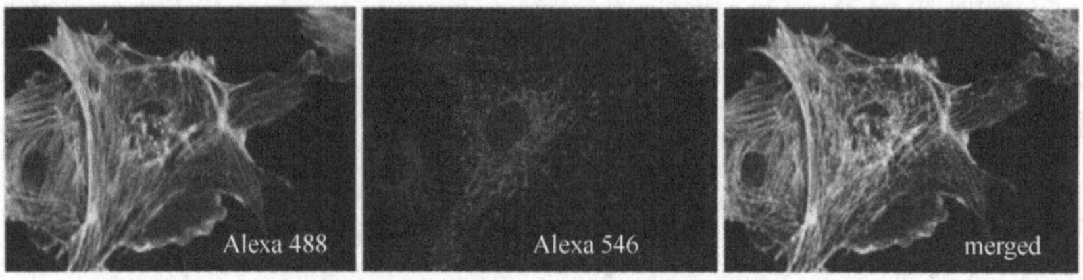

图 7-44 细胞骨架和线粒体的形态

7.4.4.2 在免疫学研究中的应用

激光扫描共聚焦显微镜的低荧光探测、高分辨成像同样适用于免疫细胞形态及功能研究，如：树突状细胞、单核-吞噬细胞系统、自然杀伤细胞、淋巴细胞等形态、功能的定性、定位研究。另外，通过延时成像和荧光定量功能对免疫应答、信号转导和免疫细胞迁移进行研究。Braun 等利用激光共聚焦成像研究了 $CD4^{+}$ T 细胞的迁移情况。通过淋巴管内注射 2×10^{4} TAMRA 标记的野生型（红色）和 2×10^{4}EGFP 表达的 Ccr7−/−（绿色）多克隆 CD4+ T 细胞后，对引流腘窝淋巴结做免疫组织化学分析，观察了 $CD4^{+}$ T 细胞在外周髓质区域的淋巴结实质区的成像（图 7-45）。

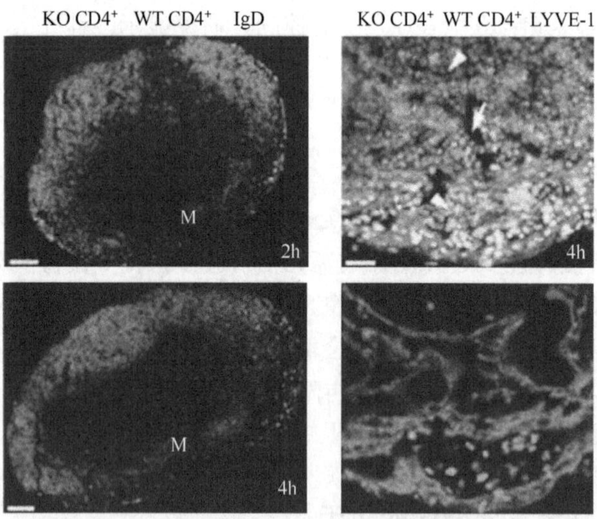

(a) 注射后2h和4h的复合图像　(b) 淋巴管内皮

图 7-45 $CD4^{+}$ T 细胞的迁移成像图

（M 表示中央髓质门区域的方向）

7.4.4.3 在眼科研究中的应用

晶状体、角膜、视网膜、虹膜和睫状体的结构、发育状态和病理变化影响眼睛的视力和功能。传统的光学成像方式由于背景荧光信号的干扰，难以对较厚组织样本中的原位细胞进行研究。激光扫描共聚焦显微镜独特的结构设计，排除了背底光的干扰，成像的清晰度高，成为眼部较厚组织和结构原位研究的有力工具。

7.4.4.4　在骨科研究中的应用

骨科研究涉及的内容广泛，既包括骨细胞、软骨细胞、破骨细胞等形态、结构和功能的研究以及骨细胞生长速率的定量测定，又涉及与运动系统相关的组织器官的研究，如：骨细胞参与的骨矿物质代谢、骨肿瘤相关的分子生物学、骨滑腔内外供体肌腱移植等。激光共聚焦显微镜是骨科研究的重要检测手段，在骨科研究中被广泛应用。

7.4.4.5　在植物学研究中的应用

植物学研究中常采用固定的组织标本进行形态学和结构的研究，该研究方法限制了植物生长和发育过程的动态观察。激光扫描共聚焦显微镜实时动态成像的功能可以有效解决这一问题，因此也被广泛应用于根生长、茎尖分生、组织侧面器官形成、花发育、基因表达等研究中。

7.4.4.6　在材料学研究中的应用

激光扫描共聚焦显微镜同样是材料微观形貌、结构表征的重要分析手段，已被用于材料表面形貌、物理参数测量、复杂矩阵、分子装配的动力学等的研究中。

激光扫描共聚焦显微镜强大的图像采集和处理功能，已经成为支撑不同领域研究的重要技术，推动着不同学科的快速发展。

思考题

1. 透射电子显微镜、扫描电子显微镜、原子力显微镜和激光扫描共聚焦显微镜的测试原理分别是什么？
2. 透射电子显微镜中环形明场像（ABF）有哪些特点？采用透射电镜进行磁性样品表征的注意事项是什么？
3. 激光扫描共聚焦显微镜激光的特点是什么？举例说明激光扫描共聚焦显微镜的具体应用。

第8章 X射线衍射分析

通过本章的学习，掌握X射线衍射分析的基本概念、原理；了解X射线衍射测试物相、晶体结构；掌握X射线衍射的分析方法、数据解读及实际应用。

X射线衍射（X-ray diffraction，XRD）利用电磁波与材料内部的原子相互作用产生相干散射，可分析材料的成分、分子的结构或形态等信息，包括多晶衍射和单晶衍射两种类型。通过分析衍射图谱，可获得材料的成分、物相、原子和分子结构、空间堆积、弱相互作用力等重要信息。该方法广泛地应用于化学、制药、生物、材料、环境等领域，是一种重要的材料表征技术。

8.1 X射线衍射分析的基本原理

8.1.1 概述

X射线与可见光、无线电波一样，也是一种电磁波，其波长范围在0.001～10nm，比可见光短，介于紫外与γ射线之间。当原子中电子速度快速改变，以及核外电子能级跃迁时可产生X射线。分子中原子间的成键距离一般在0.1～0.3nm，而X射线波长与原子键长相近，因而可探测分子原子级别微观结构。如果X射线不足以使内层电子脱离所在能级，发生弹性碰撞并使方向发生改变，即发生了散射，但能量并未损耗，则波长不变。各散射线之间将相互发生干涉，称为相干散射。相干散射是产生衍射现象的根源。X射线相干散射的波长和位相与入射X射线相同。相干散射波之间产生相互干涉，就可获得衍射，相干散射是X射线衍射技术的基础。

晶体可以看作光栅常数很小的三维衍射光栅。当一束X射线照射到晶体样品上，首先被电子所散射。每个电子都可视为一个新的辐射波源，向空间辐射出与入射波同频率的电磁波。对单个原子，主要考虑电子间的相互干涉作用，所有电子的散射波都可近似看作由原子中心发出的。因此，可以把晶体中每个原子看作一个新的散射波源，它们各自向空间辐射与入射波同频率的电磁波。由于这些散射波之间的干涉作用，空间某些方向上的散射波始终保持相互叠加，于是在该方向上可观测到衍射线；而在另一些方向上的散射波则始终是相互抵消的，于是就没有衍射信号产生。所以，X 射线在晶体中的衍射现象，实质上是样品中大量原子散射波互相干涉的结果。每种晶体所产生的衍射花样都反映出晶体内部的原子分布规律。

衍射花样由两方面组成，衍射线在空间的分布规律，也称为衍射几何，以及衍射线的强度。衍射几何的分布规律由晶胞大小、形状和取向决定，而衍射线的强度则取决于原子的种类及其在晶胞中的位置。因此，在衍射现象与晶体结构建立起定性和定量的关系后，可以通过衍射现象来分析晶体内部结构，即 X 射线衍射理论所要解决的核心问题。

X 射线衍射分析包括多晶（粉末）X 射线衍射（powder XRD, PXRD）分析和单晶 X 射线衍射（single crystal XRD, SXRD）分析，二者针对的样品有所不同。X 射线衍射分析法是一种无损坏、非破坏性的分析方法，准备样品的操作简单，因而备受欢迎。现在，X 射线衍射分析已是很多材料研究、检测的必做项目。

8.1.2 晶体结构基本理论

8.1.2.1 点阵结构和对称性

把分子（或原子）抽象为一个点，则晶体可以视为空间点阵。点阵由一组周围环境相同、数目无限的点构成。其中，被重复的最小单位被称为结构基元；经上下左右重复向量的方向和距离，这个单位平移重复向量被称为周期。对一个结构基元在空间上进行某种操作，结构基元中的任何一点的周围环境与原先一致，其中任何两点间的距离不发生变化，这种操作就称为对称操作。进行对称操作所依据的几何元素就称为对称元素。晶体的对称性与其光、电等物理性质有着密切的联系。晶体结构描述常用到倒易点阵（或倒易空间）的概念。倒易点阵和真实点阵之间是互为倒易的关系，描述点阵结构的所有术语均适用于倒易点阵。倒易点阵和真实点阵之间可通过坐标变换实现一一对应关系。

8.1.2.2 晶系

晶体结构可以抽象为点阵+结构基元。依据点阵结构可确定其对称性，而结构基元则是点阵结构中每个点所代表的具体化学内容。在晶体中，原子（或分子）在三维空间做有规则的周期性重复排列；而非晶体中原子（或分子）是散乱分布的，或者只有局部的短程规则排列。对称性是晶体最重要的性质，晶体的宏观和微观结构都具有一定的对称性。将晶体所有对称性加以考虑，可分为七个晶系，具体参数列于表 8-1 中。晶系是由其特征对称元素确定的，而不是仅由晶胞的几何形状决定的。

表 8-1 晶系和晶胞参数

晶系	晶胞参数的关系
三斜 triclinic	$a\neq b\neq c,\alpha\neq\beta\neq\gamma$
单斜 monoclinic	$a\neq b\neq c,\alpha=\gamma=90, \beta\neq 90$
正交 orthorhombic	$a\neq b\neq c,\alpha=\beta=\gamma=90$

续表

晶系	晶胞参数的关系
四方　tetragonal	$a=b\neq c,\alpha=\beta=\gamma=90$
六方　hexagonal	$a=b\neq c,\alpha=\beta=90,\gamma=120$
三方　trigonal	$a=b=c,\alpha=\beta=\gamma\neq 90$
正方　cubic	$a=b=c,\alpha=\beta=\gamma=90$

8.1.2.3 晶系和晶格

七个晶系（格）或点阵（lattice）形式，加上带心晶胞就有十四种点阵形式，即 Bravais 晶格，如图 8-1 所示。

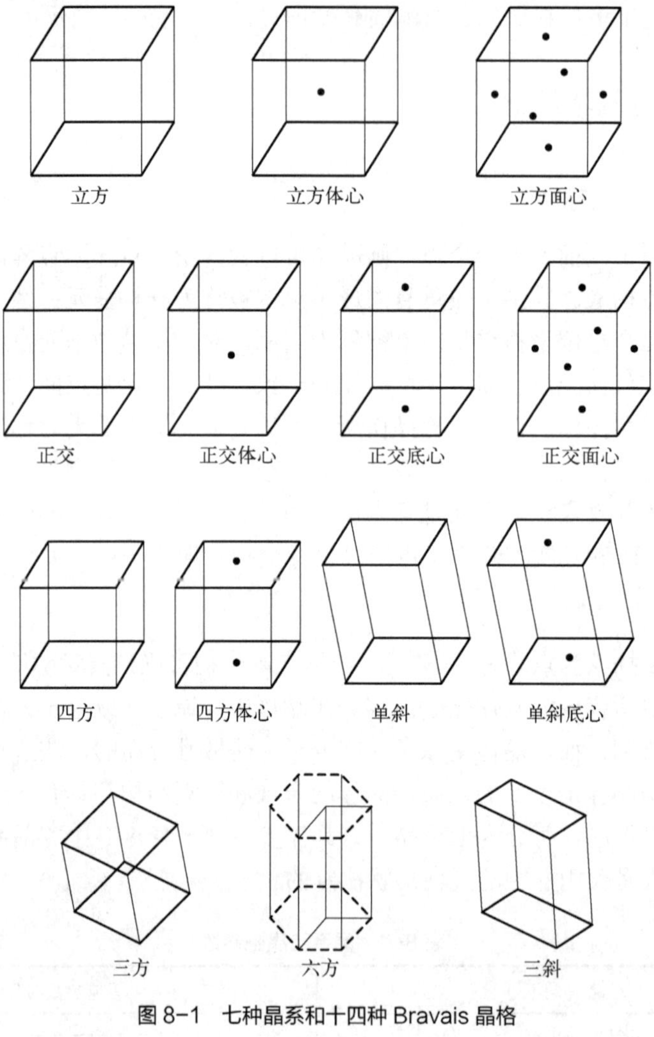

图 8-1　七种晶系和十四种 Bravais 晶格

8.1.2.4 晶胞参数

XRD 分析中，常用晶胞参数来表示晶体的基本性质，结合空间群和晶系来判定晶体样晶的基本信息。用三个单位向量 $\boldsymbol{a}$、$\boldsymbol{b}$、$\boldsymbol{c}$ 画出的六面体，称为一个点阵单位。相应的，按照晶体结构的周期性所划分的点阵单位，叫作晶胞（cell）。三个单位向量的长度 $\boldsymbol{a}$、$\boldsymbol{b}$、$\boldsymbol{c}$ 和它们之间的夹角 α、β、γ，称为晶胞参数。在测试中，也常用晶胞体积 $V=a\cdot b\cdot c$ 来表征晶体性质。晶体中可代表整个晶体点阵的最小体积，称为素晶胞，也称为简单晶胞。一种晶体点阵有多种选取单胞的可能方式，但选取合适的晶胞的基本原则是：必须有利于描述晶体的对称性，即选择对称性最高的，即使体积大些也可以。但要注意的是，有了晶胞参数，一般就可以确定其晶系（格），但是晶系是由其特征对称元素确定的，而不是仅由晶胞的几何形状决定的，晶胞参数只是必要条件。

原子参数（atomic parameters）即原子在空间中的位置，分别用三个单位向量 $\boldsymbol{a}$、$\boldsymbol{b}$、$\boldsymbol{c}$ 所定义的晶轴（crystallographic axes）来描述；原子参数采用晶胞参数为单位，而原子坐标则用分数坐标（fractional coordinate）x、y、z 来表示。晶体学上的坐标系采用右手定则来建立，x、y、z 轴分别平行于单位向量 $\boldsymbol{a}$、$\boldsymbol{b}$、$\boldsymbol{c}$，原子向量表示为：$\boldsymbol{r}=x\boldsymbol{a}+y\boldsymbol{b}+z\boldsymbol{c}$，如图 8-2 所示。

8.1.2.5 晶面指标

在点阵中可由任意三个不共线的点阵点画一平面。通过全部点阵点的一族平行的点阵面，是一族等间距、互相平行的平面，如图 8-3 所示。离原点最近的平面点阵，在三个轴上的截距分别为 $\boldsymbol{a}/h$、$\boldsymbol{b}/k$、$\boldsymbol{c}/l$，其中，h、k、l 为互质的整数，则（hkl）称为这一族平面点阵的指数。指数为（hkl）的一族平面点阵，包含了点阵中全部点阵点，相邻的两平面间的距离为 $d_{(hkl)}$，一般简称为 d。

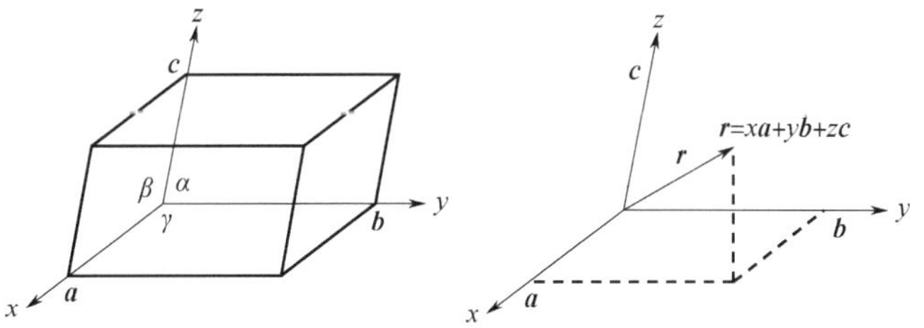

(a) 晶胞参数　　(b) 原子向量

图 8-2 晶胞参数和原了向量

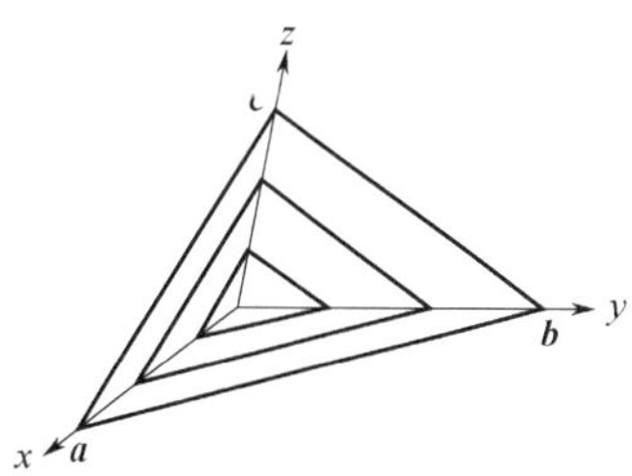

图 8-3 晶面指标示意图

8.1.2.6 空间群

完整的晶体结构由空间对称操作来构建，晶体点阵结构的所有空间对称操作群的集合称为空间群。一切晶体结构中总共有 230 种不同的对称元素组合方式，即 230 个空间群。空间群可以明确说明一种晶体可能具有的对称元素种类及其在晶胞中的位置，故在晶体结构解析中，了解晶体的空间群十分重要。晶体的宏观对称性是在晶体结构基础上表现出的相应对称性。由于宏观上，晶体不具备平移对称性，则晶体点阵结构中的螺旋轴和滑移面，分别表现为宏观结构的旋转轴和镜面。230 个空间群又可归并为 32 个点群，又只表现出 11 种中心对称点群，称为劳埃（Laue）群。实际上，劳埃群就是忽略了反常散射条件下，晶体 X 射线衍射花样的 11 种中心对称点群。对称操作元素、劳埃群、点群、空间群这些概念在一些参考书中都可查到，特别是在“X 射线晶体学国际表”中对 230 个空间群有详细的描述，并附有完整的图示和其他有用的资料。

空间群符号的含义如图 8-4 所示，第一个斜体符号中，第一个斜体大写字母表示 Bravais 点阵的类型，其后最多三个位置，表示各个晶轴方向上的主要对称操作，字母小写用斜体，数字用正体，均表示对称操作元素。

8.1.2.7　X 射线衍射几何

X 射线衍射方程有 Laue(劳埃)方程和 Bragg（布拉格）方程。前者从一维点阵出发，后者从平面点阵出发，两个方程是等效的。晶体中的(hkl)晶面可视为反射镜面，晶面间距为 d，则相邻平行晶面反射的 X 射线光程差为 $2d\sin\theta$。当光程差为波长的整数倍时，来自相邻平面的衍射就发生了相干散射，这就是布拉格定理(图 8-5)。

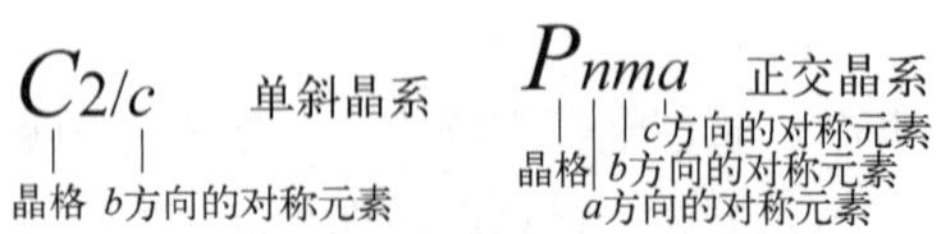

图 8-4　空间群符号示例图

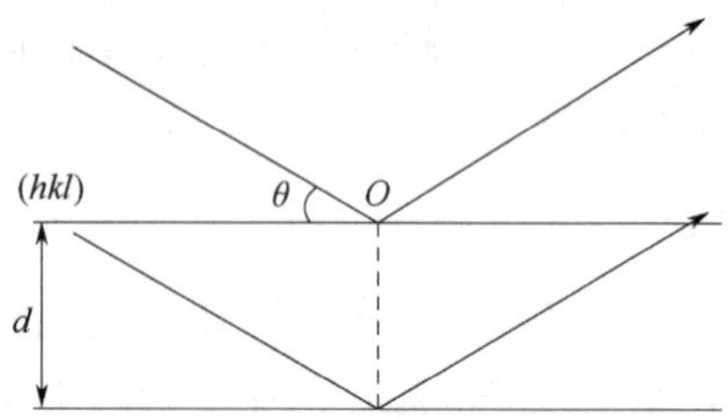

图 8-5　布拉格定理示意图

由此推导出了著名的布拉格方程：

$$2d\sin\theta=n\lambda \tag{8-1}$$

对于每一套指标为(hkl)、间隔为 d 的晶格平面，其衍射角和衍射级数 n 直接对应。不同 n 值对应的衍射点可以看成晶面距离不同的晶面的衍射，这样每个衍射点可以唯一地用一个 hkl 来标记。只有当 λ、θ、d 三者满足布拉格方程时才能产生衍射。另外，只有晶面间距 d 大于 $\lambda/2$ 的晶面才能产生衍射。由布拉格方程可知，在一定波长下，衍射方向是晶面间距 d 的函数。

适用于三维真实晶体的劳埃方程表示为：

$$a\cos\theta_{a0}+a\cos\theta_{a}=h\lambda \tag{8-2}$$

$$b\cos\theta_{b0}+b\cos\theta_{b}=k\lambda \tag{8-3}$$

$$c\cos\theta_{c0}+c\cos\theta_{c}=l\lambda \tag{8-4}$$

式中，n 为取整数的衍射级数；θ 为入射线与反射面的夹角，称为入射角，其等于入射线与衍射线夹角的一半，因此把 2θ 称为衍射角。Laue 方程是产生衍射的严格条件，满足就会产生衍射，形成衍射点。Laue 方程中，λ 的系数 hkl 称作衍射指标，它们必须为整数，与晶面指数（hkl）的区别是，可以不互质。劳埃方程和布拉格方程确定了衍射方向与晶体结构基本周期的关系，通过对衍射方向的测量，理论上可以确定晶体结构的对称类型和晶胞参数。而 X 射线对于晶体的衍射强度则取决于晶体中原子的元素种类及其排列方式。

8.1.2.8　X 射线的产生

X 射线可分为两种类型，一种是具有连续波长的 X 射线，称为连续 X 射线谱（韧致辐射）；另一种是在连续谱的基础上叠加特定波长的谱线，构成特征 X 射线谱。连续 X 射线由外层电子（如 L、M 层）向最内层（K 层）空轨道跃迁时产生。当 X 射线光管电压超过一定阈值时，会在连续谱的基础上产生特定波长的峰值，形成特征 X 射线谱。以 Mo 靶为例，其两个特征 X 射线谱峰分别为 0.63Å（$K_β$ 辐射）和 0.71Å（$K_α$ 辐射）。

特征 X 射线的特征是，当打去 K 层电子形成空位时，外层电子跃迁到 K 层空位，多余的能量以光量子的形式辐射出来就产生 K 系的 X 射线光谱。K 系谱线中，$K_α$ 线源自电子由 L 层填充到 K 层，$K_β$ 线源自电子由 M 层填充到 K 层。特征 X 射线的波长只取决于阳极靶材料的原子能级结构。通常将 $K_β$ 谱线滤掉，只将特征 $K_α$ 射线用于衍射分析。特征光谱和靶材料有关。X 射线的强度定义为，在垂直于 X 射线传播方向的单位面积上，单位时间内通过的光子数目的能量总和，常用的计量单位是 J/(cm^2·s)。

多晶 XRD 的常用靶材为 Cu 靶。单晶 XRD 的常用靶材为 Cu 靶或 Mo 靶，其特征 X 射线波长分别为 Cu（$K_α$ 线, 1.5418nm; $K_β$ 线, 1.3922nm）和 Mo（$K_α$ 线, 0.7107nm; $K_β$ 线, 0.6323nm）。X 射线的强度主要由晶体样品的结构、完整性、衍射体积所决定。每个衍射峰的面积称为累积强度。峰顶处的强度为峰值强度（I_{max}），在 $I_{max/2}$ 处的宽度称为半高宽。为了获得单一波长 X 射线，可以采用各种类型的单色器，即选用合适的材料作为滤波器。滤波器能极大降低 X 射线入射光中的白色连续光谱，同时也能使特征 $K_α$ 射线与伴随的 $K_β$ 射线分离。

8.2 多晶 X 射线衍射分析

8.2.1 概述

在多晶 X 射线衍射（XRD）中，主要是利用靶材的 K 系辐射。当一定波长的 X 射线照射多晶体样品时，由于样品可视为无数个细小晶体的集合，且每个晶体的取向不同，总有一些晶面与 X 射线的夹角满足布拉格方程，从而产生衍射。这种测试方法即为粉末法，是一种通过单色 X 射线照射多晶体样品以获得多晶体衍射花样的方法。入射 X 射线波长固定，通过无数取向不同的晶粒来获得满足布拉格方程的 θ 角。粉末法是 X 射线衍射分析中最常用的方法，主要用于物相分析、结晶度的测定、择优取向、定量分析、点阵参数的测定等。X 射线衍射物相鉴定的对象只能是晶体物质（多晶或单晶），而对非晶体物质是无能为力的，尽管有时候可以根据它们的散射峰位置的微小差异而判断它们是不同的物质。

粉末多晶样品是由许多微小的晶粒组成，各晶粒的取向是任意分布的。对某个（hkl）晶面而言，在各晶粒中都能找到与之对应的晶面，但是它们的取向却是任意分布的，则在入射 X 射线束照射范围内找到任一取向的任一晶面(hkl)的概率可认为是相同的。因此，相对衍射强度可以反映结构因子的相对大小，这是粉末衍射的基础。由于试样中晶粒的数目足够多，可以认为这些晶面的倒易阵点是均匀地布满半径为 r（$r = 1/d_{hkl}$）的球面上，通常把这个球面称为倒易球（ewald ball）。在倒易点阵中，一个倒易点对应空间点阵中一组晶面间距相等的点阵平面。此外，倒易点阵中的点到倒易点阵原点的距离与对应的晶面间距成反比。理想的多晶衍射花样是一系列同心的衍射环。单位长度的衍射环的累积强度取决于每个晶粒的衍射强度、参加衍射的晶粒数量及衍射环的周长。

8.2.2　成像原理及基本组成

在倒易空间中，各晶粒中晶面指数相同的晶面，其倒易矢量分布于整个倒易空间的各个方向，它们的倒易阵点分布在以倒易矢量的长度（$r = 1/d_{hkl}$）为半径的倒易球面上，如图 8-6 所示。由于相同（*hkl*）晶面的间距相等，所以同族晶面的倒易阵点都分布在同一个倒易球面上，各相同晶面族的倒易阵点分别分布在不同的倒易同心球面上。当满足衍射条件时，反射球与倒易球相交，其交线为一系列垂直于入射线方向的同心圆。从反射球中心向这些圆周连线可组成多个以入射线为公共轴的共顶圆锥，圆锥的母线即衍射线的方向，锥顶角等于 4θ，这种圆锥被称为衍射圆锥。

多晶 XRD 是按照晶体对 X 射线衍射的几何原理设计制造的衍射实验仪器。在测试过程中，由 X 射线管发射出的 X 射线照射到多晶体试样上产生衍射现象，用辐射探测器接收衍射线的 X 射线光子，经测量电路放大处理后在显示或记录装置上给出精确的衍射线位置、强度和线形等衍射信息。这些衍射信息是各种实际应用问题的原始数据。多晶 X 射线衍射仪的结构如图 8-7 所示，主要由 X 射线发生器、测角仪、样品台、计数器、记录单元及附件等部分组成。在测试过程中，将样品放入，设定扫描范围和速度等参数，得到相关衍射数据。

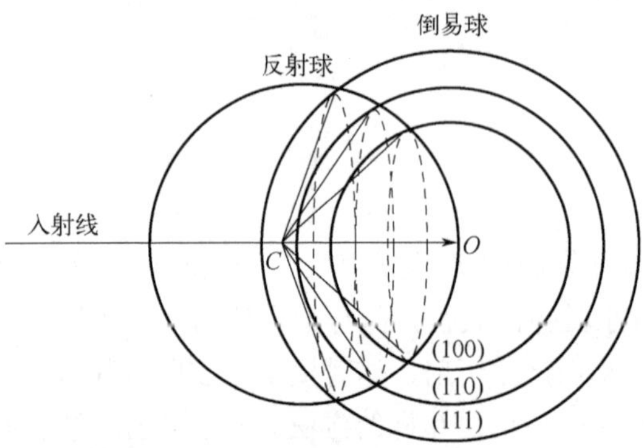

图 8-6　反射球与倒易球之间的关系

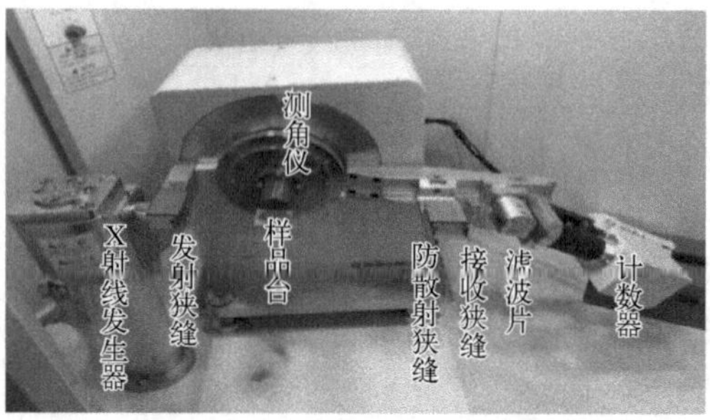

图 8-7　X 射线衍射仪的结构

8.2.2.1　X 射线发生器

由高压发生器提供灯丝电流，并在光管的阴极和阳极之间加载数万伏特的电压，使 X 射线管发出 X 射线。

8.2.2.2　测角仪

测角仪是 X 射线衍射仪的核心部分，由样品台、X 射线管、计数器以及光路中的各种狭缝组成。当样品保持不动时，X 光管与计数器做匀速相向运动。二者与样品表面均呈 θ 角。在每一个计数步长位置上，X 光管发出的 X 射线经过光阑系统后照射到粉末多晶体试样表面而产生衍射。衍射光经过光阑和滤波系统后进入计数器，计数器将衍射光强度信号转换成电信号，经甄别、放大后记录下来，并绘制出以衍射角(2θ)为横坐标、以计数强度(intensity)为纵坐标的 X 射线衍射谱。衍射原理如图 8-8 所示，测角仪中的衍射几何本质上为布拉格方程的倒易球的几何图。当一束单色的 X 射线照射样品时，入射角为 θ，衍射角为 2θ，测角仪随着样品的转动，计数器以两倍的角速度随之转动，测试始终平行于样品表面的晶面衍射。随着 θ 角从 0° 到 90° 转动，所有平行于样品表面的晶面由大到小依次参与衍射，同时晶面要满足布拉格方程。

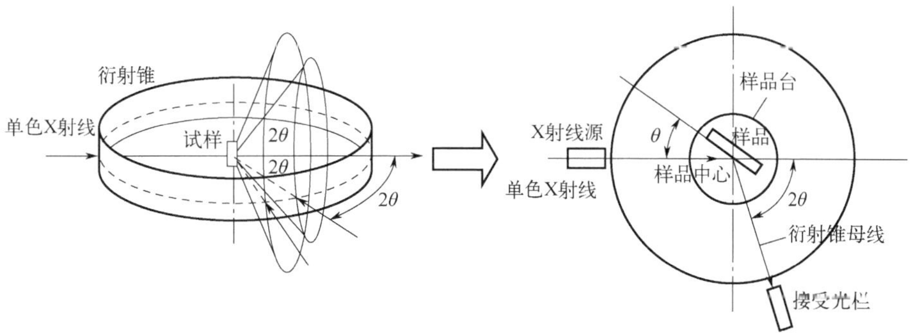

图 8-8　多晶 XRD 的原理示意图

图 8-9 和图 8-10 分别为测角仪结构原理图和测角仪的光路图，X 射线光经过狭缝光栏到达样品，衍射出的 X 光线经过计数器，检测到数据信号。测角仪中的发射光源 S，样品中心 O 和接受光栏 F 三者共圆于一个点，这样可使一定高度和宽度的入射 X 射线经样品晶面反射后能在 F 处会聚，以线状进入计数管 C，减少衍射线的散失，提高衍射强度和分辨率。聚焦圆的圆心和大小均是随着样品的转动而变化，随着样品的转动，θ 角从 0° 到 90°，由布拉格方程得晶面间距从最大降到最小 2λ。计数管与样品台保持联动，角速率之比为 2∶1，但在特殊情况下，如单晶取向、宏观内应力等测试中，也可使样品台和计数管分别转动。

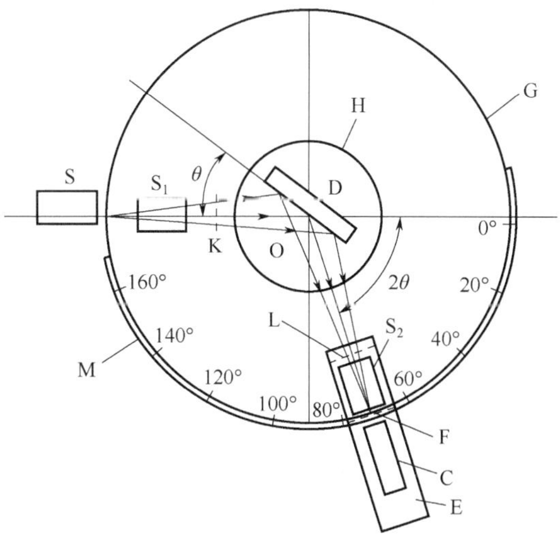

图 8-9　测角仪结构原理图

C—计数管；S_1、S_2—梭拉缝；D—样品；E—支架；K,L—狭缝光栏；F—接受光栏；G—测角仪圆；H—样品台；O—测角仪中心轴（样品中心）；S—X 射线源；M—刻度盘

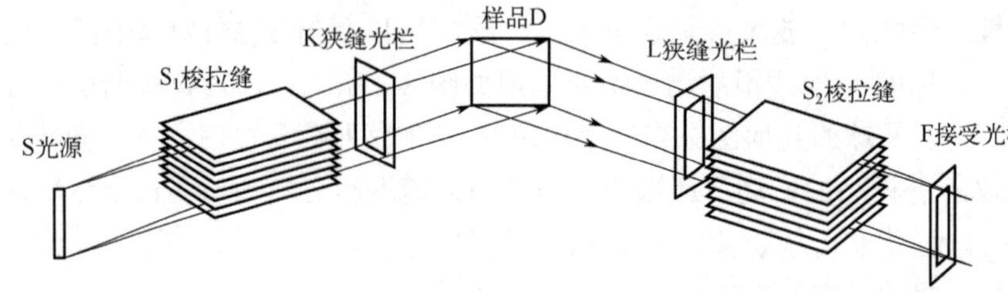

图 8-10　测角仪的光路图

8.2.2.3　计数器

（1）正比计数器　当 X 射线进入金属筒内，惰性气体电离，产生的电子在电场作用下向阳极加速运动，高速运动的电子又使气体电离，产生连锁反应即雪崩现象，出现一个可测电流，通过电路转换，由计数器中的电压脉冲输出。电压脉冲峰值与 X 光子的强度成正比，反映了衍射线的相对强度。

（2）闪烁计数器的原理　磷光晶体吸收 X 光子后辐射可见光。可见光撞出光敏阴极上许多个电子，通过倍增管的多个联极撞出更多的电子。一个电子经多个联极后可倍增到 10^6 到 10^7 个电子，再通过电路转换从而产生几毫伏的电压脉冲。

（3）锂漂移硅计数器的原理　X 射线光子在硅锂晶体中激发出一定数量的电子-空穴对，当硅锂晶体两端加上 500～900V 的偏置电压时，电子和空穴分别被正负极收集，经前置放大器转换成电流脉冲，电流脉冲经主放大器后转换成电压脉冲进入多道脉冲高度分析器。多道脉冲高度分析器将按高度把脉冲分类并进行计数，从而获得衍射 X 射线的相对强度。

8.2.3　数据采集及样品制备方法

8.2.3.1　扫描方法

（1）广角衍射　广角衍射是指用于物相分析的常规衍射方法，在保持样品不动的情况下，X 射线管焦点与辐射探测器做相向同角速度转动，称为 θ-θ 扫描。当使用铜靶时，一般设置如下参数。

开始角：一般 2θ 从 5° 或 10° 开始。特殊情况下，如药品、黏土矿物、有机材料等因为其分子单胞大，则 2θ 从 3° 开始。而 Cu 合金和钢铁（不含氧化物），则 2θ 从 20° 开始。

结束角：一般物相分析只需要采集前反射区（2θ<90°）的数据，选择 2θ=90° 即可。开始角小，相应的结束角也会小；反之，开始角大，则结束角也大。用于 Rietveld 方法精修处理的数据一般需要测量到 2θ=130°。

步长：步长是指计数的 2θ 间隔（$\Delta 2\theta$）的大小，步长根据衍射峰宽度来定，一般取衍射峰宽度的一半到 1/5。一般样品采用 0.02° 步长是正常设置。

（2）掠入射衍射　这是针对薄膜材料的一种衍射方法。因为薄膜的厚度小，若采用常规的 θ-θ 模式，则会击穿样品，照射到基体上。为避免这种现象，通过固定掠射角来固定入射深度。此时选择的扫描模式为 2θ 扫描，同时设置合适的掠射角值，一般根据膜的厚度来设置（约 3°）。采用聚焦光路做掠入射扫描时，衍射峰会变形，而且高角度（2θ>60°）

的衍射峰可能不会出现。所以，一般只测量 $2\theta<60°$ 的衍射范围。

（3）小角衍射　小角衍射是指衍射角从接近 0° 开始的测量（不能从 0° 开始测量），常用于介孔材料的衍射。衍射角扫描范围通常为 0.5°～10°。这是针对大分子的一种衍射，因为其面间距特别大，衍射角 2θ 接近 0°。该扫描方法需要调整狭缝到非常小的值，否则，因为直射光太强，会损坏探测器。

8.2.3.2　计数方式

（1）连续扫描　这种测量方法是将计数器与计数率计连接，让测角仪的 θ/θ 角以 1∶1 的角速度联合驱动，在选定 2θ 角范围，以一定的扫描速度扫测各衍射角对应的衍射强度。连续扫描的主要优点是扫描速度快，工作效率高。当需要对衍射花样进行全扫描测量时（例如做定性相分析），一般选用连续扫描测量方法。连续扫描的测量精度受扫描速度和时间常数的影响，因此在测量前要合理地选择这两个参数。

（2）步进扫描　这种测量方法是将计数器与定标器连接，首先让计数器停在要测量的起始 2θ 角位置，按定时器设定的计数时间（例如 1s）测量脉冲数，将所测得的脉冲数除以计数时间即为该处 2θ 角对应的衍射强度，然后让计数器按预先设定的步进宽度（例如 0.02°）和步进时间（例如 1s）。每前进一步都重复一次上述的测量，给出各步 2θ 角对应的衍射强度。步进扫描每步停留的测量时间较长，测量的总脉冲数较大，从而可减小脉冲统计波动的影响。另外，步进扫描不使用计数率计，没有滞后效应，所以它的测量精度是很高的，能给出精确的衍射峰位、衍射线形、积分强度和积分宽度等衍射信息，适合做各种定量分析。步进扫描的精确程度取决于步进宽度和步进时间，所以，在测量前要根据实际需要选定合适的步进宽度和步进时间。

8.2.3.3　块体样品的制备方法

（1）取样　使用块体样品时，要注意样品应当具有表征的代表性，以及取样的方向应当一致。

（2）样品大小　块体样品一般都用带空心样品槽的铝样品架（图 8-11）固定测量，块体样品只需要一个测量面。不同衍射仪使用的样品框大小略有不同，为获得最大衍射强度，样品大小应与样品框大小一致。由于衍射强度与样品参与衍射的体积成正比，当厚度一定时，实际上与测量面的面积成正比（在高衍射角时会小于样品面积）。较大样品必须延长样品的测量时间。粉末、薄膜、恒量样品都配有相应的样品架，以满足不同的测试需求。

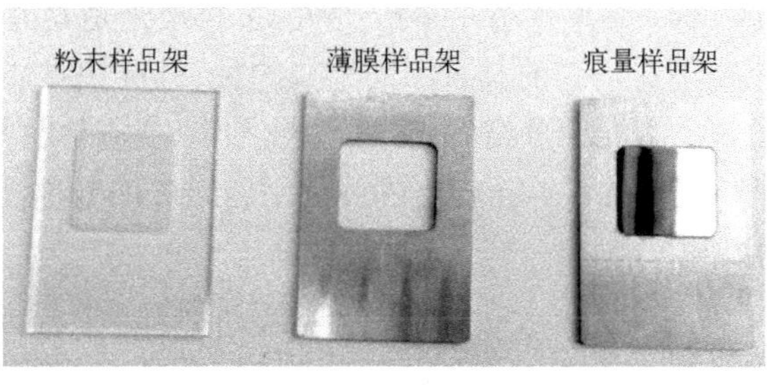

图 8-11　样品架

（3）样品研磨　测量面必须是一个平板面，在研磨过程中不得有弧面形成。研磨过程中应当采用“湿磨”。干磨会产生高温而发生相变、氧化和应力。

（4）块体样品的固定　将铝空心样品架的正面倒扣在玻璃板上，将块体样品放入样品框的中间位置，测量面朝下倒扣在玻璃板上，再取“真空胶泥”粘住样品架和样品。要特别注意胶泥不能露出测量面，否则，测量到的衍射谱中有附加的胶泥衍射峰。

（5）块体样品的应用范围　块体样品由于存在各向异性。因此，一般只适用于物相的鉴定，而不适用于物相定量分析。但残余应力测量、织构测量和薄膜样品测量则必须是块体样品。

8.2.3.4　粉末样品的制备

X 射线衍射的粉末样品要求是：①粒度均匀；②粒度在 0.1～10μm 之间；③样品用量不少于 0.5g。

（1）制粉　为了保证样品的代表性，首先要取多一些的样品制粉。对于矿物样品和金属合金样品，可以采用矿物制粉机研磨成颗粒直径为约 45μm 的粉体。

（2）研磨与分筛　粒度太小的材料会产生对 X 射线的微吸收，使衍射强度降低。如果太细，达到 100nm 以下，则会造成衍射峰宽化。相反，颗粒太粗时，参与衍射的晶粒数目不够，也会降低衍射强度。在计算混合物中各种材料的质量分数时，结果会低于实际的质量分数。对于不同的实验目的，粉末样品的固定方法有很多种，如正压法、背压法、侧装法等，还有多种特殊设计的样品台附件可供选用。

8.2.4　多晶 X 射线衍射应用示例

8.2.4.1　物相定性分析

（1）物相的含义　物相是化学热力学的概念。平衡的物质体系（物系）中各均匀的相同部分，统称为一个“相”或一个“物相”，这些部分都具有统一的化学性质和热力学性质且有自己的封闭的界面使其与相邻的性质不同的部分分隔开来。化学组成相同的物质，不一定是同一个“相”的。例如，左旋和右旋酒石酸结晶的混合物是一个两相物系。物系可由一种均匀的物质组成，称为单相体系，也可由多种不相同的均匀的物质组成，称为多相体系。

物质的性质性能都是由它的化学组成和结构决定的。“化学组成”指的是物质含有哪些化学组分，或指其总的元素组成；“结构”的含义则是广义的，首先是指物质的各化学组分所形成的各物相的分子结构、聚集状态，对于一种晶态物质则是其晶体结构。据此，“物相”可以具体表述为：物系中所有均匀的具有相同结构的且有自己的封闭界面使其与相邻的相异物质分隔开来的部分统称为一个“相”或一个“物相”。在固体材料中，具有同样聚集状态，同样原子排列特征性质，并以界面相互隔开的均匀组成部分称为一“相”。对于结晶物质，一种晶体即为一种物相。

（2）物相分析的含义　定性鉴定或同时定量测定所研究物系的物相组成，称为物相分析。物相分析主要对象是固体样品。虽然存在固态非结晶物质，但是大多数的固态物质都是一些具有独特结构的一种或多种晶体的集结体，固体样品的物相鉴定主要是晶体结构的鉴定。

每种物质对射线产生的衍射图谱取决于该物质的结构。按数学变换的观点，每种物质的 X 射线衍射图实质上是其微观三维结构场景的傅里叶变换；因此，每种物质的 X 射线衍射图里携带着丰富的该物质结构的信息。一物一图，一一对应。X 射线衍射分析法鉴定物相的主要依据是衍射图的一套特征量——衍射面的面间距 d 值和相应的每一衍射线的强度 I。通常一种物相晶体的 d 值不易受与其共存的其他物相的影响，所以，X 射线衍射分析法在鉴定物相时比较可靠。

（3）ICDD PDF 卡片　X 射线衍射分析是以晶体结构为基础的。任何结晶物质都能给出特定的多晶体衍射花样。没有两种不同的结晶物质可以给出完全相同的衍射花样，就像不可能找到指纹完全相同的两个人一样。另外，未知混合物的衍射花样是混合物中各相物质衍射花样的总和，每种相的各衍射线条的 d 值、相对强度（I/I_0）不变，这就是能用各种衍射方法做物相定性分析（物相鉴定）的基础。如果将几种物质混合后测定，则所得结果将是各单独物相衍射线条的简单叠加。根据这一原理，就有可能从混合物的衍射花样中，将各物相分别寻找出来。为完成物相检索，首先要建立一整套已知物相的衍射数据文件，然后将被测样品的 $d\text{-}I/I_0$ 数据与衍射数据文件中的全部物相的 $d\text{-}I/I_0$ 数据一一比较，从中检索出与被测样品谱图相同的物相。保存已知物相的 $d\text{-}I/I_0$ 数据的数据库称为“粉末衍射文件”（powder diffraction file, PDF）。

定性分析的基本方法是将未知物相的衍射花样与已知物质的衍射花样对照。这种方法现在由设在美国的“国际衍射数据中心”（The International Centre for Diffraction Data, ICDD）负责，制作的卡片称为 ICDD-PDF 卡片。现在虽然也印制纸质卡片，但使用最多的是以电子版形式发行的 PDFx。其中 x 表示数据库包含内容的多少。最常使用的是 PDF2 和 PDF4。PDF4 相对于 PDF2 有更多的晶体结构信息，包括电子衍射图片、晶体结构图等，如图 8-12 所示。

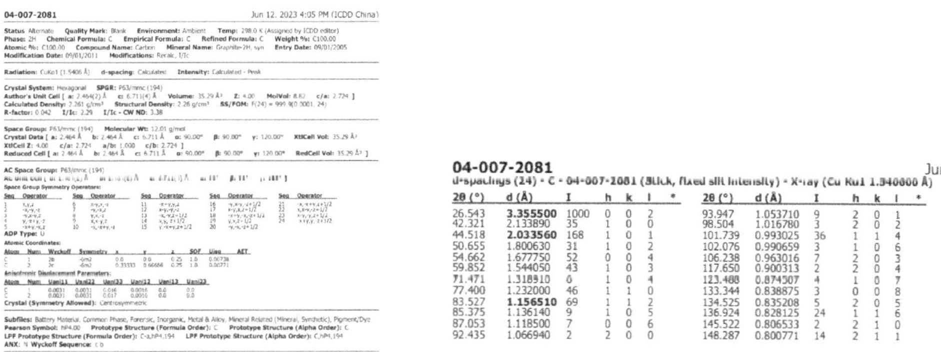

04-007-2081　Jun 12. 2023 4:05 PM (ICDD China)

Status: Alternate　Quality Mark: Blank　Environment: Ambient　Temp: 298.0 K (Assigned by ICDD editor)
Phase: 2H　Chemical Formula: C　Empirical Formula: C　Refined Formula: C　Weight %: C100.00
Atomic %: C100.00　Compound Name: Carbon　Mineral Name: Graphite-2H, syn　Entry Date: 09/01/2005
Modification Date: 09/01/2011　Modifications: Recalc, I/Ic

Radiation: CuKα1 (1.5406 Å)　d-spacing: Calculated　Intensity: Calculated - Peak

Crystal System: Hexagonal　SPGR: P63/mmc (194)
Author's Unit Cell [a: 2.464(2) Å　c: 6.711(4) Å　Volume: 35.29 Å³　Z: 4.00　MolVol: 8.82　c/a: 2.724]
Calculated Density: 2.261 g/cm³　Structural Density: 2.26 g/cm³　SS/FOM: F(24) = 999.9(0.0001, 24)
R-factor: 0.042　I/Ic: 2.29　I/Ic - CW ND: 3.38

Space Group: P63/mmc (194)　Molecular Wt: 12.01 g/mol
Crystal Data [a: 2.464 Å　b: 2.464 Å　c: 6.711 Å　α: 90.00°　β: 90.00°　γ: 120.00°　XtlCell Vol: 35.29 Å³
XtlCell Z: 4.00　c/a: 2.724　a/b: 1.000　c/b: 2.724]
Reduced Cell [a: 2.464 Å　b: 2.464 Å　c: 6.711 Å　α: 90.00°　β: 90.00°　γ: 120.00°　RedCell Vol: 35.29 Å³]

AC Space Group: P63/mmc (194)

Space Group Symmetry Operators:

ADP Type: U

Atomic Coordinates:

Anisotropic Displacement Parameters:

Crystal (Symmetry Allowed): Centrosymmetric

Subfiles: Battery Material, Common Phase, Forensic, Inorganic, Metal & Alloy, Mineral Related (Mineral, Synthetic), Pigment/Dye

04-007-2081

d-spacings (24) - C - 04-007-2081 (Stick, fixed slit intensity) - X-ray (Cu Kα1 1.540600 Å)

2θ (°)	d (Å)	I	h	k	l	*	2θ (°)	d (Å)	I	h	k	l	*
26.543	**3.355500**	1000	0	0	2		93.947	1.053710	9	2	0	1	
42.321	2.133890	35	1	0	0		98.504	1.016780	3	2	0	2	
44.518	**2.033560**	168	1	0	1		101.739	0.993025	36	1	1	4	
50.655	1.800630	31	1	0	2		102.076	0.990659	3	1	0	6	
54.662	1.677750	52	0	0	4		106.238	0.963016	7	2	0	3	
59.852	1.544050	43	1	0	3		117.650	0.900313	2	2	0	4	
71.471	1.318910	6	1	0	4		123.488	0.874507	4	1	0	7	
77.400	1.232000	46	1	1	0		133.344	0.838875	3	0	0	8	
83.527	**1.156510**	69	1	1	2		134.525	0.835208	5	2	0	5	
85.375	1.136140	9	1	0	5		136.924	0.828125	24	1	1	6	
87.053	1.118500	7	0	0	6		145.522	0.806533	2	2	1	0	
92.435	1.066940	2	2	0	0		148.287	0.800771	14	2	1	1	

图 8-12　新版电子 PDF 卡片

（Crystal System:晶系；Unit Cell:晶胞；Space Group:空间群；Reduced Cell:还原晶胞；Symmetry Operators:对称操作元素；d-spacing：晶面间距）

需要说明的是，PDF 卡片经历了几十年的发展，其数据来源两个方面：一是由科学家用各种方法实验检测得到的衍射数据并被 ICDD 公司校验、确认为正确的数据；二是通过国际晶体学数据库发表的晶体结构换算出来的衍射数据（级别为“C”）。当同一种物相有多次发表的数据时，ICDD 公司可能都收录进来了。因此，同一物相可能在 PDF 库中有许多张卡片，而这些卡片上的数据并无本质的不同，只是由于测量条件、计算精度不同而存在微小的差别。

（4）物相分析方法　PDF 卡片配备有自动检索匹配软件，通过图形对比方式检索多物相样品中的物相。从 PDF 库中检索出与被测图谱匹配的物相的过程称为“检索与匹配（search and match）”。具体的检索匹配过程可以概括为:根据样品情况，给出样品的已知信息或检索条件，从 PDF 数据库中找出满足这些条件的 PDF 卡片并显示出来，然后，由检索者根据匹配的好坏确定样品中含有何种卡片对应的物相。物相定性分析示例如图 8-13 所示：

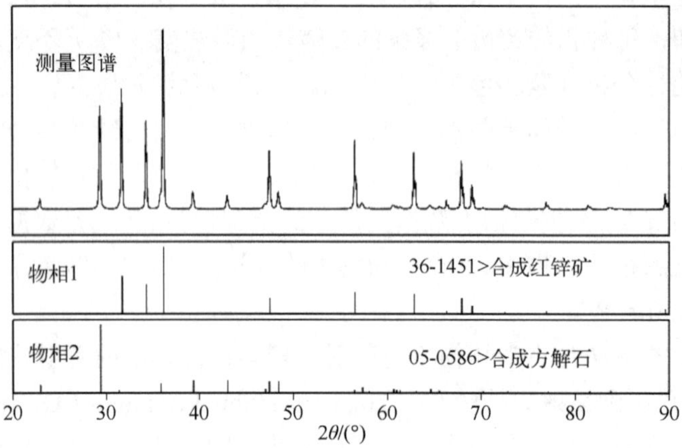

图 8-13　物相定性分析示例

使用说明：

① 试样必须是结晶态的(如粉末、块体金属或液体中晶体悬浮物)。气体、液体、非晶态固体物质都不能用 X 射线衍射分析方法做物相分析。

② XRD 难以检测出混合物中的微量相，检测极限依被检测对象而异，一般为 0.1%～5%。有些元素对 X 射线的吸收强，反射弱，则难以被检测出来；而有些则相反，对 X 射线的反射强。例如样品中含有质量分数 0.01%的单质 Ag 都可能检测出来，而有些物相含量达到质量分数 5%时却都难以检测出来。所以，X 射线衍射物相分析只能判断某种物相的存在与否。

③ PDF 卡片上的峰位是可以移动的。按住 PDF 列表右边的左右双向箭头，可以将物相左右移动来匹配实验谱。这是因为实验谱是实际样品的谱图，制样时样品表面可能高于或低于样品架平面，或者物相是一种固溶体，都会造成谱线的移动。因此，如果通过移动某一 PDF 卡片的谱线能对得上实验谱线，则可以认为该物相是存在的。

④ 对于没有登录 ICDD 卡片内的物质无法做物相分析。粉末 X 射线衍射物相检索是一种“对卡”过程，如果数据库中没有记录该物相的数据，则无法检索出来。这一问题对于新材料、新药物的检测存在实际困难。因此，如果有标准试样，可把标准试样的衍射数据当作标准数据登录，根据这个登录的数据进行物相分析。

8.2.4.2　物相定量分析

未知混合物的多晶 X 射线衍射花样是混合物中各相物质衍射花样的总和；每种相的各衍射线条的 *d* 值不变、相对强度也不变，即每种相的特征衍射花样不变；但混合物中各物相之间的相对强度则随各相在混合物中的质量分数而变化。因此，可以通过测量和分析各物相之间的相对强度来测定混合物中各相的质量分数。要解决定量问题，首先必须知道各相的强度与质量分数之间的关系。当样品完成了定性分析之后，就可以进行物相的定量分析。物相的定量分析是用 X 射线衍射方法测定样品中各种物相的相对含量（质量分数）。例如，黏土矿物中的 α-Al_2O_3 的含量、淬火钢中奥氏体含量、α-Al_2O_3 粉中残余 γ-Al_2O_3 含量的测定等。这些都不能用元素分析方法来测定。每种物相的衍射强度随其相对含量的增加而提高，由强度值的计算可确定物相的含量。多相试样中各相的衍射强度随该物相的含量增加而加强，但由于各种因素的影响，并不一定呈线性的正比关系。进行物相定量分析时，对强度的测试及分析精度要求较高。

（1）内标法　为了消除基体效应的影响，在试样中加入某种纯物质 s 相作为标准物质来帮助分析，以求得原试样内各物相含量的方法称为内标法。内标物应是原试样中没有的纯物质（如 α-Al_2O_3、CaF_2 等）。在内标法中，待测相 j 相与基体 M(M 可以是单一的相，也可以由几个相组成)以及标准物 s 相共同组成一个多相混合物。

内标物应是对称性高、成分简单又容易得到纯样的物质。例如 α-Al_2O_3、NaCl、CaF_2 等。内标物应具有较少的衍射线、分布较为均匀，并应尽可能不与样品中其他物相的衍射线重叠，且至少有一条主要的强线与待测相的某条主要强线接近。测量时通常就选择这样的一对衍射线作为对比的标准。

（2）*K* 值法　*K* 值法又称为基体冲洗法，是钟焕成（F.H.Chung）在 1974 年在改进内标法的基础上发展起来的。*K* 值法不需要作定标曲线，而是通过内标方法直接求出 *K* 值，内标物质的加入量也可以是任意的，如图 8-14 所示。*K* 值法在应用上比内标法简便得多，已逐渐取代了内标法。此 *K* 值就是内标法中定标曲线的斜率。

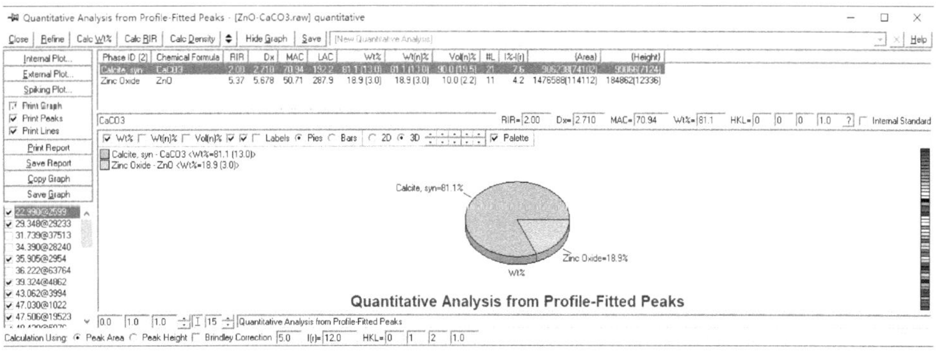

图 8-14　*K* 值法定量分析示例

（quantitative analysis from profile-fitted peaks: 基于轮廓拟合峰的定量分析）

K 值法与内标法的主要差别在于对 *K* 值的处理上不同，内标法的 *K* 值与内标物质的含量有关，其 *K* 值内含有内标物质的含量；而 *K* 值法的 *K* 值与内标物质含量无关，其 *K* 值

已经将内标物质的含量剔除。此方法利用预先测定好的参比强度 K 值，在定量分析时不需作标准曲线，利用被测相质量含量和衍射强度的线性方程，通过数学计算就可得出结果。

在 K 值法中，将刚玉 α-Al_2O_3（英文名 Corundum）作为普适内标物或称清洗剂（当样品待测物相中含 Al_2O_3 时，可考虑选其他标准物）。

K 值法有以下特点：K 值法的 K 为一常数，K 值法无须绘制定标曲线。K 值具有普适性。对一定的辐射条件和衍射线来说，K 值是恒定的。即一个精确测定的 K 值具有普适性，可用于任何一个多相混合物的物相定量分析，即使有非晶相的存在，也不受干扰，并可将其定量。只要配制一个由待测相和内标物质组成的混合试样，便可测定 K 值，因此无须测绘定标曲线。实际上 K 值法可看成是一种改进的内标法，既可避免基体吸收的影响，又应用简便。另外，无论是 K 值法还是内标法，制备标样或向待测样中添加标准物质时，要求粉粒充分细小（1pm 左右），混合也要充分均匀。K 值测一点即可确定，但最好用有充分厚度的试样，而且一点也要多次测定。K 值与待测相和内标物质的含量无关，因此在测试时可以往试样中加入任意量（这个量当然应该已知）的内标物质。

8.2.4.3 结晶度计算方法

结晶度可以描述为结晶的完全程度或完整程度。这里包含两个层面的意义:一个层面是结晶的完全性。物质从完全非晶体转变为晶体的过程是连续的。理想的晶体产生衍射，理想的非晶体产生非晶散射。试样中的晶体占多数时，则结晶度高，衍射增强而非晶散射减弱；反之则结晶度低。另一个层面的意思是结晶的完整性。畸变的结晶将导致本应产生的衍射转变为程度不同的弥散散射。结晶完整的晶体，晶粒较大，内部质点的排列比较规则，衍射峰高、尖锐且对称，衍射峰的半高宽接近仪器测量的宽度。结晶度差的晶体，往往是晶粒过于细小，晶体中有位错等缺陷，使衍射线峰形宽而弥散。结晶度越差，衍射能力越弱，衍射峰越宽，直到消失在背景之中。

$$\text{结晶度}(\%)=\frac{\text{结晶部分}}{\text{结晶部分}+\text{非晶部分}}\times 100\%$$

结晶度着重于非晶相和结晶相的相对比例这一层面的意思，其特点是试样中含有明显的非晶和结晶部分，在 XRD 中有明显的非晶散射峰。

结晶度的计算方法多种多样，最常用的是简单分峰方法，不同原理和实验方法取得的结果不具可比性。典型的结晶度测试报告如图 8-15 所示。结晶度不能简单地理解为结晶相的相对含量，它既不是结晶相的质量分数也不是体积分数。如果需要计算结晶相的质量分数或体积分数，应当使用定量分析方法。如果一个样品中含有多个结晶相，可以用 RIR 值法将各种结晶相的质量分数都计算出来，剩下的就是非晶相的质量分数。

8.2.4.4 宏观内应力的测量

宏观内应力是指当产生应力的因素去除后，在物质内部相当大的范围内均匀分布的残余内应力。它对机械构件的疲劳强度、抗应力腐蚀、尺寸稳定性和使用寿命都有直接的影响。其中有些应力是有利的，例如，表面淬火处理、喷丸处理、渗碳、渗氮等表面强化处理后，在构件的表面产生的宏观压应力可起到强化作用。而在加工、淬火过程中产生的拉应力则会使部件开裂、性能不稳定、尺寸改变等。通过宏观内应力的测定，可以寻求部件处理的最佳工艺条件，检查强化效果和分析失效原因。

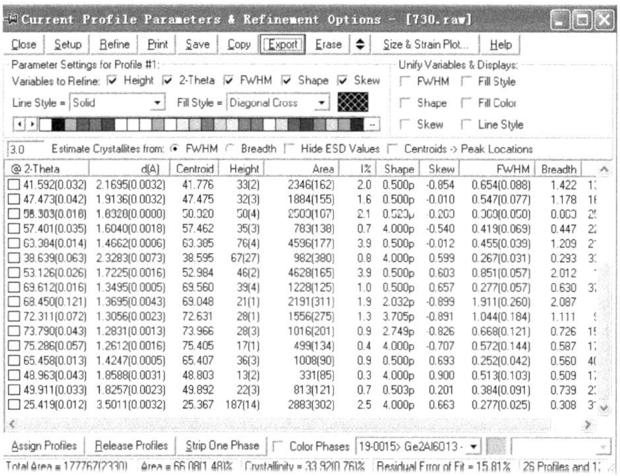

图 8-15　结晶度报告示例

当多晶材料中存在内应力时，必然还存在内应变与之对应，造成材料局部区域的变形，并导致其内部结构（原子间相对位置）发生变化，从而在 X 射线衍射谱线上有所反映，通过分析这些衍射信息，就可以实现内应力的测量。目前虽然有多种测量内应力的方法，但 X 射线应力测量方法最为典型。

通常把没有外力或外力矩作用而在物体内部依然存在并自身保持平衡的应力叫作内应力。根据内应力的作用范围，一般分为三类。三种应力之间的关系如图 8-16 所示。

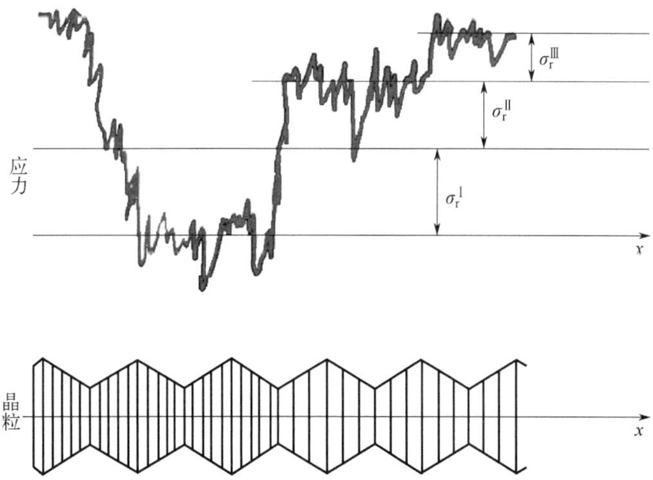

图 8-16　应力的分类

第 I 类应力记为 σ_r^{I}，是指宏观尺寸范围内平衡的应力。它是存在于各个晶粒中的数值不等的内应力在很多晶粒范围内的平均值，是较大体积宏观变形不协调的结果。这类应力消失后会使构件尺寸发生改变，会使 X 射线衍射谱线位移。第 II 类应力记为 σ_r^{II}，它是平衡于晶粒尺寸范围内的应力，相当于各个晶粒尺度范围(或各晶粒区域)的内应力的平均值，可归结为各个晶粒或晶粒区域之间的变形不协调性。这类应力通常使X射线衍射谱线展宽，也可能使衍射谱线位移。第Ⅲ类应力记为$\sigma_r^{Ⅲ}$，它是平衡于单位晶粒内的应力，是局部存在的内应力围绕着各个晶粒的第Ⅰ类应力值的波动。它与晶格畸变和位错组态相联系。这类应力使X射线衍射强度下降。X射线应力测定方法包括固定ψ法和sin2ψ法。

应用：在使用衍射仪测量应力时，试样与探测器θ-2θ关系联动，属于固定ψ法。通常令ψ=0°、15°、30°、45°，测量数次。当ψ=0°时，与常规使用衍射仪的方法一样，将探测器（计数管）放在理论算出的衍射角2θ处，此时入射线及衍射线相对于样品表面法线呈对称放置。然后使试样与探测器按θ-2θ联动。在2θ处附近扫描得出指定的*hkl*衍射线的图谱。当$\psi\neq$0°时，将衍射仪测角台的θ-2θ联动分开。先使样品顺时针转过一个规定的ψ角，而探测器仍处于零；然后连上θ-2θ联动装置在2θ处附近进行扫描，得出同一条（*hkl*）衍射线的图谱。作2θ-sin2ψ的关系直线，最后按应力表达$\sigma=K\Delta2\theta/\Delta\sin2\psi=KM$求出应力值。

实例：钢锯片表面加工后的残余应力测量。

实验步骤：

① 样品制备。用线切割方法从钢锯片上切取不小于 10mm×10mm 的一块作为待测样品。为保证样品表面的应力状态不受破坏，只需用清洗剂清除表面的油污，不得将表面重压、变形、抛光。

② 对样品做2θ=90°～140°范围的全谱扫描。选择一个峰形较好、衍射强度较高的高角度衍射峰作为测量晶面。这里选择Fe(211)作为测量晶面。

③ 分别取ψ=0°、15°、30°、45°，采用侧倾法，辐射为Co靶，用慢速(1°/min)扫描。

④ 用Jade打开衍射数据文件，做平滑处理。钢锯片表面XRD如图8-17所示。

⑤ 选择Options→Stress Calculate命令，进入应力计算窗口，如图8-18所示。

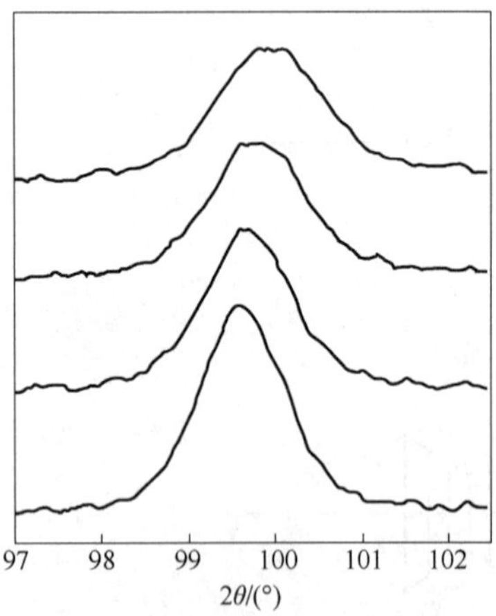

图 8-17 钢锯片表面 XRD 图

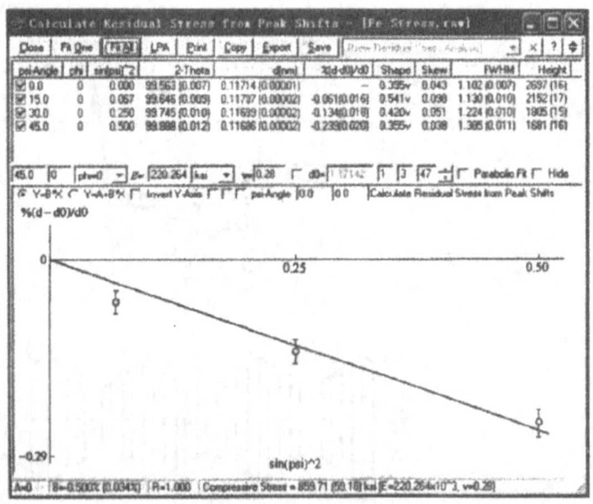

图 8-18 应力计算窗口

⑥ 输入常数值。在“Psi-Angle”栏下依次输入各个ψ值，在“*E*=”和“*U*=”处输入材料的弹性模量和泊松比。

⑦ 计算。按下“Fit All”按钮，计算出材料的残余应力。从计算窗口可知，锯片表面

经加工后，残余内应力为压应力，σ=−859.71(±59.18)MPa。相对于残余应力值来说，误差值较小，说明材料表面不存在应力梯度，峰形拟合结果准确，测量结果可靠。

8.2.4.5　织构测定

多晶材料由无数小晶粒(单晶体)组成，材料性能则与各晶粒的性能及其取向有关。晶粒取向可能是无规则的，但在很多场合下其晶面或晶向会受加工方式或凝固条件的影响而按一定的结晶学方向有规则排列，这种现象称为择优取向或织构。测量多晶织构的方法，主要以 X 射线衍射法最为常用，其理论基础仍然是衍射方向和衍射强度的问题。

（1）织构的分类　按择优取向的分布特点，织构可分为两大类，即丝织构和板织构。

丝织构是一种轴对称分布的织构，存在于各类丝、棒材及各种表面镀层或溅射层中；特点是晶体中各晶粒的某晶向<*uvw*>趋向于与某宏观坐标(如丝棒轴或镀层表面法线)平行，其他晶向则对此轴呈旋转对称分布；织构指数定义为与该宏观坐标轴平行的晶向<*uvw*>,如铁丝<110>织构、铝丝<111>织构。

板织构存在于用轧制、旋压等方法制成的板、片状构件内，特点是材料中各晶粒的某晶向<*uvw*>与轧制方向(RD)平行；织构指数定义为与轧制平面平行的晶面(*hkl*),或织构指数定义为与轧面法向(ND)平行的晶向<*uvw*>,如冷轧铝板有<110><112>织构。

（2）织构的表示方法　虽然有多种测定织构的方法，但以 X 射线衍射方法最为直接。晶体 X 射线衍射学中，织构表示方法有多种，如晶体学指数表示法、直接极图表示法、反极图表示法、取向分布函数表示法等。

① 晶体学指数表示法。在纤维材料或者丝中形成的纤维织构，它们通常是以一个或几个晶向<*uvw*>平行或近似平行于纤维或丝的外观轴向，这种<*uvw*>晶向就称为织构轴。通过这种表示法，人们了解到在这种纤维或丝中，多晶体材料中的大多数晶粒是以<*uvw*>晶向平行或近似平行于纤维轴而择优取向的，称这种纤维材料或丝具有< *uvw* >纤维织构（或丝织构）。

对于板织构，由于轧制变形包含有压缩变形及拉伸变形，晶体在压力作用下，常以某一个或某几个晶面(*hkl*)平行于轧板板面，而同时在拉伸力作用下又常以< *uvw* >方向平行于轧制方向，因而这种择优取向就表示为 *hkl*< *uvw* >。如果轧向与晶体学方向< *uvw* >有偏离，则常在它后面加上偏离的度数，如偏离±10°，则可表为 *hkl*< *uvw* >±10°。

晶体学指数表示法表示晶体空间择优取向既形象又具体，文字书写时简洁明了，是最常用的表示法之一。缺点是，它只表示出晶体取向的理想位置，未表示出织构的强弱及漫散程度。

② 图形表示法。图形表示法包括直接极图表示法［图 8-19（a）］、反极图表示法［图 8-19（b）］和取向分布函数表示法［图 8-19（c）］。

为了表示出织构的强弱及漫散程度，常采用平面投影的方法。最常用的是极射赤道平面投影法。晶体在三维空间中取向分布的极射赤道平面投影，称为“极图”。极图分“直接极图”和“反极图”。此外还可用等面积投影法，得到等面积投影极图。

直接极图亦称作正极图。直接极图表示法是把多晶体中每个晶粒的某一低指数晶面（*hkl*）法线相对于宏观坐标系（轧制平面法向 ND、轧制方向 RD、横向 TD）的空间取向分布，进行极射赤道平面投影来表示多晶体中全部晶粒的空间位向。

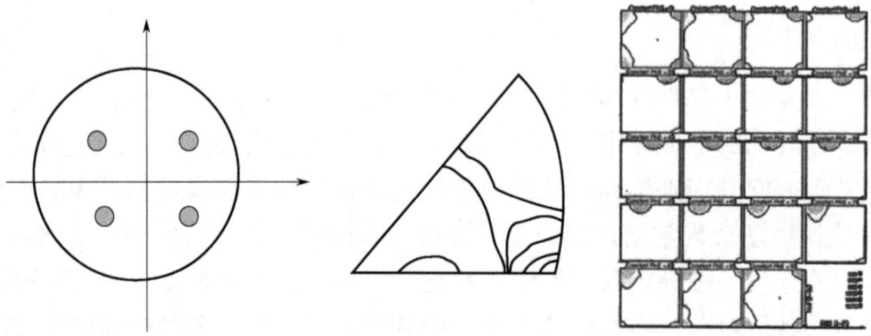

(a) 直接极图表示法　　(b) 反极图表示法　　(c) 取向分布函数表示法

图 8-19　织构的 3 种图形表示法

反极图以晶向为参照坐标系，特别是以晶体重要的低指数晶向为坐标系的三个坐标轴，而将多晶材料中各晶粒平行于材料的特征外观方向的晶向均标示出来，因而表现出该特征外观方向在晶体空间中的分布。将这种空间分布以垂直晶体主要晶轴的平面作投影平面，作极射赤道平面投影，即为此多晶体材料的该特征方向的反极图。

极图和反极图均是晶体在空间中取向分布的极射赤面投影，它们不能完全描述晶体的空间取向，这就是用它们判定织构时会错判和漏判的原因。

8.2.4.6　非晶态物质结构的 X 射线衍射分析

非晶态物质虽然不具有长程有序结构，但是具有短程有序的特征。非晶态物质结构分析常用非晶广角散射技术。随着实验室普通衍射仪的光源强度、聚焦光学附件以及高能量分辨率的高效探测器的发展，普通衍射仪已可以满足非晶散射的要求。但由于可选光源阳极物质（Mo、Ag、In 等）的限制，如果需要用更短波长的 X 射线来获取更高的衍射角范围数据，还是需要借助同步辐射源的支持。

（1）长程无序　长程无序是在液态下形成原子分布的无序态，然后以急冷的方式固化，将无序态保留下来形成非晶态固体。

（2）短程有序　非晶态与晶态的最近邻原子间的关系是类似的，这表明非晶态结构存在着短程有序。对非晶态物质的实验结果表明，当微区域半径 r 值在几个原子间距之内时，径向分布函数 $g(r)\neq 1$（用于描述原子排列的统计规律性），出现明显的起伏。非晶态中的短程有序只在最近邻关系上与晶体类似，而在次近邻关系上就有明显的差别。

（3）各向同性　非晶态材料结构被看作是均匀的，各向同性的，这主要是针对宏观意义而言。当缩小到原子尺寸时，也是不均匀的。

（4）亚稳态　一般而言，熔点以下的晶态总是自由能最低的状态。非晶态固体总有向晶态转化的趋势。实验表明，非晶态的晶化过程往往是很复杂的，有时要经过若干个中间阶段。

应用：用 Mo 靶测试非晶 SiO_2 粉末的广角散射谱，计算其原子间距离。图 8-20（a）为 SiO_2 的测量谱图，图中下面的细线为背景数据线，上面的粗线为校正好的数据。

经过参数设定，强度校正，计算 PDF，可得到其衍射强度叠加图谱［图 8-20（b）］，显示了 SiO_2 的原子对初始值位置和峰面积。peak1、peak3、peak4 分别为第 1、第 2 和第 3 近邻原子距离，而 peak2 则是由于傅里叶变换时截断误差引起的假峰。

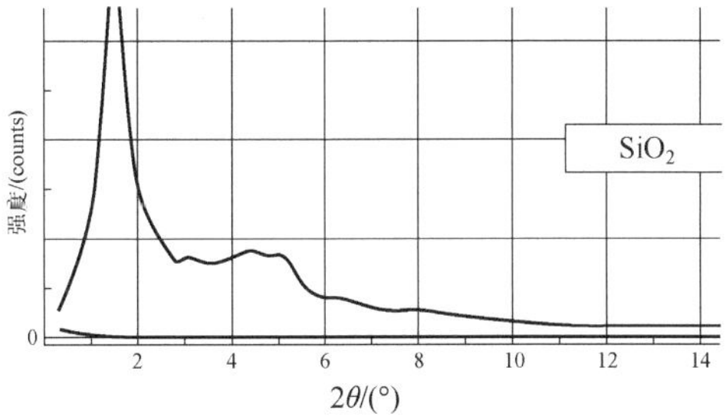

(a) SiO_2的广角散射图

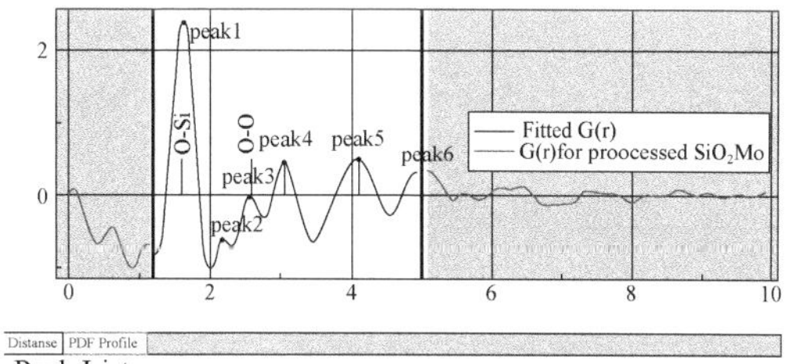

Peak List

序号	名称	位置	FWHM	峰面积
0	peak1	1.6297	0.3408	2.12455
1	peak2	2.1778	0.29129	0.52738
2	peak3	2.5674	0.35992	1.44539
3	peak4	3.0738	0.48983	3.30121
4	peak5	4.0709	0.93385	9.08612
5	peak6	4.9272	0.52271	4.54147

(b) 背景强度和衍射强度叠加图

图 8-20 SiO_2的测量结果

8.3 单晶 X 射线衍射分析

8.3.1 概述

8.3.1.1 测试目的

与多晶相比，单晶的一些与方向无关的量（如密度、化学组成等）在各个方向上是相同的，而另一些与方向有关的量（如电导、热导、弹性模量等）在各个方向上有差异。单晶结构分析可直观显示固态物质中所有原子的精确空间位置（坐标），从而推导出原子的连接方式，进而得到原子或分子在三维空间的堆积、排列、弱相互作用等信息。单晶结构分析是目前固态物质结构分析方法中，可提供信息量最大、最精准、最权威的研究方法。单晶结构分析领域包括：配位化学、金属有机化学、有机化学、药物化学、天然产物化学、无机材料化学、生物无机化学等。

单晶 X 射线衍射方法是确定固体物质微观结构的最强有力的手段，可以在原子层面给出分子结构的唯一且确定的三维坐标数据。分子中原子间的成键距离一般在 0.1～0.3nm，而 X 射线波长在 0.05～0.3nm 之间，与原子键长相近，因而可探测分子微观结构。晶体结构分析中所用的 X 射线，其波长范围与晶体点阵的阵点平面间距大致相当，因此晶体的三维周期结构相当于起到了光栅的作用。其最终测试目的是获得样品中每个原子的三维空间坐标。获得了三维坐标信息后，由数学关系可进一步获得键长、键角、二面角、氢键、弱相互作用、三维堆积、孔洞结构等结构信息。

原子的三维坐标 ⟹
- 键长、键角、二面角
- 构型、构象、拓扑结构
- 氢键、疏水作用、范德华力、大分子的深层次结构
- 链状、片层、框架、空腔、孔洞结构
- 三维堆积、三维对称性

8.3.1.2　测试分析步骤

本章中单晶 XRD 以四圆衍射仪和面探衍射仪为例，确定单晶结构的步骤如下：第一步是生长出高质量晶体，放置于单晶 XRD 的样品台上。第二步为测定晶胞参数和搜集数据，最好是在低温下进行，需采用能搜集到一套完整数据、具有高的观测多重性的搜集策略。第三步为数据还原，可由软件自行还原或手动还原，将来自探测器的原始强度数据转化为结构因子（或者结构因子的平方）。该步骤中，数据还原程序应用了吸收校正方法，并确定每个衍射点的标准不确定度值。第四步为结构解析，即采用各种方法确定每一个结构因子的相角。这些方法的选择，要视具体的问题，如结构尺寸、重原子、反常散射、最大分辨率等而定。

完成这些步骤后，可获得部分或所有非氢原子的坐标。但是，很多时候对一些坐标位置所属的原子类型指认是错误的，或者根本就不能确定它们的原子类型。而且，在这个初步解析的结果中，这些坐标通常也不准确。此外，结构的很多细节仍需确定，比如无序的氢原子的位置等。根据相应的结构特点，这些步骤可能比较简单，也可能很复杂，难以解析或精修。

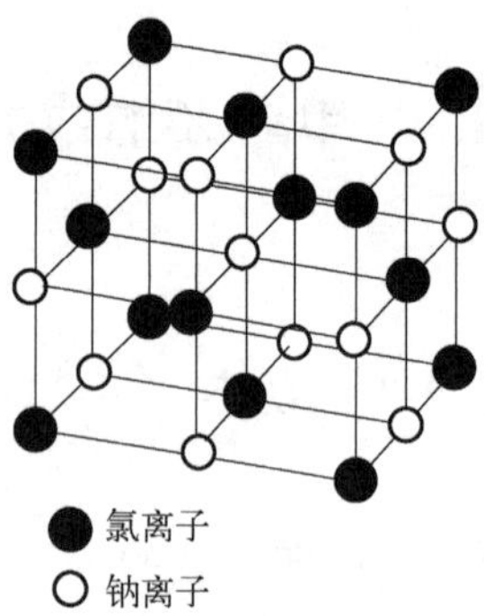

图 8-21　NaCl 晶体的三维周期排列的点阵结构

8.3.1.3　原子坐标

单晶 XRD 分析中常用每个原子的三维坐标来标记原子位置。以 NaCl 单晶为例（如图 8-21 所示），NaCl 晶胞中各离子的分数坐标为：

① Cl^-在顶点及面心上：(0, 0, 0), (1/2, 1/2, 0), (1/2, 0, 1/2), (0, 1/2, 1/2)；

② Na^+在棱心及体心上：(1/2,0,0)，(0,1/2, 1/2)，(0, 0, 1/2)，(1/2,1/2,1/2)。

在单晶 XRD 分析的结果报告中，常用（*x*,*y*,*z*）加上相应的坐标值来表示原子在晶胞中的位置。

8.3.1.4　弗里德尔对（Friedel Pairs）

由于衍射图样具有对称性（symmetry of diffraction pattern），晶体的衍射图样与倒易点阵直接相关。这是晶体宏观对称性的表现，它仅与晶系相关，而不直接与空间群相关。在忽略反常散射的条件下，不管晶体本身是否具有对称中心，晶体的衍射图样总是中心对称的。相角符号相反，衍射强度相等，这种关系被称为 Friedel 定律，两个以原点为中心的衍射点就被称为弗里德尔对。但是，如果考虑反常散射，则在非中心对称条件下，这两个衍射实际上有细微但很重要的偏离 Friedel 定律的情况。在忽略反常散射的条件下，晶体的衍

射图样归属于 11 种不同的劳埃群。

8.3.1.5　晶体生长

晶体的生长和质量主要依赖于晶核形成和生长的速率。晶核形成得快就会形成大量微晶，并易出现晶体团聚，应尽量避免生长速率过快导致晶体出现缺陷。

（1）溶液挥发生长　这是最常用的方法，通过冷却或蒸发目标物的饱和溶液即可。必须缓慢结晶，不能让溶剂完全挥发。

（2）溶液界面扩散法　两种反应物从不混溶的两种溶剂扩散，在界面形成晶体。

（3）蒸汽扩散法　A、B 分别为两种对目标物溶解度不同的溶剂，目标物溶解于溶解度大的 A 中，溶解度小的溶剂 B 的蒸汽慢慢扩散到 A 中，降低目标物的溶解度，使之不断结晶出来。

（4）凝胶扩散法　将反应物之一置于凝胶中，另一种反应物的溶液向凝胶中进行扩散；或将两种反应物制成溶液，从不同方向向凝胶中扩散。

（5）水热法　将待结晶物质或反应原料溶于溶剂，密封于不锈钢反应釜中，经高温高压处理，获得相应结晶。对特别难溶的化合物可用此法，重要的技巧是控制好温度。

（6）升华法　固体物质加热形成蒸气，冷却后形成晶体。

8.3.1.6　晶体样品的挑选

好的晶体样品外观光洁、透明、无裂纹、无气泡、棱角分明。一般挑选 0.1～0.5mm 的样品即可，过大的单晶样品可在显微镜观察下进行切割，注意切割时要涂上凡士林或惰性油。品质好的晶体，外观透明、无裂痕、表面干净、有光泽、外形规整。对于在空气中容易坏掉的晶体，需在表面包裹一层惰性油，或者密封在毛细玻璃管中测试。

8.3.2　单晶 X 射线衍射仪器简介及数据采集

8.3.2.1　仪器组成

单晶 XRD 主要由测角仪、X 射线管、准直器、检测器、测角头、低温液氮装置、样品摄像装置等构成（如图 8-22 所示）。

① X 射线管，用以产生特征波长 X 射线；

② 测角仪，四圆或三圆结构，带动晶体样品在三维空间转动，把不同的晶面暴露在 X 射线光束中；

③ 探测器（检测器），检测经晶体样品后散射的 X 射线信号；

④ 准直器，将 X 射线准直后入射到晶体样品上；

⑤ 低温液氮装置，采用液氮喷射，用以降低晶体样品所处环境的温度，用于低温下测试（可低至 100K）；

⑥ 高清摄像头，用于实时拍摄样品在空间旋转的照片。

具体某种结构的单晶 XRD 仪器按照其结构特点命名，如四圆单晶衍射仪、面探单晶衍射仪等。

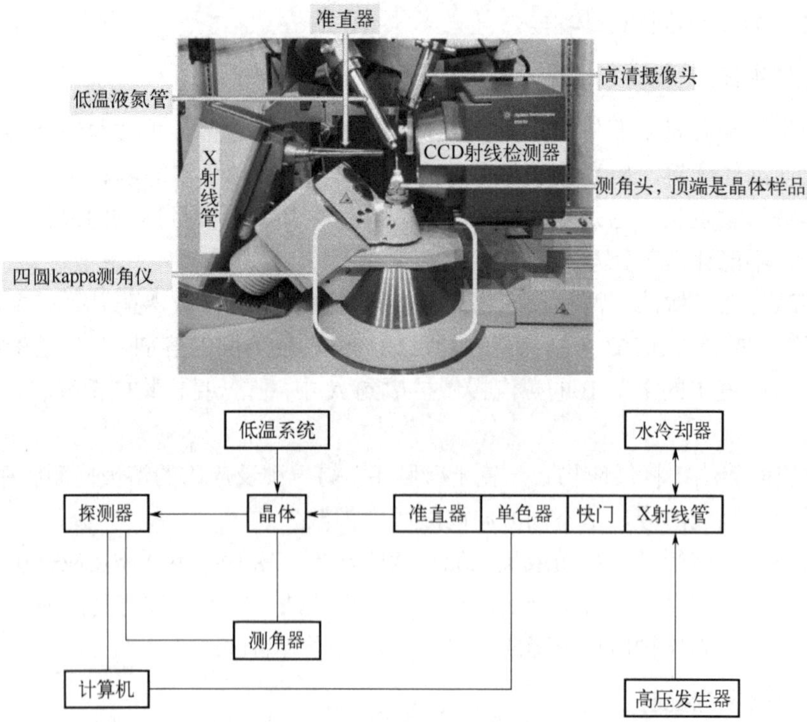

图 8-22　单晶 XRD 的实物图（面探单晶衍射仪）及基本结构示意图

8.3.2.2　X 射线管

X 射线由高速电子流轰击金属靶产生。X 射线管是常规 X 射线发生器的核心部件，其实质上就是一个大的真空二极管，单晶 XRD 的 X 射线管工作原理如图 8-23 所示。其中，阴极是发射电子的地方，阳极亦称靶，是使电子突然减速和发射 X 射线的地方。其工作原理是：当高速运动的电子与物体碰撞时，发生能量转换，电子的运动受阻失去动能，其中一小部分能量（约 1%）以 X 射线的形式放出，其他大部分能量（约 99%）转换成热能。X 射线管工作在高功率的工况下，需不间断通循环水带走多余的热量。

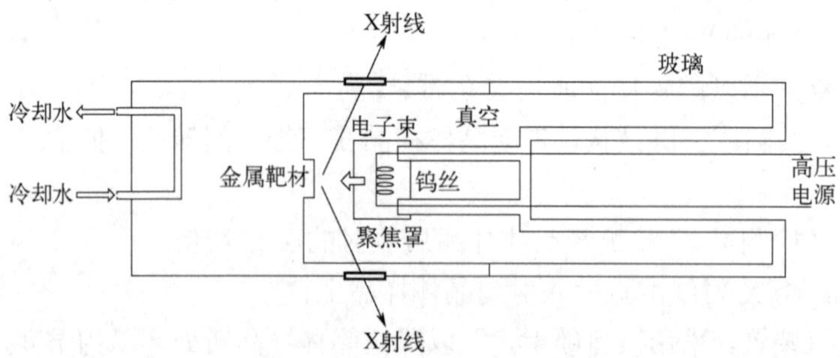

图 8-23　单晶 XRD 的 X 射线管工作原理

由于受到高能电子轰击，X 射线管工作时温度很高，绝大部分的电子束功率转变为热能而损耗掉，因此需要对阳极靶材进行强制冷却。为了满足高功率密度和焦点集中的要求，此后又发明了靶面高速旋转的 X 射线管（>10000r/min）。当前，为了控制 X 射线的输出，又引入了阳极靶面与阴极之间的控制栅极的 X 射线管，用于施加脉冲调制。通过改变脉冲宽度和重复频率，可调整定时重复曝光，提升 X 射线的工作效率。此外，同步辐射也可作为优质 X 射线源，其优点包括：①通量大，亮度高；②光束准直性好；③偏振性好；④宽频谱、连续可调；⑤有特定的时间结构。

8.3.2.3　测角仪

四圆衍射法是将样品固定在四个机械圆的光学中心，其中三个圆（ω, χ, φ）用来调节晶体的取向，另一个圆（θ）驱动光子计数器在各个衍射方向上逐点收集衍射光束的光子数来获得其衍射数据，如图 8-24 所示。在测试中，晶体样品中心不动，由三个圆（ω, χ, φ）带动其在空间中旋转，将不同的晶面暴露在 X 射线光束中，以获得各个晶面（hkl）的衍射信息。面探衍射仪也可采用三圆测角仪，相当于传统四圆衍射仪的 χ 圆被固定，其他三个圆保留。

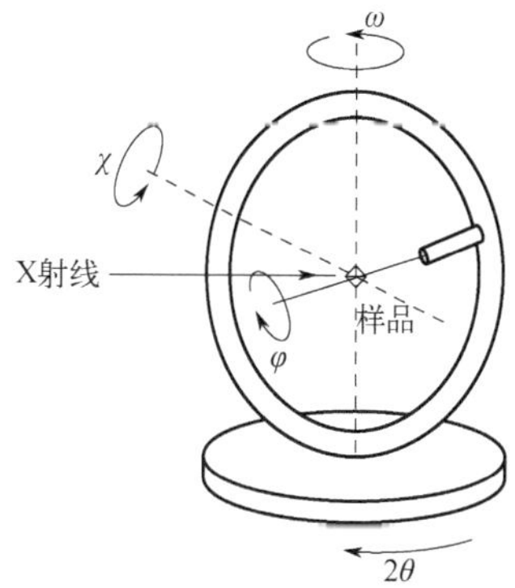

图 8-24　四圆测角仪示意图

8.3.2.4　X 射线探测器

单晶 XRD 的主要探测装置包括固体检测器、荧光屏、IP 仪（image plate）、正比计数器、NaI 闪烁计数管、照相底片等。各种衍射照相机现在已经基本不用了，但光路设计依然是现代衍射仪器设计的基础。X 射线面探测器亦曾被广泛采用，即电荷耦合器件探测器(charge coupled device detector)，简称 CCD 探测器。原理如同电视摄像机或数码照相机，不过其含有薄膜磷光材料，被 X 射线激活后，可发射可见荧光，磷光材料通过光学纤维与 CCD 芯片耦连，这些荧光经过电子器件快速地转化为衍射强度相应的数字信号，供计算机直接处理。固体检测器是以半导体材料为探测介质的辐射探测器，是当前的主流产品。其工作原理为在接收到入射粒子时产生电子-空穴对，通过加载的电压收集电极上感应的电荷，从而形成脉冲信号。

8.3.2.5　探测器-CCD（CMOS）面探法

面探法是曾经的主流探测方法，可以在数小时内甚至一小时内完成小分子晶体结构的测试。面探法一般设置半球收集，可以轻而易举地收集大量富余的衍射点，即等效点或同个衍射点被反复收集。可在还原时，尽量还原所有的数据，解析结构时再根据数据的质量选择合适角度的数值。收集完数据后，必须进行还原和校正以产生结构因子的绝对值$|F_o|$，以便在解析结构时与计算的$|F_c|$值相比较。尺寸不均衡的晶体，由于吸收，测得的衍射强度会有很大的偏差，在一定程度上可用等效点的平均偏差 R_{int} 的值来反映。

通常情况下，原子的电子数越多，即越“重”，则对 X 射线的衍射能力越强。因此，衍射强度亦取决于晶胞内每个原子散射的加和。影响衍射强度的一系列因素包括：结构因子、温度因子、多重因子、角因子、吸收因子等。衍射强度 I 与衍射角 2θ 之间的关系曲线即为晶体的衍射花样，通过衍射花样分析，可以获得晶胞类型、晶体取向等结构信息。

8.3.2.6　结构因子

一个原子对 X 射线的衍射能力正比于其原子序数。重原子对散射的贡献大，而氢原子周围电子少，对散射贡献很小，因此其位置很难确定。在晶体学中把比碳更重的原子，称为重原子；把碳、氮、氧等非氢原子称为轻原子；最轻的氢原子就直称氢原子。

在包含多个原子的晶胞中，各原子占据不同的坐标位置，它们的散射振幅和相位是各不相同的。晶胞中所有原子散射的合成振幅并非各原子散射振幅的简单叠加。因此，需要引入一个称为结构因子(F)的参数来表征晶胞中的相干散射与单电子散射之间的对应关系，其数值与原子种类和位置有关。在衍射实验中，我们只能测量衍射线的强度，即结构因子的平方值（F^2），而结构因子的绝对值（$|F|$）需通过计算获得。X 射线获得的衍射信息，需利用傅里叶变换将分立的结构因子信息转换为周期性的电子密度图像，从而推断出原子信息。

8.3.2.7 系统消光

当衍射强度为零时，发生消光现象，称为系统消光，包括点阵消光和结构消光。点阵消光由晶体类型决定，与晶体结构无关，是由点阵的结构因子计算结构振幅的平方值为零时的消光。在复杂点阵中，面心或体心上由附加阵点而引起的结构因子 $F = 0$ 的现象称为点阵消光。通过结构因子计算可总结出四种布拉菲点阵类型的点阵消光规律。通过结构因子计算可总结出四种布拉菲点阵类型的点阵消光规律。简要来说，简单点阵（P）对所有 h,k,l 无消光，体心点阵（I）对 $h + k + l$=奇数产生消光，面心点阵（F）对 h,k,l 不全为奇数或不全为偶数产生消光，底心点阵（C）对 $h + k$=奇数产生消光。

当布拉菲点阵通过套构后形成的复式点阵，出现了布拉菲点阵本身没有的消光规律，即附加消光条件，则称为结构消光。产生衍射的充要条件则包括两条：①满足布拉格方程；②结构因子不能等于 0，即不消光。根据系统消光的结果以及测定衍射线的强度的变化，理论上就可以推断出原子在晶体中的位置。

结构因子只与原子种类和在晶胞中的位置有关，不受晶胞形状和大小的影响。例如，不论是立方晶系、正方晶系还是斜方晶系的体心晶胞，其系统消光规律都是相同的。晶体对 X 射线的衍射能力越强，则消光效应越显著。

8.3.2.8 反常散射

对于中心对称结构，反常散射效应相互抵消，能严格满足 Friedel 定律。非中心对称结构的反常散射不能互相抵消，因而不严格服从 Friedel 定律。可以利用不同绝对结构反常散射效应的差别，确定晶体的绝对结构。手性分子只能结晶为无心晶体，而无心晶体的绝对结构可通过晶体的反常散射来测定，一旦测定了无心晶体的绝对结构，即可确定手性化合物的绝对构型。

8.3.2.9 常规数据搜集和处理流程

常规数据的具体搜集和处理流程如图 8-25 所示。首先是取样步骤，在显微镜下挑选样品。将选好的样品粘在样品杆上，通过仪器放大的视频图像进行对心操作，使样品的质心位于 X 光束的中心。数据搜集初始的界面需要设置曝光时间、探测器与样品之间的距离、信噪比、冗余值等参数。如果使用 Cu 光源，则可以分别设定低角度和高角度的曝光时间。预实验通过搜集几十帧衍射照片的衍射点，以确定初始晶胞参数。指标化率是指可以被指标化的衍射点的百分比，是晶体质量的一个重要评估指标。指标化率低于 70%的晶体质量不够好，可能为孪晶或多晶。数据搜集软件会根据预实验中获得的信息以及用户提供的目标分辨率和信噪比计算出数据搜集策略，并估计数据搜集所用时间。如果搜集数据时将晶体的对称性提高了，如将单斜晶系定为正交晶系，则搜集过程完成后，其完整度会提示不够（例如可能只有 70%完整度）。这时，可采用补充数据（append data）的方式追加数据，前提是千万不要移动或取下样品。但是，如果将对称性定低了则一般不会存在问题。

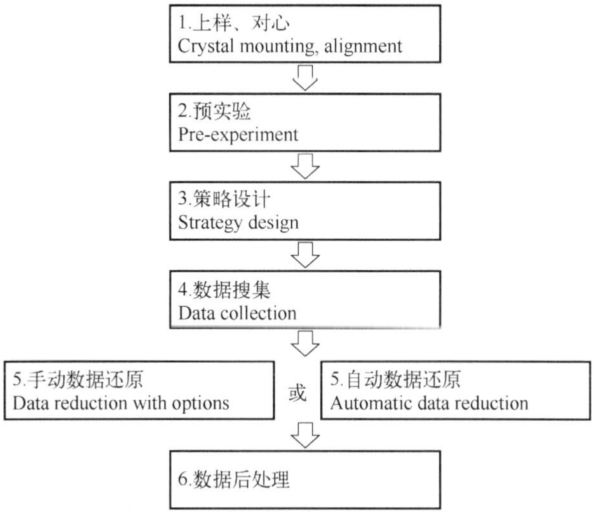

图 8-25　数据搜集和处理流程示意图

8.3.2.10　劳埃群的确定

测定空间群的第一步是确定劳埃群。用衍射仪测量衍射数据时，必须通过等效点的强度测量来检验晶轴是否具有对称性。为了确保检验的准确性，应该尽可能采用数量较多的等效点，以便确定这些可能等效点在实验误差允许范围内是否真的等效（即等强度）。测定晶体的劳埃群和晶格类型，仅仅是所需的部分数据。因为每个劳埃群有若干个晶格类型，每个晶系又含有若干个空间群。因此，必须获得更多的对称性信息，才能缩小可能空间群的范围。

8.3.2.11　数据还原与校正

完成数据收集后，首先需要对数据进行还原，再通过几步校正，将仪器获得的原始强度数据转化为结构因子 F 或者结构因子的平方 F^2。可用手动或者自动还原来处理原始数据。由于晶体外形的不同从而造成 X 射线散射的路径差异，需做吸收校正：①不同晶体对经过的 X 射线存在不同的线性吸收；②经过的路径距离的不同对透射率的影响。一般常用的数字吸收校正方法为多次扫描吸收校正法（multi-scan）。

8.3.3　单晶 X 射线衍射数据分析

8.3.3.1　分析步骤

晶体结构（电子密度）与其衍射效应（衍射的振幅和相角）之间存在着互为傅里叶变

换的关系。从仪器获得的已知数据：晶胞参数、衍射指标、结构振幅绝对值$|F_o|$、可能的空间群、原子的种类。解析寻求的未知量包括：电子密度函数、相角。寻找相角是晶体解析获得原子坐标的关键难题。近年来，晶体学家们编写了大量的计算机程序，用以晶体结构的分析和精修，其功能包括确认空间群、原始数据的校正与还原、结构解析、最小二乘法精修、绘图、粉末衍射花样模拟等，大部分程序可让学术机构的研究人员免费下载。主要的解析方法包括：直接法、重原子法（Patterson 函数法），用于获得初步相角，得到初步模型。

具体的测试和分析过程包括：①晶体的选择与安放；②晶胞参数的测定与对称性判断；③测定衍射强度数据；④衍射数据的还原与校正；⑤结构解析；⑥结构精修；⑦结果的解释与表达。

8.3.3.2 原始数据质量判断

（1）分辨率（resolution） 检测器将记录部分高于目标分辨率（0.80Å）的衍射数据（如0.80～0.72Å），这部分数据的完整度较低，可通过数据后处理写出不包含该部分数据的(*hkl*)文件，或者在结构精修过程中指定不使用该部分数据。

（2）完整度（completeness） 所搜集到的独立衍射点数目占预测衍射点数目的百分比，一般要求大于 95%。

（3）平均冗余值（average redundancy） 冗余值是指等效衍射点被重复测量的次数。默认策略设计模式下将搜集平均冗余值为 2 的衍射数据。

（4）平均信噪比（mean F2/sig(F2)） 一套理想的衍射数据其平均信噪比至少为 15～20，最高角度数据的信噪比大于 2。

（5）残差因子 R_{int} 值 R_{int} 表示晶体模型与真实结构之间差异的残差因子。理想的衍射数据 R_{int} 值一般低于 3%～5%。如果 R_{int} 值异常偏高（如大于 10%），则可能是晶体的质量不理想，如衍射太弱或不稳定，也可能是定错晶系。

8.3.3.3 结构解析

结构解析（structure resolving）具体步骤如图 8-26 所示。通过直接法和 Patterson 法，获得大致准确的相角数据，进而获得部分或全部原子坐标，建立结构模型或初始结构。由于晶胞中的电子密度与结构因子存在数学关系，通过每个衍射点（*hkl*）的结构因子加和，即 Fourier 合成（转换），就可得到晶胞中任意坐标的电子密度。不同的电子密度对应于不同的原子，因此获得了电子密度图，就得到了每个原子的空间坐标，获得了晶体结构的详细信息。因此只要得到衍射点的相角，就解决了单晶结构解析的关键问题，这就是相角问题。常用直接法和 Patterson 法来确定初始结构，前者多用于有机小分子，后者多用于含有金属重原子的化合物。

8.3.3.4 结构模型

结构模型（也称初始结构）包含独立单元中部分或全部原子的坐标（*x*，*y*，*z*）信息及原子类型。最初获得的结构模型可能存在一定的误差，不过这些信息包含了所需相角的信息。对于晶体属于中心对称的空间群时，相角问题本质上只是正负号问题。当模型大致接近于实际的结构时，计算得到的相角符号大部分是正确的。

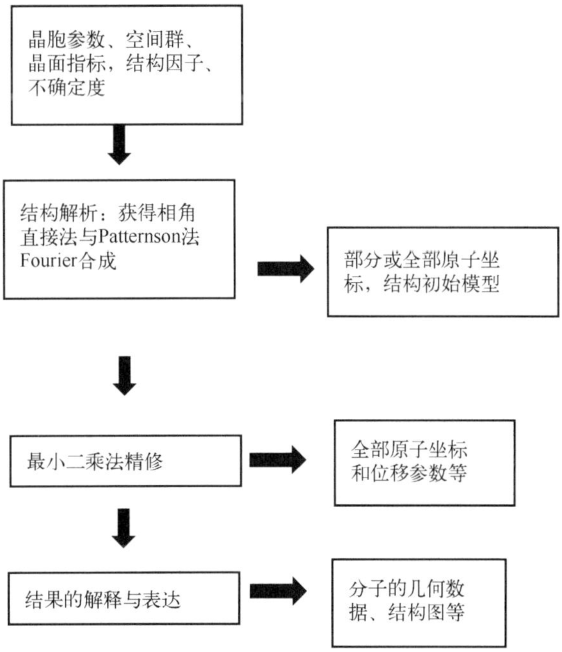

图 8-26　结构解析步骤示意图

另外，如果结构模型能够正确地描述非中心对称单元中 30%～50%衍射物质的信息，就可以得到一套有用的初始相角。获得一套基本正确的相角后，可以用这些近似（或精确）的相角与实验得到的$|F_o|$数值相结合，利用傅里叶变换，计算出一套新的晶体空间电子密度分布图，从而可能获得更多的原子坐标信息，得到一个更接近实际的结构模型。不断重复，就可得到完整、真实的结构。

实际上，每个独立的原子周围的化学环境往往不同，在晶格中各个方向热振动强度是不同的，也就是具有各向异性（anisotropic)的特点。晶格中每个原子各向异性的振动，可用三个主轴和三个交叉项：（U_{11}、U_{22}、U_{33}、U_{23}、U_{13}、U_{12}）来描述，它们的数值决定着热椭球的形状和取向。

8.3.3.5　结构精修

获得晶体结构模型后，通过优化各种结构参数，让结构模型与实验数据之间的偏差尽可能小的过程，称为结构精修（structure refinement）。结构精修常用到最小二乘法，这是一种数学优化技术。通过最小化实验结构因子与计算结构因子的差值的平方和，来寻找计算结构因子的最佳函数匹配。

用前面描述的解析方法得到一套关于晶体结构的结果，即独立单元中的任意原子的坐标，仍存在错误或偏差，它们来自衍射数据的测量误差和解析方法的近似。为了获得精确的结构数据，必须对有关参数进行最优化，使得结构模型与实验数据之间的偏差尽可能小，即最吻合（best fit），这一过程即为结构精修的核心要求。目前常用 Shelxl 程序进行精修，Platon 程序进行辅助。常见的精修指令可参考《SHELXL 使用手册》，该手册由经验丰富的专业人员编写。

结构精修的参数包括：①原子坐标；②原子的位移参数；③总的标度因子；④其他可能参加的精修参数，包括无序结构中的占有率、消光效应参数、Flack 参数等。

氢原子一般不参与精修，在结构精修中，往往被绑在与它键合的原子（母原子）上，赋予其母原子 1.2～1.5 倍的各向同性原子位移参数。

考虑到不同衍射点的测量误差并不一样，在结构精修中，有必要引入权重因子（w），对不同的衍射点赋予不同的权重，让误差小的衍射点起更大的作用，以改善结构精修的结果。结构精修后，模型的好坏由残差因子（R_1）、加权残差因子（wR_2）、拟合度 S（GooF 值）、Q 峰残余值等参数来评价。其中，R_1 用于判断结构测定的准确程度，一般要低于 0.1。wR_2 在标准中要求的值要低于 0.25。GooF 值，如果权重方案合适，结构正确，则应该接近于 1.0 (JYT 0588—2020)。Q 峰残余值是指结构解析过程中存在的电子云和空穴残余峰值，如果该值大于 1.0 或者小于负 1.0，则表明可能有未知原子没有被找出。此外，结构中的各化学键键长和键角均在合理范围内，原子的热振动振幅的相关性要合理。必须严格检查成键数、键长、配位几何、原子类型、氢原子的数目和位置。

另外，在数据还原与结构精修过程中还有两个重要的 R 因子：R_{int} 和 R_{sigma}。引起 R_{int} 偏大的原因有：数据精度不好；吸收校正没做好；定错晶系。如果 R_{sigma} 偏大（大于 0.1），可能是数据太弱，也可能是数据处理有误。

8.3.3.6 结构分析实例

采用 Shelxl 程序对采集到的数据进行解析。其顺序为：直接法或 Patterson 法分析出大体结构，初步定义各个原子，Shelxl 精修，修正错误原子，Shelxl 精修，原子编号，Shelxl 精修，加入各项限制条件，Shelxl 精修，直至获得完整的结构，使各项参数落在合理范围内，并且避免出现晶体学和化学方面的错误。以对氯苯酚晶体为例，可以了解晶体结构解析的详细过程，如图 8-27 所示。从仪器搜集得到的数据，经软件的傅里叶变换得到电子云密度峰（Q 峰），通过尝试将 Q 峰转变为相应种类的原子，进而各向异性和加氢处理，即可获得该物质的正确结构。解析和精修过程完成后，需结合结构化学和晶体学知识判断结构的合理性。该例子详细讲述了怎样从原始数据获得正确结构的数据处理流程。结构解析过程中，一般由人工为每个原子进行手动编号。

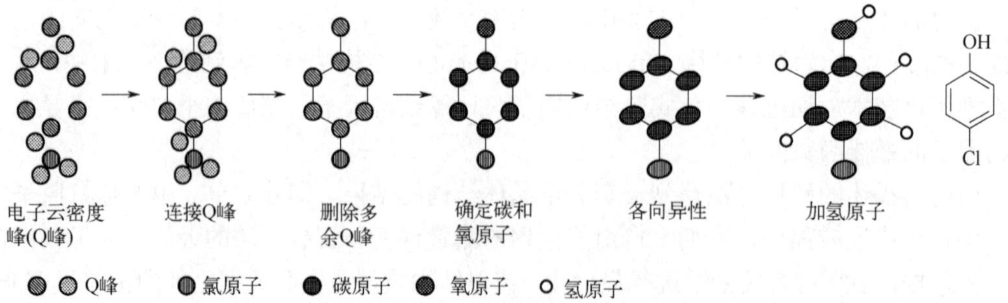

图 8-27 对氯苯酚晶体结构解析示意图

8.3.3.7 结构精修注意事项

① 如果得到的原子或 Q 峰［通过傅里叶变换计算电子密度差图时，Q 峰表示观测电子密度（实验数据）与模型计算电子密度（精修结构）的差异］的位置相连接后能够构成合理的化学结构，就要通过删除不合理的原子或Q峰，并把Q峰选择后定为相应的原子。

② 解析和精修结构的初期，可把 C、O、N 都定为 C。如果独立单元只是分子的一部分，原子不好取舍，可用 grow（生长）指令把分子补全处理。

③ 对于具有确定立体结构的有机基团，可采用理论加氢；对于无法理论加氢的，如水分子，可从差值傅里叶图中找出氢原子。

④ 将 squeeze 处理后的细节信息添加到评论区（squeeze 为挖去晶体结构中溶剂等小分子的操作指令）。

⑤ 将 Platon 程序产生的信息添加到 cif 文件中。

⑥ 搜集的数据要保证其完整度，一般要求 95%以上。

⑦ 不要遗漏可能存在的电荷，否则会导致电荷不平衡问题。

⑧ 注意判断键长、键角数据是否异常。程序会根据原子半径设置一个宽容度，自动判断两个原子之间是否成键，这种设置对普通有机化合物没有问题，但是对金属配合物的判断可能会出现差错。

⑨ 氢原子的位置在晶体结构中非常重要，但往往因其散射功率过小而导致其位置难以确定。

⑩ 在进行结构分析前最好有准确的元素分析、NMR、IR 等数据，以便正确指认原子。

⑪ 如果因为晶体质量不好而无法精修数据，则需要重新挑选好的晶体样品测试，有时要尝试相当多的样品。

8.3.3.8 不对称单元

不对称单元是晶体结构中最小的结构单元，通过对称操作可以生成晶胞或完整的晶体结构。不对称单元与化学式可能不一致，即一个不对称单元，可能包含不同数目的化学式（分子式），该数目可能是整数，也可能是分数。在晶体结构解析中，独立单元中常常只有一个分子，甚至半个、不足半个，有时也会有两个、三个。不对称单元所包含化学式的数目与分子的对称性有一定关系。分子的对称性很可能会影响晶体结构的对称性。在空间群的对称操作作用下，可以产生晶胞中全部原子的最少数目的原子或原子团，就叫不对称单元（位）(asymmetric unit)，也叫晶体学独立单元 (crystallographic independent unit)。具体实例如图 8-28 所示。

8.3.3.9 孪晶

大约有 10%的测试样品可能为孪晶结构（twinning），孪晶是由两种以上的单晶结构嵌套形成。单晶是晶体中所有晶畴（crystal domain）具有相同取向的晶体。孪晶就是在一个晶体中，同时存在两个（或多个）点阵结构相同的晶畴，这些晶畴取向不同或互为镜像，彼此嵌套在一起，如图 8-29 所示。所谓晶畴是指晶体中由同一点阵结构贯穿的区域。

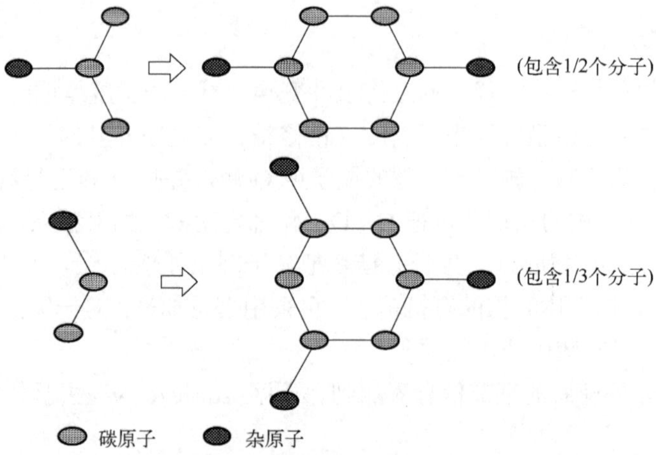

图 8-28 不对称单元实例

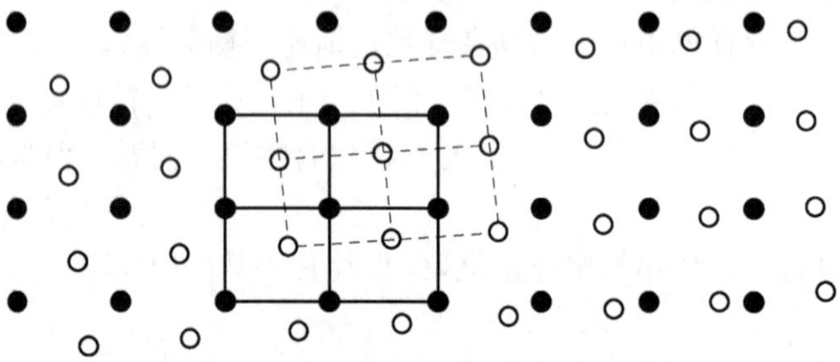

图 8-29 典型孪晶晶格（包括两套独立且互相嵌套的晶格）

一个晶体中同时存在两种或更多种不同取向的晶畴（极端的情况为多晶）。孪晶现象可以看作是结晶时晶胞错误连接的结果。当晶胞的几何对称性高于晶体结构的空间群时，就可能发生孪晶现象。

非缺面孪晶最为常见，其孪晶规律符合比晶体所属晶系更高晶系的对称操作。若晶胞的几何对称性高于结构的对称性，则可能产生假缺面孪晶。例如单斜晶系的 β 角接近 90°，或 a 与 c 基本相等。如果测试中发现某个晶轴相对其他晶轴来讲特别长的话，很有可能是孪晶。需要注意的是孪晶晶畴不重叠或只是部分重叠，可以通过衍射图案来确认。

8.3.3.10 无序结构处理

无序是晶体结构中常见现象，其形式千差万别。通常，无序结构只占整个结构的小部分，并不影响整体结构的正确性和解析过程。常见无序结构产生的主要原因有：①原子的热振动；②环结构的翻转和摆动；③氟、氯等原子绕着 σ 键旋转；④不同原子占据同一位置；⑤溶剂、离子等小分子在空间中的游移。

在精修时需用 split（裂分）命令，对无序原子进行裂分处理，即将每个原子裂分为两个原子，需注意的是这两个裂分后的原子只代表其在空间所占有的比例，二者的占比加和为 1。极个别情况下，可能会裂分为三个及以上。经裂分处理后，额外的一套原子一般标记为 part2，以虚线连接。与之对应，原位置的原子一般标记为 part1。在必要时，需通过强制性（constrained）和限制性（restrained）精修来处理无序结构。以三氟甲基为例，其裂分后的结构如图 8-30 所示。需注意的是，无序结构的 cif 文件在形式检查中可能会出现一些 A 或 B 类错误提示，如“Low Bond Precision on C-C Bonds”（碳碳键长精度低）。

图 8-30　三氟甲基的无序结构

8.3.3.11　Flack 因子（参数）

Flack 因子是与晶体样品分子的绝对构型相关的一个重要参数。只有收集了足够多的弗里德尔对数据才能得到确实可信的 Flack 因子。为了得到足够多的弗里德尔对数据，各晶系搜集数据的最小范围如下。

三斜：全球（100% Ewald）

单斜、三方、六方：半球（50% Ewald）

正交、四方、立方：1/4 球（25% Ewald）

对于非心群：①正确绝对结构的 Flack 因子为 0，且其相反绝对结构的 Flack 因子应为 1。②若 Flack 因子在 0～1 之间，特别是 Flack 因子接近 0.5 时，需验证结构是否为有心群。若经过 Platon 程序验证后确为无心群，则晶体为倒反孪晶。

对于有心群，若错误地用无心群解出结构，则 Flack 因子应接近 0.5。对于只含有原子量小于磷（P）元素的分子样品，若用 Mo 靶光源测试，则无法确认其绝对构型。

8.3.3.12　空间群指认错误

空间群指认错误的话，一些原子的热振动会出现异常。这些异常一般表现为原子过于细长，或者体积变得更小（如图 8-31 所示）。可借助 Platon 软件找到正确的空间群并修正过来。具体操作为，在 Platon 菜单下，点击 Start 按钮，选择 Graphic Menu（图形界面），在弹出的图形菜单值的 Symmetry（对称操作）条目下，点击 Addsym 选项，查看是否空间群指认错误。如果错误，可用 Addsym-Plot 命令进行空间群转换。

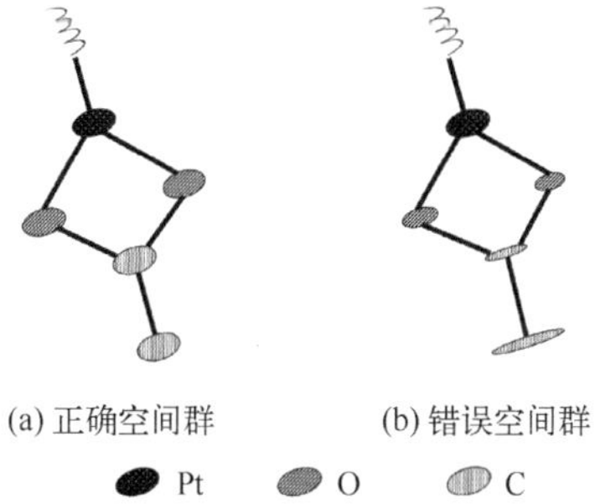

图 8-31　某种 Pt 金属配合物晶体结构片段

8.3.4 单晶 X 射线衍射结果表达

8.3.4.1 单晶解析文件类型说明

单晶 XRD 测试数据的输出文件主要包括 4 种类型。

（1）cif 文件　是一种用于计算机传输的晶体学档案文件，属于自由格式，有一定的弹性，可供人和计算机阅读，主要内容包括：实验条件、晶体结构测量过程的方法与参数、搜集到的（*hkl*）范围、化合物分子式、晶胞参数、空间群、全部原子坐标及其原子位移参数、精修结果的有关参数等。cif 文件也可用于多晶样品的结构精修，亦常用于晶体结构作图。

（2）fcf 文件　结构因子文件。

（3）lst 文件　反映晶体精修进展的文件，里面包含氢键信息。

（4）res 文件　晶体精修的结果文件。

8.3.4.2 cif 文件的检查

可登录国际晶体学联合会（IUCr）的网站完成网上检查。可能出现的问题如下：

（1）A 类错误　严重问题，包括分子式错误，一些必要数据没有给出（例如吸收校正方法、透过率、晶体尺寸等），结构精修的收敛不好（位移参数太大），违反化学原理的加氢等。

（2）B 类错误　潜在严重问题。包括化学键太长或太短，键长数据的误差太大，氢键的合理性，分子量是否正确，原子位移参数的最大/最小之间的差距太大等。

（3）C 类错误　需要检查的问题。

（4）G 类错误　普通问题，需要检查。

其中，A、B 类问题最为严重，且会导致其他类型的问题出现。解决了 A、B 类的错误后，其他次要问题自然就解决了。

8.3.4.3 结构信息列表

单晶 XRD 的数据常用输出列表来表达。列表内容包括：样品尺寸、晶胞参数、测试温度、测试参数等。其中，测试参数又具体包括 2θ 范围、衍射点个数、一致性参数、偏离因子、残余电荷密度、Flack 参数等。以常用的标准单晶 Ylid 样品为例，一份典型的输出报告如表 8-2 所示。此外，晶体具体结构由原子坐标参数、热振动参数、键长、键角、二面角、氢原子位置等信息列出。

表 8-2　解析结果输出报告主要信息详解

信息	参数	释义
identification code	Sample_name	文件名称
empirical formula	$C_{11}H_{10}O_2S$	分子式
formula weight	206.25	分子量
temperature/K	293.15	测试温度
crystal system	orthorhombic	晶系
space group	P212121	空间群

续表

信息	参数	释义
a/Å	5.9539(2)	a 轴长度
b/Å	9.0271(3)	b 轴长度
c/Å	18.3728(7)	c 轴长度
α/°	90.00	α 角
β/°	90.00	β 角
γ/°	90.00	γ 角
Volume/$Å^3$	987.48(6)	晶胞体积
Z	4	晶胞中包含的分子个数
ρ_{calc}/(mg/mm^3)	1.387	计算密度
μ/mm^{-1}	0.296	线性吸收系数
F(000)	432.0	一个晶胞中的电子个数
crystal size/mm^3	0.30×0.25×0.20	实际晶体样品尺寸
2θ range for data collection	5.72°～52.72°	数据搜集的 2θ 范围
index ranges	$-11\leqslant h\leqslant 9, -10\leqslant k\leqslant 9, -17\leqslant l\leqslant 18$	数据搜集的衍射指标范围
reflections collected	5084	搜集到的衍射点个数
independent reflections	3503 [R_{int} = 0.0222]	独立衍射点个数
data/restraints/parameters	3503/1/237	独立衍射点个数/受限参数个数/精修的参数个数
Goodness-of-Fit on F^2	1.034	一致性参数（越接近 1 越好）
final R indexes [$I\geqslant 2\sigma(I)$]	R_1 = 0.0399, wR_2 = 0.0876	偏离因子，以结构因子平方 F^2 计算的加权偏离因子
final R indexes [all data]	R_1 = 0.0503, wR_2 = 0.0932	所有数据计算的偏离因子
largest diff.peak/hole/e$Å^{-3}$	0.35/−0.30	电荷密度残余峰
flack parameter	−0.003(11)	绝对构型参数

8.3.4.4 氢键表达

一般用列表来表达氢键结构。其中，D（电子给体原子），A（电子受体原子），<DHA（给体原子-氢原子-受体原子之间的夹角），d（距离），原子后括号中的坐标为对称操作符，表示分子间的氢键。标准单晶样品 Ylid 的氢键列表如表 8-3 所示，原子后的序号为人工编号。

表 8-3 氢键列表

D-H	d(D-H)	d(H..A)	<DHA	d(D..A)	A
C4-H4A	0.970	2.546	116.58	3.103	S2
C9-H9	0.930	2.907	152.98	3.760	Cl2[x−1/2, −y+3/2, z+1/2]
C14-H14B	0.960	3.023	158.02	3.930	S1[−x+3/2, y+1/2, −z+3/2]
C18-H18	0.930	2.640	172.75	3.564	F1[x+1/2, −y+1/2, z−1/2]

8.3.4.5 结构图的表达

单晶 XRD 提供了多种形式的结构图表达方式，只要用绘图软件打开 cif 文件即可查看。常用的绘图软件有 olex、platon、mercury、diamond、chem3D、wingx 等。按照图形表达方式，可分为线型、球棍、椭球、多面体、立体等图形。

8.3.4.6 晶体数据检索

国际上已建立多个晶体学数据库可供检索，这些数据库每年都收集、存储和提供已知化合物的晶体结构数据，以电子版的形式存放。常用的数据库有：

① 国际晶体学联合会（IUCr）；

② 开放晶体结构数据库（COD）；

③ 剑桥结构数据库（The Cambridge Structural Database，CSD）（英国）；

④ 蛋白质数据库（The Protein Data Bank，PDB）（美国）；

⑤ 无机晶体结构数据库（The Inorganic Crystal Structure Database，ICSD）(德国)；

⑥ 金属和合金晶体数据库（Metals and Alloys Crystallographic Database，CRYSTMET）（加拿大）；

⑦ JCPDS-国际衍射数据中心的粉晶数据库（JCPDS-ICDD）（美国）。

8.4 单晶 X 射线衍射与多晶 X 射线衍射的区别

单晶 XRD 的测试样品一般为单晶，而多晶 XRD 的样品范围更为广泛。实际上，单晶 XRD 也具备多晶 XRD 的功能，但一般不当作多晶 XRD 使用。多晶 XRD 使用单点射线检测器测量每个角度位置上的衍射强度，使用一台测角仪测量当前测量点的角度。二者的区别如图 8-32 所示，单晶 XRD 测量记录单晶样品的衍射图谱时，入射 X 射线的方向必须以晶体的晶轴系为参考坐标，因此单晶衍射仪必须带有一套精细的取向装置，用来精确调控

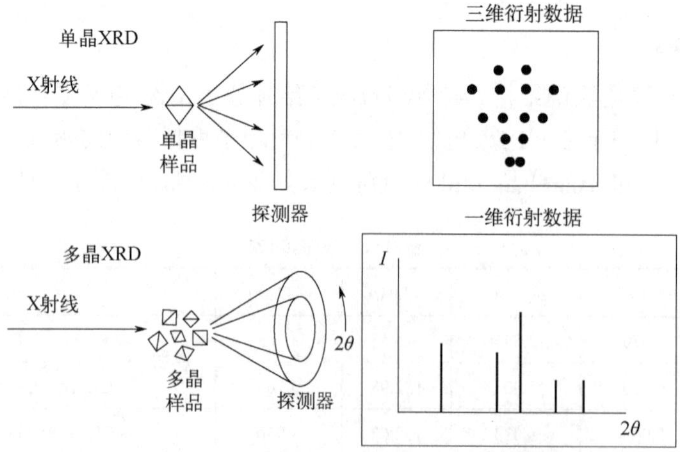

图 8-32 多晶 XRD 和单晶 XRD 衍射线的对比

晶体取向。这两类衍射仪器除样品台部分之外，其他部分都是类似的。单晶 XRD 对于已知结构，可以进行精修，对于未知结构，可以鉴定结构。一般在表征新的化合物时，最好使用单晶 XRD。

思考题

1. 多晶和单晶 XRD 仪器的构成有哪些共同之处?
2. 单晶 XRD 仪器能否当作多晶 XRD 仪器使用?
3. 晶体的 cif 文件可以人为修改吗?

第9章 原子发射光谱法

通过本章的学习，掌握原子发射光谱的基本概念和原理；了解原子发射光谱法的发展趋势、定性和定量分析方法；了解电感耦合等离子体原子发射光谱仪的结构及相应光谱的样品制备方法与分析应用。

9.1 原子发射光谱概述及原理

原子发射光谱（atomic emission spectrometry，AES）是研究元素在受热或电激发时，由基态跃迁到激发态，继而返回到基态时发射出的特征光谱。依据特征谱线的波长和强度，可对元素进行定性、定量分析，该分析方法包含三个主要过程：

① 激发光源提供能量使试样蒸发形成气态原子，并使气态原子激发而产生光辐射，即蒸发-原子化-激发；

② 光辐射经单色器分光获得元素特征谱线；

③ 检测器检测元素谱线的波长和强度。

由于不同元素原子的能级结构不同，因此发射谱线的波长不同，据此可对测定样品进行定性分析；此外，根据待测元素原子的浓度不同，其发射强度亦不同，从而实现元素的定量分析。

原子发射光谱法的核心技术是原子化和原子激发技术。通常，光谱仪器采用激发源来实现原子化和激发。早期的激发源有火焰、直流/交流电弧、高压火花等，但早期的光源不稳定，在格拉赫（Gerlach）提出的内标法基础上，只能进行半定量分析。20世纪60年代，电感耦合等离子体等新光源的引入实现了精确定量。此后，随着CCD等多波长检测器件的使用，原子发射光谱法的多元素分析能力大大提高。目前原子发射光谱法已成为金属元素分析最常用的手段之一，广泛应用于冶金、地质、环境、临床等样品中痕量元素的分析。

原子发射光谱法具有分析速度快、选择性高、灵敏度高、准确度高、线性范围宽等特点，可实现多元素的同时测定。一般的原子发射光谱仪的检测限可低至10～0.1$\mu g \cdot g^{-1}$，准确度在5%～10%范围内，而以电感耦合等离子体作为激发光源时，检测限可低至$ng \cdot g^{-1}$，精确度可小于1%，且其线性范围可以达到4～6个数量级。此外，原子发射光谱法不适用于非金属元素如卤素、惰性气体元素的分析，也无法给出化合物中元素的价态信息。

9.1.1 原子发射光谱

常温下，原子处于最低能量的基态，通过电、热等激发源作用获得能量后，原子外层电子由基态跃迁到不同的激发态，当它跃迁回到基态时释放出特征的谱线，即得到原子发射光谱。

9.1.1.1 原子能级与光谱项

原子是由原子核与绕核运动的电子所组成，每一个电子的运动状态可用 4 个量子数来描述：主量子数 n、角量子数 l、磁量子数 m 和自旋量子数 m_s。

由于核外电子之间存在着相互作用，原子的能量状态需要用主量子数 n、总角量子数 L、总自旋量子数 S 及内量子数 J 来描述。光谱学中常用光谱项表示原子所处的各种能量状态，其表达式为

$$n^{2S+1}L_J \tag{9-1}$$

式中，n 为主量子数；L 为总角量子数，为外层价电子角量子数 l 的矢量和，即

$$L=\sum_i l_i \tag{9-2}$$

两个价电子耦合所得的总角量子数 L 与单个价电子的角量子数 l_1、l_2 有如下关系

$$L=(l_1+l_2),\ (l_1+l_2-1),\ (l_1+l_2-2),\ \cdots,\ |l_1-l_2| \tag{9-3}$$

式中，L 可能的取值为 0、1、2、3、4……共（$2L+1$）个值，相应的符号为 S，P，D，F……

S 为总自旋量子数，多个价电子的总自旋量子数是单个价电子自旋量子数 m_s 的矢量和，取值为：

$$0、\pm\frac{1}{2}、\pm 1、\pm\frac{3}{2}、\pm 2\cdots$$

J 为内量子数，是原子的各价电子总角量子数 L 与总自旋量子数 S 耦合得到的，关系式如下：

$$J=(L+S)、(L+S-1)、(L+S-2),\cdots,|L-S| \tag{9-4}$$

若 $L\geqslant S$，则 J 有（$2S+1$）个值；若 $L\leqslant S$，则 J 有（$2L+1$）个值。

例如，基态钠原子核外电子结构为 $1s^22s^22p^63s^1$，对闭合壳层，L=0，S=0，因此钠原子能态由 $3s^1$ 决定。L=0，S=1/2，光谱项为 3^2S。J 只有一个取向，J=1/2，故基态钠原子的光谱项为 $3^2S_{1/2}$。而钠原子第一激发态的核外电子结构为 $1s^22s^22p^63s^13p^1$，其光学电子是 $3p^1$，L=1，S=1/2，$2S+1$=2，J=1/2 和 3/2，故有两个光谱支项，$3^2P_{1/2}$ 与 $3^2P_{3/2}$。

又如，镁原子基态的电子组态是 $3s^2$，L=0，S=0，$2S+1$=1，J=0，光谱支项为 3^1S_0。镁原子第一激发态的电子组态是 $1s^22s^22p^63s^2$。由于 L=1，S=0 和 1，$2S+1$=1 或 3，因而有两

个光谱项，3^1P 与 3^3P。当 L 与 S 相互作用，每一个光谱项有$(2S+1)$个不同 J 值，即$(2S+1)$个光谱支项。而对于 3^1P，J 只有 J=1 一个值，光谱支项只有 3^1P_1，是单一态；对于 3^3P，J 有 3 个值，J=2、1、0，故有 3 个光谱支项 3^3P_2、3^3P_1 与 3^3P_0，是三重态。这 3 个光谱支项的能量稍有不同，由此可见，$(2S+1)$ 代表光谱项中光谱支项的数目，显示了光谱项的多重性。

任何一条原子光谱线都是原子的外层电子从一个能级跃迁到另一个能级所产生的，所以一条谱线可用两个光谱项符号表示，如大家熟知的钠双线：

Na 588.996nm　　$3^2S^{1/2} \rightarrow 3^2P_{3/2}$

Na 589.593nm　　$3^2S^{1/2} \rightarrow 3^2P_{1/2}$

综上，由于不同元素的原子具有不同的能级结构，各能级之间的跃迁所产生的谱线具有特征性，根据各元素的特征谱线波长可以确定样品中元素的存在，这是原子发射光谱法定性分析的依据。

9.1.1.2　原子能级与能级图

既然原子的能量状态可用光谱项表示，那么，把原子中所有可能存在的光谱项及能级和能级跃迁用图解的形式表示出来便可得到能级图。

图 9-1 为钠原子的能级图。图中能级的高低用一系列的水平线表示，由于相邻两能级的能量差与主量子数 n 的平方成反比，随 n 增大，能级排布越来越密。当 $n \rightarrow \infty$时，原子处于电离状态，这时体系的能量相应于电离能。

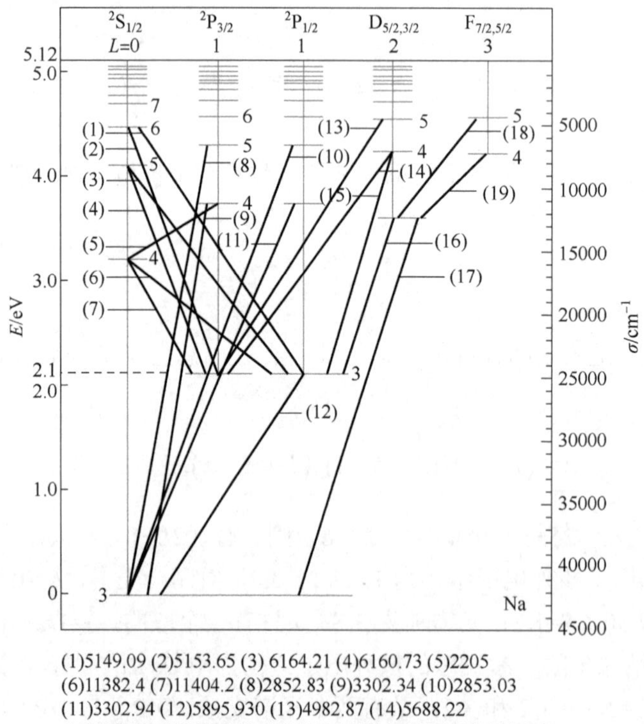

(1)5149.09 (2)5153.65 (3) 6164.21 (4)6160.73 (5)2205
(6)11382.4 (7)11404.2 (8)2852.83 (9)3302.34 (10)2853.03
(11)3302.94 (12)5895.930 (13)4982.87 (14)5688.22
(15)5682.67 (16)8183.30 (17)3421.1 (18)12677.6 (19)18459.5

图 9-1　钠的能级图

能级图中的纵坐标表示能量标度，左边用电子伏特标度，右边用波数标度。各能级之间的垂直距离表示跃迁时以电磁辐射形式释放的能量大小。每一时刻一个原子只发射一条谱线，因许多原子处于不同的激发态，因此，发射出各种不同的谱线。其中在基态与第一激发态之间跃迁产生的谱线称为共振线，通常为最强谱线。

由原子外层电子被激发到高能态后跃迁回基态或较低能态，所发射的谱线称为原子线，在谱线表图中用罗马字母Ⅰ表示。原子在激发源中得到足够能量时，会发生电离，称为电离电位。原子电离失去一个电子称为一次电离，一次电离的离子再失去一个电子称为二次电离，以此类推。离子也可能被激发，其外层电子跃迁也发射光谱，这种谱线称为离子线。在谱线表中，Ⅱ表示一次电离离子发射的谱线；Ⅲ表示二次电离离子发射的谱线……如 Mg：Ⅰ285.21nm；Ⅱ280.27nm。而当原子或离子的外层电子数相同时，具有相似的光谱。如 NaⅠ、MgⅡ、AlⅢ的光谱相似。同理，周期表中同族元素通常也会具有相似的光谱。

需要注意的是，不是任何能级之间都能发生跃迁，需要遵循“光谱跃迁选律”：

（1）主量子数 n　在跃迁时不受限制；

（2）总角量子数 L　$\Delta L=\pm1$，跃迁只能发生在相邻角动量态之间；

（3）内量子数 J　$\Delta J=0$，±1，但当 $J=0$ 时，$J=0$ 的跃迁是不容许的；

（4）总自旋量子数 S　$\Delta S=0$，即不同多重性状态之间的跃迁是禁阻的。

9.1.1.3　原子谱线的强度

谱线的波长一般是指谱线峰值强度 I_0 处的波长 λ_0，而谱线轮廓所覆盖的波长范围便是谱线的宽度。但因谱线轮廓的边线较难界定，因此设定谱线强度峰值的一半处的半峰宽为谱线宽度（图 9-2）。

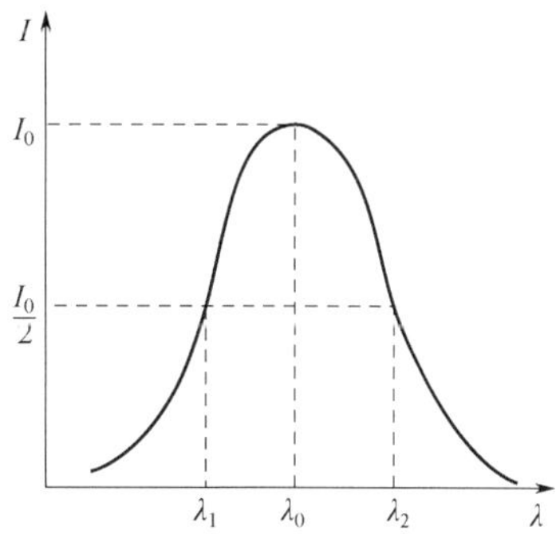

图 9-2　谱线的轮廓与宽度

由于原子在激发态有一定停留，激发态的能级又具有一定宽度，因而谱线是具有一定宽度的。这个宽度是原子所固有的，称为自然宽度，约 10^{-5}nm。而在等离子体光源中，其他粒子对辐射原子产生的碰撞会引起谱线展宽，即所谓的碰撞变宽、压力变宽或 Lorentz 变宽。在氩气作为载气的光源中，氩的基态原子具有很高的密度，因而是碰撞变宽的主要微扰物。此外，导致谱线展宽的还有热运动引起的 Doppler 变宽和带电粒子引起的 Stark 效应。其中谱线的 Doppler 宽度约为 10^{-3}nm，是决定谱线物理宽度的主要因素之一。

基于原子发射光谱的产生原理，原子的外层电子从某一激发态 i 向低能级 j 跃迁并发射特征谱线，其发射谱线的波长与两能级间的能量差 ΔE 有关，反映的是单个光子的能量，而谱线强度 I_{ij} 是原子群体谱线总和，与处于激发态的原子数 N_i 成正比。

$$\Delta E=E_i-E_j=h\nu_{ij} \tag{9-5}$$

$$I_{ij}=N_iA_{ij}h\nu_{ij} \tag{9-6}$$

式中，N_i为单位体积内处于高能级 i 的原子数；h 为 Plank 常数；A_{ij}为两个能级间的跃迁概率；ν_{ij} 为发射谱线的频率。在热力学平衡时，单位体积的基态原子数 N_0 与激发态原子数 N_i之间的分布遵守玻尔兹曼分布定律：

$$N_i = N_0 (g_i/g_0) e^{-E_i/kT} \tag{9-7}$$

式中，g_i、g_0为激发态与基态的统计权重；E_i为激发能；k 为玻尔兹曼常数；T 为激发温度。并且激发态与基态的统计权重，会受激发能和激发温度的影响。在光源温度低于 5000K 的情况下，大多数元素的某一激发态原子的密度与基态原子密度的比值在 10^{-4} 数量级，可见等离子体中激发态原子密度很小，基态原子数 N_0 与气态原子的总数近似相等。将式（9-7）代入式（9-6），可得：

$$I_{ij} = A_{ij} h\nu_{ij} (g_i / g_0) e^{-E_i/kT} N_0 \tag{9-8}$$

由式（9-8）可知：①谱线强度与激发能呈负指数关系，激发能越小，说明谱线强度越强，激发能最低的共振线往往是最强的。②谱线强度与跃迁概率成正比。跃迁概率是指单位时间内，每个原子由一个能级状态跃迁到另一个能级状态的次数，A_{ij} 一般在 10^6～$10^9 s^{-1}$ 之间。③谱线强度与激发态和基态的统计权重比值成正比（量子力学中把能级可能有的微观状态数，称为该能级的简并度，即统计权重）。④谱线强度与基态原子数成正比。⑤在一定温度范围内，激发温度和谱线强度成正比，激发温度越高，谱线强度越大（图 9-3），但激发温度的选择并不是越高越好，过高的温度会导致体系内电离的原子数目增多，从而导致基态原子数目相应减少，原子发射线强度减弱。因此，不同的谱线有其各自合适的激发温度。

蒸发过程达到平衡时，等离子体中被测元素的原子总数与样品中分析物的浓度成正比。所以对于一定的分析物质，当光源温度恒定时，谱线强度与等离子体光源中被测元素的浓度成正比。在一定的实验条件下，$I = Ac$，可作为原子发射光谱法的定量关系式。

但在实际工作中，准确测量谱线的绝对强度是很困难的，因而光谱定量分析中常采用谱线的相对强度。对于发射光谱中的一条发射谱线来说，其实际上并不是严格的单色辐射，而是具有一定宽度的。在样品蒸发过程中，由于运动粒子之间的相互碰撞和激发，气体中会产生大量的分子、原子、离子、电子等粒子，这种电离气体在宏观上呈现电中性，称为等离子体。等离子体温度和原子浓度的分布是不均匀的，等离子体中间的温度高、激发态原子浓度高，而其边缘的温度及激发态原子浓度相对较低，所以中心发射的辐射容易被边缘同种基态原子吸收，导致辐射强度降低，这种现象称为自吸。由于自吸现象的存在，导致谱线轮廓发生变化，当自吸严重时，谱线中心会产生凹陷，即自蚀（图 9-4）。因此，在配制标准溶液时，应考虑所用分析线的线性范围，避免自吸影响。

9.1.1.4 原子发射光谱分析方法

（1）定性分析　不同的元素，其外层电子结构不同，被激发后所产生的光谱也各不相同，这就是原子发射光谱法定性的依据。

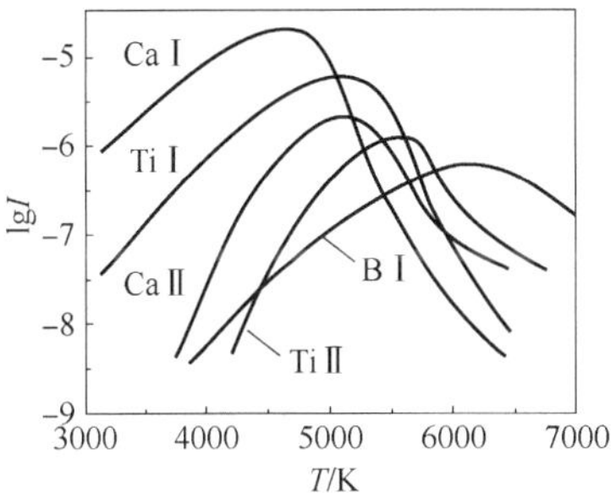

图 9-3　谱线强度和温度关系图

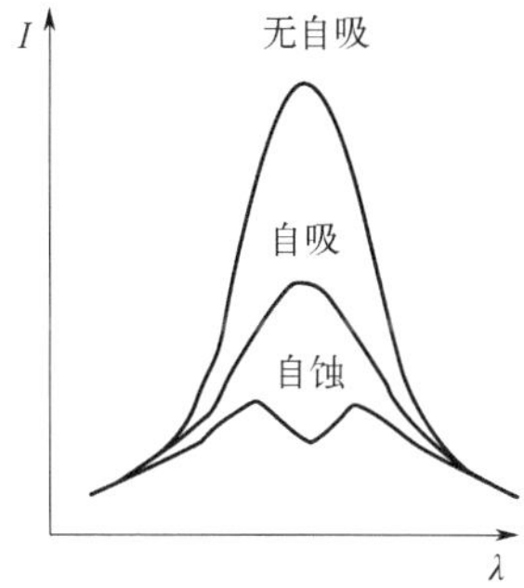

图 9-4　谱线的自吸

但分析某一种元素的时候，并不会要求这种元素的每一条谱线都能被检测到来证明该元素的存在。实际上，只需要选择其中几条特征的谱线来进行检验，这类特征谱线被称为分析线。对于一个元素，当其浓度不同时，所呈现出来的光谱线数目也会不一样。随着浓度逐渐减少，各谱线的强度和条数都在减少，而最后消失的那条谱线，称为最后线。通常，将元素特征光谱中强度较大的谱线称为元素的灵敏线，在没有自吸现象时，最后线往往是最灵敏线。

共振线是由第一激发态回到基态时所产生的谱线。从理论上来讲，共振线通常也是最灵敏线、最后线，但在实际工作中，灵敏线还跟实验条件有一定的关系，包括所采用的感光板、光源等。例如，在分析 Na 元素时，如果采用黄色敏感的光板进行摄谱，常会以灵敏度高的 589.0nm 处的谱线为主要分析线。如果采用蓝色敏感的感光板，则需要选择位于 330.2nm 处的次灵敏线作为分析线。

对于不同的元素来说，采用原子发射光谱进行定性分析的灵敏度不同，如表 9-1 所示，但对于大多数的金属而言，其灵敏度还是令人满意的。

表 9-1　光谱定性分析灵敏度表

被分析元素	分析灵敏度/%
C，Se	$1\sim10^{-1}$
As，Ce，Ir，Os，Sm，Te，Th，U，W	$10^{-1}\sim10^{-2}$
Au，B，Bi，Co，Dy，Er，Eu，Hg，Gd，Ho，La，Mn，Mo，Nb，P，Pd，Pr，Pt，Rb，Rn，Ru，S，Sb，Sn，Ta，Tb，Ti，Tl，V，Zn，Zr	$10^{-2}\sim10^{-3}$
Al，Cd，Cr，Cs，F，Fe，Ga，Ge，In，Mg，Ni，Pb，Sc，Y，Yb	$10^{-3}\sim10^{-4}$
Ag，Be，Cu，Ba，Sr，Ca	$10^{-4}\sim10^{-5}$
Cs，K，Li，Na，Rb	$10^{-5}\sim10^{-6}$

标准试样光谱比较法是定性分析的一种，是将要检出元素的纯物质与试样并列摄谱于同一感光板上，在映谱仪上检查试样光谱与纯物质光谱。若两者谱线出现在同一波长位置上，即可说明该元素的谱线存在。

此外，还有一种定性分析方法为铁谱比较法，是将试样与铁并列摄谱于同一感光板上，然后将试样光谱与铁元素标准谱图对照，如图 9-5 所示，以铁谱线为波长标尺，逐一检查待测元素的灵敏线，若试样光谱中的元素谱线与标准谱图中标明的某一元素谱线出现的波长位置相同，表明试样中存在该元素。铁谱比较法便于同时进行多元素定性鉴定。

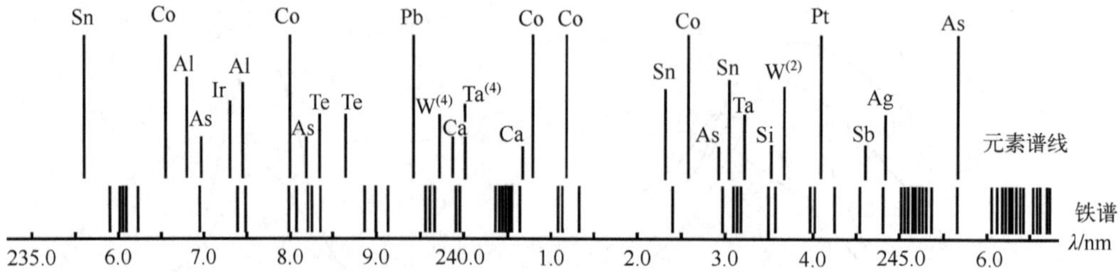

图 9-5 铁元素标准谱图

（2）半定量分析 谱线强度比较法和显线法是常规的两种半定量分析方法。其中，谱线强度比较法是通过测定一系列不同含量的待测元素标准系列光谱，在完全相同条件下同时摄谱，选择灵敏线，比较标准谱图与试样谱图中灵敏线的黑度，确定含量范围。当元素含量低时，仅出现少数灵敏线，而随着元素含量增加，一些次灵敏线与较弱的谱线相继出现，此时便可采用显线法编成一张谱线出现与含量的关系表，继而根据某一谱线的出现与否来估计试样中该元素的大致含量。

（3）定量分析 光谱定量分析是根据试样中被测元素的特征谱线的强度 I 来确定其浓度 C，谱线强度与浓度的关系可用罗马金-赛伯公式来表示

$$I = ac^b \tag{9-9}$$

原子发射光谱定量分析大致分为三类：

① 标准曲线法。当样品中元素含量不高时，罗马金-赛伯公式中的自吸系数 b 为 1，此时谱线强度与浓度呈直线关系。这种情况下，配制 3～5 个浓度的标准样品系列，可获得通过原点线性良好的标准曲线。

② 标准加入法。相较于标准曲线法，标准加入法可以抑制基体影响，对低含量或难以制备的样品较为适用。该方法通过分批加入不同浓度的标准溶液，并对每次加入后的混合液进行测定并绘制坐标图，其曲线延长线与 X 轴的交点浓度，便是样品所含目标元素浓度。此外，标准加入法必须满足三个条件：待测物质浓度从零至最大加入标准量都必须与信号呈线性关系；溶液中干扰物质浓度必须恒定；加入的标准所产生的分析响应应与原样品中待测物质所产生的分析响应相同。

③ 内标法。即在待测样品和标准样品中加入同样浓度的某种元素，利用分析元素和内标元素的谱线强度比与待测元素浓度绘制标准曲线图，并进行样品分析。加入内标元素及利用分析线与内标线强度比进行标准化的目的是抵消由分析条件波动引起的谱线强度波动，提高测定的准确度。

由于影响谱线强度的因素较多，直接测定谱线绝对强度难以获得准确结果，因此实际工作中多采用内标法。在被测元素的光谱中选择一条作为分析线（强度 I），再选择内标物的一条谱线（强度 I_0），组成分析线对，则由罗马金-赛伯公式［式（9-9）］可得

$$I_0 = a_0 c_0^{b_0} \tag{9-10}$$

令 $A = a / \left(a_0 c_0^{b_0}\right)$，则可得

$$R = \frac{I}{I_0} = Ac^b \tag{9-11}$$

内标元素含量 c_0 和实验条件一定时，A 为常数，那么，内标法定量分析的基本公式为：

$$\lg R = b\lg c + \lg A \tag{9-12}$$

以下为选择内标元素和分析线对的四个原则：

a．内标元素可以选择基体元素，或另外加入，但含量必须固定；

b．内标元素与待测元素具有相近的蒸发特性；

c．分析线对需匹配，同为原子线或离子线，且激发电位相近（谱线靠近），称为“匀称线对”；

d．谱线强度最好相差不大，无相邻谱线干扰，无自吸或自吸小。

此外，影响光谱分析的因素还涉及高频功率、工作气体流量及观测高度。适当地选择分析参数，使用同样的仪器仍可获得较好的分析性能。

9.1.2 灵敏度、检出限与精密度

灵敏度、检出限和精密度是衡量仪器分析性能的三大重要指标。国际纯粹化学与应用化学联合会（IUPAC）规定，在分析化学中，分析方法的灵敏度 S 可定义如下：

$$S = \frac{\mathrm{d}X}{\mathrm{d}c} \tag{9-13}$$

式中，dX 是响应量的变化值，dc 是浓度的变化值。灵敏度即单位浓度变化所引起的响应量变化，在坐标图中相当于标准曲线的斜率。

能可靠检出样品中某元素的最小量或最低浓度称为检出限。在原子发射光谱分析中，检出限分为两类，一类是仪器检出限，它是用不含基体的无机酸水溶液测量而求得，可以表征光谱仪器的检测能力。而另一类是分析方法的检出限，也就是在有基体的条件下求出的检出限。一般情况下，分析方法的检出限要高于仪器的检出限。

精密度通常是用单次测定结果的相对标准偏差来表示，即在固定光谱条件下重复多次测量，计算平均值并求出每个测定值与平均值之间的差值，最终求得单次测定的标准偏差和相对标准偏差（RSD）。在电感耦合等离子体发射光谱中，相对标准偏差与样品浓度和谱线强度有关（图 9-6），并受光谱分析条件及仪器性能的影响。

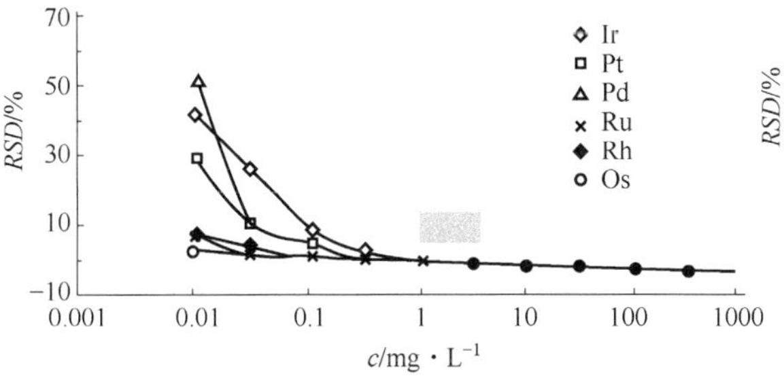

(a) 浓度与精密度关系

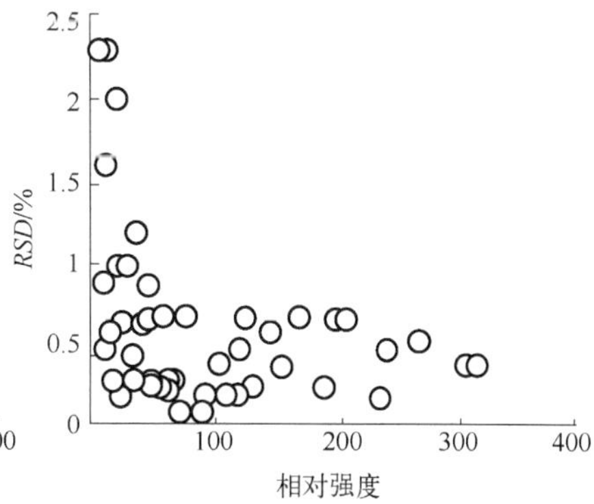

(b) S，P，As，Se谱线强度与精密度关系

图 9-6 精密度与样品浓度或谱线强度的关系

9.1.3 干扰效应与基体效应

干扰效应是指干扰因素对分析物测定的影响，根据干扰产生的机理，通常分为以下几类：

（1）物理干扰　又称物性干扰，主要由分析样品溶液黏度、表面张力及密度差异引起的谱线强度的变化。主要表现为酸效应及盐效应。

（2）化学干扰　又称溶剂蒸发效应，是火焰光源经常发生的干扰效应。在电感耦合等离子体（ICP）光源中，化学干扰通常要比火焰光源轻很多，但在某些特殊体系和分析条件下仍有化学干扰现象存在。

（3）电离干扰　易电离元素在进入电感耦合等离子体后，电子密度增加，使得电离平衡向中性原子移动，从而导致离子浓度降低，原子浓度升高，谱线强度也相应受到影响。

（4）光谱干扰　在电感耦合等离子体光谱中，光谱干扰比火焰光源严重很多，常会出现不同程度的谱线重叠。根据光谱干扰产生的特点，又可以分为四类，即简单平滑光谱背景干扰、斜坡背景干扰、弯曲背景干扰以及复杂结构背景及谱线重叠干扰。

所谓基体效应，是样品主要成分变化对分析线强度及相关光谱背景的影响。通常，基体效应主要为非光谱干扰，但也包括光谱背景干扰，造成基体效应的因素除了上述干扰之外，还有一种称为激发干扰。激发干扰是样品成分变化导致光源温度、电子密度、原子和离子在光源中分布发生变化，进而引起谱线强度和光谱背景发生变化。综上，基体效应是多种干扰效应综合作用的结果，其产生的原因及干扰机理复杂且不易区分。

为降低酸基体效应，通常样品处理首选硝酸和盐酸，对谱线影响相对较小。此外，消解过程尽可能降低用酸量，过量酸可加热挥发除去。在无法避免采用高黏度无机酸时，应将标准溶液配制的酸度与分析样液酸度一致，而测试方法的选择方面，内标法在一定程度上可消除酸的基体效应。

关于盐效应方面，不同盐类溶液浓度不同，密度不同，对于分析线强度和背景影响差别很大。一般规律是，碱金属、碱土金属的盐基体效应较低，而重金属、镧系元素、锕系元素的盐基体效应较高。可通过配制与分析样品相同的基体溶液作为标准液，或采用校准加入法，亦或是使用化学分离方法除去基体。这些方法都能在一定程度上消除或规避盐基体效应对测试准确度带来的影响。

易电离元素的基体效应通常是碱金属之间或碱金属与碱土金属之间产生。抑制或消除易电离元素的基体效应可采用匹配法、内标法或标准加入法。此外，合理地选择分析参数也可以明显抑制易电离元素的基体效应影响。

当有机溶剂或含有有机物的溶液进样时，光谱会发生巨大变化，涉及的影响包括物理干扰、溶剂挥发以及激发干扰。因此并不能单从方法选择的角度进行效应克服，而应该结合匹配专门的进样系统，改变仪器分析参数、样品处理方法，优化标准溶液配制等措施。

此外，选择合理的激发条件对抑制基体效应的影响也很重要，包括功率、载气流量、观测高度、稳健性条件等。其中，稳健性条件又称强化条件，是将功率和载气综合考虑，一般是采用较高的功率和较低的载气压力，在稳健性条件下原子线和离子线有相似的变化规律。

9.1.4 背景校正方法

原子发射光谱中最主要的干扰是背景干扰。连续光谱、带状光谱以及光学系统的杂散光等都会造成光谱的背景干扰。校正背景的基本原则是谱线的表观强度 I_{l+b} 减去背景强度 I_b。常用的校正背景的方法有离峰校正法和等效浓度法。

9.1.4.1 离峰校正法

离峰校正法是在被测谱线附近两侧测量背景强度，取其平均值作为被测谱线的背景强度 I_b。当用背景强度作内标时，背景校正更为简便。此时，谱线强度与背景强度之比 R 的对数为

$$\lg R = \lg \frac{I_l}{I_b} = \lg \frac{I_{l+b} - I_b}{I_b} = \lg\left(\frac{I_{l+b}}{I_b} - 1\right) \tag{9-14}$$

谱线的表观强度 I_{l+b} 与背景强度 I_b 可直接测得，$\left(\frac{I_{l+b}}{I_b} - 1\right)$ 取对数，便可得校正背景之后的 $\lg R$ 值。

9.1.4.2 等效浓度法

等效浓度法是在分析线波长处分别测量含有和不含有被测元素的样品谱线的强度 I_l 和 I_b，被测元素和干扰元素的浓度分别为 c 和 c_b，则根据罗马金-赛伯公式可得

$$I_l = Ac \tag{9-15}$$

$$I_b = A_b c_b \tag{9-16}$$

在实验中可分析线的表观强度 I_{l+b} 为

$$I_{l+b} = I_l + I_b = Ac + A_b c_b = A\left(c + \frac{A_b}{A} c_b\right) = Ac' \tag{9-17}$$

式中，c'为表观浓度，$\frac{A_b}{A}c_b$ 为背景等效浓度，以 c_{eq} 表示，二者均可由被测元素与干扰元素在分析线波长的校正曲线上求得，则真实浓度 c 可由下式求得：

$$c = c' - c_{eq} \tag{9-18}$$

此外，原子发射的非光谱干扰主要源于试样组成对谱线强度的影响，这些影响与试样在光源中的蒸发和激发过程有关。这种试样组成对谱线强度的影响被称为基体效应。采用标准加入法可以克服部分基体干扰的影响。

9.2 原子发射光谱仪结构

原子发射光谱法是根据处于激发态的待测元素原子回到基态时发射的特征谱线对待测

元素进行分析的方法。在正常状态下，原子处于基态，原子在受到热（火焰）或电（电火花）激发时，由基态跃迁到激发态，返回到基态时，发射出特征光谱（线状光谱）。根据激发机理的不同，原子发射光谱有三种类型：

① 原子的核外光学电子在受热能和电能激发而发射的光谱，通常所称的原子发射光谱法是指以电弧、电火花和电火焰（如电感耦合等离子体）为激发光源来得到原子光谱的分析方法。其中，以化学火焰为激发光源来得到原子发射光谱的，又称为火焰光度法。

② 原子核外光学电子受到光能激发而发射的光谱，称为原子荧光（原子荧光光谱）。

③ 原子受到 X 射线光子或其他微观粒子激发使内层电子电离而出现空穴，较外层的电子跃迁到空穴，同时产生次级 X 射线即 X 射线荧光（X 射线荧光光谱）。

电感耦合等离子体发射光谱仪属于原子发射光谱仪的一种，具有广泛的应用领域和良好的检测性能，以电感耦合等离子体发射光谱仪为例，组成主要涉及两大部分，即 ICP 发生器和光谱仪。前者包括高频电源、进样装置以及 ICP 炬管；后者包括分光装置、检测器以及相关的电子数据系统。具体的光谱仪结构示意图见图 9-7。

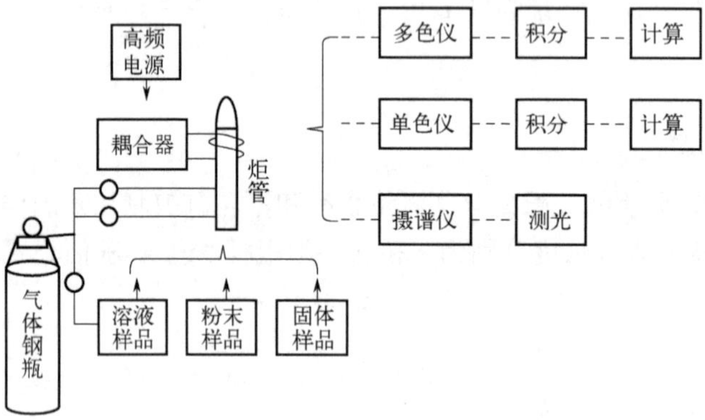

图 9-7 电感耦合等离子体发射光谱仪结构示意图

9.2.1 高频发生器

高频发生器又称高频电源或等离子体电源，其技术要求参数如下：

① 高频功率（正向功率），即输出到等离子体的功率应高于 1.4kW，反射功率低于 10W；

② 振荡频率应为 27.12MHz 或 40.68MHz，过大或过小都会影响分析和操作性能，如检出限（表 9-2）；

表 9-2 电源频率对检出限的影响

元素及分析线/nm	检出限/（ng/mL）		元素及分析线/nm	检出限/（ng/mL）	
	5MHz	40MHz		5MHz	40MHz
铝 396.15	30	0.5	磷 253.56	5000	160
硼 249.77	30	10	钛 334.90	2	0.25
镁 279.55	0.05	0.03	钨 400.88	100	2.5

③ 功率波动不超过 0.1%且频率稳定性应达到或优于 0.1%；

④ 电磁场泄漏辐射强度应符合工业卫生防护的要求，即频率 3～30MHz 范围应小于 $67/f^{1/2}$，其中频率 f 单位为 MHz，30～3000MHz 范围应小于 12V/m。

目前，满足上述技术要求的有两类电路：自激式电路和他激式电路。两者根本的区别便是本级输入的能量是通过正反馈自激励还是外激励，其流程见图 9-8。

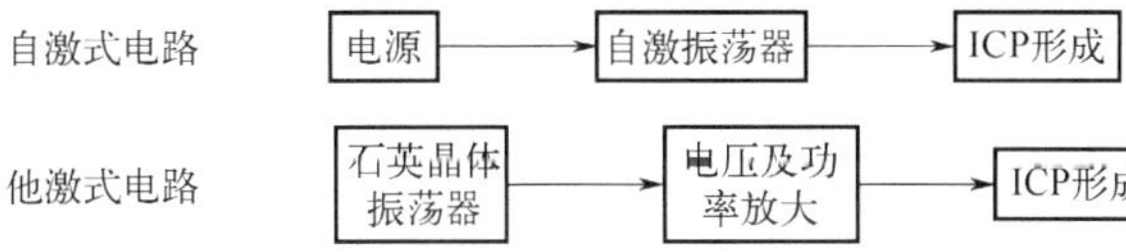

图 9-8　两类电路流程示意图

9.2.2　ICP 炬管

ICP 炬管和高频发生器构成 ICP 光源，炬管的结构和特性对于分析性能的影响较大。通用的 ICP 炬管有两种，即 Fassel 炬管和 Greenfild 炬管［图 9-9（a）、（b）］，前者因其节省气体和电能而被广泛采用，后者所形成的等离子体有较强稳健性，可允许高含量样液测试且进样管混入空气也不会熄灭等离子体。而实际应用的 Fassel 炬管主要有两种，一种是一体化的石英炬管［图 9-9（c）］，它是由透明石英管烧制而成；另一种是组合式石英炬管［图 9-9（d）］，它是将三支石英炬管插在精密加工的基座上。

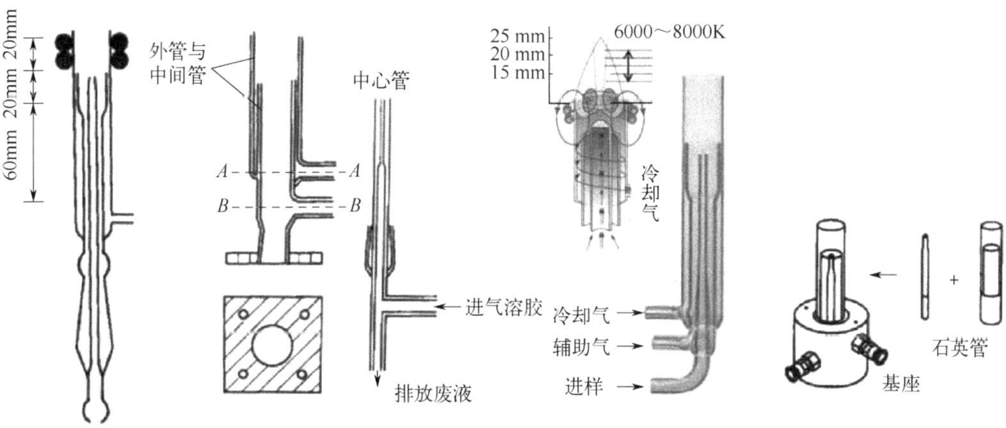

(a) Fassel 炬管　(b) Greenfild 炬管　(c) 一体化石英炬管　(d) 组合式石英炬管

图 9-9　通用 ICP 炬管

9.2.3　进样装置

按照样品性状的不同，ICP 光谱仪的进样装置可分为三大类：

（1）液体进样装置　通常由雾化器和雾室组成，主要功能是将液体试样雾化成气溶胶后导入 ICP 光源。

（2）固体进样装置　由烧蚀电源（电弧、火花、激光）及相应气化装置构成，除固体外，也可实现浆液进样。

（3）气体进样装置　主要涉及氢化物发生器，针对能形成氢化物的元素进行光谱分析前处理。此外，还存在专用型气体进样计数，例如碘离子氧化进样装置、气态硫化氢测硫装置、水中有机碳测定装置以及二氧化碳、碳酸盐测定装置。

9.2.4 分光装置

分光是将复合光按照不同波长展开而获得光谱的过程，而不同波长的光具有不同的颜色，因而分光又被称为色散。经色散所得到的光谱中，有线状光谱、带状光谱和连续光谱，针对不同激发光源所发射光谱的不同，对分光装置的要求也不同。

光栅是分光装置中主要的色散元件，原子发射光谱中常见三类光栅：

① 平面衍射光栅，在光的照射下每条刻线都产生衍射，且各条刻线所衍射的光又会相互干涉，这些按波长排列的干涉条纹，便构成了光栅光谱；

② 中阶梯光栅，即光栅常数（微米级）介于阶梯光栅（毫米级）和衍射光栅（纳米级）之间，可提高光谱仪的分辨能力；

③ 凹面光栅分光装置，该类光栅为一种反射式衍射光栅，呈曲面状，上刻有等距的凹槽。凹面光栅的特点是既可以作为色散元件，又可以起到准直系统和成像系统的作用，从而显著简化系统结构，并使得探测波长小于 195nm 的远紫外区成为可能。

9.2.5 测光装置

原子发射光谱仪所用的光电转换器件（测光装置）有光电倍增管和电荷转移器件，其作用是将光信号转化为电信号，并在积分放大后，通过输出装置给出定性和定量分析结果。

光电倍增管是由光阴极、倍增极与阳极构成，其光阴极的材料选择与分光系统波段范围的需求有关。紫外光区要求选用 Cs-Sb 阴极和石英窗的管子；可见光区应选用 Ag-Bi-O-Cs 阴极的管子；近红外光区则选用 Ag-O-Cs 阴极的管子。通常，光电倍增管输出的电压信号需经处理再输入计算机，其目的是增加测量准确度及线性动态范围。

电荷转移器件是新一代光谱用光电转换器件，它是以半导体硅片为基材的固态光电平面检测器，目前已成功应用于 ICP 光谱仪的电荷转移器件有两类，即电荷注入检测器（CID）和电荷耦合检测器（CCD）。

9.2.6 工作气体

通常，稳定等离子体的形成要求高频电源的输出与等离子体的能量消耗持平，具体的能量消耗涉及：工作气体的电离及原子化；激发原子及分子产生发射光谱；炬管壁及焰炬的热辐射损失；工作气体流动带走的热量损失。由此可见，造成气体在 ICP 等离子体形成中性能不同的主要原因在于物理化学性质的差别。由表 9-3 可知，氢气热导率最大，形成 ICP 等离子体所需的能量最多，是最难形成稳定等离子体的气体；氦气作为单原子气体，虽不需要解离能，但热导率仅次于氢气，且电离电位高、价格昂贵，因此也不适合作为 ICP 工作气体；而在氩气、氮气、氧气中，氩气的热导率、比热容最低，且单原子气体无需原子化，因此相较于氮气、氧气更容易形成稳定 ICP 等离子体。此外，氩气也不存在分子光谱带，因而 ICP 光谱背景较为干净，作为工作气体优势明显。

表 9-3　气体的物理化学参数

气体	原子量	第一电离能 /eV	热导率 /[×10^5J/(cm·s·℃)]	定容比热容 /[J/(g·℃)]
氢气	1.0	13.59	49.94	19.2
氧气	16.0	14.53	7.43	0.65
氮气	14.0	13.62	7.18	0.74
氩气	39.9	15.76	5.09	0.31
氦气	4.0	24.59	39.85	3.14

9.3　原子发射光谱分析应用

9.3.1　样品处理方法

关于样品制备方面，一般的分析技术要求样品处理，需要把待测物质全部转化进入溶液，过程中不得损失待测物质，也不得带入待测物质导致样品污染，且消解后的样品溶液应保证较长时间的稳定性。

除此之外，针对原子发射光谱，特别是电感耦合等离子体发射光谱，样品制备还应满足以下要求：

① 待测溶液清亮透明，样品呈最佳分析状态；

② 溶液中不能存在粒径大于 50μm 的固形物或胶体形态物质，且固形物总浓度小于 10mg/mL，防止毛细管堵塞或喷口固形物沉积；

③ 不能含有腐蚀进样系统的物质，易造成玻璃或石英制品的损坏；

④ 不宜含有显著量有机物质，有机物质在等离子体中会影响离子体稳定性、温度，从而影响谱线强度和光谱背景。

9.3.1.1　常规湿法消解

湿法消解样品的主要条件是消解液种类、加热温度与加热时间。其中，常用的消解液包括硝酸、盐酸、高氯酸、氢氟酸、过氧化氢，部分情况也会涉及硫酸等试剂。

电感耦合等离子体光谱的样品消解多采用硝酸，其兼具酸性和氧化性，溶解能力强、速度快，除铂族金属和某些稀有金属外，硝酸能溶解多数金属及其氧化物、氢氧化物、硫化物。但铝、铬、铁等在硝酸中易生成氧化膜，产生钝化，为破坏氧化膜，需要加入盐酸，而铬在加热的硝酸-盐酸体系中生成易挥发的氯氧化铬而损失，因而并不适用该类湿法消解。

此外，在盐酸体系中能产生易挥发化合物的元素还涉及锑、砷、硼、锗、硒、锡等。这类损失可通过降低处理过程的温度来抑制。而除了挥发之外，盐酸中的氯离子还会与一些金属离子形成稳定络合物，所以测定含银的样品则应避免使用盐酸体系。

硫酸是沸点最高的无机酸，在样品制备中有下列用途：其一，转换酸体系，用于赶掉氢氟酸或氯化氢；其二，作为高沸点溶剂，溶解难溶样品；其三，作为脱水剂，破坏有机物，将碳转化为二氧化碳；其四，作为联用酸组分，与硝酸混合处理样品。但需要注意的是，浓硫酸需加热时应避免使用 PTFE（聚四氟乙烯）类容器，且钡、锶、钙、铅等元素与硫酸根离子易发生沉淀吸附。

氢氟酸是分解含硅材料最有效的无机酸，硅在酸溶液中会形成 SiF_6^{2-}，该物质可通过加热挥发掉。氢氟酸通常适用于硅酸盐、硅铁、多晶硅、石英石、铬合金、钨铁，以及铌、钽、锆等稀有金属。此外，氢氟酸溶解样品时，需要在铂器皿或聚四氟乙烯器皿中。

而在湿法消解中，除了酸，还涉及使用氢氧化钠溶液进行样品处理，如钼、钨的无水氧化物，两性金属及其合金等。

9.3.1.2 干灰化

干灰化处理样品存在三个关键点：温度、加热时间以及添加剂，在进行干灰化条件选择时应综合考虑温度和时间因素。此外，样品灰分也是影响回收率的重要因素，在处理灰化高纯样品时，添加少量的盐类或氧化物有助于提高回收率，减少损失。这种添加剂通常称为载体，其作用是把灰化产生的微量杂质吸附收集，以免被容器吸附或灰化气流带走。

9.3.1.3 碱熔法分解

在地质矿物类样品的分析领域，多采用碱熔法分解岩矿样品，常见的几种熔剂类型如下：

（1）无水碳酸钠　其分解样品时的熔融温度为 950～1000℃，加入适量过氧化钠可以增强分解能力，降低熔融温度，但会加重对容器的腐蚀。

（2）氢氧化钠（钾）　该类型熔剂熔点较低，分解样品的能力也较强，但对铂器皿具有强腐蚀性。

（3）过氧化钠　属于强氧化剂，分解能力居各熔剂首位，一般用于 500℃熔融，但最大的缺点便是其对各类坩埚均具有很强的腐蚀性。

（4）偏硼酸锂　属于非氧化熔剂，对硅酸盐的处理最为有效。其分析样品的熔融温度为 950～1050℃，适用铂金器皿或石墨坩埚，但其熔块提取较难，可在提取过程中边加热边搅拌以避免出现沉积现象。

9.3.1.4 微波消解

微波是频率在 300～300000MHz 的电磁波，能穿透物质并直接把能量辐射到含有介电特性的物质上。微波产生的交变磁场可使极性分子高速振荡，分子之间摩擦产生热量，实现样品加热。硝酸、氢氟酸、高氯酸以及过氧化氢是微波消解常用的消解液，而选择单一酸还是混合酸的关键是看其分解基体的效果。值得注意的是，浓硫酸的沸点高达 338℃，即使是氟塑料制成的消解罐也只能承受 200 余摄氏度的高温，因此需注意加热温度不能过高，防止罐体损坏。

总体上讲，微波消解具有以下几个优点：

① 由于炉体和容器的材质因素不被加热，微波加热消解的能量利用率较高，加热效率较高；

② 容器密闭加热，可实现高温高压条件，易于分解样品，且溶剂、易挥发元素等不会外溢，以避免环境影响及测试结果误差；

③ 化学试剂用量少，操作程序化，简单快捷，易于重复。

9.3.2 分析应用

目前，原子发射光谱分析多集中在电感耦合等离子体发射光谱的应用，该类型光谱分析技术具有五大基本特点。其一，电感耦合等离子体属于高温光源，其温度远超化学火焰，焰炬中心通道的温度可达 5000～6000K，可以有效地将液体或固体样品原子化并激发发光，当配置电火花或激光烧蚀附件时，便可直接分析固态样品；其二，其元素鉴定范围广，周期表中包括稀土金属、稀有金属、重金属及放射金属在内的 73 种元素均可测定；其三，可分析样品的浓度范围较广，从痕量至常量，线性范围达五个数量级；其四，与原子吸收光谱不同，电感耦合等离子体光谱可同时实现多元素测定，工作效率高；最后，经消解的液体样品可直接用来雾化进样，操作简单便捷。

基于上述特点，电感耦合等离子体发射光谱技术已成为当代的通用分析工具，并在环境、生物、食品、材料、地矿、化工品等多个领域广泛应用。

9.3.2.1 环境样品分析

（1）应用示例分析一：采用微波消解和湿法消解进行土壤中铜、锌元素的含量分析

将土壤样品通过两类方法进行消解处理：

① 微波消解法采用硝酸-氢氟酸-过氧化氢作为消解液，先硝酸浸泡 30min 除去有机物，然后加入氢氟酸和过氧化氢在微波炉中程序化设定消解，最后取出，并在聚四氟乙烯烧杯中加热赶酸，用 1%硝酸稀释定容后待测定。

② 湿法消解采用电热板加热，硝酸-氢氟酸-高氯酸作为消解液，同样先硝酸浸泡，再依次添加氢氟酸、高氯酸，每次添加都进行加热、冷却的往复循环，最后高氯酸加热近干后冷却，添加 1%的硝酸煮沸并定容。

由表 9-4 可见，最终湿法消解测定的铜、锌含量较高，且测试的精密度和回收率均较好。但湿法消解属于开放式加热操作，存在环境污染问题。当涉及测定微量锌、镁、硅等元素时，需注意如下环境与操作：室内无尘；器皿、试剂、去离子水均不含锌，且使用前应用硝酸浸泡 12h 以上；加热操作需戴乳胶手套，滑石粉、护手霜皆会影响测定结果；添加高氯酸赶酸时不能蒸干，否则易形成铁铝氧化物，从而包裹元素，使测试值偏低。

表 9-4 土壤分析的两种制样方法的结果对比

消解方法	铜/（mg/kg）	锌/（mg/kg）	精密度	加标回收率	时间/h
微波（硝酸-氢氟酸-过氧化氢）	15.3	92.5	7.2%	83%～106%	6～7
电热板（硝酸-氢氟酸-过氧化氢）	17.3	85.6	—	—	—
电热板（硝酸-氢氟酸-高氯酸）	24.6	69.8	2.6%	92%～103%	10～12
GSS-8 土壤标样	24.3±1.8	68.6±6	—	—	—

（2）应用示例分析二：微波消解法测定飞灰中的多种元素含量

环境中 $PM_{2.5}$ 有六大重要来源，分别是土壤尘、燃煤、生物质燃烧、汽车尾气与垃圾焚烧、工业污染和二次无机气溶胶。其中，燃煤形成的飞灰是大气颗粒物的主要来源之一。

称取定量的飞灰试样于微波消解罐，采用硝酸-氢氟酸-过氧化氢作为消解液，在微波炉中程序化设定消解，消解完成后取出并在聚四氟乙烯烧杯中加热赶酸，溶液蒸发近干至约 1mL，加入 50%硝酸溶液回溶，冷却后通过 2.5%的硝酸定容待测，并按照同样方法制备样品空白溶液。

针对飞灰这类具有复杂组成样品的元素测定，在选择分析线时，需要考虑低含量元素的灵敏度和各元素之间的谱线干扰以及能否合理地扣除光谱背景。采用标准曲线法，配制砷、镉、铜、铁、锰、镍、铅、锑、钒、锌等十种元素的混合标准液。实验结果见表 9-5，其方法精密度较好，相对标准偏差（RSD）维持在 0.21%～2.00%的范围内。

表 9-5 飞灰中十种元素含量的分析结果

测定元素	检出限/（mg/L）	标准值/（mg/kg）	测定结果/（mg/kg）	*RSD*/%
砷	0.01	54±5	52.30	2.00
镉	0.0004	226±19	211	1.57
铜	0.003	1050±70	1080	0.36
铁	0.002	13100±500	12600	0.21
锰	0.0004	730±50	764	0.30
镍	0.0008	117±6	111	1.32
铅	0.003	5000±500	4630	1.44
锑	0.004	850±50	852	1.67
钒	0.0005	35±6	35.3	1.66
锌	0.003	16800±400	16700	0.26

9.3.2.2 食品饮料分析

（1）应用示例分析一：微波消解法测定大米中的八种元素

将市售的大米研磨后取定量加入消解管中，加入硝酸作为消解液，浸泡 2h 后在微波炉中程序化设定消解。消解完成后将样液转移并加热赶酸，待剩余 1mL 后停止加热，转移至比色管，并用去离子水定容备用。

经检测，市售大米中含有丰富的钾、镁、钙等常量元素，同时也含有锌、铁、锰、铜等人体必需的微量元素。其中铜为 0.95～1.74mg/kg，锰为 7.97～11.47mg/kg，铁为 4.31～60.89mg/kg，锌为 11.52～16.80mg/kg，钾为 390.75～1205.69mg/kg，钠为 5.56～17.42mg/kg，

镁为 163.48～272.16mg/kg，钙为 41.40～67.71mg/kg。该方法的回收率在 96.7%～104.3%范围内，而相对标准偏差在 0.07%～4.81%范围内，精密度较高。

（2）应用示例分析二：牛奶及奶制品中微量元素的测定

牛奶是人类膳食中蛋白质和钙的最佳来源，并含有钙、磷、铁、铜、锰等矿物质，其中呈碱性元素多于呈酸性元素，有助于调节体内的酸碱平衡，且牛奶中含钙量丰富，是人体钙的最佳来源。

平行称取定量的牛奶、奶粉样品，分管放入微波消解罐中，采用硝酸-过氧化氢作为消解液，在微波炉中程序化设定消解，消解完成后取出并放入聚酯塑料容器中，超纯水定容后上机待测，选用元素分析线波长（nm）：钙 317.933、钾 766.490、钠 589.592、镁 285.213、磷 213.617、锌 206.200、铁 253.939、铜 327.393、锰 259.372。

结果分析表明，该方法溶液中的检出限为 0.027～0.87mg/mL，各元素的相对标准偏差（*RSD*）在 0.021%～2.01%范围内，其平均回收率为 88.66%～108.65%。

9.3.2.3 生物样品分析

（1）应用示例分析一：稀释法或消解法制备人血清样本

人血清中含有多种微量元素，采用不同的样品制备方法得到的结果也不尽相同。将分离好的血清通过两种方法进行样品处理：

① 消解法采用硝酸-高氯酸作为消解液，于聚四氟乙烯坩埚中加盖静置过夜后，加热至棕色气体消失，溶液清亮。随后升温加热至近干，加盐酸微热溶解内容物后冷却转移并定容待测。此外，空白样液也采用同样路径制备。

② 稀释法是直接取定量血清加入聚乙烯离心管中，加等量含 0.1%抗坏血酸的盐酸后静置过夜，离心后取上清液，用去离子水定容待测并采用同样方法制备对应的空白样液。

结果分析表明分别用消解法和稀释法制备的血清待测样液，在相同测试条件下，消解法测得的铁、锌、铬含量显著高于稀释法；铜和铅的含量测定无明显差异；而消解法测得的镉含量显著低于稀释法。相关分析表明，血清中铁、铜、锌、铬的两法测定值正相关，镉和铅的两法测定无相关性，这可能和待测液中镉与铅的浓度接近检测限、灵敏度不高有关。

（2）应用示例分析二：标准加入法测定毛发中的铊含量

铊慢性中毒案件近些年出现较多，作为刑侦检测对象，铊元素在毛发中含量较高，且可根据毛发的生长周期判断铊的摄取时间和数量。目前，采用电感耦合等离子体测定毛发中铊元素含量的最大问题便是基体干扰，因此多采用标准加入法进行测定。

将未经烫染的毛发用中性洗涤剂清洗后剪碎，放置在干燥箱中风干。取定量的风干碎发于聚四氟乙烯消解管中，采用硝酸-过氧化氢作为消解液，在微波炉中程序化设定消解。消解结束后冷却，赶酸至 0.5mL，再用 2%的硝酸定容并过滤，采用标准加入法测试。

取平行消解样 4～6 份，其中 1 份采用标准曲线法进行粗略的预估测定铊元素含量，其他几份分别加入不同浓度的铊标准样液中，制成浓度范围在 50%～150%之间的系列加标样品溶液。选取波长 190.86nm 的分析线测定发射强度，随后以浓度为横坐标，扣除试剂空白的发射强度为纵坐标绘制曲线，然后外推曲线与横坐标相交的绝对值即所测样品中铊的含量。

按照同样制备方法，以空白毛发溶液检测值的平均浓度作为背景值，加标样品溶液检测值的平均浓度扣除背景值为平均测定值进行铊元素的回收实验。结果表明铊的回收率为101.2%，相对标准偏差为2.6%。

9.3.2.4 无机非金属材料分析

应用示例分析：内标法测定紫砂制品的溶出元素

紫砂是紫砂陶瓷的简称，其溶出元素的种类和含量与使用者的健康息息相关。选取目标测试对象分析谱线如下：铅（220.353nm）、镉（228.802nm）、钡（223.527nm）、锰（257.610nm）、铬（267.716nm）、钴（228.616nm）。采用钇元素作为内标，其分析线波长371.03nm，该元素用以优化方法精密度及准确性。

在20℃±2℃温度范围内，将紫砂壶浸泡于4%的乙酸溶液中24h，用玻璃棒搅拌均匀后转移至容量瓶。同样采用4%的乙酸溶液稀释配制标准样液，其中铅、镉、钡、锰的浓度在0～0.5μg/mL范围内，钴、铬的浓度在0～0.05μg/mL范围内，且所使用的标准溶液中均含有5mg/mL的钇元素。

实验结果分析表明：样品钡的浓度有79%在0～0.12mg/L范围内，有16%在0.12～0.20mg/L的范围内，有5%在0.2～0.5mg/L范围内；样品锰的浓度有76%在0～0.06mg/L的范围内，有20%在0.06～0.12mg/L的范围内，有4%在0.12～0.5mg/L范围内；而样品钴的浓度则100%在0～0.004mg/L的范围内。此外，方法的回收率为95%～108%，相对标准偏差≤2.5%，其元素检出限见表9-6。

表9-6 内标法测定紫砂制品中溶出元素的方法检出限

测定元素	铅	镉	钡	锰	铬	钴
检出限/（mg/L）	1	0.1	0.03	0.1	0.2	0.2

9.3.2.5 核燃料与核材料分析

应用示例分析：二氧化铀微球中钐、铕、钆、镝的测定

稀土元素具有较大的热中子俘获截面，直接影响核燃料的性能和质量，因此对核燃料中的稀土杂质元素含量应进行严格控制和测定。为消除高浓度铀对测定的影响，可采用强碱性阴离子交换树脂分离法将铀与稀土金属分离。根据测试需求应选用分析线波长（nm）：钐353.170、铕359.260、钆376.84、镝381.970，并配制对应标准溶液，绘制标准曲线。

称取定量的二氧化铀样品于石英烧杯中，加入3mol/L的盐酸及几滴硝酸，采用湿热消解法，样品溶解后蒸发至近干，再用9mol/L的盐酸溶解并转移至同浓度盐酸已平衡好的交换柱上。用9mol/L的盐酸以一定流速淋洗交换柱，收集流出液并在电炉上蒸发至近干，滴加3mol/L的盐酸溶解剩余物质并用去离子水定容，再测定钐、铕、钆、镝的含量。

经过多次平行测定及标准加入回收实验测定，可获得方法的平均回收率在90%～102%之间，相对误差小于2.1%。

9.3.2.6 化学化工产品分析

（1）应用示例分析一：内外墙涂料中钛、钙、锌、镁、硅的含量测定

内外墙涂料中一般含有钛、钙、镁、锌和硅元素，研究其无机成分的含量有助于快速

分析内外墙涂料中是否掺杂或掺假，并借此判断涂料的物理性能。

将涂料于玻璃板中制备涂膜后，于 50℃条件下干燥，干燥后取涂膜样本在电炉上烧至焦块状。取焦块样本放置在马弗炉中于 650℃下加热 3h，然后冷却备用。由于二氧化钛难溶于强酸，因此需向定量灰化后的样品中加入适量硫酸铵和硫酸，于电炉上加热至产生白烟后，继续加热 5～8min 直至二氧化钛完全溶解。随后冷却并将溶液转移至聚四氟乙烯的样品罐，加入浓硝酸和氢氟酸继续加热消解其他元素直至完成。最后冷却并加入水和盐酸，经过滤、定容后待测。具体的方法检出限和精密度见表 9-7。

表 9-7　方法的检出限与精密度

测定元素	分析线/nm	检出限/（mg/L）	精密度（测量次数 n=10）
硅	251.611	0.031	2.0%
钛	334.941	0.028	2.1%
锌	206.200	0.005	2.6%
钙	317.933	0.011	2.8%
镁	285.213	0.013	4.2%

（2）应用示例分析二：测定塑料中铅、汞、铬、镉、钡、砷的含量

针对不同类型的塑料制品，电感耦合等离子体光谱测试的主要难度在于样品的消解。例如炭化酸溶法仅适合消解 PVC 塑料，且无法避免汞和砷的损失。以浓硝酸-浓硫酸为消解液的微波消解法虽可以改善塑料的消解效果，但少量的硫酸也会影响铅、钡元素的含量分析。而高温灰化易导致待测元素的挥发损失，添加高氯酸却容易爆炸。综上，选用硝酸-过氧化氢-氟硼酸为消解液的高压密闭消解技术进行样品的消解对各类待测元素都较为友好。在消解过程中，有机成分被分解，残留的无机基体元素主要有钙、钡、铅、铁、铜、锌、锶，但不同的样品基体情况差别较大。

以 10%的硝酸和 3%的四氟硼酸作空白样液，对塑料中铅、汞、铬、镉、钡、砷的含量进行多次测定，可获得方法检出限及测定下限。其测定的相对标准偏差（*RSD*）在 2.2%～12.9%，其中砷元素由于含量较低，因而 *RSD* 相对较大，满足痕量分析要求。此外，各种代表性塑料制品（PE、PVC、ABS、PP、PS、PC、尼龙）的元素回收率均在 86.5%～113.6%范围内。

9.3.2.7　有色金属、钢铁及合金分析

应用示例分析：标准加入法测定高纯铝金属中的杂质元素

采用标准加入法消除基体影响，称取定量的铝样品放置在烧杯中，加入适量盐酸后低温加热溶解，如溶解不完全可适当补加硝酸，待完全溶解后冷却，随后加入标准溶液中定容，根据需求选取的分析线波长（nm）为：铁 239.563、钛 334.941、锌 213.856、镓 245.007、镁 279.079、铜 324.754、铅 220.351、硅 251.612。

结果分析表明，方法的回收率为 90%～105%，方法的精密度均优于 4.5%，与原子吸收光谱法进行对比，分析数据结果一致。

9.3.2.8 地质岩石矿物分析

应用示例分析：偏硼酸锂熔矿测定岩石水系沉积物土壤样品

采用偏硼酸锂作为溶剂，在瓷坩埚中填充 2/3 的石墨粉，用模具压制成石墨粉坩埚，随后倒掉多余的石墨粉。称取定量的样品及偏硼酸锂，用玻璃棒混匀后转移至制备好的石墨坩埚中，将坩埚放入 1000℃的马弗炉中，恒温 30min 后取出冷却，随后用镊子夹出球状熔融物，放入盛有 10%硝酸的烧杯中，通过超声清洗器的空化效应增加溶剂穿透性，加快物质成分分散，提高溶解速度，待完全溶解后，用水定容待测，其方法的检出限和精密度见表 9-8。

表 9-8 方法的检出限和精密度

测定元素	分析线/nm	检出限/（μg/g）	组分	平均值/%	*RSD*/%
硅	251	8	二氧化硅	66.28	1.30
铝	309	5	三氧化二铝	10.61	0.94
铁	259	3	三氧化二铁	5.06	1.83
钾	766	6	氧化钾	5.92	2.90
钠	589	1	氧化钠	2.43	1.38
钙	317	30	氧化钙	1.99	1.92
镁	285	105	氧化镁	1.41	1.81
磷	213	1.5	磷	736×10^{-6}	3.34
锰	257	1	锰	658×10^{-6}	2.02
钛	334	1	钛	5521×10^{-6}	1.16

9.3.2.9 有机溶剂中的样品分析

应用示例分析：微波消解 ICP-AES 法测定食用油中微量元素

常规食用油消化处理有两种方法，即干法灰化和湿法消解。但这两类方法或多或少存在消化时间长、易沾污、易损失等缺点。采用微波消化食用油可克服上述缺点，完成食用油中微量元素铅、砷、铜、铁、镍的测定。

称取定量样品于聚四氟乙烯烧杯中，依次加入硝酸、过氧化氢，在电炉上预处理加热至沸后冷却，盖上聚四氟乙烯内盖并进行加压微波溶样处理。消化完成后，样品溶液呈无色透明，在通过脱硝、冷却后，用去离子水定容待测。最后，以同样方法制备试剂空白待测，便可获得各元素检出限（μg/L）：铅（7.3）、砷（6.2）、铜（4.0）、铁（2.4）、镍（3.4）。

思考题

1. 为什么电感耦合等离子体（ICP）激发源比传统的火焰或电弧等激发源更为优越？请从灵敏度、准确度、分析速度以及多元素分析能力等方面进行比较，并讨论在什么情况下仍然可能选择传统激发源进行分析。

2. 在原子发射光谱法中，不同的激发源（如火焰、电弧和电感耦合等离子体）对分析结果的影响是显著的。请比较这三种激发源在以下几个方面的优缺点：激发效率、检测限、样品类型、分析速度、多元素检测能力。

3. 如何扩展原子发射光谱的元素测定范围和提升元素分析检测限？

第10章 原子吸收光谱法

通过本章的学习，掌握原子吸收光谱的基本概念和原理、谱线轮廓与变宽因素、干扰消除与分析方法，了解原子吸收光谱仪的结构和作用；熟悉样品制备方法、测试条件与分析应用。

10.1 概述

原子吸收光谱法（atomic absorption spectrometry，AAS）是基于气态被测元素的基态原子对其共振辐射的吸收进行元素定量分析的方法，其发展经历了三个阶段。

第一阶段：1802 年伍朗斯顿（W. H. Wollaston)和 1817 年弗劳霍费（J. Fraunhofer）先后发现了太阳连续光谱中出现的暗线。1859 年，基尔霍夫（G. R. Kirchhoff）与本生（R. Bunson）在研究碱金属的火焰光谱时，发现钠的发射谱线经过温度较低的钠蒸气时会被吸收，并根据钠发射线与暗线在光谱中的位置相同这一事实，给出了太阳连续光谱中暗线出现的原因。现在，人们已经发现太阳的连续光谱上有非常多的暗线，在可见光的范围内就有 2 万多条，并由这些吸收线可以推断出太阳外围的大气中含有 57 种以上的元素。

第二阶段：1955 年，澳大利亚物理学家沃尔什（A. Walsh）发表了著名的论文“原子吸收光谱法在分析化学中的应用”，并解决了原子吸收光谱的光源问题，奠定了原子吸收光谱法的应用基础。20 世纪 50 年代末至 60 年代初，PE 公司和 Varian 公司基于沃尔什的设计思想，推出了商品化的原子吸收光谱仪。此后，原子吸收光谱开始进入快速发展时期。AAS 的核心技术是锐线光源与原子化技术，而当时的原子化器是火焰原子化器，灵敏度不够高。

第三阶段：1959 年，苏联学者里沃夫设计出石墨炉原子化器，提出了电热原子化技术。1970 年，以石墨炉为原子化装置的原子吸收光谱仪被制成，大大提高了原子吸收光谱法的灵敏度，可达 10^{-14}～10^{-12}g。近年来，多元素同时测定技术也取得了显著进展，可以实现多灯的快速切换与同时使用、火焰和石墨炉原子化的同时使用等。

随着 AAS 的快速发展，一方面塞曼效应和自吸效应扣除背景技术及基体改进技术的应用使 AAS 可对高背景、组成复杂的试样进行有效分析；另一方面，联用技术的发展，如色谱-AAS、流动注射-AAS 等，实现了元素形态分析、有机金属化合物测定和复杂混合物分析等。

原子吸收光谱分析方法具有以下特点。

① 灵敏度高：采用火焰原子化的方式使大多数元素的灵敏度达到 mg/kg（L）级，甚至少数元素可至 μg/kg（L）级，而采用石墨炉原子化，其绝对灵敏度可达到 10^{-14}～10^{-10}g。因此，原子吸收光谱也适用于痕量元素的分析。

② 选择性好：由于原子吸收带宽很窄，谱线重叠概率较小。且在大多数情况下，共存元素不对原子吸收光谱分析产生干扰，因而光谱干扰较小。

③ 抗干扰能力强：原子吸收谱线的强度受温度影响相对较小，其吸收谱线并非测定的相对背景的信号强度，因此背景影响较小。此外，待测元素从化合物中解离出来后，并不需要再激发，故化学干扰也较小。

④ 精密度好：空心阴极灯辐射出的特征谱线仅被对应的特定元素所吸收，因而原子吸收光谱分析的精密度较好。在日常测定中，火焰原子吸收法的精密度可达 1%～3%，无火焰原子吸收的方法精密度相对较低，也可控制在 15%以内。通过改进相关技术进行高精度测定，前者可获得精密度＜1%，后者的精密度可优化至 3%～5%。

⑤ 分析范围广：火焰原子吸收法采用空气-乙炔火焰可测定 30 多种元素，采用氧化亚氮-乙炔火焰可测定 70 余种元素。针对原子吸收光谱分析，就含量而言，微量、痕量和超痕量元素皆可测定；就性质而言，金属元素、类金属元素以及部分非金属元素和有机化合物的间接测定也可实现；就样品状态而言，液态、气态，甚至某些固态样品均能适用。

当然，原子吸收光谱分析也存在一些不足之处：

① 测定不同元素需更换相应的空心阴极灯；

② 难熔元素的测试灵敏度较低；

③ 可测定的 70 余种元素中常用的仅 30 多种，且共振线位于真空紫外区域的元素（如磷、硫等）不可测定；

④ 标准工作曲线线性范围较窄，针对具有复杂基体的样品分析存在较强干扰。

10.1.1　原子吸收光谱

原子吸收光谱位于光谱的紫外和可见光区。当有辐射通过某元素的自由原子蒸气，且辐射的能量等于原子核外电子从基态跃迁到较高能态所需要的能量时，就会被该元素原子吸收，同时伴随着吸收光谱的产生。原子从基态向其第一激发态的跃迁相对最容易发生、概率最大、吸收最强，称为共振线。由于各种元素的原子结构和外层电子排布不同，原子从基态向第一激发态跃迁吸收的能量也不同。因此，各元素的共振吸收线具有不同的特征。

10.1.1.1　原子吸收谱线轮廓与谱线变宽因素

原子结构较分子结构简单，原子吸收线理论上应是一条窄的谱线，而实际测量的谱线则具有一定的宽度，约为 10^{-3}nm（图 10-1）。

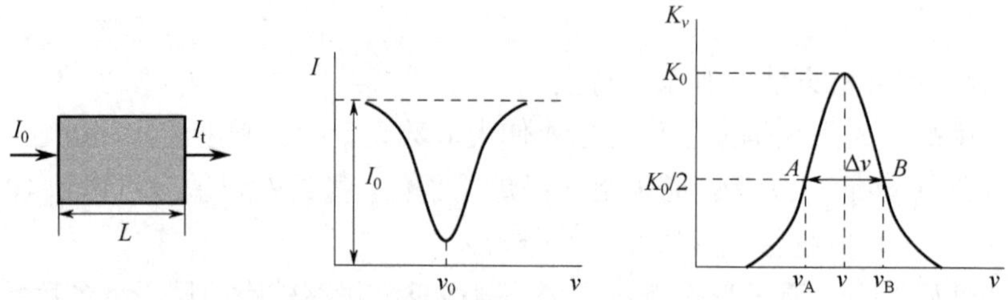

(a) 基态原子对光的吸收　(b) 谱线的轮廓　(c) 吸收线轮廓

图 10-1 原子吸收谱线

当一束强度为 I_0 的光透过厚度为 L 的原子蒸气之后，一部分光被吸收，其透射光强度为 I_t，而原子吸收谱线轮廓是指吸收谱线强度随频率变化的曲线，根据朗伯-比尔吸收定律可得：

$$I_t = I_0 e^{-K_v L} \quad (10\text{-}1)$$

式中，K_v 为基态原子对频率为 v 的光的吸收系数。由于原子能级是量子化的，因此，基态原子对辐射的吸收具有选择性。如图 10-1（c）所示，以吸收系数 K_v 对辐射频率 v 作图，得到原子吸收线轮廓。通常以中心频率或中心波长，以及半宽度来表征原子吸收线的轮廓。中心频率是最大吸收系数所对应的频率，由原子能级决定。半峰宽是指最大吸收系数的一半处所对应的吸收线轮廓上两点间的频率差或波长差。

吸收峰宽度受很多因素影响，由原子性质所决定的自然宽度大概为 10^{-5}nm，自然宽度与激发态原子的平均寿命有关，激发态原子寿命越长，吸收线的自然宽度就越窄。对于大多数元素的共振线而言，其自然宽度与其他因素所引起的吸收峰宽度相比，可以忽略不计。由外界因素所引起的变宽主要有多普勒（Doppler）变宽、碰撞变宽和自吸变宽。

（1）多普勒（Doppler）变宽　这类变宽是由原子热运动引起的，又称为热变宽。在原子吸收分析中，由于原子化器中的气态原子处于无序热运动状态，相对于检测器而言，各发光原子具有不同的运动分量，即使每个原子发出的光是频率相同的单色光，检测器所接收的光也是频率稍有不同的光，于是引起多普勒变宽，可达 10^{-3}nm。谱线的多普勒变宽 Δv_D 可由式（10-2）表示：

$$\Delta v_D = \frac{2v_0}{c}\sqrt{\frac{2(\ln 2)RT}{M}} = 7.16\times10^{-7} v_0 \sqrt{\frac{T}{M}} \quad (10\text{-}2)$$

式中，R 为摩尔气体常数；c 为光速；M 为原子量；T 为热力学温度，K；v_0 为谱线的中心频率。由此可见，多普勒宽度与元素的原子量、温度和谱线频率有关。当温度升高或原子量减小，多普勒宽度增加。

（2）碰撞变宽（又称为压力变宽）　这类变宽是由原子相互碰撞使得能量发生变化导致的，包括劳伦兹（Lorentz）变宽和赫鲁兹马克（Holtsmark）变宽。劳伦兹变宽（Δv_L）是由待测原子和其他原子碰撞所致的，可达 10^{-3}nm，其数学表达为

$$\Delta\nu_L = 2N_A\sigma^2 p\sqrt{\frac{2}{\pi RT}(\frac{1}{M_1}+\frac{1}{M_2})} \tag{10-3}$$

式中，N_A 为阿伏伽德罗常数；σ 为碰撞面积；p 为体系压力；M_1 和 M_2 分别为其他粒子和被测元素的原子量。而赫鲁兹马克变宽则是同种原子碰撞所引起的，当待测原子浓度高时作用明显，这在原子吸收中可以忽略。

（3）自吸变宽　这类变宽是由空心阴极灯发射的共振线被灯内同种基态原子所吸收，产生自吸现象时导致的谱线变宽。在这种情况下，灯电流越大，自吸现象越严重，自吸变宽也越明显。

此外，还有场致变宽，即受外界电场及磁场的作用使谱线变宽的现象，但相对前面热变宽、压力变宽以及自吸变宽来说，这种影响相对较小。通常原子吸收在 1000～3000K，0.101MPa 状态下，多普勒变宽和劳伦兹变宽是谱线变宽的两个主要因素，原子吸收线的宽度为 10^{-3}～10^{-2}nm。

10.1.1.2　原子吸收光谱的测量与定量关系式

（1）积分吸收　原子吸收光谱产生于基态原子对特征谱线的吸收。在一定条件下，基态原子数 N_0 正比于吸收轮廓所包括的整个面积，即对 K_ν-ν 曲线进行的积分吸收，符合如下数学关系式：

$$\int K_\nu \mathrm{d}\nu = \frac{\pi e^2}{m\mathrm{c}}N_0 f \tag{10-4}$$

式中，e 为元电荷；m 为电子质量；c 为光速；N_0 为单位体积内的基态原子数；f 为振子强度，代表每个原子中能够吸收或发射特定频率光的平均电子数，但针对特定的元素，在一定条件下对某一给定元素，f 值可视为定值。不过，这种绝对的测量方式需要一个高分辨率且连续可调的分光系统，当前技术几乎无法实现，其原因是根据 $R=\lambda/\Delta\lambda$，若要分开以 500nm 为中心的波长差为 10^{-3}nm 的两条光线，单色器分辨率要求达到 50 万，且即使光栅满足要求，分出的光也因太弱而难以用于实际测量。

例如，采用钨丝灯和氘灯作光源，它们发出的光经过分光之后的光谱通带约为 0.2nm，而原子吸收线半宽度约为 10^{-3}nm。如图 10-2（a）所示，吸收光的强度占比仅为 0.5%左右，如此测量吸收线轮廓所包括的整个面积，灵敏度是极低的。

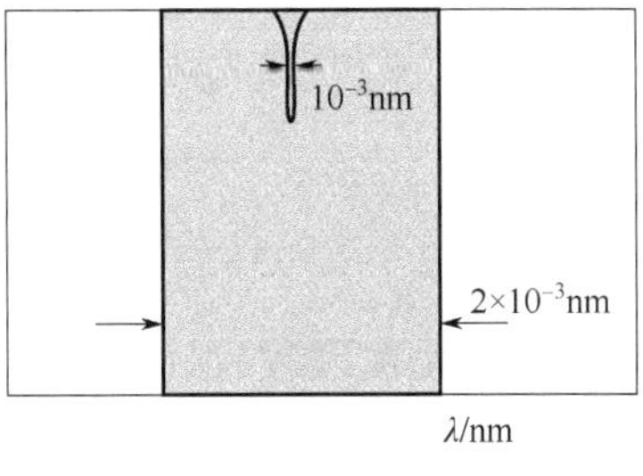

(a) 连续光源与原子吸收线的光谱通带宽度对比示意图

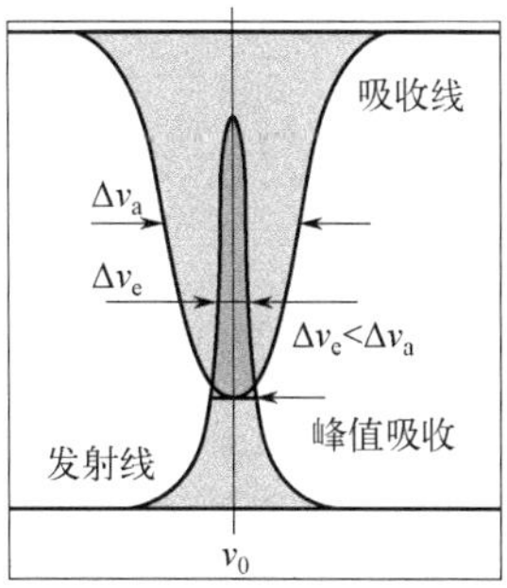

(b) 峰值吸收测量示意图

图 10-2　原子吸收谱线轮廓

（2）峰值吸收 1955 年，澳大利亚科学家沃尔什证明了采用锐线光源时，峰值吸收系数 K_0 与被测元素的原子浓度成正比，即峰值吸收与待测物质的浓度成正比。如图 10-2（b）所示，要求使用的光源满足两点，即发射线的半峰宽明显小于吸收线半峰宽；发射线中心频率与吸收线中心频率 ν_0 重合。那么在发射线宽度范围内，吸收系数 K_ν 可认为不变并近似等于峰值吸收系数 K_0，峰值吸收就可以替代积分吸收，满足下面关系式：

$$K_\nu = K_0 = \frac{2\sqrt{\pi \ln 2}}{\Delta \nu_{\mathrm{D}}} \times \frac{e^2}{m\mathrm{c}} N_0 f \tag{10-5}$$

锐线光源可以同时满足上面两个条件。因此，目前 AAS 通常采用空心阴极灯来产生锐线辐射。实际测量时，当频率为 ν_0、强度为 I_0 的单色光、垂直通过厚度为 L 的原子蒸气时，原子蒸气将对辐射产生吸收，透过光的强度为 I_t，在原子吸收中，谱线变宽主要受多普勒效应影响，$\Delta\nu_{\mathrm{D}}$ 为多普勒变宽，根据朗伯-比尔吸收定律，结合式（10-1）和式（10-5）得

$$I_0 = \int_0^{\Delta\nu} I_0 \mathrm{d}\nu$$

$$I = \int_0^{\Delta\nu} I_\nu \mathrm{d}\nu = \int_0^{\Delta\nu} I_0 \mathrm{e}^{-K_\nu L} \mathrm{d}\nu$$

$$A = \lg\frac{I_0}{I} = \lg\frac{\int_0^{\Delta\nu} I_0 \mathrm{d}\nu}{\int_0^{\Delta\nu} I_0 \mathrm{e}^{-K_\nu L}\mathrm{d}\nu} = \lg\frac{\int_0^{\Delta\nu} I_0 \mathrm{d}\nu}{\mathrm{e}^{-K_\nu L}\int_0^{\Delta\nu} I_0 \mathrm{d}\nu} = 0.434 K_0 L$$

将 $K_0 = \frac{2\sqrt{\pi \ln 2}}{\Delta \nu_{\mathrm{D}}} \times \frac{e^2}{mc} N_0 f$ 代入

$$A = 0.434 \frac{2\sqrt{\pi \ln 2}}{\Delta \nu_{\mathrm{D}}} \times \frac{e^2}{mc} N_0 f L \tag{10-6}$$

在原子蒸气中可能会有基态原子 N_0 和激发态原子 N_i，达到热力学平衡时，N_i/N_0 遵循 Boltzmann 分布定律，如表 10-1 所示，温度越高，N_i/N_0 值越大。实际工作中，通常原子吸收温度不超过 3000K，则 N_i/N_0 值基本在 10^{-3} 以下，因此可以认为基态原子数 N_0 近似等于总原子数 N。并且，在给定的实验条件下，蒸气相中原子个数 N 与被测元素含量 c 之间保持稳定的正比例关系，结合式（10-6）可得

$$A = Kc \tag{10-7}$$

式中，K 为实验条件相关的常数。式（10-7）即为原子吸收光谱定量测量的基本关系式。

表 10-1 8 种元素共振线在 3 种温度下的 N_i/N_0 值

元素	g_i/g_0	E_i/eV	λ/nm	N_i/N_0		
				T=2300K	T=2950K	T=3400K
Na	2	2.104	589.0	4.91×10^{-5}	5.09×10^{-4}	1.87×10^{-3}

续表

元素	g_i/g_0	E_i/eV	λ/nm	N_i/N_0		
				T=2300K	T=2950K	T=3400K
Sr	3	2.690	460.7	3.83×10^{-6}	7.61×10^{-5}	4.01×10^{-4}
Ca	3	2.932	422.7	1.13×10^{-6}	2.94×10^{-5}	1.80×10^{-4}
Ag	2	3.778	328.1	1.05×10^{-8}	7.03×10^{-7}	7.26×10^{-6}
Cu	2	3.817	324.8	8.65×10^{-9}	6.03×10^{-7}	6.38×10^{-6}
Mg	3	4.346	285.2	9.00×10^{-10}	1.13×10^{-7}	1.66×10^{-6}
Pb	3	4.375	283.3	7.77×10^{-10}	1.01×10^{-7}	1.50×10^{-6}
Zn	3	5.795	213.9	6.01×10^{-13}	3.78×10^{-10}	1.36×10^{-8}

10.1.1.3　分析曲线与干扰

结合式（10-7），原子吸收分析的定量依据是测量吸光度 A 与样品浓度 c 的函数关系，即

$$A = f(c) \tag{10-8}$$

根据原子吸收吸光度 A 与样品浓度 c 的基本关系式，当样品浓度为零时，吸光度 A 也应该为零，即分析曲线应通过 A-c 坐标的原点。而在实际情况下，存在一个本底吸收值 A_B，其产生的原因如下：

① 试剂空白溶液中难免会含有痕量分析元素，应扣除或光谱调零；

② 在样品制备及预处理过程中引入杂质组分，从而存在基体空白，也应扣除或调零；

③ 实际测试过程中存在统计波动，造成残余本底。

解决了这三个本底的扣除才能获得吸光度真值 A 与浓度 c 通过原点的分析曲线。

此外，不同元素分析曲线的线性范围也不尽相同，且同一元素不同分析曲线的线性范围也不同。参考朗伯-比尔定律的适用范围，原子吸收分析曲线的线性范围为 2～3 个数量级。其中，火焰原子化分析曲线的线性范围为 2 个数量级，石墨炉法则较窄，通常是 1 个数量级。而造成分析曲线提前弯曲，直线范围缩窄的原因涉及光源的性质与辐射、样品的基体组成、处理的化学过程、原子化方式等一系列因素。

通常，干扰对分析结果的影响是共存的各种因素干扰的综合效应，而不是各个因素单独存在时产生干扰效应的简单叠加。按干扰性质来分，原子吸收光谱分析中的干扰分为光谱干扰和非光谱干扰；按干扰产生的原因来分，可分为物理干扰、化学干扰、电离干扰、光谱干扰和背景吸收干扰。

（1）物理干扰　样品在转移、蒸发和原子化的过程中，由样品的物理特性变化而引起的原子吸收强度变化的效应。例如溶液黏度、进样速度、表面张力、雾化效率、挥发特性等。物理干扰属于非选择性干扰，即对各类元素的影响基本相似，所以其消除的方法具有一定通性。一般采用标准系列溶液制备标准曲线，或在配制标准溶液存在困难时采用标准加入法。当样品中待测元素的浓度较高时，在灵敏度满足要求的情况下，可采用稀释溶液的方法减小或消除物理干扰。在使用双道原子吸收分光光度计时，还可以采用待测元素与内标元素的原子吸收强度比来绘制校正曲线进行定量。此外，通过加入改进剂与待测元素

生成难挥发化合物可以有效地消除干燥与灰化过程中的共挥发、包藏等物理干扰。

（2）化学干扰　样品在溶液或气相中，分析元素与共存物质之间的化学作用而引起的干扰效应，它主要影响分析元素的解离、原子化速度和程度，降低原子吸收信号。化学干扰是一种选择性干扰，它不仅取决于待测元素和干扰组分的性质，还与火焰的类型、火焰的温度、火焰的状态和部位、雾珠或气溶胶颗粒的大小等实验条件相关。鉴于化学干扰的复杂程度，需针对特定的对象选择或设计消除干扰的方法，例如采用化学分离、提高火焰温度、使用化学改进技术、改进雾化器性能、采用标准加入法以及选择适当的测试条件等。

（3）电离干扰　原子在火焰中电离引起电离干扰，这种干扰是选择性的，而在石墨炉中，由于产生的自由电子浓度很高，电离干扰效应很小。一般碱金属的电离电位低，因而受到的电离干扰最为严重，火焰温度越高则电离干扰越大。消除电离干扰的方法有两类：其一是控制火焰温度，采用富燃火焰；其二是在标准溶液或样品溶液中加入消电离剂，常用的消电离剂有氯化铯和氯化钾，消电离剂的电离电位越低，效果越好，但浓度不能过大，易导致基体效应、堵塞燃烧器缝口。

（4）光谱干扰　与光谱发射和吸收有关的干扰效应称为光谱干扰，其主要来自吸收线重叠干扰，以及光谱带内多条吸收线和光谱带内存在的光源发射的非吸收线。光谱干扰能使灵敏度降低，工作曲线弯曲，有时也会导致测定结果偏高。在理想的情况下，光谱带内的光源只产生一条参与吸收的发射线，而当光谱带内存在光源的几条发射线，且被测元素对这几条辐射光线均产生吸收，便会出现多重谱线干扰，这种干扰以过渡元素居多。如果多重吸收线与主吸收线的波长相差不是很小，则可以通过减小狭缝宽度的方式消除干扰，但当通过狭缝调节难以完成干扰消除且信噪比大大降低时，则需要另选谱线。图 10-3 便可直观感受狭缝调节可获得的干扰消除效果。

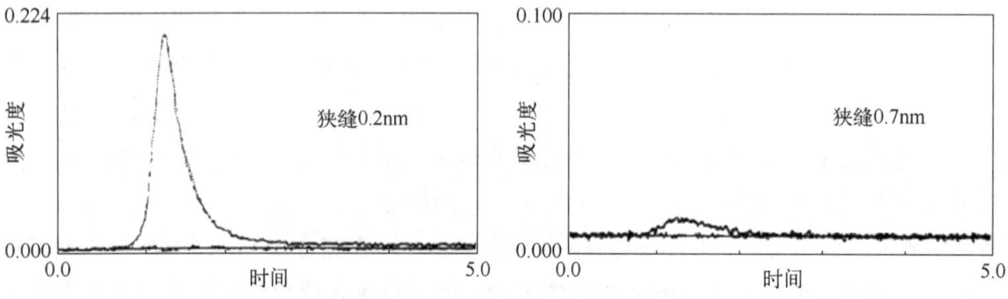

图 10-3　不同狭缝调节下 Ni 用石墨炉原子吸收光谱测得的吸收信号的变化

（5）背景吸收干扰　通常背景吸收包括两类：分子吸收和光散射。其中分子吸收是在原子化过程中生成的，它是由分子的电子光谱、振动光谱和转动光谱组成的带状光谱（图 10-4）。分子吸收干扰是波长选择性干扰，在火焰原子吸收光谱中，分子吸收与产生吸收干扰物质的浓度和火焰温度有关，一般情况下，产生分子吸收干扰的物质浓度越大，分子吸收越强，火焰温度越高，分子吸收的影响越小。而在石墨炉中，分子吸收主要发生在灰化、原子化阶段，是某些稳定化合物以分子形式蒸发或分解成小分子进入吸收区产生的。此外，在原子化过程中，当基体浓度较大且热量不足时，基体物质不能全部蒸发，一部分物质以固体微粒形式存在，而这些微粒在光路中被光源辐射光散射后，散射光偏离光路便会形成假吸收，导致测试光强度偏小。在原子吸收光谱中，由分子吸收和光散射造成的干扰可以采用氘灯或塞曼效应校正背景，也可以采用邻近非吸收线校正背景。

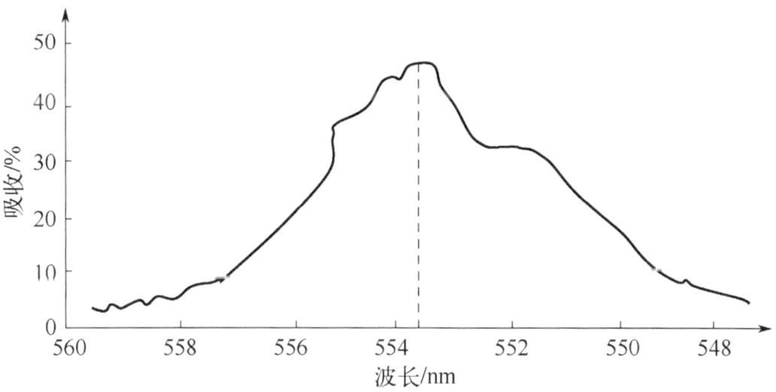

图 10-4　空气-乙炔火焰中氢氧化钙的分子吸收光谱曲线

10.1.2　背景校正方法

背景吸收一般是由样品中基体物质在原子化过程中产生的分子吸收、光散射以及共存元素的原子吸收等。在 250nm 以下的短波长区域，硫酸、磷酸有着很强的分子吸收，而硝酸、盐酸的分子吸收就很小。与火焰原子化过程相比，石墨炉原子化过程为瞬变信号，其原子蒸气和基体物质蒸气密度大，停留时间长，因而石墨炉原子化的背景吸收要比火焰原子吸收光谱法大得多。总体上讲，背景吸收有着明显的波长、时间、空间和温度特性。

目前，校正背景的技术包括连续光源校正、塞曼效应校正以及邻近非共振线校正等。其中，背景吸收随波长而改变，因此非共振线背景法的准确度较差，仅适合分析线附近背景分布比较均匀的情况。此外，塞曼效应校正背景可在全波段进行，可校正吸光度高达 1.5～2.0A 的背景，而氘灯只能校正吸光度小于 1A 的背景，且前者对连续背景、具有精细结构的分子光谱背景以及邻近某些共存原子吸收谱线，乃至某些重叠的原子吸收背景都能校正。

10.1.2.1　氘灯连续光谱背景校正法

采用氘灯连续光源可以进行背景校正，光路图如图 10-5 所示，其原理是利用一个转换器，交替使氘灯提供的连续光源和空心阴极灯提供的共振线通过火焰，当空心阴极灯光源通过原子化器时产生的吸收为背景吸收和被测元素吸收之和，而当氘灯发出的连续光谱通过时即为背景吸收的测定，此两者的差值则为净的吸光度值，但此法仅对紫外光谱区有效。

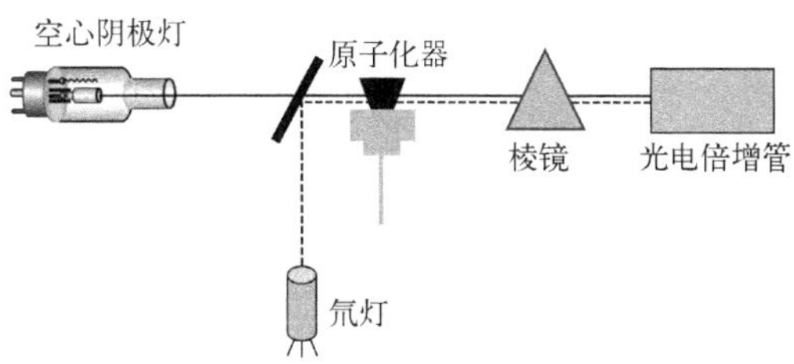

图 10-5　氘灯连续光谱背景校正法光路图

10.1.2.2 塞曼（Zeeman）效应背景校正法

塞曼效应是指在磁场作用下谱线发生裂分的一种现象。塞曼效应背景校正法原理（图 10-6）是在原子吸收光谱分析中利用塞曼磁场分裂谱线的方法进行背景扣除。将一磁场加在原子化器上，磁场垂直于光束。在磁场作用下，吸收线分裂为不同偏振方向的 π 线和 ±σ 线，前者平行于磁场，波长与原吸收线相同；后者垂直于磁场，波长偏离原吸收线波长。测定对平行偏振光 π 线的吸收值，即得到原子吸收和背景吸收；而测定对垂直偏振光 σ 线的吸收值，则仅为背景吸收。两者的差值便是扣除背景后的原子吸收值。这种方法的优点是校正能力很强，可校正波长的范围较宽，通常对于 190～900nm 范围内的背景都可以进行校正。

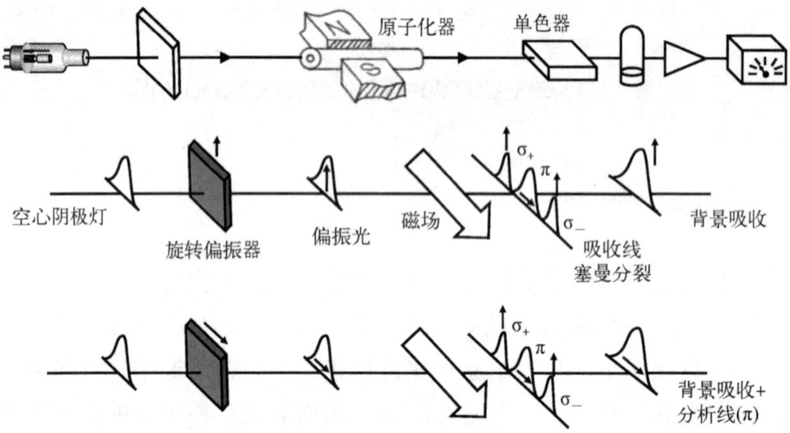

图 10-6 塞曼（Zeeman）效应背景校正法

10.1.2.3 邻近非共振线校正

由于背景吸收是宽带吸收，分析线测得的是原子吸收与背景吸收的总吸光度 A_T，而在分析线邻近选一条非共振线，非共振线不会产生共振吸收，此时测得的吸收为背景吸收 A_B。两次测量吸光度的差值即为扣除背景后的原子吸收吸光度值 A。参比线的选择需要考虑三点：①参比线与测量线很近，保证两者经过的背景一致；②待测物基态原子不吸收参比线；③参比线是待测原子的非共振线或元素灯内惰性气体元素的谱线。

10.1.2.4 自吸效应背景校正法

自吸效应背景校正法是通过改变光源电流进行的，当以低电流脉冲供电时，空心阴极灯发射锐线光谱，测定的是原子吸收和背景吸收的总吸光度。而当以高电流脉冲供电时，空心阴极灯发射线变宽，灯内积聚的原子浓度足够高时，发射线产生自吸，在极端情况下产生自蚀，这时测得的是背景吸收的吸光度。因而两者差值即为扣除背景后的净吸光度值（图 10-7）。

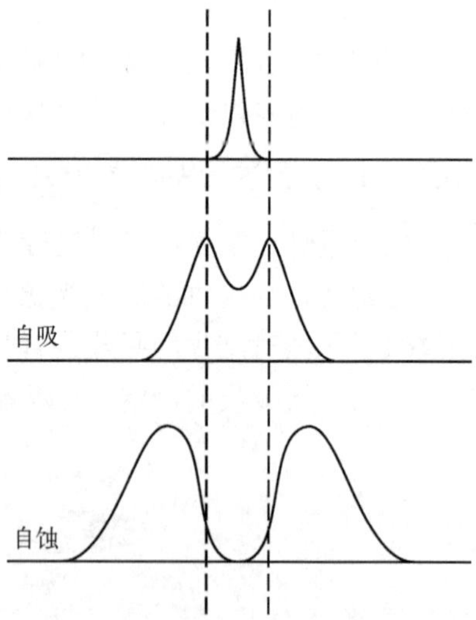

图 10-7 自吸效应背景校正法

10.1.3　原子吸收光谱分析实验技术

10.1.3.1　评价参数

灵敏度（S）是评价许多分析方法的重要指标之一。根据国际组织 IUPAC 的共识，分析曲线直线部分的斜率为灵敏度，即

$$S=\frac{\mathrm{d}A}{\mathrm{d}c}\text{或}S=\frac{\mathrm{d}A}{\mathrm{d}M} \tag{10-9}$$

S 是单位浓度（或质量）产生的吸收值，在满足朗伯-比尔定律时，灵敏度与浓度（或质量）无关，而当样品浓度（或质量）较大时，S 是可变的，此时灵敏度是浓度（或质量）的函数。此外，灵敏度还可以使用检出限描述，即在 99%置信度前提下，能检测出样品中分析元素的最小浓度（或质量）。

原子吸收光谱法常用特征浓度或特征质量来表征元素的灵敏度。

特征浓度 $S_{1\%}$（或特征质量）是指产生 1%吸收或 0.0044 吸光度时所对应的被测元素的浓度（或质量）。特征浓度（或特征质量）越小，灵敏度越高。火焰原子化法中，用特征浓度表示为 $S_{1\%}=0.0044\,c/A$，单位为 $\mu g\cdot(mL\cdot 1\%)^{-1}$。石墨炉原子化法中采用特征质量来表示：$S_{1\%}=V\cdot 0.0044\,c/A$，单位为 $g\cdot(1\%)^{-1}$。

检出限 D.L 也是评价分析方法的重要指标之一。检出限表示在选定的实验条件下，被测元素溶液给出的测量信号三倍于标准偏差时所对应的浓度。通常可以用接近于空白的溶液，经过 10 次以上的重复测定所得的吸光度的标准偏差的三倍来求得。根据它的定义，$D.L=3\sigma/S$，其中 σ 是标准偏差，S 指的是待测元素的灵敏度，即标准工作曲线的斜率，火焰法的 S 单位为试液浓度，石墨炉原子化法的 S 单位为 $A\cdot pg^{-1}$。实际应用中，在 99%置信度前提下，检出限指能检测出样品中分析元素的最小浓度（或质量）。

除了灵敏度和检出限以外，还可以用线性范围和精密度进行方法的评价。通常原子吸收光谱法的线性范围为 2～3 个数量级；对于火焰原子化法来说，精密度小于 1%，而对于石墨炉原子化法来说，精密度在 2%～5%之间。

10.1.3.2　测定条件的选择

测定条件的选择对测定的灵敏度、稳定性、线性范围和精密度等有很大的影响。最佳测试条件应根据实际情况进行选择，主要从以下五方面入手：

（1）分析线　通常选择由基态向第一激发态跃迁的共振吸收线作为分析线，该线一般来说也是最灵敏线。测定高浓度时也可以选择次灵敏线，否则会产生谱线的一个自吸干扰。除此之外，还应考虑其他谱线或背景吸收的干扰。

（2）狭缝宽度　即调节单色器出口狭缝的宽度以调节波长范围，光谱通带的宽度直接影响测定的灵敏度和标准曲线的线性范围。通常设置不引起吸收值减小的最大狭缝宽度为最合适的宽度。此外，还需要考虑被测元素的复杂程度，像碱金属、碱土金属等谱线简单的情况，可以选择较大的狭缝宽度，而面对过渡元素和稀土元素等谱线比较复杂的情况，

则要选择较小的狭缝宽度。

（3）灯电流 当工作电流过小时，放电不稳定，光输出的强度较小，而当灯电流过大时，发射弧线会变宽，导致灵敏度下降，灯寿命缩短。在保证稳定放电和合适的光强输出的前提下，应尽可能选用较低的工作电流，以提高测定灵敏度和延长灯的使用寿命。

（4）原子化条件 以使待测元素获得最大原子化效率为目的，火焰原子化法中，需要选择火焰的类型、燃气与助燃气的比例、燃烧器的高度等，易原子化的选择低温火焰，反之选择高温火焰。在助燃比方面，难原子化的选富燃火焰，易原子化的选贫燃火焰或化学计量火焰。而石墨炉原子化法中，则需要选择干燥、灰化、原子化和净化、各个阶段的温度与持续时间等。

（5）进样量 需考虑方法的灵敏度，选择合适的进样量。

10.2 原子吸收光谱仪结构

原子吸收光谱仪，又称原子吸收分光光度计，由光源、原子化器、分光器、检测系统四部分组成。按光学系统分类，原子吸收光谱仪可分为单光束型和双光束型两种。按独立的分光器和检测系统的数目分类，原子吸收光谱仪又可分为单道、双道和多道。目前，单道单光束和单道双光束类型的仪器使用更为普遍。

图 10-8 中，（a）为单光束型原子吸收光谱仪，其工作原理是来自光源的特征辐射通过原子化器，部分辐射被基态原子吸收，而透过部分经过分光系统分光后通向检测器，将目标光信号变为电信号并经信号放大读出。单光束型仪器结构简单、体积小、价格低、能量高，但光源波动造成的影响难以消除，基线漂移，通常需要对空心阴极灯进行提前预热稳定后方可进行测试。（b）为传统双光束型原子吸收光谱仪，其特征辐射可经过旋转反射镜分解成样品光束和参比光束，前者经过原子化器被基态原子吸收，后者不通过原子化器，光强不被减弱，而两束光由半透明半反射镜合为一束并交替进入单色器，经分光后进入检测器。该类型光谱仪可克服光源波动引起的基线漂移，且不需要对光源进行预热，但光能量损失大，信噪比与检出限受到一定限制。此外，其他双光束型仪器包括实时双光束（c）和自动切换单/双光束（d）两类，前者是将元素灯的光束通过半透明半反射镜进行分束，并在同一时间通过同一分光器到达不同检测器，提高了仪器的稳定性和测试精确度；后者则是将传统双光束中的旋转反射镜设置为可移动，通过反射镜的插入实现单/双光束模式的切换。

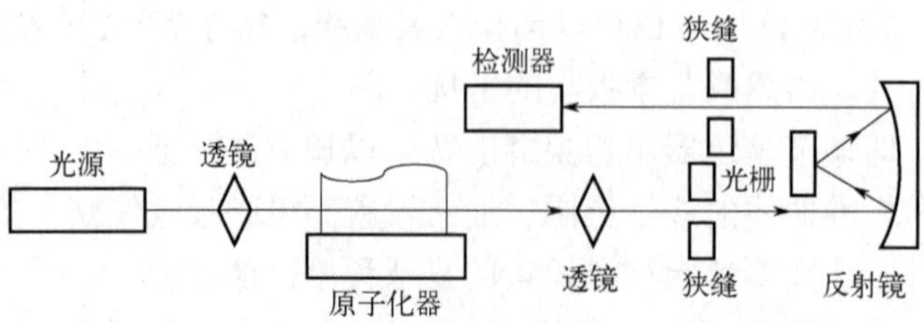

(a) 单光束型原子吸收光谱仪

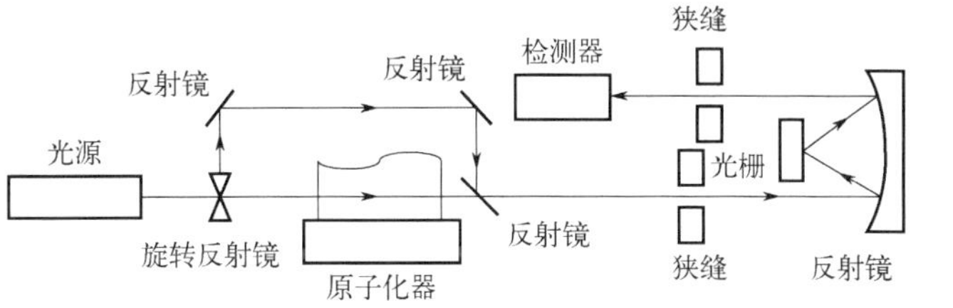

(b) 传统双光束型原子吸收光谱仪

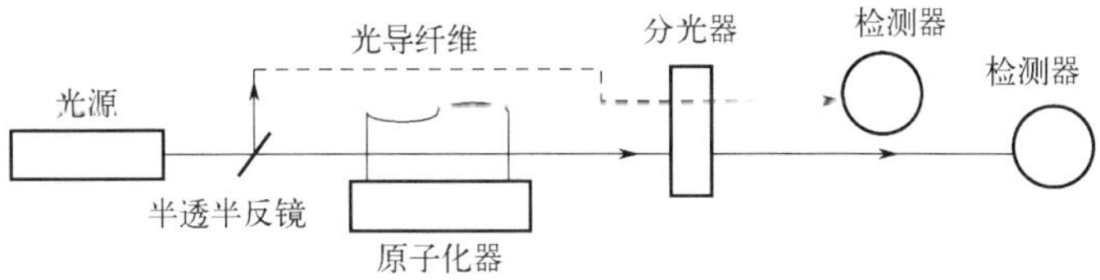

(c) 实时双光束型原子吸收光谱仪

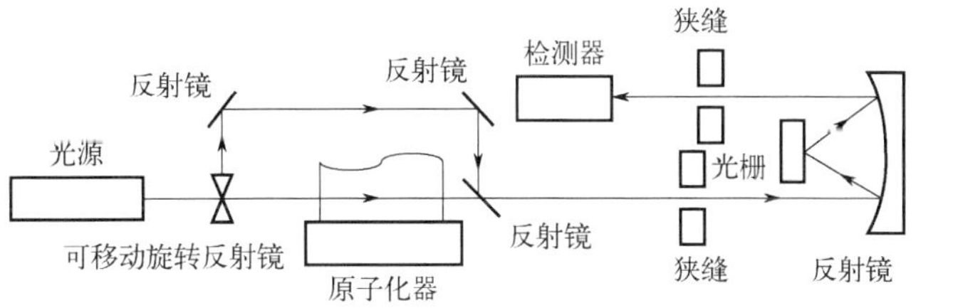

(d) 自动切换单/双光束型原子吸收光谱仪

图 10-8　四类单道原子吸收光谱仪结构示意图

10.3　原子吸收光谱分析应用

10.3.1　化学改进剂技术

在石墨炉原子吸收光谱分析中，多涉及化学改进剂技术，其主要目的在于显著降低分析物灰化阶段的挥发损失，使基体在灰化阶段尽可能完全蒸发除去，使化学形态转化为单一形态，以减少原子化阶段的化学和光谱干扰，改善精密度。针对不同的具体对象，化学改进剂起到的作用也有所不同，根据化学改进剂在整个分析过程中的行为，可将其作用归纳总结为六个方面。

① 增加基体挥发性，促使基体在被分析物原子化之前除去；

② 分析物与化学改进剂作用生成高熔点盐、氧化物、金属化合物和热稳定络合物，通过降低分析物挥发性，以便使用更高的灰化温度；

③ 增加分析元素挥发性；

④ 阻止或避免分析物生成难熔化合物，降低记忆效应；

⑤ 改善原子化环境；

⑥ 助熔作用。

基于上述的作用类型，代表性的化学改进剂应用示例如下：

（1）无机化学改进剂　以 $PdCl_2$ 为化学改进剂，斜坡升温，在 120℃和 400℃各干燥 20s 和 10s，阶梯升温到 1000℃灰化 10s，在 2700℃原子化 2s，可测得饮品中有机 Ge 和无机 Ge，回收率分别在 97%～99%和 95%～103%。

（2）有机化学改进剂　有机螯合剂是常用的一类有机化学改进剂，用 2% β-二酮（乙酰丙酮、三氟乙酰丙酮、苯甲酰丙酮）为化学改进剂，可提高 Al 的灰化温度，加入三氟乙酰丙酮和苯甲酰丙酮，灰化温度可由 400℃分别提升至 600℃和 600～800℃。Al 与 β-二酮形成螯合物，从而阻止 Al 形成碳化物，灵敏度可提高 2～3 倍，在分析植物样本中的 Al 时，可获得的 *RSD* 为 1.79%。

10.3.2　分析应用

因样品的性质不同，预处理的方法也不尽相同，但无论样品是固体还是液体，是无机物还是有机物，都不妨碍用原子吸收光谱法进行测定。理论上讲，元素周期表上的大多数元素都可以用原子吸收光谱法进行分析。

10.3.2.1　碱金属

用空气-乙炔火焰进行碱金属的测定是较为合适的方法，主要由于碱金属盐沸点较低，电离电位较低，主要共振线位于可见区或近红外区，因此激发电位较低，易于电离。通常，可以加入另一种更易电离的碱金属来抑制电离干扰。此外，在使用空心阴极灯作光源时，宜采用较低电流，以减少谱线自吸和变宽效应。

应用分析示例：锂（Li）元素的测定

锂元素的测定条件见表 10-2。

表 10-2　Li 的测定条件

锂元素（Li）谱线特性								
波长 /nm	振子强度 (f)	火焰原子化			电热原子化			
		火焰类型	特征浓度 /（μg/mL）	检出限 /（μg/mL）	灰化温度 /℃	原子化温度 /℃	特征质量 /pg	检出限 /pg
670.8	0.71	空气（贫）乙炔	0.02	＜0.0005	700	2400	1.5	1
323.3	0.026		1/400					
610.4			1/3400					

在 Li 的测定中，存在电离干扰，因而添加碱金属或锶通常是必要的。用空气-乙炔火焰原子吸收法测定高含量 Li 时，应选用分析线 Li 323.26nm。与其他碱金属相比，低温中 Li 的电离度较小，仅约 5%，所以采用低温火焰的灵敏度更高。

测定茶叶中 Li 元素含量时，应先对样品进行预处理，具体涉及烘干、过筛、炭化、灰化等步骤，随后用硝酸及少量过氧化氢进行加热消解处理，稀释配制成待测溶液。在灯电流 6.0mA，狭缝 0.5nm，空气流量 7.5L/min，乙炔流量 1.5L/min 的条件下，选用波长 670.8nm 分析线，可获得回收率在 92.2%～96.1%。

10.3.2.2 碱土金属

碱土金属元素在火焰中易生成氧化物和少量的氢氧化物，原子化效率强烈依赖于火焰组成和高度，因而对燃气/助燃气比例、燃烧器高度的调节方面要求较高。为完全分解或防止氧化物的形成，应采用富燃火焰。此外，在采用空气-乙炔火焰时，由于碱土金属存在一定程度电离，可适当添加碱金属抑制电离干扰。值得注意的是，大量碱金属的存在会妨碍碱土金属解离，同时也会降低测试灵敏度。

应用分析示例 1：钡（Ba）元素的测定

钡元素的测定条件见表 10-3。

表 10-3 Ba 的测定条件

钡元素（Ba）谱线特性								
波长/nm	振子强度（*f*）	火焰原子化			电热原子化			
		火焰类型	特征浓度/（μg/mL）	检出限/（μg/mL）	灰化温度/℃	原子化温度/℃	特征质量/pg	检出限/pg
553.6	1.4	氧化亚氮（富）乙炔	0.16	0.008	900	2800	8	10
553.6	1.4	空气（富）乙炔						
350.1		氧化亚氮（富）乙炔	1/12					

在空气-乙炔火焰中，钡呈现大量化学干扰，测试灵敏度低，而采用氧化亚氮-乙炔火焰时，这种干扰大为减小或完全消失。但钡在波长 553.55nm 附近有强烈的发射噪声，宜采用 0.2nm 狭缝，以获得窄光谱通带，排除干扰。

用石墨炉技术测定钡时，石墨管直接发射会产生干扰，因此原子化温度的设置不宜过高。在石墨炉原子吸收分析过程中，钡能形成相当稳定的碳化物，所以采用特定涂层的石墨管能起到抑制碳化物生成的作用。另外，用 0.2%的硝酸作为化学改进剂，可允许最高灰化温度为 1500℃，纵向加热的最佳原子化温度为 2700℃。

10.3.2.3 有色金属

有色金属元素的共振吸收线多分布在近紫外区，火焰发射的影响可以不做考虑，但吸收的影响比较显著，且随火焰的组成发生变化。一般来说，采用空心阴极灯测定有色金属时，选用较小的灯电流是有利的。此外，不同的元素还可以结合不同的方法，如氢化法、冷原子吸收法、有机溶剂萃取富集等。

应用分析示例：银（Ag）元素的测定

银元素的测定条件见表 10-4。

银元素的阴、阳离子几乎无干扰，但当添加硫酸或磷酸时，吸收灵敏度呈下降趋势，而加入盐酸及硝酸时，没有干扰。此外，碘酸盐、高锰酸盐能将银沉淀，影响测试结果。

表 10-4 Ag 的测定条件

银元素（Ag）谱线特性								
波长/nm	振子强度（f）	火焰原子化			电热原子化			
		火焰类型	特征浓度/（μg/mL）	检出限/（μg/mL）	灰化温度/℃	原子化温度/℃	特征质量/pg	检出限/pg
328.1	0.51	空气（贫）乙炔	0.02	0.002	500	2750	0.7	0.1
338.3	0.25	空气（贫）乙炔	1/2					

银元素测定时，通常选用 328.1nm 共振线，采用低温空气-乙炔火焰时，灵敏度可获得提升。另外，通过石墨炉原子吸收光谱法测定银时，灰化温度可允许到 600℃，最佳原子化温度为 1900℃。采用阶梯升温原子化和峰面积测量方式可提高石墨炉原子吸收光谱分析 Ag 的灵敏度。此外，银化合物须保存在避光的地方。

10.3.2.4 黑色金属

黑色金属元素在合金中经常共存，这类元素的一个明显特点便是光谱较为复杂，因此需采用高强度空心阴极灯光源与窄的狭缝进行测试。铁、镍、锰一般用贫燃空气-乙炔火焰，而测定铬、钼一般用富燃空气-乙炔火焰，这是因为铬、钼在火焰中易形成难解离氧化物，高温火焰对于氧化物的解离更为有利。

应用分析示例：铁（Fe）元素的测定

铁元素的测定条件见表 10-5。

表 10-5 Fe 的测定条件

铁元素（Fe）谱线特性								
波长/nm	振子强度（f）	火焰原子化			电热原子化			
		火焰类型	特征浓度/（μg/mL）	检出限/（μg/mL）	灰化温度/℃	原子化温度/℃	特征质量/pg	检出限/pg
248.3	0.34	空气（贫）乙炔	0.05	0.006	1100	2450	4	2
248.8			1/2					
252.3	0.30		1/2					
271.9	0.15		1/3					
302.1	0.08		1/4					
372.0	0.04		1/10					

在化学计量空气-乙炔火焰中，铁的测定几乎不存在干扰，仅发现来自硅的干扰，但这种干扰可加入 200mg/L 的钙进行消除。此外，锶、铝、锰、柠檬酸和酒石酸同样会抑制铁的信号，其影响随燃烧器高度的增加而减小。

在强硝酸溶液中，特别是在微还原性火焰中，铁的信号显著下降，而在强氧化性火焰中，这种现象并不明显。所以在这种情况下，即使氧化亚氮-乙炔火焰灵敏度低，也可用于消除这种信号骤降现象。

在富燃空气-乙炔火焰中，虽然可获得较高灵敏度，但对于不同氧化价态的铁差异性明显，同时也会产生来自硅和钙的影响，因此建议采用贫燃火焰。

采用石墨炉原子吸收法测定铁时，可能会存在氯化物的干扰，因此可适当添加硝酸镁改进基体，使得允许灰化温度达到 1450℃，最佳原子化温度为 2400℃。

10.3.2.5　非金属元素

通常，使用原子吸收光谱法直接测定非金属元素是非常困难的，尽管无极放电灯可以克服一些元素空心阴极灯在发射强度、信噪比、稳定性和使用寿命方面的缺陷，但也存在自吸等问题。所以除了直接测定外，部分非金属元素可采用间接的原子吸收测定方法，通过化学反应或生成挥发性物质，实现目标元素含量的测定。

应用分析示例：砷（As）元素的测定

砷元素的测定条件见表 10-6。

表 10-6　As 的测定条件

<table>
<tr><th colspan="9">砷元素（As）谱线特性</th></tr>
<tr><th rowspan="2">波长
/nm</th><th rowspan="2">振子强度
(f)</th><th colspan="3">火焰原子化</th><th colspan="4">电热原子化</th></tr>
<tr><th>火焰类型</th><th>特征浓度
/（μg/mL）</th><th>检出限
/（μg/mL）</th><th>灰化温度
/℃</th><th>原子化温度
/℃</th><th>特征质量
/pg</th><th>检出限
/pg</th></tr>
<tr><td>193.7</td><td>0.095</td><td>空气-乙炔
发光</td><td>0.50</td><td>0.20</td><td>350</td><td>2200</td><td>19</td><td>20</td></tr>
<tr><td>193.7</td><td>0.095</td><td>氩气-氢气</td><td>0.22</td><td>0.10</td><td></td><td></td><td></td><td></td></tr>
<tr><td>193.7</td><td>0.095</td><td>氧化亚氮（贫）乙炔</td><td></td><td></td><td></td><td></td><td></td><td></td></tr>
<tr><td>197.2</td><td>0.07</td><td>空气 乙炔
发光</td><td>1/2</td><td></td><td></td><td></td><td></td><td></td></tr>
</table>

由于砷元素的共振线位于 193.7nm 和 197.2nm 处，属于真空紫外的起点，因此可用的空心阴极灯的性能较差。在高性能无极放电灯发展起来以后，针对砷元素测定的许多问题才得以解决。此外，氢化物技术也适用于砷的测定，尽管可能存在Ⅷ族和ⅠB 族元素的干扰，但这些干扰影响的大小通常很大程度上取决于所用的酸种类、酸浓度以及样品稀释程度。

10.3.2.6　难熔元素

难熔元素容易形成难解离难熔氧化物，因此必须在强还原性空气-乙炔火焰中进行测定，最好是选择氧化亚氮-乙炔的高温火焰，并严格控制火焰条件，保证元素测试灵敏度。此外，易形成稳定碳化物的难熔元素也不适宜石墨炉原子化技术，利用间接原子吸收法可以提高这类元素的灵敏度。

应用分析示例：铍（Be）元素的测定

铍元素的测定条件见表 10-7。

表 10-7 Be 的测定条件

<table>
<tr><td colspan="9">铍元素（Be）谱线特性</td></tr>
<tr><td rowspan="2">波长
/nm</td><td rowspan="2">振子强度
(f)</td><td colspan="3">火焰原子化</td><td colspan="4">电热原子化</td></tr>
<tr><td>火焰类型</td><td>特征浓度
/（μg/mL）</td><td>检出限
/（μg/mL）</td><td>灰化温度
/℃</td><td>原子化温度
/℃</td><td>特征质量
/pg</td><td>检出限
/pg</td></tr>
<tr><td>234.9</td><td>0.24</td><td>氧化亚氮（富）乙炔</td><td>0.02</td><td>0.002</td><td>1200</td><td>2850</td><td>2</td><td>0.5</td></tr>
</table>

铍的原子化要求富燃的氧化亚氮-乙炔火焰，选用波长 234.9nm 的分析线时，允许设定较宽的狭缝，其吸收的信号显著依赖于乙炔的流速及火焰的观测高度。通常用原子吸收测定铍元素时，干扰较小。测试铝合金中的铍含量时，可先将样品用 50%的盐酸与适量过氧化氢分解，再过滤、稀释，完成待测样液的制备。

采用石墨炉原子化法测定铍及其化合物，可用微孔滤膜采集空气样品，经硝酸/高氯酸混合液消解，以硝酸镁为基体化学改进剂，方法线性范围为 0.1～3.0μg/L，加标质量水平的相对标准偏差为 3.8%～4.5%，回收率为 93%～102%。

思考题

1. 简述原子吸收光谱产生的原理，并比较其与原子发射光谱有何不同。
2. 导致原子吸收光谱谱线变宽的主要因素有哪些？
3. 原子吸收光谱法存在哪些主要的干扰？如何减少或消除这些干扰？

参考文献

[1] Lakowicz J R. Principles of Fluorescence Spectroscopy[M]. 2nd ed. New York and London: Plenum Press, 1983.

[2] 陈小明，蔡继文．单晶结构分析原理与实践[M]．2 版．北京：科学出版社，2007.

[3] 杜希文，原续波．材料分析方法[M]．2 版．天津：天津大学出版社，2014.

[4] 张锐．现代材料分析方法[M]．北京：化学工业出版社，2007.

[5] 黎兵，曾广根．现代材料分析技术[M]．成都：四川大学出版社，2017.

[6] Müller P, Herbst-Irmer R, Spek A L, et al. 晶体结构精修-晶体学者的 SHELXL 软件指南[M]．陈昊鸿译．北京：高等教育出版社，2010.

[7] 江超华．多晶 X 射线衍射技术与应用[M]．北京：化学工业出版社，2014.

[8] 宁永成．有机化合物结构鉴定与有机波谱学[M]．2 版．北京：科学出版社，2000.

[9] Pretsch E，Bühlmann P，Badertscher M. Structure Determination of Organic Compounds[M]. 4th ed. Berlin：Springer-Verlag, 2009.

[10] 周向葛，徐开来．波谱解析[M]．2 版．北京：化学工业出版社，2022.

[11] Williams D B, Carter C B. 透射电子显微学[M]. 李建奇译．北京：高等教育出版社, 2019.

[12] Williams D B, Carter C B. Transmission Electron Microscopy[M]. New York: Springer Science Business Media,2009.

[13] Zuo J M, Spence J C H. Advanced Transmission Electron Microscopy[M]. New York: Springer Science Business Media, 2017.

[14] 戎咏华．分析电子显微学导论[M]．北京：高等教育出版社，2006.

[15] 张静武．材料电子显微分析[M]．北京：冶金工业出版社，2012.

[16] 魏大庆．电子显微分析实验指导[M]．哈尔滨：哈尔滨工业大学出版社，2021.

[17] 徐柏森，杨静．电子显微技术与应用[M]．南京：东南大学出版社，2016.

[18] 王春梅，黄晓峰，杨家骥，等，激光扫描共聚焦显微镜技术[M]．西安：第四军医大学出版社，2004.

[19] 许金钩，王尊本．荧光分析法[M]．3 版．北京：科学出版社，2006.

[20] 刘密新，罗国安，张新荣，等．仪器分析[M]．3 版．北京：清华大学出版社，2008.

[21] 武汉大学，等，分析化学[M]．6 版．北京：高等教育出版社，2021.

[22] 台湾质谱学会．质谱分析技术原理与应用[M]．北京：科学出版社，2019.

[23] 王旭初，阮松林，徐平．植物蛋白质组学[M]．北京：科学出版社，2022.

[24] Tang L, Kebarle P. Effect of the conductivity of the electrosprayed solution on the electrospray current. Factors determining analyte sensitivity in electrospray mass spectrometry[J]. Analytical Chemistry, 1991, 63(23):2709-2715.

[25] Ying Xu, Jean-Francois Heilier, Geoffrey Madalinski, et al. Evaluation of accurate mass and relative isotopic abundance measurements in the LTQ-orbitrap mass spectrometer for further metabolomics database building.[J]. Analytical Chemistry, 2010, 82(13):5490-5501.